**普通高等教育"十一五"国家级规划教材**

国家级精品课程配套教材

教育部高等学校自动化专业教学指导分委员会牵头规划

西安交通大学研究生"十四五"规划精品系列教材

**Automation**

高等学校自动化专业系列教材

# 现代测控技术与系统

## （第2版）

韩九强　钟德星　张新曼　刘瑞玲　邵会凯◎编著

清华大学出版社

北京

## 内 容 简 介

本书在第 1 版的基础上,进行了全面更新和扩充,旨在反映测控技术的最新发展和国家战略需求。全书共分 9 章,第 1 章简要介绍测控系统的基本概念、系统构成以及发展趋势;第 2 章介绍现代测控系统的理论方法;第 3 章介绍各种新型传感器的原理及应用;第 4 章介绍基于网络的测控技术与系统;第 5 章介绍基于计算机视觉的测控技术与系统;第 6、7 章分别介绍基于无线通信与雷达的测控技术与系统。第 2 版特别替换了第 8 章和第 9 章。第 8 章介绍基于北斗卫星导航系统的测控技术与系统;第 9 章介绍基于微机电系统的测控技术与系统。书中详细介绍了这些技术的基本概念、工作原理和典型应用,并通过案例分析与实验指导,强化理论与实践的结合,帮助读者深入理解并掌握测控技术的实际应用。

本书面向的读者群体广泛,包括高校师生、科研人员以及工程技术人员。它旨在帮助学生掌握现代测控技术的核心知识,培养解决实际问题的能力;对于研究人员和工程技术人员而言,本书提供了前沿的技术进展和实践技能,以促进他们在新工科背景下的创新思维和实践技能的提升。

**图书在版编目(CIP)数据**

现代测控技术与系统 / 韩九强等编著. -- 2 版. -- 北京:清华大学出版社,2024.12. -- (高等学校自动化专业系列教材). -- ISBN 978-7-302-67771-0

Ⅰ. TP27

中国国家版本馆 CIP 数据核字第 2024M3B172 号

责任编辑:盛东亮  曾  珊
封面设计:李召霞
责任校对:申晓焕
责任印制:宋  林

出版发行:清华大学出版社
　　　　网　　　址:https://www.tup.com.cn,https://www.wqxuetang.com
　　　　地　　　址:北京清华大学学研大厦 A 座　　　　邮　　编:100084
　　　　社 总 机:010-83470000　　　　　　　　　　邮　　购:010-62786544
　　　　投稿与读者服务:010-62776969,c-service@tup.tsinghua.edu.cn
　　　　质量反馈:010-62772015,zhiliang@tup.tsinghua.edu.cn
　　　　课件下载:https://www.tup.com.cn,010-83470236
印 装 者:三河市铭诚印务有限公司
经　　销:全国新华书店
开　　本:185mm×260mm　　印　张:23.75　　　　　　字　　数:581 千字
版　　次:2007 年 10 月第 1 版　2024 年 12 月第 2 版　　印　　次:2024 年 12 月第 1 次印刷
印　　数:1~1500
定　　价:69.00 元

产品编号:105903-01

# 出版说明

"高等学校自动化专业系列教材"

为适应我国高等学校自动化专业人才培养的需要,配合各高校教学改革的进程,创建一套符合自动化专业培养目标和教学改革要求的新型自动化专业系列教材,"教育部高等学校自动化专业教学指导分委员会"(简称"教指委")联合了"中国自动化学会教育工作委员会"、"中国电工技术学会高校工业自动化教育专业委员会"、"中国系统仿真学会教育工作委员会"和"中国机械工业教育协会电气工程及自动化学科委员会"四个委员会,以教学创新为指导思想,以教材带动教学改革为方针,设立专项资助基金,采用全国公开招标方式,组织编写出版了一套自动化专业系列教材——"高等学校自动化专业系列教材"。

本系列教材主要面向本科生,同时兼顾研究生;覆盖面包括专业基础课、专业核心课、专业选修课、实践环节课和专业综合训练课;重点突出自动化专业基础理论和前沿技术;以文字教材为主,适当包括多媒体教材;以主教材为主,适当包括习题集、实验指导书、教师参考书、多媒体课件、网络课程脚本等辅助教材;力求做到符合自动化专业培养目标、反映自动化专业教育改革方向、满足自动化专业教学需要;努力创造使之成为具有先进性、创新性、适用性和系统性的特色品牌教材。

本系列教材在"教指委"的领导下,从 2004 年起,通过招标机制,计划用 3~4 年时间出版 50 本左右教材,2006 年开始陆续出版问世。为满足多层面、多类型的教学需求,同类教材可能出版多种版本。

本系列教材的主要读者群是自动化专业及相关专业的大学生和研究生,以及相关领域和部门的科学工作者和工程技术人员。我们希望本系列教材既能为在校大学生和研究生的学习提供内容先进、论述系统和适于教学的教材或参考书,也能为广大科学工作者和工程技术人员的知识更新与继续学习提供适合的参考资料。感谢使用本系列教材的广大教师、学生和科技工作者的热情支持,并欢迎提出批评和意见。

"高等学校自动化专业系列教材"编审委员会

2005 年 10 月于北京

# 序一
## FOREWORD

　　自动化学科有着光荣的历史和重要的地位,20 世纪 50 年代我国政府就十分重视自动化学科的发展和自动化专业人才的培养。五十多年来,自动化科学技术在众多领域发挥了重大作用,如航空、航天等,"两弹一星"的伟大工程就包含了许多自动化科学技术的成果。自动化科学技术也改变了我国工业整体的面貌,不论是石油化工、电力、钢铁,还是轻工、建材、医药等领域都要用到自动化手段,在国防工业中自动化的作用更是巨大的。现在,世界上有很多非常活跃的领域都离不开自动化技术,比如机器人、月球车等。另外,自动化学科对一些交叉学科的发展同样起到了积极的促进作用,例如网络控制、量子控制、流媒体控制、生物信息学、系统生物学等学科就是在系统论、控制论、信息论的影响下得到不断的发展。在整个世界已经进入信息时代的背景下,中国要完成工业化的任务还很重。因此,国家提出走新型工业化的道路和"信息化带动工业化,工业化促进信息化"的科学发展观,这对自动化科学技术的发展是一个前所未有的战略机遇。

　　机遇难得,人才更难得。要发展自动化学科,人才是基础、是关键。高等学校是人才培养的基地,或者说人才培养是高等学校的根本。作为高等学校的领导和教师始终要把人才培养放在第一位,具体对自动化系或自动化学院的领导和教师来说,要时刻想着为国家关键行业和战线培养和输送优秀的自动化技术人才。

　　影响人才培养的因素很多,涉及教学改革的方方面面,包括如何拓宽专业口径、优化教学计划、增强教学柔性、强化通识教育、提高知识起点、降低专业重心、加强基础知识、强调专业实践等,其中构建融会贯通、紧密配合、有机联系的课程体系,编写有利于促进学生个性发展、培养学生创新能力的教材尤为重要。清华大学吴澄院士领导的"高等学校自动化专业系列教材"编审委员会,根据自动化学科对自动化技术人才素质与能力的需求,充分吸取国外自动化教材的优势与特点,在全国范围内,以招标方式,组织编写了这套自动化专业系列教材,这对推动高等学校自动化专业发展与人才培养具有重要的意义。这套系列教材的建设有新思路、新机制,适应了高等学校教学改革与发展的新形势,立足创建精品教材,重视实践性环节在人才培养中的作用,采用了竞争机制,以激励和推动教材建设。在此,我谨向参与本系列教材规划、组织、编写的老师致以诚挚的感谢,并希望该系列教材在全国高等学校自动化专业人才培养中发挥应有的作用。

吴启迪 教授

# 序二
## FOREWORD

"高等学校自动化专业系列教材"编审委员会在对国内外部分大学有关自动化专业的教材做深入调研的基础上,广泛听取了各方面的意见,以招标方式,组织编写了一套面向全国本科生(兼顾研究生)、体现自动化专业教材整体规划和课程体系、强调专业基础和理论联系实际的系列教材,自 2006 年起将陆续面世。全套系列教材共 50 多本,涵盖了自动化学科的主要知识领域,大部分教材都配置了包括电子教案、多媒体课件、习题辅导、课程实验指导书等的立体化教材配件。此外,为强调落实"加强实践教育,培养创新人才"的教学改革思想,还特别规划了一组专业实验教程,包括《自动控制原理实验教程》、《运动控制实验教程》、《过程控制实验教程》、《检测技术实验教程》和《计算机控制系统实验教程》等。

自动化科学技术是一门应用性很强的学科,面对的是各种各样错综复杂的系统,控制对象可能是确定性的,也可能是随机性的,控制方法可能是常规控制,也可能需要优化控制。这样的学科专业人才应该具有什么样的知识结构,又应该如何通过专业教材来体现,这正是"系列教材编审委员会"规划系列教材时所面临的问题。为此,设立了"自动化专业课程体系结构研究"专项研究课题,成立了由清华大学萧德云教授负责,包括清华大学、上海交通大学、西安交通大学和东北大学等多所院校参与的联合研究小组,对自动化专业课程体系结构进行深入的研究,提出了按"控制理论与工程、控制系统与技术、系统理论与工程、信息处理与分析、计算机与网络、软件基础与工程、专业课程实验"等知识板块构建的课程体系结构。以此为基础,组织规划了一套涵盖几十门自动化专业基础课程和专业课程的系列教材。从基础理论到控制技术,从系统理论到工程实践,从计算机技术到信号处理,从设计分析到课程实验,涉及的知识单元多达数百个、知识点几千个,介入的学校 50 多所,参与的教授 120 多人,是一项庞大的系统工程。从编制招标要求、公布招标公告,到组织投标和评审,最后商定教材大纲,凝聚着全国百余名教授的心血,为的是编写出版一套具有一定规模、富有特色、既考虑研究型大学又考虑应用型大学的自动化专业创新型系列教材。

然而,如何进一步构建完善的自动化专业教材体系结构?如何建设基础知识与最新知识有机融合的教材?如何充分利用现代技术,适应现代大学生的接受习惯,改变教材单一形态,建设数字化、电子化、网络化等多元形态、开放性的"广义教材"?等等,这些都还有待我们进行更深入的研究。

　　本套系列教材的出版,对更新自动化专业的知识体系、改善教学条件、创造个性化的教学环境,一定会起到积极的作用。但是由于受各方面条件所限,本套教材从整体结构到每本书的知识组成都可能存在许多不当甚至谬误之处,还望使用本套教材的广大教师、学生及各界人士不吝批评指正。

吴 澄 院士

# 第2版前言
## PREFACE

随着物联网、大数据、人工智能等新兴技术的蓬勃发展,我们正见证着测控技术在多个维度的革命性变革。这些技术不仅推动了测控技术向更高层次的智能化、网络化和集成化发展,而且极大地拓宽了其应用的广度和深度。测控技术不再局限于传统的工业自动化领域,在智能交通、智能家居、医疗健康等多个前沿领域也扮演着核心角色,成为推动社会进步和产业升级的关键力量。为了响应国家对新工科建设的号召,特别是在教育部深入推进新工科建设的背景下,我们对教材内容进行了全面的更新和扩充。

《现代测控技术与系统》(第2版)对于第1版的第1~7章进行修订和勘误,将原第8章"基于GPS的测控技术"更新为"基于北斗卫星导航系统的测控技术",将原第9章"基于虚拟仪器的测控技术"更新为"基于微机电系统的测控技术"。全书涵盖了以下内容。

(1) 简要介绍了测控系统的基本概念、系统构成及发展趋势,重点讨论了理论基础和感知技术。

(2) 基于网络的测控技术,重点介绍集散网络、现场总线、以太网的基本概念和典型总线协议,以及网络测控系统应用。

(3) 基于机器视觉的测控技术,主要介绍图像测量的基本原理、图像处理与图像分析的基本方法及其在机器视觉测控系统中的应用。

(4) 基于无线通信的测控技术,主要介绍无线通信技术的基本原理、信号发射与接收原理、无线通信在测控领域中的应用,以及典型无线通信测控系统的应用实例。

(5) 基于雷达的测控技术,主要介绍雷达的基本工作原理、雷达信号处理方法,以及雷达在测控系统中的典型应用。

(6) 基于北斗卫星导航系统的测控技术,主要介绍北斗系统的基本概念、定位原理、数据处理方法及其在测控系统中的典型应用。

(7) 基于微机电系统(Micro-Electro-Mechanical System,MEMS)的测控技术,主要介绍微机电系统的基本概念、典型的微机电系统、微机电系统的设计及其在测控系统中的典型应用。

我们对第8、9章进行了重要的更新,目的在于使教材内容更加贴近国家战略需求,符合技术发展的最新趋势,同时也为读者提供了更为先进、实用的测控技术知识。

北斗卫星导航系统作为我国自主研发的全球卫星导航系统,在测控技术中的应用体现了国家战略安全和科技自立自强的重要性。北斗系统不仅在日常业务中提供导航电文播发、精密时间测量等关键功能,还具备强大的兼容性和扩展能力,能够支持全球天基测控任务。通过对这部分内容的介绍,我们旨在强调北斗系统在全球测控任务中的关键作用及其在提升我国测控技术自主创新能力中的重要地位。

　　微机电系统技术作为现代测控技术中的一项革命性进展,以其微型化、集成化、智能化的特点,在多个领域展现出广泛的应用潜力。将第9章更新为"基于微机电系统的测控技术",不仅能够紧跟技术发展的前沿,而且有助于推动相关领域的技术进步和产业升级。

　　本书不仅涵盖了测控技术的基本原理和方法,还详细介绍了基于网络、机器视觉、无线通信、雷达、北斗系统、微机电系统等6种现代测控系统的基本概念、工作原理和典型应用。本书特别强调理论与实践的结合,通过大量的案例分析和实验指导,帮助读者更好地理解和掌握测控技术的实际应用;帮助学生、研究人员和工程技术人员掌握现代测控技术的核心知识,培养他们解决实际问题的能力,以及在新工科背景下的创新思维和实践技能。

　　本书由韩九强教授、钟德星教授主编,张新曼、刘瑞玲、邵会凯等参编,参加编写的还有郭强、万静等人。本书在编写过程中还得到了西安交通大学研究生院、自动化学院的大力支持,在此一并向他们表示衷心的感谢!我们也衷心感谢清华大学出版社团队对本教材出版所做的积极贡献和不懈努力!

　　由于编者水平有限,书中内容难免存在错误和不足,殷切希望广大读者批评指正。

钟德星

2024年11月于西安交通大学

# 第1版前言
PREFACE

　　本书在讲述测控系统基本原理的基础上，重点介绍现代测控系统涉及的新技术、新方法、新器件及现代测控技术的典型应用系统实例。全书涵盖了以下内容：

　　(1) 简要介绍测控系统的基本概念、系统构成与发展趋势，重点讨论了理论基础和感知技术。

　　(2) 对基于网络的测控技术，重点介绍集散网络、现场总线、以太网的基本概念和典型总线协议以及网络测控系统应用。

　　(3) 对基于机器视觉的测控技术，主要介绍图像测量的基本原理、图像处理与图像分析的基本方法及其在视觉测控系统中的应用，并结合 ZM-VS1300 机器视觉测控平台，简要介绍最具代表性的机器视觉软件 HALCON。

　　(4) 对基于无线通信的测控技术，主要介绍无线通信技术的基本原理、信号发射与接收原理、无线通信在测控领域中的应用以及典型无线通信测控系统应用实例。

　　(5) 对基于雷达的测控技术，主要介绍雷达的基本工作原理、雷达信号处理方法以及雷达在测控系统中的典型应用。

　　(6) 基于北斗卫星导航系统的测控技术，主要介绍北斗卫星导航系统的基本概念、定位原理、数据处理方法及其在北斗卫星导航系统测控系统中的典型应用。

　　(7) 对基于微机电系统的测控技术，主要介绍微机电系统的基本概念、结构与类型及在虚拟仪器测控系统中的应用实例。

　　本书内容按照测控技术的逐步发展过程组织编排，在加强基本概念、基本理论和基本方法的基础上，注重理论联系实际，强调测控技术在工程中的实用性。作者长期从事测控技术与测控系统方面的教学科研工作，注重近年来测控领域的新技术、新理论、新方法和新成就，跟踪了现代测控技术的发展前沿。通过将多年研究的诸多典型测控系统案例引入相关章节中，使各章节内容的实用性得到加强，有利于培养学生理论联系实际的创新意识与创新思维能力。

　　本书参考学时为 48 学时，可根据专业需要和课时限制，自行组合加以取舍。对于本科生教学，可讲授第 1、2、3、4、5、9 章，其内容包括现代测控技术的基础理论、传感器技术以及基于网络、机器视觉和虚拟仪器的测控技术。对于研究生教学，可讲授本书全部内容，即在本科生教学内容的基础上，增加讲授基于无线通信、雷达和北斗卫星导航系统的新型测控技术及其应用。除第 1 章外，各章均附有习题与思考题，还附有供学生进一步阅读的参考文献。

　　本书是编者在多年教学科研的基础上编写而成的。全书由韩九强教授统稿审定，由钟德星、张新曼、刘瑞玲、邵会凯主写，参加编写的还有王勇、刘鹏飞、马双涛、杨磊等。全书由上海交通大学田作华教授主审。在编写过程中,还得到了吴彩玲、姚向华、胡怀中以及西安交通大学自动控制研究所其他老师和研究生的关心和支持,在此一并向他们表示衷心的感谢!

由于编者水平有限,书中难免存在缺点和错误,殷切希望广大读者批评指正。

编　者

2007 年 8 月

# 目 录
## CONTENTS

# 第 1 章

CHAPTER 1

# 绪　　论

现代测控技术与系统是一门随着计算机技术、检测技术和控制技术的发展而迅猛发展的综合性技术,它在传统测控技术的基础上,融现代传感技术、通信技术和计算机技术于一体,将现代最新科学研究方法与成果应用于测控系统中。例如,基于网络的测控技术、基于计算机视觉的测控技术、基于雷达与无线通信的测控技术、基于全球卫星定位系统(Global Positioning System,GPS)的测控技术以及基于虚拟仪器(Virtual Instrument,VI)的测控技术等,已随着工农业生产现代化水平的不断发展和提高,广泛应用于科学研究、国防安全和各种社会生产中,并起着越来越重要的作用,成为国民经济发展和社会进步必不可少的技术,以及我国传统生产制造装备竞争力提升的核心与关键技术。

## 1.1　测控技术在自动化中的应用

现代测控技术是在工业测控发展中,由现代测试技术与现代控制技术融合而成的综合性技术,而现代工业技术水平的不断提高,也不断促进现代测控技术向着更高的层面发展。

### 1.1.1　现代测控技术的发展

在一个稳定的闭环自动控制系统中,既包括控制单元,也包括检测单元。在实现对象的控制过程中,必须首先实现对被控对象的认识与了解,因此,需要对被控对象的特性进行测量。反之,对被控对象特性测量的目的是为了加深对其认识并进而实现控制和利用。即使最简单的开环控制系统,也需要检测被控对象的状态信息,检测系统中最基本的传感器,也会由于增加控制处理功能而成为智能传感器,所以检测与控制密不可分。将检测与控制概念分开的传统方式不利于自动化测控系统技术的学习和大型复杂测控集成系统的设计。

测控系统的基本任务是借助专门的传感器感知对象信息并传输到系统处理器,在系统处理器中,通过信号处理方法对对象信息进行处理与数据分析,得到控制对象的有效状态信息和测试结果,进而将这些对象的控制信息传输给控制环节进行对象的行为控制,并将测试结果通过显示装置输出。实现测控系统所涉及的感知技术、通信技术、控制技术、处理技术以及软硬件集成技术都是测控技术的重要内容。

近年来出现的各类现代测控系统遍及社会方方面面,从卫星发射、定姿定位、远洋测量船数据采集的大型现代测控系统,到无线遥控玩具车运动的小型测控系统,无不涉及现代测控技术的感知技术、处理技术、通信技术和控制技术,因此学习以信息获取、信息传输、信息处理和信息利用为基础的现代测控技术、方法和工具,对研究、设计和开发各种类型的现代测控系统是十分必要的。

作为现代信息技术的三大基础之一的传感器技术,应用遍及各个领域,是生产自动化、科学实验、计量核算、检测诊断等现代测控系统中不可缺少的重要组成部分,是测控技术的重要内容之一。传感器位于测控系统的最前端,其特性的好坏、输出信息的可靠性对整个测控系统至关重要。传感器在工业、农业、国防、科学技术等各个领域都极为重要,具有不可替代的重要作用。世界各国投入大量财力、人力进行新型传感器技术的研究,我国政府已连续多年支持新型传感器技术的研究与开发,目前现代新型传感技术已成为最活跃的研究领域之一。随着传感器从传统的压力、温度、流量和液位四大热工量的测量发展到目前对光、电、磁、力以至生物等信息的感知,各种新型物理量传感器不断涌现,如光纤、色敏、光栅等光敏传感器,DNA、免疫等生物敏传感器,超声波等声敏传感器,可燃性气体、氧气、电子鼻等气敏传感器,可见光、红外光等图像传感器,具有智能信息处理功能的智能传感器,以及具有模拟量输入、频率输出的 Z 元件传感器等相继问世并得到广泛应用。

20 世纪 80 年代以来,为适应现代化工农业生产以至于国防尖端武器的新需求,测控技术与仪器设备不断进步,相继诞生了智能仪器、PC 仪器、VXI 仪器、虚拟仪器等微机化仪器及其测控系统,计算机与现代仪器设备间的界限日渐模糊,测量领域和范围不断拓宽。近 10 年来,以 Internet 为代表的网络技术的出现以及它与其他高新科技的相互结合,不仅将智能互联网产品带入现代生活,而且为测控技术带来了前所未有的发展空间和机遇,网络化测量技术与具备网络功能的远程测控系统应运而生。

随着计算机技术和微电子技术在测控领域的发展与应用,相继出现的智能仪器、总线仪器和虚拟仪器等微机化测控系统,都充分利用了计算机的软件和硬件优势,既增加了测量功能,又提高了技术性能。近年来,新型微处理器的速度不断提高,采用流水线、RISC 结构和 CACHE 等先进技术,极大提高了计算机的数值处理能力和速度。在数据采集方面,数据采集卡、仪器放大器、数字信号处理芯片等技术的不断升级和更新,也有效地加快了数据采集的速率和效率。与计算机技术紧密结合,已是现代测控技术发展的主流。配以相应软件和硬件的计算机能够完成许多仪器、仪表的测控功能,实质上就是一台多功能的通用测控仪器。现代测控仪器设备的功能已不再由按钮和开关的数量来限定,而是取决于测控系统的软件功能。控制器从早期的单片机、PLC、个人机迅速发展到工控机和嵌入式计算机。在现代测控领域中,嵌入式计算机与测控仪器设备日渐趋同,两者间已表现出全局意义上的相通性。

软件是基于虚拟仪器测控技术的关键。虚拟仪器软件开发工具多种多样,如 NI 公司的 LabVIEW 和 LabWindows/CVI,HP 公司的 VEE,微软公司的 VB、VC 等,它们都有开发网络应用项目的工具包。以 LabVIEW 和 LabWindows/CVI 为例,它们不仅使基于虚拟仪器的测控系统开发变得简单方便,而且为测控系统的网络化提供了可靠、便利的技术支持。LabWindows/CVI 中封装了 TCP 类库,可以开发基于 TCP/IP 的网络应用。LabVIEW 的 TCP/IP 和 UDP 网络 VI 能够与远程测控应用程序建立通信,Internet 工具箱为应用测控系统增加了 E-mail、FTP 和 Web 的能力;利用远程自动化 VI,还可对其他设备的分散 VI 进行远程控制。

Unix/Linux、Windows 等网络化计算机操作系统,为组建网络化测控系统带来了方便。标准的计算机网络协议(如 OSI 的开放系统互连参考模型、Internet 上使用的 TCP/IP 协议)在开放性、稳定性、可靠性方面均有很大优势,采用它们很容易构建测控系统网络的基础体系结构。

总线式仪器(由 ISA 到 PCI、PXI、VXI、USB 等总线虚拟仪器)微机化测控技术的应用,使组建集中和分布式测控系统变得更为容易。但集中测控越来越满足不了复杂、远程(异地)和范围较大的测控任务的需求,因此,组建网络化的测控系统就显得非常必要,而计算机软、硬件技术的不断升级与进步给组建测控网络系统提供了越来越优异的技术条件。

将计算机、高档外设和通信线路等硬件资源以及大型数据库、程序、数据、文件等软件资源纳入测控网络,可实现测控资源的共享。同时,通过组建网络化测控系统增加系统冗余度的方法,可以提高测控系统的可靠性,便于测控系统的扩展和变动。由计算机和工作站作为节点的网络系统就是一种现代网络测控系统,计算机已成为现代测控系统的核心。

## 1.1.2 现代测控技术的应用

现代测控技术在工业、农业、国防、航空航天等领域的自动化发展过程中发挥着巨大作用,主要表现在以下方面。

### 1. 在工业生产中的应用

现代测控技术是现代工业的核心技术之一,测控系统和关键测试仪器是生产加工设备的重要组成部分。在电力、石化、冶金等大型企业的生产过程中,自控系统及测试设备监测和控制整个工艺流程及产品质量,保障重大装备的安全可靠和高效优化运行,是整个生产系统的神经中枢,起着不可替代的重要保障作用。没有相应的测控系统,大型、多参数、工况复杂的现代工业生产装备将不可想象。

现代测控技术是节约能源、保护环境、实现循环经济的重要手段。无论是合理利用资源还是保护环境,首要问题都是测量问题。离开了测量,成本控制和质量保证、节约能源和环境治理都无从谈起。例如,在工业生产过程中对原材料、零部件性能以及成品质量进行一致性检验,在农业生产中对土壤、种子和作物质量进行分析,在环境保护工程中对江河水质、污染源等进行实时监测,都必须通过现代化的检测仪器系统才能完成。

### 2. 在国防安全中的应用

国防安全系统的高科技含量很大程度上反映了一个国家的综合技术水平。现代武器系统离不开现代先进测控技术的支持,要实现武器系统的现代化,除了先进的武器制造技术外,还要以先进的测控技术为支撑。如高炮雷达探测系统、激光测距仪、预警雷达和预警机中大量使用的现代测控技术、先进的雷达探测技术和智能传感器技术等,都属于现代测控技术的范畴。

以导弹为例,导弹研制过程中必须进行研制飞行试验、定型飞行试验、抽检飞行试验和战斗使用性飞行试验。对每一种飞行试验,地面和空中的测控系统都是不可缺少的,要求测控系统通过外测和遥测等方式,获取导弹的飞行弹道和各测控部件工作状态等有关数据,以便分析检验导弹武器系统的总体方案和战术技术性能。尤其是远程导弹,在进行特殊弹道飞行模拟试验时,完全依靠各种测控系统获得的测量数据来分析和检验飞行模拟的逼真程度。

**3. 在航天领域中的应用**

在航天领域,测控系统是直接为导弹、火箭、卫星等飞行器发射和运行服务的重要设施。例如,卫星工程包括卫星系统、运载火箭系统、发射场系统、测控系统和应用系统五大分系统;载人航天工程包括载人航天器系统、航天员系统、运载火箭系统、发射场系统、着陆场系统、测控系统和应用系统七大分系统。无论是何种飞行器工程,测控系统都是航天发射和飞行必不可少的重要支持系统。而且,在每一种分系统中都不同程度地含有自己的子测控系统和技术。

在航天工程中,确定航天器的运动状态和工作状况,对航天器的运动状态进行控制、校正,建立航天器的正常工作状态,以及对航天器进行运行状态下的长期管理等,都含有现代测控技术和系统的应用。

## 1.1.3　现代测控系统的特点

现代测控系统充分利用计算机资源,在人工最少参与的条件下尽量以软代硬,并广泛集成无线通信、计算机视觉、传感器网络、全球定位、虚拟仪器、智能检测理论方法等新技术,使得现代测控系统具有以下特点。

**1. 测控设备软件化**

通过计算机的测控软件,实现测控系统的自动极性判断、自动量程切换、自动报警、过载保护、非线性补偿、多功能测试和自动巡回检测等功能。软测量可以简化系统硬件结构,缩小系统体积,降低系统功耗,提高测控系统的可靠性和"软测量"功能。

**2. 测控过程智能化**

在现代测控系统中,由于各种计算机成为测控系统的核心,特别是各种运算复杂但易于计算机处理的智能测控理论方法的有效介入,使现代测控系统趋向智能化的步伐加快。

**3. 高度的灵活性**

现代测控系统以软件为核心,其生产、修改、复制都较容易,功能实现方便,因此,现代测控系统实现组态化、标准化,相对硬件为主的传统测控系统更为灵活。

**4. 实时性强**

随着计算机主频的快速提升和电子技术的迅猛发展,以及各种在线自诊断、自校准和决策等快速测控算法的不断涌现,现代测控系统的实时性大幅度提高,从而为现代测控系统在高速、远程以至于超实时领域的广泛应用奠定了坚实基础。

**5. 可视性好**

随着虚拟仪器技术的发展、可视化图形编程软件的完善、图像与图形化的结合以及三维虚拟现实技术的应用,现代测控系统的人机交互功能更加趋向人性化、实时可视化的特点。

**6. 测控管一体化**

随着企业信息化步伐的加快,一个企业从合同订单开始,到产品包装出厂,全程期间的生产计划管理、产品设计信息管理、制造加工设备控制等,既涉及对生产加工设备状态信息的在线测量,也涉及对加工生产设备行为的控制,还涉及对生产流程信息的全程跟踪管理,因此,现代测控系统向着测控管一体化方向发展,而且步伐不断加快。

**7. 立体化**

建立在全球卫星定位、无线通信、雷达探测等技术基础上的现代测控系统,具有全方位的立体化网络测控功能,如卫星发射过程中的大型测控系统的既定区域不断向立体化、全球化甚至星球化方向发展。

## 1.2 现代测控系统的结构与设计

本节将详细介绍现代测控系统的 3 种模型以及系统设计方法。

### 1.2.1 现代测控系统的结构模型

现代测控系统基本结构分别建立在 3 种模型基础上,一是基于 DAQ(数据采集)体系的测控系统模型,二是基于网络的测控系统模型,三是企业测控管制造系统模型。

**1. 基于 DAQ 体系的测控系统模型**

所谓 DAQ 测控系统,是指以 PC 为核心的 PC 总线板卡集成的现代测控系统。基于 DAQ 体系的测控系统硬件结构如图 1-1 所示。

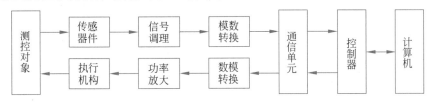

图 1-1 基于 DAQ 体系的测控系统硬件结构

典型的 DAQ 测控系统由主机(PC、工控机、嵌入式机)、输入输出测控单元和相应的软件组成。

1)主机单元

主机对整个系统进行功能管理,包括输入通道、输出通道、信息通信的管理,存储数据、程序,并对采样数据进行运算和处理,还可以提供各种智能化、自动化操作功能等。

2)输入输出单元

输入输出单元一般包括模拟量或开关量及数字量,主要由信号调理器和转换器等部分组成。调理器的作用是将传感器输出的微弱信号进行放大、滤波、调制、电平转换、隔离及屏蔽等处理,以满足转换器的转换要求。转换器包括 A/D 和 D/A 转换器。

3)标准通信接口

如果把以计算机为核心的测控系统看作一个大型测控系统的节点,为了以统一的通信方式在测控系统中的节点与节点之间进行信息交换,需要通过特定的标准通信接口来完成。常见的标准通信接口有 GPIB、VXI、USB 以及 RS-232 等。

在 DAQ 系统中,不同种类的被测信号由相应传感器感知并经信号调理(包括交直流放大、整流滤波和线性化处理等)后,再经模数转换环节(A/D)将模拟信号转换为适合计算机处理的数字信号,然后通过通信单元(PC 总线)传输给控制器(计算机)。计算机实现测控系统的数据处理和结果的存储、显示、打印以及与其他计算机系统的联网通信。对于控制器处理的控制信息,通过总线反送到数模转换器,转换成模拟信号并加以放大,推动执行机构,最终使控制对象的行为按照预定状态行进。

**2. 基于网络的测控系统模型**

随着计算机网络技术的高速发展和广泛应用,基于网络的测控技术已成为现代测控技术发展的一个重要方向。比较普遍的网络测控系统有基于现场总线的测控系统和基于Internet 的测控系统。

1) 基于现场总线的网络测控系统

基于现场总线的网络测控系统结构如图 1-2 所示。其主体由上位机和现场仪表组成。这种网络测控系统包括前向通道、后向通道和网络通信。

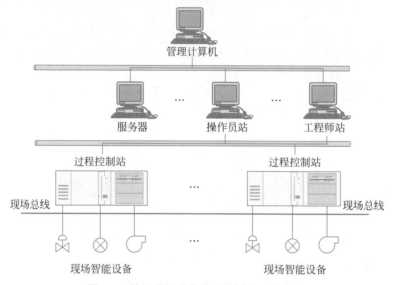

图 1-2　基于现场总线的网络测控系统结构

前向通道由传感器、信号调理、数据采集系统和微处理器组成,其功能包括信号检测、转换、采集及分析处理。后向通道的主要功能包括调制和解调。

(1) 调制:由微处理器输出的数字量,可能代表被测量信息或者控制模块输出的控制量,经转换后调制为现场总线上的通信信号,送至执行器。

(2) 解调:将来自现场总线上的数字信号进行解调,传送至微处理器。

在这种测控系统中,所有的智能化现场仪表、传感器、执行器等都通过接口挂接在总线上。现场总线可以采用双绞线、光缆或无线方式,目前主要以双绞线为主。也就是说,上位机与所有现场仪表的连接只有两根导线,这两根线不仅可以承担现场仪表所需的供电,而且承担了上位机与所有现场仪表之间的全数字化、双向串行通信。用数字信号取代模拟信号可以提高抗干扰能力,延长信息传输距离,并且大大降低现场与控制室之间导线的安装费用。目前,国际上流行多种现场总线通信标准(或称通信协议模式),如 HART(可寻址远程传感器高速通道)、FF(基金会现场总线)、CAN(控制局域网)和 LONWORKS(局部操作网络)。

2) 基于 Internet 的网络测控系统

基于 Internet 的网络测控系统结构如图 1-3 所示。通过嵌入式 TCP/IP 软件,现场传感器或仪器直接具有 Intranet/Internet 的上网功能。与计算机一样,基于 TCP/IP 的网络化智能仪器成为网络中的独立节点,能与就近的网络通信线缆直接连接,实现"即插即用",并且可以将现场测试数据通过网络上传;用户通过 IE、Netscape 等浏览器或符合规范的应用程序,可以实时浏览现场测试信息(包括处理后的数据、仪器仪表的面板图像等),通过 Intranet/Internet 实时发布和共享现场对象的测试数据。

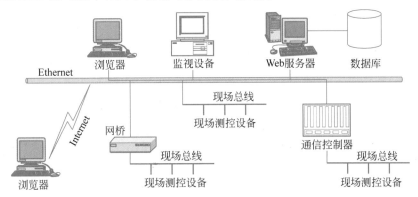

图 1-3 基于 Internet 的网络测控系统结构

**3. 企业测控管制造系统模型**

企业测控管制造系统模型是在网络环境下,集成传感器、信息融合、电子商务、远程测控等技术,对产品的生产过程提供全生命周期的技术服务支持。这一发展趋势带动了设备制造企业从制造型向制造、服务型转变,也促使设备制造企业在产品服务中加入远程监测、诊断和维护功能,并通过网络提供设备使用、测控、管理和维护技术支持。同时,远程测控系统与企业网融合在一起,企业的生产、管理、销售和科研真正实现在一个大系统中,使企业的内部资源达到优化配置,外部条件达到最佳利用,在竞争中处于有利位置。图 1-4 是作者为某企业建立的测控管制造系统模型。

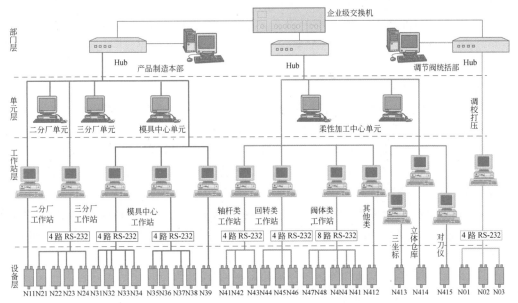

图 1-4 某企业测控管制造系统模型

## 1.2.2 现代测控系统的设计方法

现代测控系统的设计要遵守以下几个原则:硬件设计原则、软件设计原则、网络互联规范和抗干扰设计。

**1. 硬件设计**

硬件设计主要包括以下几个方面。

1）约束条件

对象特点方面主要考虑其大小、形状、距离、环境、物理量、用途等；测控系统需求方面主要考虑功能、反应速度、可靠性、测控精度等因素。此外，还需要考虑研制成本、产品成本以及开发周期。

2）系统模块设计技术

测控系统电路设计一般采用 CPLD、FPGA、DSP 等高集成度器件技术，以 PC 商用机和基于 PC104 工控机为主。近年来，随着嵌入式系统的高速发展，以 ARM 技术为核心的测控仪器与系统如雨后春笋，发展迅速。此外，采用低功耗器件，进行低功耗设计，对降低功耗和提高抗干扰能力有积极意义；采用通用化和标准化硬件电路，有利于模块的商品化生产和现场安装、调试、维护，也有利于降低模块的生产成本，缩短加工周期；采用软测量技术，以软件代替硬件，可以降低成本，减小体积；最后，在设备驱动程序开发方面，可采用动态链接库等技术进行不同层次程序链接。

3）系统设计技术

硬件采用系统组态技术，选用标准总线和通用模块单元，有利于降低研制成本，缩短开发周期，尽可能进行通用化、标准化、组件化设计；采用软件组态开发平台进行开发，如可视化开发工具、通用软件包（LabVIEW、LabWindows/CVI、Intouch、HPVEE、组态王等），有利于缩短开发周期和建立友好的系统界面；设计组建时要结合系统应用的发展，充分考虑系统的可扩展性，为系统的升级和扩展奠定基础，采用开放性技术实现可扩展性设计。值得一提的是基于计算机视觉测控系统的设计，采用西安交通大学自动控制研究所的 ZM-VS1300 视觉测控硬件平台，结合 HALCON 组态软件，能够高效完成专用视觉测控系统的设计与实现。

**2. 软件设计**

应用软件主要包括检测程序、控制程序、数据处理程序、数据库管理程序、系统界面程序等。无论是测控系统还是虚拟仪器，设计时都应在程序运行速度和存储容量允许的情况下，尽量用软件实现传统仪器系统的硬件功能，简化硬件配置；信号处理和数据处理主要包括量程转换、误差分析、插值、数字滤波、FFT 变换、数据融合等技术；此外，界面是测控系统和虚拟仪器的"窗口"，是系统显示功能信息的主要途径。软件设计不仅要实现功能，而且要界面美观，达到虚拟现实的效果。界面设计不仅要熟练掌握软件开发工具和程序设计技术，还应具备一定的艺术才能。建议初学者尽可能采用 LabVIEW、LabWindows/CVI 等可视化编程软件。

**3. 网络互联规范**

应遵循的网络互联规范如下。

1）统一的电气标准

各网络设备的输入输出信号应符合统一的电气标准，包括输入输出信号线的定义、信号的传输方式、信号的传输速度、信号的逻辑电平、信号线的输入阻抗与驱动能力等。

2) 统一的机械特性

各网络设备的机械连接应符合统一的规定,包括接插件的结构形式、尺寸大小、引脚定义、数目等。

3) 统一的指令系统

各网络设备应具有统一或兼容的指令系统(如台式仪器的公用程控命令)。

4) 统一的编码格式和协议

各网络设备的输入输出数据应符合统一的编码格式和协议(总线协议)。

**4. 抗干扰设计**

现代测控系统主要应用于生产、科研和军事现场,受电源电网干扰、雷电等自然干扰和其他电器设备的放电干扰影响。因此,需要高度重视现代测控系统的抗干扰设计。目前主要有 3 种抗干扰措施。

1) 误差修正(修正、滤波、补偿)

现代测控系统的信号和干扰有时是随机的,其特性往往只能从统计的意义上来描述,此时,经典滤波方法就不可能把有用的信号从测量结果中分离出来。而数字滤波具有较强的自适应性。例如,对于 $N$ 次等精度数据采集,存在着系统误差和因干扰引起的粗大误差,使采集的数据偏离真实值。此时,可用剔除 $m$ 个粗大误差后的 $N-m$ 个测量数据的算术平均值作为测量结果示值:

$$\overline{X} = \frac{1}{N-m}\sum_{i=1}^{N-m} X_i \qquad (1\text{-}2\text{-}1)$$

式中,$X_i$ 为第 $i$ 次的测量值。

2) 数据处理技术

采用图像处理、小波变换、神经网络等各种智能先进算法进行数据补偿。

3) 电路抗干扰技术

(1) 电磁兼容性:噪声对正常信号的干扰主要通过 3 种途径,即静电耦合、电磁耦合和公共阻抗耦合,因此需要采用不同的措施解决电磁兼容性问题。

(2) 屏蔽:将有关电路、元器件和设备等安装在铜、铝等低电阻材料或是磁性材料制成的屏蔽物内,不使电场和磁场穿透这些屏蔽物。一般可分为静电屏蔽、低频磁场屏蔽和电磁屏蔽。

(3) 隔离:主要包括物理性隔离、光电隔离、脉冲变压器隔离、模/数变换隔离和运算放大器隔离等。

(4) 接地:接地能消除各电流流经一个公共地线阻抗产生的噪声,避免形成回路,它也是屏蔽的重要保证。常见的接地方法有保护接地、屏蔽接地和信号接地等。

(5) 滤波:滤波器可以抑制交流电源线上输入的干扰及信号传输线上感应的各种干扰,常用的滤波器件有电感、电容、电阻及压敏电阻等。

(6) 布线:电路系统是由多个部分构成的,各部分在电路板上的安排和布线连接与电路的抗干扰性能有密切关系,布线时应该加以考虑。

(7) 电路负载:电路负载对电路的抗干扰性能也有一定的影响,设计时应该加以考虑。

现代测控系统的使用环境各有不同,干扰源有所区别。对于工业生产现场使用的现代测控系统,除系统自身的干扰外,应着重考虑电器设备放电干扰和设备接通与断开引起电压或电流急变带来的干扰。而对于野外使用的现代测控系统,抗干扰设计的重点是大气放电、大气辐射和宇宙干扰等自然干扰。抗干扰设计应根据产品的具体使用环境进行具体分析,找出主要干扰因素,选择有针对性的抗干扰措施。特别是对基于计算机视觉的测控系统来说,抗干扰的重点在于遏制自然光源干扰,也就是在 CCD 图像采集处设置前光源和背景光源,注意光源的范围、强弱等。特别要注意被测物是否存在高光反射因素。

## 1.3 现代测控技术的分类

如前所述,现代测控技术与系统融合了现代传感技术、通信技术、计算机技术和控制技术,各种最新的测控研究方法与成果不断融入现代测控系统中。根据所用的支撑技术不同,本书将从以下几个方面介绍现代测控技术:基于网络的测控技术、基于计算机视觉的测控技术、基于无线通信的测控技术、基于雷达的测控技术、基于北斗卫星导航系统(BDS)的测控技术及基于虚拟仪器的测控技术。

**1. 基于网络的测控技术**

随着计算机技术、网络技术和通信技术的高速发展与广泛应用,建立开放的、互操作的、模型化的、可扩展的网络化测控系统成为可能。目前,充分利用 Internet 设施建立网络化测控系统,不仅能够降低组建系统的费用,还能实现测试设备和测试信息的共享。现场传感器测得被测对象的数据信息后,通过网络传输给异地的精密测试仪器或高档微机化仪器去分析处理,提高了贵重和复杂设备的利用率。在 Internet 上进行测试和数据采集,可以远程监控实验过程和实验数据,不但节约了人力物力,而且异地实时性好。与传统测控系统相比,网络化测控技术跨越了空间和时间上的界限,是一个质的飞跃。基于网络的测控技术将测控系统与计算机网络相结合,构成信息采集、传输、处理和应用的综合网络,符合信息化发展的要求。网络化测控技术的深入研究和广泛应用具有重要意义和实用价值。

**2. 基于机器视觉的测控技术**

人类通过视觉从客观世界获取的信息占全部感观信息的 70% 以上,图像传感器的出现与发展,犹如给测控系统安装了视觉器官,极大地扩充了测控系统的功能和测试手段。随着各种先进的图像传感器(如 CCD、CMOS 摄像机、红外摄像仪等)的出现,基于机器视觉的测控技术得到迅速发展。包括图像测量、图像处理、图像识别、图像信息融合以及机器视觉等在内的各种图像处理技术成为近年来测控技术乃至控制科学研究的热点。

机器视觉技术是测控领域中一种新的测量技术。它是以现代光学为基础,融光电子学、计算机图像学、信息处理及计算机视觉等现代科学技术为一体的综合测量技术,广泛应用于各种几何量的测量、精密零件的微尺寸测量和外观检测、目标分类与识别、光波干涉图以及卫星遥感等各种与图像有关的测控任务中。视觉检测的潜在应用领域十分广阔。

**3. 基于无线通信的测控技术**

对于工作点多、通信距离远、环境恶劣且实时性和可靠性要求比较高的远程测控场合,可以利用无线电波来实现主控站与各个子站之间的数据通信。采用无线通信的远程测控方式不仅可以减少复杂连接,而且无须铺设电缆或光缆,大大降低了建设成本。其系统组成如图 1-5 所示。

无线远程测控技术的关键是要使射频模块的接收灵敏度和发射功率适当(可以采用专

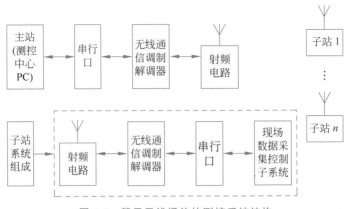

图 1-5  基于无线通信的测控系统结构

业无线电台来替代射频模块),以扩大站点间的距离,同时还需要考虑无线电波波段的选择;市场上已经有许多比较成熟的无线通信调制解调器产品,可以根据实际需要选择。基于无线通信的远程测控技术具有广泛的应用领域,如小区的智能保安系统,油井远程监测系统,航空航天技术中的无线跟踪测轨、遥测和遥控系统,都是基于无线通信技术的典型现代测控系统的应用。

**4. 基于雷达的测控技术**

雷达是利用目标对电磁波的反射来发现目标并测定目标位置的。飞机、导弹、卫星、车辆、兵器以及建筑物、云雨等都可能成为雷达的探测目标。雷达从目标回波中获取目标的距离、方位角、俯仰角以及目标的运行速度等信息,从而实现目标跟踪测控。当雷达分辨率足够高时,能得到目标清晰的尺寸和形状信息,从而实现目标识别与动态跟踪。雷达还可以测定目标的表面粗糙度以及目标介电特性等,这在国防安全测控领域有广泛应用。

20世纪90年代以后,由于航空与航天技术的飞速发展,飞机、导弹、人造卫星及宇宙飞船等普遍采用雷达作为探测和控制的手段,对雷达提出了高精度、远距离、高分辨率及多目标测量等要求。以SAR为代表的高分辨雷达具有分辨率与距离无关、防区外探测等能力,因此被广泛应用于军事和民用的现代测控系统中。军用雷达主要包括预警雷达、火控雷达、战场监视雷达等,民用雷达主要包括气象雷达、航空管制雷达、地球遥感雷达等。

**5. 基于GPS和北斗的测控技术**

1994年美国全部建成全球定位系统并投入使用。全球定位系统(Global Positioning System,GPS)作为一种全球性的大型测量技术,已经成为大地测量主要和普遍使用的技术手段。GPS系统能在全球范围内向任意多用户提供高精度连续实时的三维测速、三维定位和时间基准,基本上解决了人类在地球上的导航和定位测控问题。

GPS是利用卫星作为导航台的无线电定位系统,由卫星、地面站和用户设备组成。卫星的功能是转发地面站的导航信号到覆盖区域内的用户设备,同时接收来自地面站的控制指令以及向地面站发送卫星的遥测数据;地面站的功能是收集来自卫星及系统内有关的信息数据,经过加工处理后发出导航信号和控制指令,通过卫星转发给测控设备用户;用户测控设备的功能是接收并处理来自卫星的导航信号,进行定位计算,计算结果可用来导航和制导。

自GPS系统向全球开放以来,其应用范围从军事领域逐步向民用领域扩展,目前已广泛应用于地质勘探、油气油井定位、建筑及铁道建设、工业测控、天文观测、授时校准、车船导航和防盗报警等现代测控系统中,具有广阔的发展前景。

**6. 基于虚拟仪器的测控技术**

虚拟仪器(Virtual Instrument,VI)是指以通用计算机作为系统控制器,由软件来实现人机交互和大部分测控功能的一种计算机测控系统。虚拟仪器的出现,打破了传统仪器由厂家定义,用户无法改变的工作模式。用户可以在通用计算机平台上,根据测控任务需求定义和设计测控仪器系统的测控功能,在测控系统和仪器设计中以软件代替硬件,充分利用计算机技术实现和扩展传统测控仪器功能。使用者在操作计算机时,就像操作一台自己设计的测试仪器系统一样。

虚拟仪器测控系统由硬件设备、设备驱动程序和应用软件 3 部分组成。应用软件开发平台有 VC++、VB 及 NI 公司的 LabVIEW 和 LabWindows/CVI 等。以 LabVIEW 为例,它具有如下功能特点。

1)数据采集

提供了数千种仪器驱动库和格式化 I/O 库,能够直接调用相应仪器驱动库和 I/O 库,实现自动检测功能。

2)通信控制

提供了 GPIB 库、RS-232 库、VISA 库以及 VXI 库等,能够利用 C 语言编程调用相应接口函数,实现各种测控系统的通信与控制。

3)数据分析

提供了数据分析库以及高级分析库,能够快速地调用各种数据处理算法。

4)系统界面

提供了面板、菜单、按钮等用户接口库,使用户能够简单方便地制作出人性化的现代测控系统界面。

随着虚拟仪器技术的快速发展和应用,结合基于 Internet/Intranet 通信能力的远程测控系统性能大大提高,虚拟仪器测控技术已成为现代测控技术与自动控制系统的重要组成部分。

## 1.4  现代测控技术与系统发展方向

在现代工业生产、测控系统高度自动化和信息管理现代化过程中,涌现出大量以计算机为核心的信息处理与过程控制相结合的现代测控系统。现代测控技术与系统的发展趋势主要表现在以下方面。

**1. 小型化与微型化**

以敏感元件采用 MEMS(Micro-Electronical-Mechanic Systems,微机电系统),半导体材料取代金属为特征的现代传感器技术正飞速发展。由传感器、调制电路、微处理器组成的智能传感器系统已由多片集成系统发展到在单片芯片上实现。所以,由 MEMS 技术结合半导体工艺甚至纳米技术制作的现代传感器系统,正引领测控系统走向小型化和微型化。

**2. 网络化**

将智能检测和控制系统接入计算机网络,进一步增强了现代测控系统的功能和活力。

以各种总线为代表的网络化测控系统迅猛发展。现代测控系统网络化有利于降低系统的成本,有利于实现远距离测控和资源共享,有利于实现测控设备的远距离诊断与维护。同时,虚拟仪器技术与 Internet 网络技术相结合,也给测控系统的网络化发展注入了新的活力。

**3. 虚拟化**

虚拟仪器是随着计算机技术和现代测量技术的发展而产生的一种新型高技术,代表着当今测控技术发展方向。虚拟仪器是利用现有的微型计算机,加上特殊设计的测控硬件和专用软件,形成既有普通测控仪器系统的基本功能,又有传统测控仪器所没有的特殊功能的新型计算机测控仪器系统。随着测控理论方法的发展和人机交互的日益人性化,以及软件与艺术的有效结合与体现,现代测控系统更趋向于虚拟化发展。

**4. 智能化**

检测技术和计算机技术的结合,大大提高了测控系统的测控精度与自动化水平。神经网络的自学习、自适应、自组织、并行处理、分布存储、联想记忆以及动态逼近等一系列独特算法的优越性,大幅度提高了现代测控系统的智能化水平。智能科技分支林立,蓬勃发展。除了人工神经网络之外,还有模糊逻辑、遗传算法、专家系统、仿人智能、粗糙集理论、模式识别、分形系统、混沌理论以及数据融合技术等,都将使现代测控技术与系统的智能化提升到一个全新的境界。

**5. 空间化与大型化**

随着载人航天技术的高速发展,天地测控成为现代最为先进、最为复杂和最引人入胜的测控课题,天地测控网也成为目前世界上最复杂的大型测控网络系统。以美国国家航空航天局的航天测控和数据采集网为例,包括了用于地球轨道航天计划的航天跟踪与数据测控网,用于月球与行星探测的深空探测网,为这两个网传递各种信息的地面通信系统是一种综合通信测控网。我国也先后建成了超短波近地卫星测控网、C 频段卫星测控网和 S 频段航天测控网,可为中低轨道、地球同步轨道等多种航天器提供远程测控支持,完成了多次航天飞行的测控任务。我国现有地面测控网一般可以满足大多数测控任务的需要,随着太空的探测和测控强国的争夺,现代测控系统正迅速朝着天地一体化的大型测控网络系统发展。

# 参考文献

1  赵伟.网络化——测量技术与仪器发展的新趋势[J].电测与仪表,2000,37(7):5-9.

2  滕召胜.智能检测技术及数据融合[M].北京:机械工业出版社,2000.

3  卜云峰.检测技术[M].北京:机械工业出版社,2005.

4  刘君华,申忠如,郭福田.现代测试技术与系统集成[M].北京:电子工业出版社,2005.

5  高春甫,艾学忠.微机测控技术[M].北京:科学出版社,2005.

6  De Capitani D V S,Ferrero A,Lazzaroni M. Mobile Agent Technology for Remote Measurements[J]. IEEE Transactions on Instrumentation and Measurement,2006,55(5):1559-1565.

7  翟郑安.我国航天测控网发展构想[J].飞行器测控学报,2000,19(3):7-12.

# 第 2 章

# 测控系统的理论基础

测控是指含有检查、测量等比较宽泛意义的测量,是从客观事物中获取有关信息的过程,是人们认识客观事物的重要方法。在这个过程中要借助于检测装置,并需通过合适的实验方法和必要的数学处理。本章主要介绍测控系统的基本概念、误差分类、测量方法、测量结果的数据统计处理方法等。这些知识是测控技术的理论基础。

## 2.1 测控系统的误差处理

被测对象某参数的量值的真值是客观存在的,但由于各种原因,测量结果总有误差。测量误差显然会影响人们认识客观事物的准确性,为此要对测量误差进行研究。

本节主要介绍误差的来源与分类,随机误差处理方法和疏忽误差处理方法。依据测控信号的变换规律,通过数据误差处理,对信号进行必要的去误差操作,可提高测量分辨能力,提高检测系统的工作性能,获取新的准确信息,从而改进系统的容错性与可靠性,完善系统的智能性。

### 2.1.1 误差的来源与分类

**1. 误差的来源**

为了减小测量误差,提高测量结果的准确度,必须明确测量误差的主要来源,以便估算测量误差并采取相应措施减小误差。测控系统的误差来源是多方面的,主要有以下 6 种。

1) 方法误差

方法误差是由于测控系统采用的测量原理与方法不完善、理论依据不严密、对某些经典测量方法作了不适当的修改简化所产生的。它是制约测量准确性的主要原因。例如,用伏安法测电阻时,若直接以电压表示值与电流表示值之比作测量结果,而不计电表本身内阻的影响,就会引起误差。

2) 环境误差

环境误差是由于环境因素对测量影响而产生的误差。例如环境温度、湿度、气压、灰尘、电磁干扰、机械振动等干扰会引起被测样品的性能变化,使测控系统产生误差。

3) 数据处理误差

数据处理误差是检测系统对测量信号进行运算处理时产生的误差,包括数字化误差、计算误差等。

4）使用误差

使用误差也叫操作误差，是指测量过程中因操作不当而引起的误差。例如，将按规定应垂直安放的仪表水平放置，仪表接地不良，测试引线太长而造成损耗或未考虑阻抗匹配，未按操作规程进行预热、调节、校样后再测量等，都会产生使用误差。减小使用误差的最有效途径是提高测量操作技能，严格按照仪器使用说明书规定的方法、步骤进行操作。

5）仪器误差

由于测量所使用的仪器、仪表、量具和附件不准确和不完善所引起的误差称为仪器误差。如电桥中的标准电阻、示波器的探极线等都含有误差，仪器仪表的零位偏移、刻度不准确以及非线性等引起的误差均属仪器误差。减小仪器误差的主要途径是根据具体测量任务，正确地选择测量方法和使用测量仪器。

6）人身误差

由于测量人员的生理特点（分辨能力、反应速度、视觉疲劳、情绪变化等）、心理或固有习惯（读数的偏大或偏小等）、测量知识水平、操作经验等引起的误差称为人身误差。减小人身误差的主要途径有：提高操作者的操作技能和责任心，采用更合适的测量方法，采用数字式显示的客观读数等。

**2. 误差的分类**

虽然产生误差的原因多种多样，但按误差的性质和特点可分为系统误差、随机误差和疏失误差三大类。

1）系统误差

系统误差是指在相同条件下重复测量同一量时，误差的绝对值和符号保持不变，或在条件改变时按照一定的规律变化的误差。例如，仪表的刻度误差和零位误差，应变片电阻值随温度的变化等都属于系统误差。它产生的主要原因可能是仪表制造、安装或使用方法不正确，也可能是测量人员的一些不良的读数习惯等。系统误差是一种有规律的误差，故可以采用修正值或补偿校正的方法来减小或消除。在一个测控系统中，测量的准确度由系统误差来表征。系统误差愈小，则表明测量准确度愈高。

2）随机误差

在相同条件下多次重复测量同一量时，误差绝对值和符号无规律变化的误差称为随机误差。随机误差的来源主要有机械干扰（振动与冲击）、热和湿干扰、电磁场变化、放电噪声、光和空气及系统元件噪声等。例如温度及电源电压频繁波动，电磁干扰和测量者感觉器官无规律的微小变化等引起的误差。这类误差不能用修正或采取某种技术措施的办法来消除。但随机误差在足够次数的测量后，其总体服从统计规律（最常见的就是正态分布规律），从中可了解它的分布特性，并能对其大小及测量结果的可靠性做出估计，或通过多次重复测量，然后取其中算术平均值来达到减小误差的目的。随机误差的大小反映了数据的分散程度，经常用来表征测量精密度的高低。随机误差越小，精密度越高。

3）疏失误差

疏失误差也叫过失误差或粗大误差，是测得的值明显地偏离实际值所形成的误差。它主要是由于操作不当，读数、记录和计算错误，测试系统的突然故障，环境条件的突然变化等疏忽因素而造成的误差。疏失误差必须根据统计检验方法的某些准则去判断哪个测量值是坏值或异常值,然后在处理数据时剔除掉。

## 2.1.2　随机误差处理方法

**1. 随机误差的统计特性**

随机误差的分布规律,可以在大量重复测量数据的基础上总结出来,符合统计学上的规律性。表 2-1 所示为两种不同产品的检测值和平均值。

表 2-1　两种不同产品的检测值和平均值

| 测量品种 | 产品直径检测值 | | | | | | | | | | | 平均值 |
|---|---|---|---|---|---|---|---|---|---|---|---|---|
| | 1 | 2 | 3 | 4 | 5 | 6 | 7 | 8 | 9 | 10 | 11 | |
| 产品 1 | 13.0 | 13.1 | 13.3 | 12.8 | 13.1 | 12.7 | 13.2 | 13.0 | 12.8 | 12.0 | 13.2 | 13.0 |
| 产品 2 | 14.6 | 14.3 | 14.2 | 14.7 | 14.5 | 14.3 | 14.8 | 14.3 | 14.7 | 14.6 | 14.6 | 14.5 |

对某一种固定对象进行多次重复测量,测量结果可以反映出测量数据的随机变化。经过大量的实际检验,具有随机误差的测量数据的概率分布有以下统计特征。

(1)对称性:随机误差出现的概率,即绝对值相等的正、负误差出现的概率相同,以零误差为中心成对称分布。

(2)有界性:在一定的测量条件下,误差的绝对值不会超过某一界限,即绝对值很大的误差出现的概率为零。

(3)单峰性:绝对值小的误差出现的概率大于绝对值大的误差出现的概率。从概率分布曲线看,零误差对应误差概率的峰值。

(4)抵偿性:在一定条件下,对同一量的测量,随着测量次数的增加,随机误差的代数和趋于零。该特性是随机误差的最本质特性,换言之,凡具有抵偿性的误差,原则上都可以按随机误差处理。

**2. 随机测量数据的分布**

可利用随机测量数据出现的统计分布规律,使测量结果尽量减小分散性。根据概率论的中心极限定理,大量的、微小的及独立的随机变量之和服从正态分布。显然,随机误差是服从正态分布的。例如,对某一产品作等精度 $n$ 次重复测量,其测量序列 $X_1, X_2, X_3, \cdots, X_n$ 服从正态分布,则测量数据的概率密度为

$$p(X) = \frac{1}{\sqrt{2\pi}\sigma} \exp\left[-\frac{(x-\mu)^2}{2\sigma^2}\right] \tag{2-1-1}$$

式中: $\mu$ 为测量真值; $\sigma$ 为标准误差,并且有 $\sigma = \sqrt{\dfrac{\delta_1^2 + \delta_2^2 + \cdots + \delta_n^2}{n}}$, $\delta_i(i=1,2,\cdots,n) = x - \mu$ 为随机误差。不同的 $\sigma$ 有不同的概率密度函数曲线, $\sigma$ 一定,随机误差的概率分布就完全确定。

**3. 随机测量数据的可信度**

对于一个未知量,人们在测量或计算时,常不以得到近似值为满足,还需估计误差,即要求确切地知道近似值的精确程度(亦即所求真值所在的范围),并希望知道这个范围包含真值的可信程度。

1)置信区间与置信概率

在研究随机变量的统计规律时,不仅要知道它在哪个范围取值,而且要知道它在该范围

内取值的概率。这就是置信区间和置信概率的概念。

在一定概率保证下,估计出一个区间$[-a,+a]$以能够覆盖参数 $\mu$ 真值,这个区间称为置信区间,区间的上、下限称为置信限。

置信限$\pm a$ 是鉴定测量系统的设计误差指标,对于已有的检测系统,随机误差 $\delta$ 服从正态分布,标准误差 $\sigma$ 已知。随机误差定义为

$$\delta = X - \mu$$

则随机误差概率密度函数为

$$p(\delta) = \frac{1}{\sqrt{2\pi}\,\sigma}\exp\left[-\frac{\delta^2}{2\sigma^2}\right]$$

区间$[-a,+a]$与 $p(\delta)$ 曲线构成的面积就是测量误差在$[-a,+a]$区间出现的置信概率,如图 2-1 所示。显然,置信区间愈宽,置信概率愈大,随机误差的范围也愈大,对测量精度的要求愈低;反之,置信区间越窄,置信概率越小,误差的范围也越小,对测量精度的要求越高。

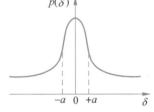

2)置信概率的计算

在置信区间$[-a,+a]$内的置信概率为

$$p(-a \leqslant \delta \leqslant a) = p(\mu - a \leqslant X \leqslant \mu + \alpha)$$
$$= \int_{\mu-a}^{\mu+a} p(X)\mathrm{d}X \qquad (2\text{-}1\text{-}2)$$

图 2-1 随机误差的概率密度曲线

可以看到:

(1)置信概率等于在置信区间对概率密度函数的定积分。

(2)随机误差出现的概率就是测量数据出现的概率。

(3)可以通过给定区间$[-a,+a]$和置信概率来评定采样数据的随机误差。

由于服从正态分布的概率密度函数具有对称性,不难得到

$$P(-a \leqslant \delta \leqslant +a) = P(|\delta| \leqslant a) = 2\int_0^{+a} p(\delta)\mathrm{d}\delta \qquad (2\text{-}1\text{-}3)$$

用标准误差的倍数 $\beta$ 来表示置信度,即 $a = \beta\sigma$,$\beta$ 为任意数,则有 $\beta = \dfrac{a}{\sigma}$。将该式代入式(2-1-3),得

$$P(-a \leqslant \delta \leqslant +a) = 2\int_0^{+a} p(\delta)\mathrm{d}\delta$$
$$= 2\int_0^{a} \frac{1}{\sqrt{2\pi}\,\sigma}\exp\left[-\frac{\delta^2}{2\sigma^2}\right]\mathrm{d}\delta$$
$$= 2\int_0^{a} \frac{1}{\sqrt{2\pi}}\exp\left[-\frac{\delta^2}{2\sigma^2}\right]\mathrm{d}\left(\frac{\delta}{\sigma}\right)$$

令 $t = \dfrac{\delta}{\sigma}$,得

$$P(-a \leqslant \delta \leqslant +a) = P(|t| \leqslant \beta) = \frac{2}{\sqrt{2\pi}}\int_0^{\beta} \mathrm{e}^{-\frac{t^2}{2}}\mathrm{d}t = \mathrm{erf}(\beta) \qquad (2\text{-}1\text{-}4)$$

误差函数概率积分记为 $\mathrm{erf}(\beta)$。对上式中的 $\mathrm{e}^{-\frac{t^2}{2}}$ 进行幂函数展开:

$$e^{-\frac{t^2}{2}} = e^{-\left(\frac{t}{\sqrt{2}}\right)^2}$$

$$= 1 - \left(\frac{t}{\sqrt{2}}\right)^2 + \frac{\left(\frac{t}{\sqrt{2}}\right)^4}{2!} - \frac{\left(\frac{t}{\sqrt{2}}\right)^6}{3!} + \frac{\left(\frac{t}{\sqrt{2}}\right)^8}{4!} - \cdots + (-1)^n \frac{\left(\frac{t}{\sqrt{2}}\right)^{2n}}{n!}$$

$$= 1 - \frac{t^2}{2} + \frac{t^4}{8} - \frac{t^6}{48} + \cdots + (-1)^n \frac{\left(\frac{t}{\sqrt{2}}\right)^{2n}}{n!} \tag{2-1-5}$$

将式(2-1-5)代入式(2-1-4),得到随机误差函数概率积分的计算公式如下:

$$\mathrm{erf}(\beta) = P(\,|\,\delta\,| \leqslant \beta\sigma)$$

$$= \frac{2}{\sqrt{2\pi}} \int_0^\beta e^{-\frac{t^2}{2}} \, \mathrm{d}t$$

$$= \frac{2}{\sqrt{2\pi}} \int_0^\beta \left[ 1 - \frac{t^2}{2} + \frac{t^4}{8} - \frac{t^6}{48} + \cdots + (-1)^n \frac{\left(\frac{t}{\sqrt{2}}\right)^{2n}}{n!} \right] \mathrm{d}t$$

$$= \frac{2}{\sqrt{2\pi}} \left[ \beta - \frac{1}{6}\beta^3 + \frac{1}{40}\beta^5 - \frac{1}{336}\beta^7 + \cdots + (-1)^n \frac{1}{2^n} \frac{1}{n!} \frac{1}{2n+1} \beta^{2n+1} \right]$$

$$= \frac{2}{\sqrt{2\pi}} \left[ \beta + \sum_{k=1}^n (-1)^k \frac{1}{2^k} \frac{1}{k!} \frac{1}{2k+1} \beta^{2k+1} \right] \tag{2-1-6}$$

由上式可以计算对于不同 $\beta$ 值的误差函数值,并且根据研制系统的精度要求确定级数展开项数。

3) 置信度的确定

对于测量误差随机函数置信度的确定,由给定或设定置信概率 $P$ 来计算置信区间 $[-a, +a]$,或者由给定的置信区间 $[-a, +a]$ 来求相应的置信概率 $P$。

例 2-1  设 $\beta = 2.5$,计算 $\mathrm{erf}(\beta)$,$\beta = \dfrac{a}{\sigma}$。

根据式(2-1-6),有

$$\mathrm{erf}(2.5) = \frac{2}{\sqrt{2\pi}} \left( 2.5 + \frac{15.625}{6} + \frac{97.656}{40} - \frac{610.352}{336} + \cdots \right)$$

$$\approx \frac{2}{\sqrt{2\pi}} (1.238) = 0.9876$$

运算表明,当置信限要求为 $a = \pm\beta\sigma = \pm2.5\sigma$ 时,相应的置信概率为

$$P = 98.76\% \approx 98.8\%$$

同样可以算出,当置信限要求为 $a = \pm\sigma$ 时,相应的置信概率 $P = 68.27\%$;当置信限要求为 $a = \pm3\sigma$ 时,相应的置信概率 $P = 99.7\%$。 ∎

4) 置信度与置信限的说明

(1) 在进行大量等精度测量时,随机误差落在置信区间 $[-0.22, +0.22]$ 的数目占测量总数目的 $99\%$;或者说测量值落在 $[-0.22, +0.22]$ 范围内的概率为 $0.99$。

(2) 设定的置信限愈小,表明要求的测量精密程度愈高;对给定系统测出的置信限愈

小,表明系统的测量精度愈高。

（3）定义 $\delta = 3\sigma$ 为极限误差,其概率含义是在 1000 次测量中只有 3 次测量的误差绝对值会超过 $3\sigma$。由于在一般测量中次数很少超过几十次,因此,可以认为测量误差超出 $\pm 3\sigma$ 范围的概率是很小的,故称为极限误差,一般可作为可疑值取舍的判定标准。

**4. 随机误差处理**

随机误差处理方法主要包括平均值处理方法、平均值先后计算以及数据序列数 $n$ 的确定。

1）平均值处理方法

设对某一物理量直接进行多次测量,测量值分别为 $X_1, X_2, X_3, \cdots, X_n$,当测量次数 $n$ 充分大时,对 $n$ 次测量值取平均值,其数学期望为

$$\overline{X} = E(M) = \lim_{n \to \infty} \frac{1}{n} \sum_{i=1}^{n} X_i \qquad (2\text{-}1\text{-}7)$$

被测样品的真实值是当测量次数 $n$ 为无穷大时的统计期望值。

对测量序列 $n$ 的讨论如下:

若干次采样数据的算术平均值的结果精度的评定指标,可以采用算术平均值的标准误差,表示为 $\sigma_X$。

（1）对于服从正态分布的检测数据,取 $N$ 组,每组 $n$ 次等精度采样,得到的 $N$ 个平均值 $\overline{X}_i (i = 1, 2, \cdots, N)$ 和 $N$ 个平均值的真差 $\lambda_i (i = 1, 2, \cdots, N)$ 都服从正态分布。

（2） $N$ 个平均值 $\overline{X}_i (i = 1, 2, \cdots, N)$ 组成新的采样序列的标准误差为

$$\sigma = \sqrt{\frac{\delta_1^2 + \delta_2^2 + \cdots + \delta_N^2}{N}} = \sqrt{\frac{1}{N} \sum_{i=1}^{N} \delta_i^2} \qquad (2\text{-}1\text{-}8)$$

（3）在 $n$ 是有限次的测量中,算术平均值 $\overline{X}_i$ 只是被测真值的最佳估计值,自然有误差。若对一被测作 $K$ 组不带系统误差的等精密度的测量,每组测 $n$ 个数据,因为有随机误差,每组得出的算术平均值 $\overline{X}_i (i = 1, 2, \cdots, N)$,即 $\overline{X}_i$,也是一个随机变量。可以证明测量列的算术平均值的标准误差 $\sigma_{\overline{X}}$ 只是测量列的标准误差 $\sigma$ 的 $\frac{1}{\sqrt{n}}$ 倍,即

$$\sigma_{\overline{X}} = \frac{1}{\sqrt{n}} \sigma \qquad (2\text{-}1\text{-}9)$$

因此,以算术平均值作为检测结果,当采样精度增加时,测量结果的准确度也随之增大。但在实际测量中,只能是随着测量次数 $n$ 的增加,使所得算术平均值逐渐接近被测样品的真值。有限次测量所得的算术平均值是一个具有随机性质的在真值左右摆动的近似数值。

2）平均值先后计算

在进行系统示值计算时,既可以先对直接检测值平均,再按函数关系求测量结果显示值;亦可以先对多个采样信号按函数关系计算出每次采样结果,然后求其算术平均值作为被测量的最终结果示值。

设 $X = f(V)$,两种不同计算方法分别为

$$\overline{X}_a = f\left(\frac{1}{n} \sum_{i=1}^{n} V_i\right) \qquad (2\text{-}1\text{-}10)$$

$$\overline{X}_b = \frac{\sum\limits_{i=1}^{n} f(V_i)}{n} \tag{2-1-11}$$

将上面两式分别在真值 $V_0$ 附近展开泰勒级数,保留到二次项,可得

$$\overline{X}_a = f(V_0) + \frac{\mathrm{d}f}{\mathrm{d}V}\bigg|_{V_0} (\overline{V} - V_0) + \frac{1}{2} \frac{\mathrm{d}^2 f}{\mathrm{d}V^2}\bigg|_{V_0} (\overline{V} - V_0)^2$$

$$\overline{X}_b = f(V_0) + \frac{\mathrm{d}f}{\mathrm{d}V}\bigg|_{V_0} (\overline{V} - V_0) + \frac{1}{2} \frac{\mathrm{d}^2 f}{\mathrm{d}V^2}\bigg|_{V_0} \sum\limits_{i=1}^{n} \frac{(V_i - V_0)^2}{n}$$

当测量次数 $n$ 较大时,可以认为 $\overline{V} \to V_0$,但是 $\sum\limits_{i=1}^{n} \frac{(V_i - V_0)^2}{n}$ 不可能为 0,当采样次数 $N$ 不受限制时,可以认为平均值 $\overline{X}_a$ 比 $\overline{X}_b$ 更接近真值 $f(V_0)$,即理论真值 $\mu$。于是采用

$$\overline{X}_a = f\left(\frac{1}{n}\sum\limits_{i=1}^{n} V_i\right) \tag{2-1-12}$$

总之,直接采样信号的平均值就是系统对检测信号的最佳估计值,可用平均值代表其相对真值;如果被测量与函数关系明确,将各直接测量的最佳估计值代入被测量函数,所求出的值即为被测量的最佳估计值。

3) 数据序列数 $n$ 的确定

标准误差 $\sigma$ 是在采样次数 $n$ 足够大的时候得到的,但是实际中测量次数只能是有限次,并且只能得到标准误差的近似值 $\sigma'$,如何确定测量次数 $n$? 可遵循以下步骤:通过贝塞尔(Bessel)公式利用测量序列的剩余误差求出标准误差的近似值 $\sigma'$;通过谢波尔德公式利用标准误差的近似值 $\sigma'$ 确定测量次数 $n$。

(1) 贝塞尔公式。

对于测量列 $\{X_1, X_2, X_3, \cdots, X_n\}$ 中的一次测量结果 $X_i$,有

$$\delta_i = X_i - \mu \tag{2-1-13}$$

其中,$\mu$ 为真值,其剩余误差为

$$v_i = X_i - \overline{X} \tag{2-1-14}$$

由式(2-1-13)和式(2-1-14)可得

$$\delta_i - v_i = \overline{X} - \mu$$

设 $\lambda$ 为算术平均值的真差,$\lambda = \delta_i - v_i = \overline{X} - \mu$,则

$$\delta_i = v_i + \lambda$$

由此可以推导出用剩余误差 $v_i$ 计算近似标准误差 $\sigma'$ 的贝塞尔公式:

$$\sigma' = \sqrt{\frac{1}{n-1}\sum\limits_{i=1}^{n} v_i^2} \tag{2-1-15}$$

上式是计算随机误差的标准差的最常用计算公式。

(2) 谢波尔德公式。

谢波尔德公式给出了标准误差 $\sigma$、近似误差 $\sigma'$ 以及检测设备分辨率 $\omega$ 之间的关系:

$$\sigma^2 = \sigma'^2 - \frac{\omega^2}{12} \tag{2-1-16}$$

当测量次数 $n$ 增加时,利用随机误差的抵偿性质,使随机误差对测量结果的影响削弱到与 $\sqrt{\dfrac{\omega^2}{12}}$ 相近的数量,近似误差就趋于稳定,此时测量次数 $n$ 为选定值。

根据检测系统的实际测量误差精度,通过贝塞尔公式计算出的测量序列误差参数近似值 $\sigma'$ 随着测量次数的增加,与系统分辨率处于同一数量级。达到稳定时,最少测量次数为算术平均值测量次数的选定值。工程上,测量次数不可能无穷大,实际上 $n$ 取 10~20。

## 2.1.3 疏失误差处理方法

含有疏失误差的测量值称为坏值。在重复试验过程中得到的一系列测量值,如果混入坏值,则必然会歪曲测量结果,造成极大的误差。因此,必须在各个测量值中找出坏值并舍弃之,直到无坏值存在时,才可进行有关的数据处理而得到正确的结果。

**1. 拉依达准则($3\sigma$ 准则)**

拉依达准则是最常用也是最简单的判别疏失误差的准则。假设一组等精度测量结果中,某次测量值 $x_k$ 所对应的残差 $v_k$ 满足

$$| v_k |=| x_k - x |> 3\sigma \qquad (2\text{-}1\text{-}17)$$

则 $v_k$ 为疏失误差,$x_k$ 为坏值,应剔除不用。拉依达准则是以正态分布和误差概率 $P=0.9973$ 为前提的。该准则简单实用,特别适合于有计算机参加的在线检测,能很快从测量的数据中判别出坏值,剔除后求出最终的测量结果供显示或控制使用;但在有限次测量时只能给出一个近似结果,特别不适合于测量次数 $n \leqslant 10$ 的情况,因为当 $n \leqslant 10$ 时,残差总是小于 $3\sigma$。

**2. 格罗贝斯(Grubbs)判据准则**

格罗贝斯判据准则也是根据正态分布理论建立的,但考虑了测量次数 $n$ 以及标准偏差本身的误差影响等,理论上较为严谨,使用也较方便。

当测量数据中,某数据 $x_i$ 的残差满足

$$| v_i |> g(a,n)\hat{\sigma} \qquad (2\text{-}1\text{-}18)$$

则该测量数据含有疏失误差,应予以剔除。

式中 $g(a,n)$ 为格罗贝斯准则鉴别系数,与测量次数 $n$ 和显著性水平 $a$ 有关,可查表获得。显著性水平 $a$ 一般取 0.05 或 0.01,置信概率 $P=1-a$,$\hat{\sigma}$ 为测量数据的误差估计值。

利用格罗贝斯准则,对于次数较少的疏失误差剔除的准确性高,且每次只能剔除一个可疑值,因而需要重复进行判别,直到确定无疏失误差值为止。

**例 2-2** 对小麦水分进行 8 次检测采样,测得水分值如表 2-2 所示。

表 2-2 含有疏失误差的小麦水分检测结果

| $i$/次 | 1 | 2 | 3 | 4 | 5 | 6 | 7 | 8 |
|---|---|---|---|---|---|---|---|---|
| $X_i$/% | 13.6 | 13.8 | 13.8 | 13.4 | 12.8 | 13.9 | 13.5 | 13.6 |

按照由小到大的顺序,8 次测量结果的排列为

$$X_5, X_4, X_7, X_1, X_8, X_2, X_3, X_6$$

8 次测量的平均值为

$$\overline{X} = \frac{1}{8}\sum_{i=1}^{8} X_i = 13.55\%$$

计算出相应的剩余误差如表 2-3 所示。

表 2-3　含有疏失误差的小麦水分检测剩余误差

| $i$/次 | 1 | 2 | 3 | 4 | 5 | 6 | 7 | 8 |
|---|---|---|---|---|---|---|---|---|
| $v_i$/% | 0.05 | 0.25 | 0.25 | $-0.15$ | $-0.75$ | 0.35 | $-0.05$ | 0.05 |

剔除疏失误差前的近似误差为

$$\hat{\sigma} = \sqrt{\frac{1}{n-1}\sum_{i=1}^{n} v_i^2} = 0.35$$

由表 2-3 可以看出，$|v_5| = |v_i|_{\max} = 0.75$，值得怀疑。而由 $g_0(n,a)$ 数值表查得 $g_0(8,0.05) = 2.03$，于是有

$$g_0(8,0.01)\hat{\sigma} = 2.03 \times 0.35 = 0.71$$

因

$$|v_5| = 0.75 > g_0(8,0.01)\hat{\sigma} = 0.71$$

故 $X_5 = 12.8\%$ 为可疑值，应当剔除。

在余下的 7 个数据中，由于

$$g_0(7,0.01)\hat{\sigma} = 1.94 \times 0.22 = 0.43$$

又因

$$|v_6| = |v_i|_{\max} = 0.35 < g_0(7,0.01)\hat{\sigma} = 0.43$$

故余下的 7 个测量数据中已无疏失误差值存在，在后续计算时可以使用。 ■

疏失误差剔除对于提高虚拟仪器系统的一致性有很重要的作用。

**3. 分布图法**

分布图中反映数据分布结构的参数主要是：中位数 $X_M$、上四分位数 $X_U$、下四分位数 $X_L$、四分位数离散度 $dX$ 和淘汰点 $\rho$。

设对某一被测对象进行多次独立测量，得到一列已按从小到大顺序排列的测量列：

$$X_1, X_2, \cdots, X_N$$

则 $X_1$ 称为下极限，$X_N$ 称为上极限。

定义中位值为

$$X_M = X_{\frac{N+1}{2}}, \quad N \text{ 为奇数} \tag{2-1-19}$$

$$X_M = \frac{X_{\frac{N}{2}+1} + X_{\frac{N}{2}}}{2}, \quad N \text{ 为偶数} \tag{2-1-20}$$

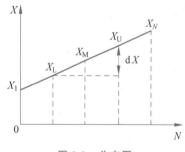

图 2-2　分布图

上四分位数 $X_U$ 为区间 $[X_M, X_N]$ 的中位数，下四分位数 $X_L$ 为区间 $[X_1, X_M]$ 的中位数，分布图如图 2-2 所示。

四分位数离散度为

$$dX = X_U - X_L \tag{2-1-21}$$

认定与中位数的距离大于 $\beta dX$ 的数据为离异数据，即无效数据的判断区间为

$$|X_i - X_M| > \beta dX \tag{2-1-22}$$

式中，$\beta$ 为常数，其大小视智能检测系统的测量精度要

求而定,可取 $\beta=2,1$ 等值。

淘汰点定义为

$$\rho_1 = X_L - \frac{\beta}{2}\mathrm{d}X \tag{2-1-23}$$

$$\rho_2 = X_U + \frac{\beta}{2}\mathrm{d}X \tag{2-1-24}$$

其中区间 $[\rho_1,\rho_2]$ 内的测量数据被认为是有效的一致性测量数据,利用这一有效区间的数据选定,可以排除 $50\%$ 的离异值干扰。而且,中位数 $X_M$ 和四分位数离散度 $\mathrm{d}X$ 的选择与极值点的大小无关,仅与数据的分布位置有关,有效区间的获得与需要排除的可疑值无直接关系。

因此用分布图法来获得一致性测量数据的方法,能够增强数据处理对不确定因素的适应性,即具有鲁棒性。

应用实践证明:格罗贝斯判据准则和分布图法对于次数较少的测量数据,疏失误差剔除的准确性高,利用计算机编程计算也比较容易。

## 2.2 非线性特性补偿方法

智能测控系统的测量信号大多为非线性的,检测信号线性化是提高检测系统测量准确性的重要手段。非线性信号在示波器中显示存在如图 2-3 中的 4 种现象。

如图 2-3 所示,实线表示测量真实信号,虚线表示虚假信号,其中图(a)表示不符合采样定理出现的插空、混叠现象;图(b)表示当采样频率分别为信号频率的 3 倍和 4 倍时出现的失真现象;图(c)表示采样频率在 5 个信号频率周期内采样 4 个点时出现的混叠现象;图(d)表示将图(c)中的虚线在 $x$ 轴方向压缩后显示的虚假信号。

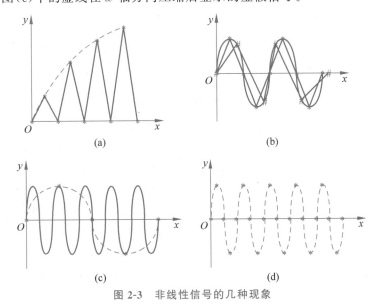

图 2-3 非线性信号的几种现象

非线性补偿法通过在测量系统中引入非线性补偿环节,使系统的总输出特性呈线性。这样做可以获得线性系统的许多优点,如:可以获得较宽的测量范围和较高的测量精度;

在整个量程范围内具有相同的灵敏度,使输出信号的后继处理简单;另外还可以使显示仪表获得均匀的指示刻度,易于制作,互换性好,调试方便,且读数误差小。造成非线性的原因主要有两个方面:一是由于许多传感器的转换原理不是非线性的;二是由于所采用的测量电路存在非线性。目前常用的非线性补偿法可分为两类:一类是模拟非线性补偿法,另一类是数字非线性补偿法。

## 2.2.1 模拟非线性补偿法

模拟非线性补偿法是指在模拟量处理环节中增加非线性补偿环节,使系统的总特性为线性。线性集成电路的出现为这种线性化方法提供了简单而可靠的物质手段。

### 1. 开环式非线性补偿法

开环式非线性补偿法是将非线性补偿环节串接在系统的模拟量处理环节中,实现非线性补偿目的。具有开环式非线性补偿的结构原理如图 2-4 所示,假设第一个环节是非线性环节,其特征方程为 $u_1 = f(x)$,系统的其他环节均为线性特性,可以等效为一个特征方程 $u_2 = ku_1$,这是一个线性放大器。若要求整个系统的输出特征方程为线性,即 $y = sx$($s$ 为系统的灵敏度),则可由各环节的特性方程和总特性方程,求出非线性补偿环节的特性方程,即 $y = \phi(u_2)$。

图 2-4　开环式非线性补偿结构原理图

由

$$\begin{cases} u_1 = f(x) \\ u_2 = ku_1 \\ y = sx \end{cases}$$

削去中间变量 $u_1$ 和 $x$,得到开环式非线性补偿环节输入输出的解析表达式为

$$y = sf^{-1}\left(\frac{u_2}{k}\right) \tag{2-2-1}$$

上式表明,非线性补偿环节的特性应与非线性环节的输出特性的反函数成正比。

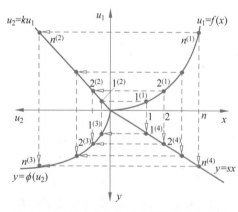

图 2-5　图解法求非线性补偿环节特征曲线

当传感器的非线性特性用解析表达式表示比较复杂或比较困难时,用图解法求取非线性补偿环节的输入输出特性,比用上述解析法简单实用。应用图解法时,必须根据实验数据或方程,将仪表组成环节及整台仪表的输入输出特性用曲线形式给出。用图解法求取非线性补偿环节特性曲线的具体方法如下(参考图 2-5):

(1) 将传感器的非线性特性曲线 $u_1 = f(x)$ 画在直角坐标系的第Ⅰ象限,被测量 $x$ 为横坐标,传感器输出电压为纵坐标 $u_1$。

(2) 将放大器的线性特性曲线 $u_2 = ku_1$ 画在

第Ⅱ象限，放大器的输入 $u_1$ 为纵坐标，放大器的输出 $u_2$ 为横坐标。

（3）将整个测量系统的输入输出特性曲线 $y=sx$ 画在第Ⅳ象限，该象限的横坐标仍为被测量 $x$，纵坐标为整个仪表输出 $y$。

（4）将 $x$ 轴分成 $1,2,3,\cdots,n$ 段（段数 $n$ 由精度要求而定）。由点 1 引垂线，与曲线 $f(x)$ 交于点 $1^{(1)}$，与直线 $y=sx$ 交于点 $1^{(4)}$。通过 $1^{(1)}$ 引水平线交于直线 $u_2=ku_1$ 的点 $1^{(2)}$。最后分别从点 $1^{(2)}$ 引垂线，从点 $1^{(4)}$ 引水平线，此二线在第Ⅲ象限相交于点 $1^{(3)}$，则点 $1^{(3)}$ 就是所求非线性补偿环节特性曲线上的一点。同理，用上述步骤可求得非线性补偿环节特性曲线上的点 $2^{(3)},3^{(3)},\cdots,n^{(3)}$。通过这些点画曲线，就得到了所要求的非线性补偿环节特性曲线 $y=\phi(u_2)$。

开环式非线性补偿法结构简单，便于调整。

**2. 闭环式非线性补偿法**

闭环式非线性补偿法是将非线性反馈环节放在反馈回路上形成闭环系统，从而达到线性化的目的。具有闭环式非线性补偿的结构原理如图 2-6 所示，假设第一个环节是非线性环节，其特征方程为 $u_1=f(x)$，系统的其他环节均为线性特性，可以等效为一个特征方程为 $y=ku_D$ 的线性放大器。若要求整个系统的输出特征方程为线性，即 $y=sx$（$s$ 为系统的灵敏度），则可由各环节的特性方程和总特性方程，求出非线性反馈环节的特性方程，即 $u_F=\phi(y)$。

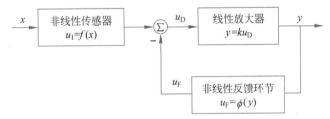

图 2-6 闭环式非线性补偿结构原理图

由

$$\begin{cases} u_1=f(x) \\ y=ku_D \\ y=sx \\ u_D=u_1-u_F \end{cases}$$

削去中间变量 $x$、$u_1$ 和 $u_D$，得到闭环式非线性反馈环节输入输出的解析表达式为

$$u_F=f\left(\frac{y}{s}\right)-\frac{y}{k} \tag{2-2-2}$$

一般来说，放大器的放大倍数 $k\gg1$，有

$$u_F=\phi(y)=f\left(\frac{y}{s}\right) \tag{2-2-3}$$

上式表明，采用闭环式非线性补偿方法对非线性环节作线性校正，位于反馈通道上的非线性反馈环节具有与非线性环节相同的特征函数。从理论上说，可以直接把非线性环节作为非线性反馈环节放在反馈回路中。但是，在实际系统中，如果非线性环节是传感器，其输入量是非电量，输出量是电量，而反馈环节要求输入量和输出量均为电量，因而不能把传感器直接放在反馈回路中作为补偿环节，所以通常用一个与传感器具有相同特性的模拟电路作为非线性反馈环节接入反馈回路中。

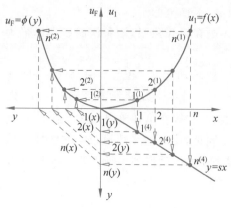

图 2-7　图解法求非线性反馈环节特征曲线

对于闭环式非线性补偿法,也可以用图解法求解其输入输出特性。用图解法求取非线性反馈环节特性曲线的具体方法如下(参考图 2-7):

(1) 将传感器的非线性特性曲线 $u_1 = f(x)$ 画在直角坐标系的第 I 象限,被测量 $x$ 为横坐标,传感器输出电压为纵坐标 $u_1$。

(2) 将整个测量系统的输入输出特性曲线 $y = sx$ 画在第 IV 象限,该象限的横坐标仍为被测量 $x$,纵坐标为数个仪表输出 $y$。

(3) 考虑到主放大器的放大倍数 $k$ 足够大,保证在正常工作时放大器输入信号 $u_D$ 非常小,并满足 $u_D \ll u_1$,因此 $u_1 \approx u_F$,从而可以把 $u_F = u_1$ 画在第 II 象限。纵坐标表示 $u_1/u_F$,横坐标表示 $y$。

(4) 将 $x$ 轴分成 $1,2,3,\cdots,n$ 段(段数 $n$ 由精度要求而定)。由点 1 引垂线,与曲线 $f(x)$ 交于点 $1^{(1)}$,与直线 $y = sx$ 交于点 $1^{(4)}$。通过 $1^{(4)}$ 点投影到纵坐标轴上,并将求出的点 $1(y)$ 引向横坐标轴 $y$ 轴(可用圆规以坐标原点为圆心,通过 $1(y)$ 画一圆弧,交于横坐标 $y$ 轴 1 的点)。最后分别从点 $1(x)$ 引垂线,从点 $1^{(1)}$ 引水平线,此二线在第 II 象限相交于点 $1^{(2)}$,则点 $1^{(2)}$ 就是所求非线性反馈环节特性曲线上的一点。同理,用上述步骤可求得非线性反馈环节特性曲线上的点 $2^{(2)},3^{(2)},\cdots,n^{(2)}$。通过这些点画曲线,就得到了所要求的非线性反馈环节特性曲线 $u_F = \phi(y)$。

闭环式非线性补偿法引入负反馈,所以稳定性好,但调整困难,常用于要求更高的场合。

3. 差动补偿法

在实际测量系统中,由于环境干扰量的出现,使得系统的总输出呈现非线性。采用差动补偿结构的目的就是消除或减弱干扰量的影响,同时对有用信号,即被测信号的灵敏度有相应提高。差动补偿结构的原理图如图 2-8 所示。被测量为 $u_1$,干扰量(或称影响量)为 $u_2$,传感器(或称变换器)有 $A$、$B$ 两个,其输出分别为 $y_1$ 和 $y_2$,总的输出为 $y = y_1 - y_2$。

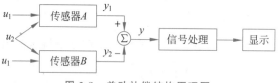

图 2-8　差动补偿结构原理图

传感器 $A$ 和 $B$ 采用对称结构,被测量 $u_1$ 反(负)对称地作用于传感器 $A$ 和 $B$,干扰量 $u_2$ 对称地作用于传感器 $A$ 和 $B$。设 $A$ 和 $B$ 均为线性传感器,则有静态关系式

$$y_1 = f(u_1, u_2) = K_A u_1 + K'_A u_2$$

$$y_2 = f'(u_1, u_2) = -K_B u_1 + K'_B u_2$$

$$y = y_1 - y_2 = (K_A + K_B)u_1 + (K'_A - K'_B)u_2$$

因为传感器 $A$ 和 $B$ 为对称结构,于是有 $K_A \approx K_B$,$K'_A \approx K'_B$。这时

$$y \approx 2K_A u_1 \tag{2-2-4}$$

从上式可见,系统的灵敏度提高了一倍,同时克服了干扰量对测量值的影响,因此是在

工程测控中广泛采用的结构之一。例如,位移检测系统的差动电感式、差动变压式、差动电容式检测系统都采用的是差动补偿结构。所采用的两个传感器元件特性要求尽可能一致,以获得更好的补偿效果。

**4. 分段校正法**

分段校正法的实施就是将图 2-9 中的传感器输出特性 $U_{实}=f(x)$,由逻辑控制电路分段逼近到希望的特性 $U_{校}=K_2x$ 上去。

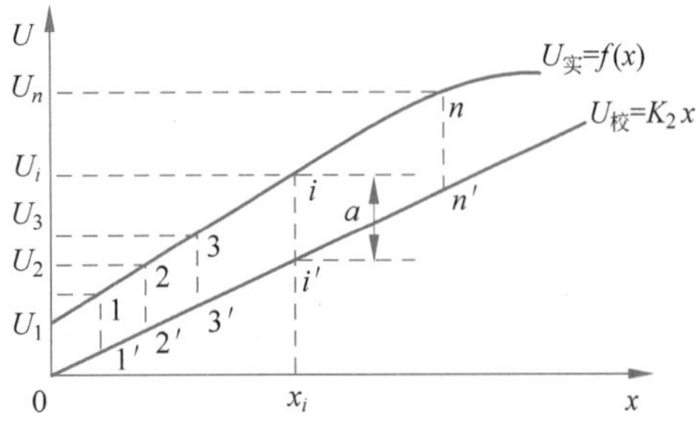

步骤如下:

(1) 按精度要求将 $f(x)$ 划分为 $n$ 段。当 $n$ 足够大时,每一段均可看成是直线,并由 $U_{实}=f(x)$ 上的 $1,2,3,\cdots,n$ 点得到相应的 $U_{校}=K_2x$ 上的 $1',2',3',\cdots,n'$ 点。

图 2-9 传感器输出特性

(2) 设计一种校正环节,电路根据 $f(x)$ 的大小,由逻辑电路判断属于哪一段上,再经过线性变换处理,使 $f(x)$ 上的 $\text{I}$ 段落在 $U_{校}=K_2x$ 相应的 $\text{I}$ 段上。

(3) 经 $n$ 段校正后,就可以得到由 $1',2',3',\cdots,n'$ 连接起来的校正曲线 $U_{校}=K_2x$。

由图 2-9 可得 $U_{实i}$ 段直线方程为

$$U_{实i}=U_i+K_1(x-x_i) \tag{2-2-5}$$

式中,$U_i$ 为该段的初始值,$K_1$ 为 $i$ 段直线斜率。

相应的第 $i$ 段的直线方程

$$U_{校i}=(U_i-a)+K_2(x-x_i) \tag{2-2-6}$$

式中,$a$ 为 $i$ 与 $i'$ 段的初始之差。

令第 $i$ 段与 $i'$ 段的斜率之差为 $K$,即

$$K=K_1-K_2 \tag{2-2-7}$$

由式(2-2-6)和式(2-2-7)有

$$
\begin{aligned}
U_{校i} &=(U_i-a)+(K_1-K)(x-x_i)\\
&=[U_i+K_1(x-x_i)]-[a+K(x-x_i)]\\
&=U_{实i}-[a+K(x-x_i)]
\end{aligned} \tag{2-2-8}
$$

将式(2-2-5)代入上式可得

$$U_{校i}=U_{实i}-\left(a-\frac{K}{K_1}U_i+\frac{K}{K_1}U_{实i}\right) \tag{2-2-9}$$

上式右边二项即为线性变换的校正部分,可以通过以集成运算放大器为核心的比例电路来实现,图 2-10 为上式的模拟运算电路。

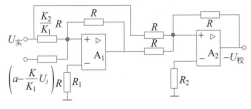

图 2-10 模拟运算电路

### 2.2.2　数字非线性补偿法

随着计算机技术的广泛应用,尤其是微型计算机的迅速发展,可以充分利用计算机处理数据的能力,用软件进行传感器特性的非线性补偿,使输出的数字量与被测物理量之间呈线性关系。这种方法有许多优点:首先它省去了复杂的硬件补偿电路,简化了装置;其次可以发挥计算机的智能作用,提高了检测的准确性和精度;最后适当改进软件内容,可对不同的传感器特性进行补偿,也可利用一台微机对多个通道、多个参数进行补偿。

采用软件实现数据线性化,一般有拟合法、查表法等,下面分别进行介绍。

**1. 拟合法**

在工程实际中,被测参量和输出量常常是一组测定的数据。这时可应用数学上数据拟合的方法,求得被测参量和输出量的近似表达式,随后利用计算法进行线性化处理。

1) 最小二乘曲线拟合

最小二乘曲线拟合是利用已知的 $n$ 个数据点 $(x_i, y_i)$, $i = 0, 1, \cdots, n-1$, 求 $(m-1)$ 次最小二乘拟合多项式

$$P_{m-1} = a_0 + a_1 x + a_2 x^2 + \cdots + a_{m-1} x^{m-1} \tag{2-2-10}$$

其中 $m \leqslant n$。

选取适当的系数 $a_0, a_1, \cdots, a_{m-1} (m \leqslant n)$ 后,使得

$$\max_{0 \leqslant i \leqslant m-1} \left| S = \sum_{i=1}^{m-1} \frac{1}{m-1} [P(x_i) - y_i]^2 \right| = \min \tag{2-2-11}$$

即保证拟合的整体误差最小。

设拟合多项式为各正交多项式 $Q_j(x)(j = 0, 1, \cdots, m-1)$ 的线性组合:

$$P_{m-1} = c_0 Q_0(x) + c_1 Q_1(x) + \cdots + c_{m-1} Q_{m-1}(x) \tag{2-2-12}$$

其中 $Q_j(x)$ 可以由以下公式来构造:

$$Q_0(x) = 1$$
$$Q_1(x) = x - a_1$$
$$Q_{j+1}(x) = (x - a_{j+1}) Q_j(x) - b_j Q_{j-1}(x), \quad j = 1, 2, \cdots, m-2$$

若设

$$d_j = \sum_{i=0}^{n-1} Q_j^2(x_i), \quad j = 0, 1, \cdots, m-1 \tag{2-2-13}$$

则

$$\begin{cases} a_{j+1} = \dfrac{1}{d_j} \sum_{i=0}^{n-1} x_i Q_j^2(x_i) \\ b_j = d_j / d_{j-1} \end{cases}, \quad j = 0, 1, \cdots, m-2 \tag{2-2-14}$$

可以证明,由上述递推构造的多项式函数组 $\{Q_j(x)\}(j = 0, 1, \cdots, m-1)$ 是互相正交的。根据最小二乘原理,可得

$$c_j = \frac{1}{d_j} \sum_{i=0}^{n-1} y_i Q_j(x_i), \quad j = 0, 1, \cdots, m-1 \tag{2-2-15}$$

最后式(2-2-12)可以化成一般如式(2-2-10)所示的 $m-1$ 次多项式。

拟合多项式的次数越高,其拟合精度未必越高,可以选用拟合次数为 3 次(即 $m$ 的最大

值为20）。

具体计算步骤如下：

(1) 由 $Q_0(x)=1$，可得

$$b_0=1, \quad d_0=n, \quad c_0=\frac{1}{d_0}\sum_{i=0}^{n-1}y_i, \quad a_1=\frac{1}{d_0}\sum_{i=0}^{n-1}x_i$$

$$a_0=c_0b_0$$

(2) 由 $Q_1(x)=x-a_1$，可得

$$t_0=-a_1, \quad t_1=1$$

$$d_1=\sum_{i=0}^{n-1}Q_1^2(x_i), \quad c_1=\frac{1}{d_1}\sum_{i=0}^{n-1}y_iQ_1^2(x_i)$$

$$a_2=\frac{1}{d_1}\sum_{i=0}^{n-1}x_iQ_1^2(x_i), \quad b_1=d_1/d_0$$

$$a_0=a_0+c_1t_0, \quad a_1=c_1t_1$$

(3) 对于 $j=2,3,\cdots,m-1$ 做以下各步：

$$Q_j(x)=(x-a_j)Q_{j-1}(x)-b_{j-1}Q_{j-2}(x)$$
$$=(x-a_j)(t_{j-1}x^{j-1}+\cdots+t_1x+t_0)-b_{j-1}(t_{j-2}x^{j-2}+\cdots+t_1x+t_0)$$
$$\stackrel{\text{def}}{=}s_jx^j+s_{j-1}x^{j-1}+\cdots+s_1x+s_0$$

其中 $s_j$ 由以下递推公式计算：

$$\begin{cases} s_j=t_{j-1} \\ s_{j-1}=-a_jt_{j-1}+t_{j-2} \\ s_k=-a_jt_k+t_{k-1}-b_{j-1}t_k, \quad k=j-2,\cdots,1 \\ s_0=-a_jt_0-b_{j-1}t_0 \end{cases}$$

再计算

$$d_j=\sum_{i=0}^{n-1}Q_j^2(x_i)$$

$$c_j=\frac{1}{d_j}\sum_{i=0}^{n-1}y_iQ_j(x_i)$$

$$a_{j+1}=\frac{1}{d_j}\sum_{i=0}^{n-1}x_iQ_j^2(x_i)$$

$$b_j=d_j/d_{j-1}$$

由此可以计算相应的 $a_j$ 为

$$\begin{cases} a_j=c_js_j \\ a_k=a_k+c_js_k, \quad k=j-1,\cdots,1,0 \end{cases}$$

且

$$\begin{cases} t_j=s_j \\ b_k=t_k, t_k=s_k, \quad k=j-1,\cdots,1,0 \end{cases}$$

在实际计算过程中，为了防止运算溢出，$x_i$ 用

$$x_i^* = x_i - \bar{x}, \quad i = 0, 1, \cdots, n-1$$

代替，其中

$$\bar{x} = \sum_{i=0}^{n-1} x_i / n$$

此时，拟合多项式的形式为

$$P_{m-1} = a_0 + a_1(x - \bar{x}) + a_2(x - \bar{x})^2 + \cdots + a_{m-1}(x - \bar{x})^{m-1}$$

2) 切比雪夫曲线拟合

切比雪夫曲线拟合是用设定的 $n$ 个数据点 $(x_i, y_i)$，$i = 0, 1, \cdots, n-1$，其中 $x_0 < x_1 < \cdots < x_{n-1}$，求 $m-1$ 次 $(m < n)$ 多项式

$$P_{m-1} = a_0 + a_1 x + a_2 x^2 + \cdots + a_{m-1} x^{m-1} \tag{2-2-16}$$

使得在 $n$ 个给定点上的偏差最大值为最小，即

$$\max_{0 \leqslant i \leqslant n-1} |P_{m-1}(x_i) - y_i| = \min \tag{2-2-17}$$

其计算步骤如下：

从给定的 $n$ 个点中选取 $m+1$ 个不同点 $u_0, u_1, \cdots, u_m$ 组成初始参考点集。

设定在初始点集 $u_0, u_1, \cdots, u_m$ 上，参考多项式 $\Phi(u_i)$ 的各阶差商是 $h$，即参考多项式 $\Phi(u_i)$ 在初始点集上的取值为

$$\Phi(u_i) = f(u_i) + (-1)^i h, \quad i = 0, 1, \cdots, m$$

且 $\Phi(u_i)$ 的各阶差商是 $h$ 的线性函数。

由于 $\Phi(u_i)$ 为 $m-1$ 次多项式，其 $m$ 阶差商等于零，由此可以求出 $h$。再根据 $\Phi(u_i)$ 的各阶差商，由牛顿插值公式可求出

$$\Phi(x) = a_0 + a_1 x + a_2 x^2 + \cdots + a_{m-1} x^{m-1}$$

令 $hh = \max\limits_{0 \leqslant i \leqslant n-1} |\Phi(x_i) - y_i|$，若 $hh = h$，则 $\Phi(x)$ 即为所求的拟合多项式。若 $hh > h$，则用达到偏差最大值的点 $x_j$ 代替点集 $\{u_i\}(i = 0, 1, \cdots, m)$ 中离 $x_j$ 最近且具有与 $\Phi(x_i) - y_i$ 的符号相同的点，从而构造一个新的参考点集。用这个新的参考点集重复以上过程，直到最大逼近误差等于参考偏差为止。

2. 查表法

如果某些参数计算非常复杂，特别是计算公式涉及指数、对数、三角函数和微分、积分等运算时，编制程序相当麻烦，用计算法计算不仅程序冗长，而且费时，此时可以采用查表法。此外，当被测量与输出量没有确定的关系，或不能用某种函数表达式进行拟合时，也可采用查表法。

所谓查表法，就是事先把检测值和被测值按已知的公式计算出来，或者用测量法事先测量出结果，然后按一定方法把数据排成表格，存入内存单元，以后微处理机就可以根据检测值大小查出被测结果。查表法是一种常用的非数值运算方法，可以完成数据补偿、计算、转换等功能，它具有执行简单、执行速度快等优点。

这种方法就是把测量范围内参量变化分成若干等分点，然后由小到大顺序计算或测量出这些等分点相对应的输出数值，这些等分点及其对应的输出数据就组成一张表格，把这张数据表格存放在计算机的存储器中。软件处理方法是在程序中编制一段查表程序，当被测

参量经采样等转换后,通过查表程序,直接从表中查出其对应的输出量数值。

查表法是一种常用的基本方法,大都用于测量范围比较窄、对应的输出量间距比较小的列表数据,如室温用数字式温度计等。不过,此法也常用于测量范围较大但对精度要求不高的情况。

查表法所获得的数据线性度除了与 A/D 转换器的位数有很大关系外,还与表格数据多少有关。位数多和数据多则线性度好,但转换位数多则价格贵;数据多则要占据相当大的存储容量。因此,工程上常采用插值法代替单纯查表法,以减少标定点,对标定点之间的数据采用各种插值计算,以减少误差,提高精度。关于插值法下一节将进行详细介绍,这里不再赘述。

用软件进行线性化处理,不论采用哪种方法,都要花费一定的程序运行时间,因此,这种方法并非在任何情况下都是优越的。特别是在实时控制系统中,如果系统处理的问题很多,控制的实时性很强,采用硬件处理比较合适。但一般来说,如果时间足够,应尽量采用软件方法,以简化硬件电路。总之,对于传感器的非线性补偿方法,应根据系统的具体情况来决定,有时也可采用硬件和软件兼用的方法。

## 2.3 信号插值算法

在生产实践和科学研究的实验中,函数 $f(x)$ 有时不能直接写出表达式,而只能给出其在若干个点上的函数值或导数值。即使有的函数有解析表达式,但由于表现复杂,使用不便,通常也是造一张函数表,当遇到要求表中未列出的变量的函数值时,就必须做信号插值。所谓插值,就是用已知点的测量值估计未知点的近似值。对于函数 $f(x)$,已知在 $n+1$ 个不同的点 $x_0,x_1,\cdots,x_n$ 上的值 $y_i=f(x_i),i=0,1,\cdots,n$,要求构造一个简单函数 $P(x)$,作为函数 $f(x)$ 的近似。$P(x)$ 称为插值函数,$f(x)$ 称为被插函数,$x_i$ 称为插值节点,$y_i$ 称为插值条件。如图 2-11 所示,此算法适合于采样频率低、添加信号中缺少点数值的处理。

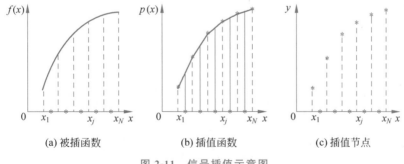

图 2-11 信号插值示意图

信号插值算法的应用范围主要包括:

(1) 由于系统采样频率的限制,需提高显示效果。

(2) 为了节省硬件成本,以软代硬。

(3) 尽可能减少远距离、大量数据通信的需要。

(4) 进行数据、图像解压缩,求解微分方程、积分方程。

(5) 计算函数值、零点、极值点、导数以及积分。

### 2.3.1 拉格朗日插值

为构造出拉格朗日(Lagrange)形式的插值公式,先作数据点如下:

$$\{(x_0,0),(x_1,0),\cdots,(x_{i-1},0),(x_i,1),(x_{i+1},0),\cdots,(x_n,0)\}$$

拉格朗日插值就是求插值代数多项式。

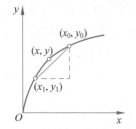

两点一次插值(线性插值)多项式就是在满足插值条件的前提下,求在 $n=1$ 时的一次多项式 $p_1(x)$。从几何上看,就是过两点 $(x_0,y_0)$,$(x_1,y_1)$ 作直线 $y=p_1(x)$,如图 2-12 所示。

用点斜式表示为

$$y=p_1(x)=\frac{x-x_1}{x_0-x_1}y_0+\frac{x-x_0}{x_1-x_0}y_1$$

图 2-12  拉格朗日插值示意图

记

$$l_0(x)=\frac{x-x_1}{x_0-x_1},\quad l_1(x)=\frac{x-x_0}{x_1-x_0}$$

则

$$y=y_0 l_0(x)+y_1 l_1(x)=\sum_{i=0}^{1}y_i l_i(x)$$

$l_i(x)$ 有如下性质:

$$l_0(x)+l_1(x)=1$$

其中 $l_0(x_0)=1$ 时 $l_1(x_0)=0$;或者 $l_0(x_1)=0$ 时 $l_1(x_1)=1$。即

$$l_i(x_j)=\delta_{ij}=\begin{cases}1,& i=j\\0,& i\neq j\end{cases}\quad i,j=0,1 \tag{2-3-1}$$

$l_0(x)$,$l_1(x)$ 都是一次线性函数,所以称为拉格朗日基函数。推而广之,对于一般插值问题:已知 $n+1$ 个互不相同的点 $x_0,x_1,x_2,\cdots,x_n$ 处的函数值 $y_0,y_1,y_2,\cdots,y_n$,求次数不超过 $n$ 的多项式 $p_n(x)$,写为 $L_n(x)$,使 $L_n(x_0)=y_0,L_n(x_1)=y_1,\cdots,L_n(x_n)=y_n$。几何上就是求作 $n$ 次曲线 $y=L_n(x)=\sum_{i=0}^{n}y_i l_i(x)$,使 $n+1$ 个点 $(x_0,y_0)$,$(x_1,y_1)$,$\cdots$,$(x_n,y_n)$ 通过该曲线,其中函数 $l_i(x_j)$ 满足条件

$$l_i(x_j)=\delta_{ij}=\begin{cases}1,& i=j\\0,& i\neq j\end{cases}\quad i,j=0,1,\cdots,n \tag{2-3-2}$$

可以推得

$$l_i(x)=\frac{(x-x_0)\cdots(x-x_{i-1})(x-x_{i+1})\cdots(x-x_n)}{(x_i-x_0)\cdots(x_i-x_{i-1})(x_i-x_{i+1})\cdots(x_i-x_n)} \tag{2-3-3}$$

于是函数 $y=f(x)$ 的 $n$ 次插值多项式,即拉格朗日插值多项式为

$$L_n(x)=\sum_{i=0}^{n}\frac{(x-x_0)\cdots(x-x_{i-1})(x-x_{i+1})\cdots(x-x_n)}{(x_i-x_0)\cdots(x_i-x_{i-1})(x_i-x_{i+1})\cdots(x_i-x_n)}y_i \tag{2-3-4}$$

简写为

$$L_n(x)=\sum_{i=0}^{n}y_i l_i(x)$$

由此可推出不同次数插值多项式。

（1）两点一次插值（线性插值）点斜式：

$$y = L_1(x) = \frac{x - x_1}{x_0 - x_1} y_0 + \frac{x - x_0}{x_1 - x_0} y_1 \tag{2-3-5}$$

（2）三点二次插数值（抛物插值）多项式：

$$L_2 = \frac{(x - x_1)(x - x_2)}{(x_0 - x_1)(x_0 - x_2)} y_0 + \frac{(x - x_0)(x - x_2)}{(x_1 - x_0)(x_1 - x_2)} y_1 +$$
$$\frac{(x - x_0)(x - x_1)}{(x_2 - x_0)(x_2 - x_1)} y_2 \tag{2-3-6}$$

（3）拉格朗日 $n$ 次插值多项式：

$$L_n = \sum_{i=0}^{n} \frac{(x - x_0) \cdots (x - x_{i-1})(x - x_{i+1}) \cdots (x - x_n)}{(x_i - x_0) \cdots (x_i - x_{i-1})(x_i - x_{i+1}) \cdots (x_i - x_n)} y_i \tag{2-3-7}$$

$L_n(x)$ 满足插值条件：

$$L_n(x_i) = y_0 l_0(x_i) + \cdots + y_i l_i(x_i) + \cdots + y_n l_n(x_i)$$
$$= y_i l_i(x_i) = y_i, \quad i = 0, 1, \cdots, n \tag{2-3-8}$$

说明 $L_n(x)$ 确实是 $y = f(x)$ 的插值多项式。

下面推导拉格朗日插值多项式的误差估计 $R_n(x)$。

$$R_n(x) \stackrel{\text{def}}{=} f(x) - L_n(x)$$
$$= \frac{f^{(n+1)}(\xi_x)}{(n+1)!}(x - x_0)(x - x_1) \cdots (x - x_n) \tag{2-3-9}$$

（1）零次插值误差：

$$f(x) - L_0(x) = f'(\xi)(x - x_0), \quad \xi \in (x_0, x_1) \tag{2-3-10}$$

（2）两点一次插值（线性插值）误差：

$$f(x) - L_1(x) = \frac{1}{2} f''(\xi)(x - x_0)(x - x_1), \quad \xi \in (a, b) \tag{2-3-11}$$

（3）三点二次插数值（抛物插值）误差：

$$f(x) - L_2(x) = \frac{1}{6} f'''(\xi)(x - x_0)(x - x_1)(x - x_2), \quad \xi \in (a, b) \tag{2-3-12}$$

例 2-3 已知特殊角 $30°, 45°, 60°$ 的正弦函数值为 $\frac{1}{2}, \frac{\sqrt{2}}{2}, \frac{\sqrt{3}}{2}$，求近似表示 $\sin x$ 的一、二次插值多项式和 $\sin 50°$ 的值，并估计结果误差。

（1）以 $30°, 45°$ 为节点，取拉格朗日一次多项式：

$$L_1(x) = \frac{x - 45}{30 - 45} \times \frac{1}{2} + \frac{x - 30}{45 - 30} \times \frac{\sqrt{2}}{2}$$

$$\sin 50° \approx L_1(50) = \frac{50 - 45}{30 - 45} \times \frac{1}{2} + \frac{50 - 30}{45 - 30} \times \frac{\sqrt{2}}{2} \approx 0.77614$$

插值多项式误差为：$-0.00762 > R_1(50) > -0.01077$。

（2）以 $45°, 60°$ 为节点，取拉格朗日一次多项式：

$$L_1(x) = \frac{x-60}{45-60} \times \frac{\sqrt{2}}{2} + \frac{x-45}{60-45} \times \frac{\sqrt{3}}{2}$$

$$\sin 50° \approx L_1(50) = \frac{50-60}{45-60} \times \frac{\sqrt{2}}{2} + \frac{50-45}{60-45} \times \frac{\sqrt{3}}{2} \approx 0.76008$$

插值多项式误差为：$0.00538 > R_1(50) > 0.00660$。

（3）以 $30°,45°,60°$ 为节点，取拉格朗日二次多项式：

$$L_2(x) = \frac{(x-45)(x-60)}{(30-45)(30-60)} \times \frac{1}{2} + \frac{(x-30)(x-60)}{(45-30)(45-60)} \times \frac{\sqrt{2}}{2} + \frac{(x-30)(x-45)}{(60-30)(60-15)} \times \frac{\sqrt{3}}{2}$$

二次插值多项式误差为：$0.00077 > R_2(50)\ 0.00044$。

这里需注意：$\sin 50° = 0.7660444$；

以 $30°,45°$ 为节点的一次插值真实误差为 $-0.01001$；

以 $45°,60°$ 为节点的一次插值真实误差为 $0.00596$；

以 $30°、45°、60°$ 为节点的二次插值的真实误差为 $0.00061$。

从而说明：插值多项式次数越高，即节点越多，其插值误差越小；插值点 $x$ 在节点之内比在节点之外插值误差小，即内插比外推误差小。第三个近似式用到了三个节点，充分利用了已知信息，自然误差更小。这也是因为在较小的插值区间上，节点越多，一般误差越小。∎

## 2.3.2 牛顿插值

为降低系统的硬件成本，提高测量准确性，在进行检测信号的线性处理时，智能检测系统原则上采用软件处理方法。通过一组测量数据求表达该组数据的近似表达式，并通过该表达式求任意给定点的函数值。智能检测系统可采用不等点距的牛顿插值法，其优点是运算次数少，节点改变时使用方便。

设已知函数 $y(x)$ 在点 $x_0,x_0+h,x_0+2h,\cdots,x_0+nh$ 上的函数值为 $y_0,y_1,y_2,\cdots,y_n$，求满足插值条件的代数多项式。

函数 $y(x)$ 在自变量 $x_0,x_1,x_2,\cdots,x_n$ 点处的一阶差商为

$$y[x_0,x_1] = \frac{y_1-y_0}{x_1-x_0}$$

$$y[x_1,x_2] = \frac{y_2-y_1}{x_2-x_1}$$

$$y[x_2,x_3] = \frac{y_3-y_2}{x_3-x_2}$$

$$y[x_i,x_j] = \frac{y_j-y_i}{x_j-x_i}, \quad 在 i \neq j 时, x_i \neq x_j$$

(2-3-13)

二阶差商为

$$y[x_0,x_1,x_2] = \frac{y[x_0,x_1]-y[x_1,x_2]}{x_0-x_2}$$

$$y[x_0,x_1,x_3] = \frac{y[x_0,x_1]-y[x_1,x_3]}{x_0-x_3}$$

$$y[x_0, x_1, x_4] = \frac{y[x_0, x_1] - y[x_1, x_4]}{x_0 - x_4} \tag{2-3-14}$$

......

从而有

$$y[x_i, x_j, x_k] = \frac{y[x_i, x_j] - y[x_j, x_k]}{x_i - x_k} \tag{2-3-15}$$

$k$ 阶差商为

$$y[x_0, x_1, \cdots, x_k] = \frac{y[x_0, x_1, \cdots, x_{k-1}] - y[x_1, x_2, \cdots, x_k]}{x_0 - x_k} \tag{2-3-16}$$

如果 $x_0, x_1, x_2, \cdots, x_n$ 是等节距的,步长为 $h$,即

$$x_1 = x_0 + h, \quad x_2 = x_0 + 2h, \quad \cdots, \quad x_n = x_0 + nh \tag{2-3-17}$$

则 $k$ 阶差商与 $k$ 阶差分关系为

$$y[x_0, x_1, x_2, \cdots, x_k] = \frac{\Delta^k y_0}{k! h^k} \tag{2-3-18}$$

由差商可推得 $y(x)$ 的代数多项式为

$$\begin{aligned}
y(x) = & y(x_0) + (x - x_0)y[x_0, x_1] + (x - x_0)(x - x_1)y[x_0, x_1, x_2] + \\
& (x - x_0)(x - x_1)(x - x_2)y[x_0, x_1, x_2, x_3] + \cdots + \\
& (x - x_0)(x - x_1)(x - x_2)\cdots(x - x_n)y[x, x_0, x_1, x_2, \cdots, x_n]
\end{aligned} \tag{2-3-19}$$

由不等节距的牛顿基本插值公式可得牛顿插值 $n$ 次代数多项式为

$$\begin{aligned}
N_n(x) = & y(x_0) + (x - x_0)y[x_0, x_1] + \\
& (x - x_0)(x - x_1)y[x_0, x_1, x_2] + \\
& (x - x_0)(x - x_1)(x - x_2)y[x_0, x_1, x_2, x_3] + \cdots + \\
& (x - x_0)(x - x_1)(x - x_2)\cdots(x - x_{n-1})y[x_0, x_1, x_2, \cdots, x_n]
\end{aligned} \tag{2-3-20}$$

误差项为

$$R_n(x) = (x - x_0)(x - x_1)\cdots(x - x_n)y[x, x_0, x_1, x_2, \cdots, x_n] \tag{2-3-21}$$

所以

$$y(x) = N_n(x) + R_n(x) \tag{2-3-22}$$

当增加一个节点时,牛顿插值公式只需增加一项,有如下递推公式:

$$N_{n+1}(x) = N_n(x) + (x - x_0)(x - x_1)\cdots(x - x_n)y[x_0, x_1, x_2, \cdots, x_n, x_{n+1}] \tag{2-3-23}$$

差商具有对称性,其符号与自变量 $x_0, x_1, x_2, \cdots, x_n$ 的排列次序无关。差商次数 $n$ 应根据被测对象的测量精度选定。获取不同数量的一组不等间距的已知数据,节点数越多,插值计算量越大,增加一个节点,就会增加一项算式。

**例 2-4** 对某种油菜籽进行水分快速检测,已知检测电流信号 $I$ 在 $0, 0.93, 2.73, 4.27, 6.50\text{mA}$ 上的水分对应值 $M_i$ 分别为 $0\%, 0.96\%, 2.07\%, 3.13\%, 4.32\%$,则四次牛顿插值差商如表 2-4 所示。

表 2-4  某种油菜籽水分检测牛顿插值差商表

| 电流 $I$/mA | 水分 $M_i$(%) | 牛顿插值差商 | | | |
|---|---|---|---|---|---|
| | | 1 | 2 | 3 | 4 |
| 0 | 0 | | | | |
| | | 1.0323 | | | |
| 0.93 | 0.96 | | $-0.1115$ | | |
| | | 0.7278 | | 0.0142 | |
| 2.73 | 2.27 | | $-0.0507$ | | $-0.0010$ |
| | | 0.5584 | | 0.0079 | |
| 4.27 | 3.13 | | | | |
| | | 0.5336 | $-0.0066$ | | |
| 6.50 | 4.32 | | | | |

四次牛顿插值多项式为

$$
\begin{aligned}
M_i =\, & M_0 + (I - I_0)M[I_0, I_1] + \\
& (I - I_0)(I - I_1)M[I_0, I_1, I_2] + \\
& (I - I_0)(I - I_1)(I - I_2)M[I_0, I_1, I_2, I_3] + \\
& (I - I_0)(I - I_1)(I - I_2)(I - I_3)M[I_0, I_1, I_2, I_3, I_4] \\
=\, & 0 + (I - 0)(1.0323) + \\
& (I - 0)(I - 0.93)(-0.115) + \\
& (I - 0)(I - 0.93)(I - 2.73)(0.0142) + \\
& (I - 0)(I - 0.93)(I - 2.73)(I - 4.27)(-0.0010) \\
=\, & -0.0010I^4 + 0.0221I^3 - 0.1817I^2 + 1.1829I
\end{aligned}
$$

设某一采样电流 $I = 3.52$mA,则由上式可计算出相应的水分值:

$$
\begin{aligned}
M_{3.52} &= -0.0010 \times 3.52^4 + 0.0221 \times 3.52^3 - 0.1817 \times 3.52^2 + 1.1829 \times 3.52 \\
&= -0.1553 + 0.9639 - 2.2513 + 4.1638 \\
&\approx 2.72(\%)
\end{aligned}
$$

即当采样电流为 3.52mA 时,计算出相应的水分值为 2.72%。

牛顿插值法计算量较小,适用于采样频率不高、传输速率低、插值点数较少的场合。 ■

## 2.3.3  样条插值

先看一例子,参见图 2-13,已知区间 $[-5, 5]$,函数 $f(x) = \dfrac{1}{1+x^2}$,分别取 $n = 5, 10$(等距节点),拉格朗日插值多项式的函数曲线在区间中部,多节点比少节点逼近误差小,比较接近 $f(x)$;但在端点附近,多节点插值与原函数相差甚远。

经证明,当节点无限加密时,在两端的波动越来越大。

高次多项式插值虽然光滑,但不具有收敛性,而且会产生龙格现象,如图 2-13 所示。为了克服其不收敛性和提高分段线性插值函数在节点处的光滑性,引入样条插值。样条(spline)是早期飞机、造船工业中绘图员用来画光滑曲线的细木条或细金属丝。在工程上,为了将一些已知的点连成光滑曲线,绘图员用压铁把样条固定在相邻的若干点上,样条具有弹性,形成通过这些点的光滑曲线,沿着这条曲线就可画出所需的曲线。样条函数插值实质上是指光滑连接起来的分段多项式曲线。

设 $S(x)$ 是定义在 $[a,b]$ 上的函数,在 $[a,b]$ 上有一个划分 $\Delta$:

$$a=x_0<x_1<\cdots<x_n=b \tag{2-3-24}$$

若 $S(x)$ 满足如下条件:

(1) $S(x)$ 在每个子区间 $[x_j,x_{j+1}](j=0,\cdots,n-1)$ 上都是不超过 $m$ 次的多项式;至少在一个子区间上为 $m$ 次多项式;

(2) $S(x)\in C^{m-1}[a,b]$,即 $S(x)$ 在区间 $[a,b]$ 上具有 $m-1$ 阶连续导数;

则称 $S(x)$ 是关于划分 $\Delta$ 的一个 $m$ 次样条函数,如图 2-14 所示。$m=3$ 为常用的三次样条函数。

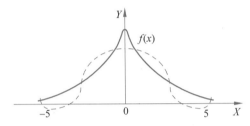

(a) 实线为f(x)的函数曲线,虚线为n=5的插值多项式的函数曲线

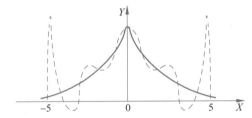

(b) 实线为f(x)的函数曲线,虚线为n=10的插值多项式的函数曲线

图 2-13　高次拉格朗日插值多项式的龙格现象

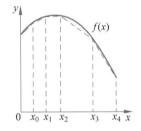

图 2-14　样条函数插值示意图

**1. 三次样条函数插值**

设 $y=f(x)$ 在节点 $x_0,x_1,x_2,\cdots,x_n$ 处的函数值为 $y_0,y_1,y_2,\cdots,y_n$,求关于分段 $a=x_0<x_1<x_2<\cdots x_N=b$ 的三次样条函数,使满足

$$S(x_j)=f(x_j),\quad j=1,2,\cdots,N \tag{2-3-25}$$

则 $S(x)$ 称为 $y=f(x)$ 的三次插值样条函数。

**2. 基本方程组**

现在来确定样条插值函数 $S(x)$,由于 $S(x)$ 在区间 $[x_j,x_{j+1}]$ 上是三次多项式,故 $S''(x)$ 在 $[x_j,x_{j+1}]$ 上是线性函数。

假设已知 $S''(x_{j-1})=M_{j-1}$,$S''(x_j)=M_j$,按拉格朗日插值公式:

$$L_1=\frac{x-x_1}{x_0-x_1}y_0+\frac{x-x_0}{x_1-x_0}y_1$$

有

$$S''(x)=\frac{x_j-x}{h_j}M_{j-1}+\frac{x-x_{j-1}}{h_j}M_j$$

其中 $h_j=x_j-x_{j-1}$。

对 $S''(x)$ 做两次积分得

$$S(x) = \frac{(x_j - x)^3}{6h_j}M_{j-1} + \frac{(x - x_{j-1})^3}{6h_j}M_j + C_j(x_j - x) + D_j(x_j - x_{j-1})$$

$$(2\text{-}3\text{-}26)$$

注意到插值条件 $S(x_{j-1}) = y_{j-1}$ 和 $S(x_j) = y_j$ 的 $M$ 表达式为

$$S(x) = \frac{(x_j - x)^3}{6h_j}M_{j-1} + \frac{(x - x_{j-1})^3}{6h_j}M_j +$$

$$\left(y_{j-1} - \frac{M_{j-1}h_j^2}{6}\right)\frac{x_j - x}{h_j} + \left(y_j - \frac{M_j h_j^2}{6}\right)\frac{x - x_{j-1}}{h_j}$$

$$x \in [x_{j-1}, x_j], \quad j = 1, 2, 3, \cdots, N \qquad (2\text{-}3\text{-}27)$$

由上式可知：$S(x)$ 保证了逐段三次插值,保证了 $S''(x)$ 在节点处的连续性。$S(x)$ 在节点处的二阶导数值 $M_0, M_1, \cdots, M_N$ 实际上是未知数。

利用 $S'(x)$ 在节点的连续性求参数 $M_j$：

$$S'(x) = -\frac{(x_j - x)^2}{2h_j}M_{j-1} + \frac{(x - x_{j-1})^2}{2h_j}M_j$$

$$+ \frac{y_j - y_{j-1}}{h_j} - \frac{M_j - M_{j-1}}{6}h_j, \quad x \in [x_{j-1}, x_j] \qquad (2\text{-}3\text{-}28)$$

令 $x = x_j$ 与 $x = x_{j-1}$,得左、右导数为

$$S'(x_j-) = \frac{h_j}{6}M_{j-1} + \frac{h_j}{3}M_j + \frac{y_j - y_{j-1}}{h_j}$$

$$S'(x_{j-1}+) = -\frac{h_j}{3}M_{j-1} - \frac{h_j}{6}M_j + \frac{y_j - y_{j-1}}{h_j} \qquad (2\text{-}3\text{-}29)$$

从而

$$S'(x_j+) = -\frac{h_{j+1}}{3}M_j - \frac{h_{j+1}}{6}M_{j+1} + \frac{y_{j+1} - y_j}{h_{j+1}} \qquad (2\text{-}3\text{-}30)$$

由一阶导数连续性 $S'(x_j-) = S'(x_j+)$ 得

$$\frac{h_j}{6}M_{j-1} + \frac{h_j + h_{j+1}}{3}M_j + \frac{h_{j+1}}{6}M_{j+1} = \frac{y_{j+1} - y_j}{h_{j+1}} - \frac{y_j - y_{j-1}}{h_j} \qquad (2\text{-}3\text{-}31)$$

令 $\lambda_j = h_{j+1}/(h_j + h_{j+1})$,$\mu_j = 1 - \lambda_j$,$j = 1, 2, 3, \cdots, N-1$,

$$d_j = 6[(y_{j+1} - y_j)/h_{j+1} - (y_j - y_{j-1})/h_j]/(h_j + h_{j+1}) \qquad (2\text{-}3\text{-}32)$$

推得 $M$ 关系式：

$$\mu_j M_{j-1} + 2M_j + \lambda_j M_{j+1} = d_j, \quad j = 1, 2, 3, \cdots, N-1 \qquad (2\text{-}3\text{-}33)$$

**3. 端点条件**

$M$ 关系式是有 $N+1$ 个未知数的 $N-1$ 个方程,通过端点可减少 2 个未知数。步骤如下：

(1) 给定 $M_0$、$M_N$。

(2) 在 $[x_0, x_1]$ 与 $[x_{N-1}, x_N]$ 上 $S(x)$ 为二次多项式,此时 $M_0 = M_1$,$M_N = M_{N-1}$。

(3) 特别可取 $M_0 = 0$,$M_N = 0$,此时称 $S(x)$ 为自然三次插值样条。

**4. 方程组求解**

此时的方程组可写成统一的形式联立求解：

$$\begin{pmatrix} 2 & \lambda_0 & 0 & 0 & 0 \\ \mu_1 & 2 & \lambda_1 & \ddots & 0 \\ 0 & \ddots & \ddots & \ddots & 0 \\ 0 & \ddots & \ddots & 2 & \lambda_{N-1} \\ 0 & 0 & 0 & \mu_N & 2 \end{pmatrix} \begin{pmatrix} M_0 \\ M_1 \\ \vdots \\ M_{N-1} \\ M_N \end{pmatrix} = \begin{pmatrix} d_0 \\ d_1 \\ \vdots \\ d_{N-1} \\ d_N \end{pmatrix} \tag{2-3-34}$$

**例 2-5** 已知 $x_i, y_i$ 值如下表,决定其自然三次插值样条函数 $S(x)$。

| $i$ | 0 | 1 | 2 | 3 | 4 |
|---|---|---|---|---|---|
| $x_i$ | 0.25 | 0.30 | 0.39 | 0.45 | 0.53 |
| $y_i$ | 0.5000 | 0.5477 | 0.6245 | 0.6708 | 0.7280 |

设 $M_0 = M_4 = 0$,由

$$h_j = x_j - x_{j-1}$$
$$\lambda_j = h_{j+1}/(h_j + h_{j+1})$$
$$\mu_j = 1 - \lambda_j$$
$$d_j = 6[(y_{j+1} - y_j)/h_{j+1} - (y_j - y_{j-1})/h_j]/(h_j + h_{j+1})$$
$$\mu_j M_{j-1} + 2M_j + \lambda_j M_{j+1} = d_j \quad (j=1,2,3,4)$$

得方程组

$$\begin{cases} 2M_1 + \dfrac{9}{14}M_2 = -4.3157 \\[2mm] \dfrac{3}{5}M_1 + 2M_2 + \dfrac{2}{5}M_3 = -3.2640 \\[2mm] \dfrac{3}{7}M_2 + 2M_3 = -2.4300 \end{cases}$$

解得 $M_1 = -1.8806, M_2 = -0.8226, M_3 = -1.0261$。

将 $M_i, h_i, x_i, y_i$ 的值代入 $M$ 表达式:

$$S(x) = \frac{(x_j - x)^3}{6h_j}M_{j-1} + \frac{(x - x_{j-1})^3}{6h_j}M_j +$$

$$\left(y_{j-1} - \frac{M_{j-1}h_j^2}{6}\right)\frac{x_j - x}{h_j} + \left(y_j - \frac{M_j h_j^2}{6}\right)\frac{x - x_{j-1}}{h_j}$$

得到样条函数 $S(x)$ 为

$$S(x) = \begin{cases} -6.2687(x-0.25)^3 + 10(0.30-x) + 10.9697(x-0.25), \\ 0.25 \leqslant x \leqslant 0.30 \\ -3.4826(0.39-x)^3 - 1.5974(x-0.30)^3 + 6.1138(0.39-x) + 6.9518(x-0.30), \\ 0.30 \leqslant x \leqslant 0.39 \\ -2.3961(0.45-x)^3 - 2.8503(x-0.39)^3 + 10.4170(0.45-x) + 11.1903(x-0.39), \\ 0.39 \leqslant x \leqslant 0.45 \\ -2.1377(0.53-x)^3 + 8.3987(0.53-x) + 9.1000(x-0.45), \\ 0.45 \leqslant x \leqslant 0.53 \end{cases}$$

采用样条插值方法,提高插值精度只需要增加分段节点,并不需要提高样条函数次数,进一步保证了光滑性。一般常用的三次样条插值足以满足工程应用需要,插值效果也很好。

## 2.4 信号滤波

在实际应用中,对信号作分析和处理时,常会遇到无用信号叠加于有用信号的问题,这就需要从接收到的信号中,根据有用信号和噪声的不同特性,消除或减弱干扰噪声,提取有用信号,这一过程称为滤波。实现滤波功能的系统称为滤波器。信号滤波是信号处理中的一种基本方法,它不仅能够实现滤波任务,还可以用于信号平滑和预测等信息处理任务。本节介绍几种常见的滤波器。

### 2.4.1 匹配滤波器

所谓匹配滤波器,是一种最佳线性滤波器,在输入为已知信号加噪声的情况下,所得输出信噪比达到最大值。匹配滤波器的应用十分广泛,它能够明显地提高通信、雷达和其他许多无线电系统检测信号的能力。匹配滤波器是许多最佳检测系统的基本组成部分,在最佳信号参量估计、信号分辨、某些信号波形的产生和压缩等方面起重要作用。

令接收或观测信号,即滤波器的输入信号如下式所示:

$$r(t) = s(t) + n(t), \quad -\infty < t < +\infty \tag{2-4-1}$$

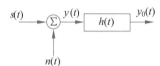

式中,$s(t)$ 为已知信号,$n(t)$ 为零均值的平稳噪声。注意,加性噪声 $n(t)$ 可以是白色的,也可以是有色的。

设 $h(t)$ 是滤波器的时不变冲激响应函数,则滤波器的结构如图 2-15 所示。

图 2-15 线性连续时间滤波器

由图 2-15 可知,滤波器的输出可以表示为

$$
\begin{aligned}
y_0(t) &= \int_{-\infty}^{+\infty} h(t-\tau) y(\tau) \mathrm{d}\tau \\
&= \int_{-\infty}^{+\infty} h(t-\tau) [s(\tau) + n(\tau)] \mathrm{d}\tau \\
&= \int_{-\infty}^{+\infty} h(t-\tau) s(\tau) \mathrm{d}\tau + \int_{-\infty}^{+\infty} h(t-\tau) n(\tau) \mathrm{d}\tau \\
&= s_0(t) + n_0(t)
\end{aligned}
\tag{2-4-2}
$$

式中,$s_0(t)$ 为滤波器输出中的信号分量,$n_0(t)$ 为滤波器输出中的噪声分量。

滤波器在 $t = T_0$ 时,有

$$
\begin{aligned}
\left(\frac{S}{N}\right)^2 &= \frac{\text{输出在 } t = T_0 \text{ 时的瞬时信号功率}}{\text{输出噪声的平均功率}} \\
&= \frac{s_0^2(T_0)}{E[n_0^2(t)]}
\end{aligned}
\tag{2-4-3}
$$

$$s_0(t) = \frac{1}{2\pi} \int_{-\infty}^{+\infty} S_0(\omega) \mathrm{e}^{\mathrm{j}\omega t} \mathrm{d}\omega = \frac{1}{2\pi} \int_{-\infty}^{+\infty} S(\omega) H(\omega) \mathrm{e}^{\mathrm{j}\omega t} \mathrm{d}\omega \tag{2-4-4}$$

式中,$S(\omega) = \int_{-\infty}^{+\infty} s(t) \mathrm{e}^{-\mathrm{j}\omega t} \mathrm{d}t$ 为信号的频谱,$H(\omega) = \int_{-\infty}^{+\infty} h(t) \mathrm{e}^{-\mathrm{j}\omega t} \mathrm{d}t$ 为滤波器的传递函数。

由式(2-4-4),可以得到输出信号在 $t=T_0$ 时的瞬时信号功率为

$$s_0^2(T_0) = \left| \frac{1}{2\pi} \int_{-\infty}^{+\infty} S(\omega) H(\omega) e^{j\omega T_0} d\omega \right|^2 \tag{2-4-5}$$

令 $P_{n_0}(\omega)$ 为加性噪声 $n(t)$ 的功率谱密度:

$$P_{n_0}(\omega) = |H(\omega)|^2 P_n(\omega) \tag{2-4-6}$$

于是有

$$E[n_0^2(t)] = \frac{1}{2\pi} \int_{-\infty}^{+\infty} P_{n_0}(\omega) d\omega = \frac{1}{2\pi} \int_{-\infty}^{+\infty} |H(\omega)|^2 P_n(\omega) d\omega \tag{2-4-7}$$

将式(2-4-5)和式(2-4-7)代入式(2-4-3),得

$$\begin{aligned}
\left(\frac{S}{N}\right)^2 &= \frac{\left| \frac{1}{2\pi} \int_{-\infty}^{+\infty} S(\omega) H(\omega) e^{j\omega T_0} d\omega \right|^2}{\frac{1}{2\pi} \int_{-\infty}^{+\infty} |H(\omega)|^2 P_n(\omega) d\omega} \\
&= \frac{1}{2\pi} \frac{\left| \int_{-\infty}^{+\infty} (H(\omega) \sqrt{P_n(\omega)}) \left( \frac{S(\omega)}{\sqrt{P_n(\omega)}} \right) e^{j\omega T_0} d\omega \right|^2}{\int_{-\infty}^{+\infty} |H(\omega)|^2 P_n(\omega) d\omega}
\end{aligned} \tag{2-4-8}$$

考虑 Cauchy-Schwartz 不等式,有

$$\left| \int_{-\infty}^{+\infty} X(\omega) Y(\omega) d\omega \right|^2 \leqslant \left( \int_{-\infty}^{+\infty} |X(\omega)|^2 d\omega \right) \left( \int_{-\infty}^{+\infty} |Y(\omega)|^2 d\omega \right) \tag{2-4-9}$$

式中,$X(\omega)$ 和 $Y(\omega)$ 都是实变量 $\omega$ 的复函数。当且仅当

$$X(\omega) = K Y^*(\omega) \tag{2-4-10}$$

时式中等号才成立,其中 $K$ 是任意常数,以下取 $K=1$。

在式(2-4-9)中,取

$$X(\omega) = H(\omega) \sqrt{P_n(\omega)}$$

$$Y(\omega) = \frac{S(\omega)}{\sqrt{P_n(\omega)}} e^{j\omega T_0}$$

应用于式(2-4-8),则有

$$\left(\frac{S}{N}\right)^2 \leqslant \frac{1}{2\pi} \frac{\int_{-\infty}^{+\infty} |H(\omega)|^2 P_n(\omega) d\omega \int_{-\infty}^{+\infty} \frac{|S(\omega)|^2}{P_n(\omega)} d\omega}{\int_{-\infty}^{+\infty} |H(\omega)|^2 P_n(\omega) d\omega}$$

即

$$\left(\frac{S}{N}\right)^2 \leqslant \frac{1}{2\pi} \int_{-\infty}^{+\infty} \frac{|S(\omega)|^2}{P_n(\omega)} d\omega \tag{2-4-11}$$

记上式等号成立时的滤波器传递函数为 $H_{\text{opt}}(\omega)$,由等号成立的条件及 $K=1$ 知

$$H_{\text{opt}}(\omega) \sqrt{P_n(\omega)} = \left[ \frac{S(\omega)}{\sqrt{P_n(\omega)}} \right]^* e^{-j\omega T_0} = \frac{S^*(\omega)}{\sqrt{P_n^*(\omega)}} e^{-j\omega T_0}$$

即

$$H_{\text{opt}}(\omega) = \frac{S(-\omega)}{P_n(\omega)} e^{-j\omega T_0}, \quad S(-\omega) = S^*(\omega) \tag{2-4-12}$$

即当滤波器的传递函数取上式的形式时,滤波器输出最大信噪比为

$$\text{SNR}_{\max} = \frac{1}{2\pi} \int_{-\infty}^{+\infty} \frac{|S(\omega)|^2}{P_n(\omega)} \mathrm{d}\omega \tag{2-4-13}$$

从输出信噪比最大化方面讲,式(2-4-13)定义的滤波器为最优线性滤波器。

当加性噪声不同时,讨论两种情形时的最优滤波。

**1. 白噪声情况下的最优滤波——匹配滤波器**

白噪声 $n(t)$ 具有零均值和单位方差,其功率谱密度 $P_n(\omega)=1$,故式(2-4-12)简化为

$$H_0(\omega) = S(-\omega)\mathrm{e}^{-\mathrm{j}\omega T_0} \tag{2-4-14}$$

可以看出,$|H_0(\omega)|=|S^*(\omega)|=|S(-\omega)|$,即当滤波器达到最大信噪比时,滤波器的幅频特性 $|H_0(\omega)|$ 与信号 $s(t)$ 的幅频特性 $|S(\omega)|$ 相等,或者说二者相"匹配"。因此,常将白噪声情况下使信噪比最大的线性滤波器 $H_0(\omega)$ 称为匹配滤波器。

**2. 有色噪声情况下的最优滤波——广义匹配滤波器**

设一滤波器 $w(t)$,其传递函数为

$$W(\omega) = \frac{1}{\sqrt{P_n(\omega)}} \tag{2-4-15}$$

当有色噪声 $n(t)$ 作为 $W(\omega)$ 的输入时,输出信号 $\tilde{n}(t)$ 的功率谱密度为

$$P_{\tilde{n}}(\omega) = |W(\omega)|^2 P_n(\omega) = 1 \tag{2-4-16}$$

因此,式(2-4-15)定义的滤波器 $W(\omega)$ 是有色噪声的"白化"滤波器。此时,式(2-4-12)可以写为

$$H_{\text{opt}}(\omega) = \frac{S^*(\omega)}{P_n(\omega)}\mathrm{e}^{-\mathrm{j}\omega T_0} = W(\omega)[S^*(\omega)W^*(\omega)\mathrm{e}^{-\mathrm{j}\omega T_0}] \tag{2-4-17}$$

令 $\tilde{S}(\omega)=S(\omega)W(\omega)$,然后对其两边作傅里叶逆变换,则有 $\tilde{s}(t)=s(t)*w(t)$,即 $\tilde{s}(t)$ 是应用白化滤波器 $w(t)$ 对原信号 $s(t)$ 的滤波结果,$H_0(\omega)=\tilde{S}^*(\omega)\mathrm{e}^{-\mathrm{j}\omega T_0}$ 则可视为对滤波后的观测过程 $\tilde{y}(t)$ 抽取信号的滤波器:

$$\tilde{y}(t) = y(t)*w(t)$$
$$= [s(t)+n(t)]*w(t)$$
$$= s(t)*w(t)+n(t)*w(t)$$
$$= \tilde{s}(t)+\tilde{n}(t)$$

但此时,$\tilde{n}(t)=n(t)*w(t)$ 已变成了白噪声,所以 $H_0(\omega)$ 是匹配滤波器。因此在有色噪声情况下使信噪比最大的线性滤波器 $H_{\text{opt}}(\omega)$ 是白化滤波器 $W(\omega)$ 和匹配滤波器 $H_0(\omega)$ 级联而成。所以,常称 $H_{\text{opt}}(\omega)$ 为广义匹配滤波器,其工作原理如图 2-16 所示。

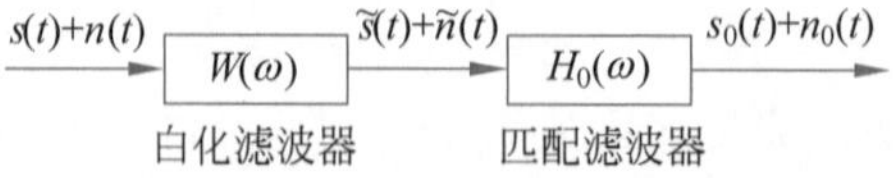

图 2-16 广义匹配滤波器的工作原理

## 2.4.2 数字滤波器

数字滤波器通常是指用一种算法或者数字设备实现的线性时不变离散时间系统,以完成对信号进行滤波处理的任务。其基本工作原理是利用离散系统特性,改变输入数字信号

的波形或频谱,使有用信号频率分量通过,抑制无用信号频率分量输出。如果在数字系统的前后加上 A/D 和 D/A 变换,它的作用就等效于模拟滤波器,也可用来处理模拟信号。数字滤波器较原模拟滤波器有许多优点,如软件可编程、性能稳定、可预测、性能不随温度湿度等漂移、不需要精密元件、有较高的性能价格比等。常用的数字滤波器包括无限冲激响应(Infinite Impulse Response,IIR)滤波器和有限冲激响应(Finite Impulse Response,FIR)滤波器。

### 1. IIR 数字滤波器

IIR 滤波器通常是递归型滤波器,具有反馈。它的优点是与模拟滤波器有对应关系。IIR 数字滤波器设计常用的方法是:将各种经典的模拟滤波器实例变换为对应的数字滤波器,这只需将 $s$ 平面的模拟设计映射为 $z$ 平面的数字设计即可。

1) 从模拟低通滤波器设计数字滤波器

从模拟滤波器设计数字滤波器,就是由模拟原型滤波器的传递函数 $H_a(s)$ 求数字滤波器的系统函数 $H(z)$,即完成 $s$ 平面到 $z$ 平面的变换。工程上常使用冲激响应不变变换法和双线性变换法。

(1) 冲激响应不变变换法。

该方法是使数字滤波器的单位抽样响应等于模拟原型滤波器的单位冲激响应的等间隔抽样,即

$$h(n) = h_a(t)\big|_{t=nT} = h_a(nT) \tag{2-4-18}$$

式中,$T$ 为抽样间隔。

模拟滤波器传递函数通常是有理函数形式,并且分母的阶次 $N$ 高于分子的阶次 $M$。若 $H_a(s)$ 只有单极点,则可将 $H_a(s)$ 表示成部分分式形式:

$$H_a(s) = \sum_{i=1}^{N} \frac{A_i}{s - s_i} \tag{2-4-19}$$

模拟滤波器的 $h_a(t)$ 是 $H_a(s)$ 的拉氏反变换:

$$h_a(t) = \sum_{i=1}^{N} A_i e^{s_i t} u(t) \tag{2-4-20}$$

式中,$u(t)$ 为单位阶跃函数。根据冲激不变法思路,数字滤波器的单位抽样响应为

$$h(n) = h_a(nT) = \sum_{i=1}^{N} A_i e^{s_i nT u(n)}$$

$$= \sum_{i=1}^{N} A_i (e^{s_i T})^n u(n) \tag{2-4-21}$$

最后求数字滤波器的系统函数

$$H(z) = \sum_{n=-\infty}^{\infty} h(n) z^{-n} = \sum_{n=0}^{\infty} \sum_{i=1}^{N} A_i (e^{s_i T} z^{-1})^n$$

$$= \sum_{i=1}^{N} \frac{A_i}{1 - e^{s_i T} z^{-1}} \tag{2-4-22}$$

实际应用中为防止数字滤波器的增益随抽样速率而变化,令 $h(n) = T h_a(nT)$,则

$$H(z) = \sum_{i=1}^{N} \frac{T A_i}{1 - e^{s_i T} z^{-1}} \tag{2-4-23}$$

（2）双线性变换法。

双线性变换法的基本思想是使表征数字滤波器的差分方程成为表征模拟滤波器的微分方程的数值近似解，其采用的途径是先将微分方程做积分，再对积分进行数值近似。

设描述模拟滤波器的微分方程为

$$c_1 y_a'(t) + c_0 y_a(t) = d_0 x_a(t) \tag{2-4-24}$$

式中，$y_a'(t)$ 是 $y_a(t)$ 的一阶导数。对该方程进行拉氏变换，得到模拟滤波器的传递函数

$$H_a(s) = \frac{d_0}{c_1 s + c_0} \tag{2-4-25}$$

将 $y_a(t)$ 写成 $y_a'(t)$ 的积分形式：

$$y_a(t) = \int_{t_0}^{t} y_a'(\tau) d\tau + y_a(t_0) \tag{2-4-26}$$

若 $t = nT$，$t_0 = (n-1)T$，则

$$y_a(nT) = \int_{(n-1)T}^{nT} y_a'(\tau) d\tau + y_a[(n-1)T] \tag{2-4-27}$$

用梯形法求近似积分得

$$y_a(nT) = y_a[(n-1)T] + \frac{T}{2}\{y_a'(nT) + y_a'[(n-1)T]\} \tag{2-4-28}$$

由式(2-4-24)得

$$y_a'(nT) = -\frac{c_0}{c_1} y_a(nT) + \frac{d_0}{c_1} x_a(nT) \tag{2-4-29}$$

代入式(2-4-28)，并用 $y(n)$、$y(n-1)$、$x(n)$ 和 $x(n-1)$ 表示各抽样值得

$$y(n) - y(n-1) = \frac{T}{2}\left\{-\frac{c_0}{c_1}[y(n) + y(n-1)] + \frac{d_0}{c_1}[x(n) + x(n-1)]\right\} \tag{2-4-30}$$

式(2-4-30)即为逼近微分方程的差分方程。对差分方程取 $z$ 变换解得数字滤波器的系统函数

$$H(z) = \frac{d_0}{\frac{2}{T}c_1 \frac{1 - z^{-1}}{1 + z^{-1}} + c_0} \tag{2-4-31}$$

2）IIR 数字滤波器设计

由模拟原型低通滤波器设计 IIR 低通数字滤波器的步骤可以归结为：

（1）指标转换。对数字滤波器特性的要求，可能以数字指标形式给出，也可能以模拟指标形式给出。后一种情况出现在用数字滤波器组成等效模拟系统来处理模拟信号的应用场合。在前一种情况下，给出的是数字滤波器的技术指标，需将其转换为模拟原型滤波器的技术指标。

（2）根据模拟原型滤波器指标设计模拟原型滤波器的传递函数 $H_a(s)$。

（3）通过变换，由 $H_a(s)$ 求 $H(z)$。

3）采集数据的降噪除噪

检测到的数据中不可避免地混有噪声，通常在 A/D 转换之后对采集到的数据进行数字滤波，以滤除或削弱由于干扰引起的噪声。

采用通常的数字低通滤波器,能有效地抑制由外界随机干扰或元器件内部热骚动引起的高频噪声。但它抑制突发脉冲干扰的效果不够理想。如果先针对突发脉冲干扰进行限幅滤波,再做一般的低通滤波,可达到较好的降噪除噪效果。

(1) 抗脉冲干扰的限幅滤波。

突发脉冲干扰使抽样数据值突变。这里规定相邻两抽样数据之差不得超过某一给定值 $\Delta$,否则表明受到了突发脉冲干扰,该抽样数据应予以剔除。用 $x(n)$ 和 $x(n-1)$ 表示当前及前一抽样值,若 $|x(n)-x(n-1)|\leqslant\Delta$,认为 $x(n)$ 是未受脉冲干扰的信号值;若 $|x(n)-x(n-1)|>\Delta$,则令 $x(n)=x(n-1)$。$\Delta$ 值取决于被检测信号 $x(t)$ 本身的变化速率和抽样间隔 $T$。

(2) 抗随机噪声的低通滤波。

一阶低通滤波(惯性滤波或平滑滤波)是比较实用的。用 $x(n)$ 和 $y(n)$ 分别表示滤波器的输入和输出,则一阶惯性滤波的差分方程为

$$y(n)=(1-\alpha)y(n-1)+\alpha x(n)$$

$\alpha$ 与原信号 $x(t)$ 的 3dB 上限频率 $f_c$ 有如下关系:

$$\alpha=1-e^{-2\pi f_c/f_s}$$

式中,$f_s$ 为抽样率。若取 $f_s=10f_c$,则 $\alpha=0.4665$,$y(n)=0.5335y(n-1)+0.4665x(n)$,为简化程序运算,可取 $\alpha=\dfrac{1}{2}$,此时

$$y(n)=\frac{y(n-1)+x(n)}{2}$$

**2. FIR 数字滤波器**

FIR 数字滤波器的特点是稳定性好,因为没有极点。FIR 滤波器的设计方法有傅里叶级数法(窗口法)、频率抽样法、插值法、最小平方逼近法和一致逼近法。这里着重讨论线性相位 FIR 数字滤波器的设计方法——窗口法。

1) 窗口法

基本思想是将无限时宽的冲激响应序列截短到有限长度的冲激响应序列。已知滤波器的频率响应与它的单位抽样响应是序列的傅里叶变换时,为了使系统是因果可实现的,且使实际频响尽可能逼近理想频响,最简单的方法就是直接截取 $h_d(n)$ 的一段 $h(n)$ 来近似它。例如截取 $n=0\sim N-1$ 的一段作为 $h(n)$,这样得到的 $h(n)$ 是因果的,因此系统是物理可实现的。这样直接截取的办法可以形象地比喻为 $h(n)$ 好比通过一个"窗口"所看到的 $h_d(n)$ 的一段,故称窗口法。$h(n)$ 可表达为 $h_d(n)$ 和一个有限时宽窗口序列 $\omega(n)$ 的乘积:

$$h(n)=h_d(n)\omega(n) \tag{2-4-32}$$

常采用的窗函数有以下几种。

(1) 矩形窗。

$$\omega_R(n)=\begin{cases}1, & 0\leqslant n\leqslant N-1 \\ 0, & 其他\end{cases} \tag{2-4-33}$$

其幅度函数为

$$\omega_R(\omega) = \frac{\sin\left(\frac{\omega_n}{2}\right)}{\frac{\omega}{2}} \tag{2-4-34}$$

（2）汉宁(Hanning)窗。

$$\omega(n) = \frac{1}{2}\left[1 - \cos\left(\frac{2\pi n}{N-1}\right)\right], \quad 0 \leqslant n \leqslant N-1 \tag{2-4-35}$$

或

$$\omega(n) = \frac{1}{2}\left[1 - \cos\left[\frac{2\pi n}{N-1}\right]\right]\omega_R(n) \tag{2-4-36}$$

其幅度函数为

$$\omega(\omega) = 0.5\omega_R(\omega) + 0.25\left[\omega_R\left(\omega - \frac{2\pi}{N-1}\right) + \omega_R\left(\omega + \frac{2\pi}{N-1}\right)\right] \tag{2-4-37}$$

当 $N \geqslant 1$ 时，$\frac{2\pi}{N-1} \approx \frac{2\pi}{N}$，因此上式可表示为

$$\omega(\omega) = 0.5\omega_R(\omega) + 0.25\left[\omega_R\left(\omega - \frac{2\pi}{N}\right) + \omega_R\left(\omega + \frac{2\pi}{N}\right)\right] \tag{2-4-38}$$

（3）海明(Hamming)窗。

$$\omega(n) = \left[0.56 - 0.46\left(\frac{2\pi n}{N-1}\right)\right]\omega_R(n) \tag{2-4-39}$$

其幅度函数为

$$\omega(\omega) = 0.54\omega_R(\omega) + 0.23\left[\omega_R\left(\omega - \frac{2\pi}{N-1}\right) + \omega_R\left(\omega + \frac{2\pi}{N-1}\right)\right] \tag{2-4-40}$$

（4）布莱克曼(Blackman)窗。

$$\omega(n) = \left[0.42 - 0.5\cos\left(\frac{2\pi n}{N-1}\right) + 0.08\cos\left(\frac{4\pi n}{N-1}\right)\right]\omega_R(n) \tag{2-4-41}$$

其幅度函数为

$$\omega(\omega) = 0.42\omega_R(\omega) + 0.25\left[\omega_R\left(\omega - \frac{2\pi}{N-1}\right) + \omega_R\left(\omega + \frac{2\pi}{N-1}\right)\right]$$
$$+ 0.04\left[\omega_R\left(\omega - \frac{4\pi}{N-1}\right) + \omega_R\left(\omega + \frac{4\pi}{N-1}\right)\right] \tag{2-4-42}$$

表 2-5 列出了 4 种窗函数的主要特性，给出了各窗函数的旁瓣峰值、主瓣宽度、最小阻带衰减等值。

表 2-5  4 种窗函数的数据

| 窗 函 数 | 旁瓣峰值/dB | 主 瓣 宽 度 | 最小阻带衰减/dB |
|---|---|---|---|
| 矩形窗 | −13 | $4\pi/N$ | −21 |
| 汉宁窗 | −32 | $8\pi/N$ | −44 |
| 海明窗 | −42 | $8\pi/N$ | −53 |
| 布莱克曼窗 | −57 | $12\pi/N$ | −74 |

2）在去除噪声中的应用

在数据采集板卡设计中存在的噪声主要有地电位的跳动、信号线间的串扰、数字信号的

反射、A/D转换器的量化噪声以及触发信号(数字信号)对模拟信号的干扰等。

A/D转换器的量化噪声是由于用幅度不连续的离散值来逼近信号精确值而形成的误差所造成的。它包括截尾量化噪声和舍入量化噪声。统计学的资料表明,量化噪声可以看作白噪声。信号间的串扰是由于非同步线路耦合到时钟线路,也就是说,高频信号线元件相距太近而互相干扰。这种噪声会造成误码,解决串扰的最好办法是使用硬件手段。数字信号的反射是由于引线较长造成传输线的不匹配,或没有终端连接引起反射的现象。这种噪声会造成数字信号的振铃和上冲。解决它的最好办法也是通过硬件手段。地电位的跳动是由于计算机开关电源的输出地中有高频小幅度的跳动,经过放大电路的作用而形成叠加在输入信号上的噪声。这种噪声可以看作白噪声。触发信号是与输入信号同频的数字信号,由于触发信号的质量不好,在它的高电平区内可以明显地看到波动,这种波动可以看作高频扰动,因而会对输入信号造成影响。

综上所述,电路中存在的噪声包括白噪声和高于输入信号频率的干扰噪声,对于这些噪声,可以采用数字算法进行处理,这样可以减轻硬件电路的设计和调试的难度。

FIR滤波器是采用窗函数法设计的。该滤波器在设计中采用的是海明窗。它是截止频率为采样频率的1/2的四阶低通滤波器。这种方法对噪声的抑制效果比较好,对毛刺干扰的抑制效果较差,而且对原信号波形的相位影响比平滑滤波法要大。但该方法对方波信号的滤波效果比平滑滤波法好。

滤波是消除噪声的一种有效方法,对于动态信号,可以同时采用模拟滤波器和数字滤波器,这样不仅可以消除噪声,还可以实现自适应抗混叠滤波。数字滤波器的截止频率会自动调整到用户设定采样率的一半,从而保证抗混叠滤波作用的实现。数字滤波方法可以去除毛刺和高频扰动,但同时也会对原信号波形的相位带来一定的影响。

**3. 自适应滤波与自适应噪声抑制**

如果可以得到信号模型和噪声模型,那么设计一个信噪比最优的滤波器至少在原理上是可能的。当信号模型和噪声模型不完全确定时,通过分析实际数据估计一个恰当的模型是可行的,特别在模型不确定或时变的情况下,常常需要这样做,这就是自适应滤波。

噪声抑制问题可以用图 2-17 所示的信号模型图表示。设计一个由参考信号 $u(k)$ 驱动的滤波器,使其输出近似于未知的噪声干扰信号 $z(k)$,然后从观察信号 $y(k)$ 中减去 $z(k)$ 的近似值,就可获得待复原的信号 $g(k)$ 的估计值。因此,这类噪声抑制滤波器需要一个附加测量信号作为参考信号,该信号包含了对 $g(k)$ 进行干扰的未知噪声信号 $z(k)$ 的有关信息。

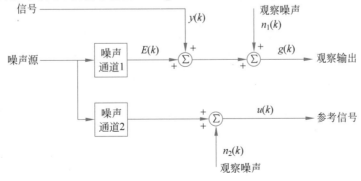

图 2-17 噪声抑制的信号模型

假设该滤波器可用下式表示：

$$\hat{z}(k) = \hat{F}(q^{-1})u(k) \tag{2-4-43}$$

其中

$$\hat{F}(q^{-1}) = f_0 + f_1 q^{-1} + \cdots + f_n q^{-n} + \cdots$$

滤波器输出 $\hat{z}(k)$ 是未知干扰 $z(k)$ 的估计值，而待复原的信号 $g(k)$ 的估计值为

$$\hat{g}(k) = y(k) - \hat{z}(k) \tag{2-4-44}$$

综上所述，可以设计一个如图 2-18 所示的自适应噪声抑制滤波器。自适应滤波器 $\hat{F}(q^{-1})$ 的参数调节准则是

$$J = E\{\hat{g}(k)^2\} \tag{2-4-45}$$

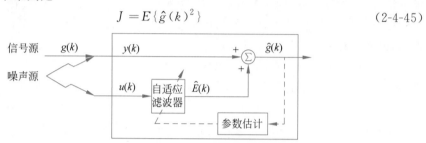

图 2-18　自适应噪声抑制滤波器

选择式(2-4-45)作为性能指标的原因是

$$J = E\{\hat{g}(k)^2\} = E\{[y(k) - \hat{z}(k)]^2\}$$
$$= E\{[g(k) + n_1(k) + z(k) - \hat{z}(k)]^2\} \tag{2-4-46}$$

其中，$n_1(k)$ 是系统的观察噪声，当 $g(k)$，$z(k)$，$n_1(k)$ 独立时，上式变为

$$J = E\{n_1(k)^2\} + E\{g(k)^2\} + E\{[z(k) - \hat{z}(k)]^2\} \tag{2-4-47}$$

上式中，前两项与 $\hat{F}(q^{-1})$ 无关，而以式(2-4-44)为准则调节的 $\hat{F}(q^{-1})$ 将导致 $E\{[z(k) - \hat{z}(k)]^2\}$ 最小，即导致 $z(k)$ 的估计误差最小，这就是自适应滤波器 $\hat{F}(q^{-1})$ 的设计目的。

综上所述，自适应噪声抑制滤波器的基本假设是：参考序列 $\{u(k)\}$ 与干扰信号 $\{z(k)\}$ 强相关，但与待复原信号 $\{g(k)\}$ 弱相关。

于是可采用参数估计算法来估计 $\hat{F}(q^{-1})$ 的参数，使得性能指标 $J$ 最小。下面以最小二乘参数 $\alpha$ 估计算法为例，构造自适应噪声抑制滤波器。

$$\hat{\theta}(k) = \hat{\theta}(k-1) + \frac{\boldsymbol{P}(k-2)\boldsymbol{\Phi}(k-1)}{\alpha + \boldsymbol{\Phi}(k-1)^{\mathrm{T}}\boldsymbol{P}(k-2)\boldsymbol{\Phi}(k-1)}[y(k) - \hat{z}(k)] \tag{2-4-48}$$

$$\boldsymbol{P}(k-1) = \boldsymbol{P}(k-2) - \frac{\boldsymbol{P}(k-2)\boldsymbol{\Phi}(k-1)\boldsymbol{\Phi}(k-1)^{\mathrm{T}}\boldsymbol{P}(k-2)}{1 + \boldsymbol{\Phi}(k-1)^{\mathrm{T}}\boldsymbol{P}(k-2)\boldsymbol{\Phi}(k-1)}$$

初始估计 $\hat{\theta}(0)$ 是给定的，$\boldsymbol{P}(-1)$ 为任一正定矩阵。其中

$$\hat{z}(k) = \boldsymbol{\Phi}(k-1)^{\mathrm{T}}\hat{\theta}(k-1)$$
$$\boldsymbol{\Phi}(k-1)^{\mathrm{T}} = [u(k), u(k-1), \cdots, u(k-n)]$$
$$\boldsymbol{\theta}(k) = [f_1(k), f_2(k), \cdots, f_n(k)]$$
$$0 < \alpha \leqslant 1$$

以上推导中,假设滤波器形如式(2-4-43),即为滑动平均形滤波器,也可假设滤波器为递归形滤波器,如

$$H(q^{-1})\hat{z}(k) = \hat{F}(q^{-1})u(k) \tag{2-4-49}$$

滤波器参数,即多项式 $H(q^{-1})$ 和 $\hat{F}(q^{-1})$ 的系数的调节准则还是式(2-4-44)。

现将自适应噪声抑制的算法归纳如下:

$$\hat{\boldsymbol{\theta}}(k) = \hat{\boldsymbol{\theta}}(k-1) + \frac{\boldsymbol{P}(k-2)\boldsymbol{\Phi}(k-1)}{\alpha + \boldsymbol{\Phi}(k-1)^{\mathrm{T}}\boldsymbol{P}(k-2)\boldsymbol{\Phi}(k-1)}\left[y(k) - \hat{z}(k)\right]$$

$$\hat{z}(k) = \boldsymbol{\Phi}(k-1)^{\mathrm{T}}\hat{\boldsymbol{\theta}}(k-1)$$

$$\hat{g}(k) = y(k) - \hat{z}(k) \tag{2-4-50}$$

总之,根据以上 3 式可得出自适应噪声抑制算法。自适应噪声抑制滤波器具有三要素,即在线实时地了解对象——对噪声干扰 $z(k)$ 的估计;有一个可调的滤波器——$\hat{F}(q^{-1})$ 随 $z(k)$ 的变化而调节;使性能趋于最优——使性能指标式(2-4-44)最小。

和自适应信号重构相比较,自适应噪声抑制方案不需要采用一个已知的训练序列对滤波器进行调节,因为它本身已具有一个训练序列——参考信号序列。利用该序列,自适应噪声抑制方案可以连续、自适应地调节可调滤波器。

## 2.4.3 卡尔曼滤波器

如果期望响应未知,要进行线性最优滤波,就需要基于状态空间模型的线性最优滤波器,这种滤波器称为卡尔曼滤波器。卡尔曼滤波器的特点是:用状态空间概念来描述其数学公式,而且卡尔曼滤波器为递归最小二乘滤波器族提供了一个统一的框架。

**1. 卡尔曼滤波问题**

考虑图 2-19 所示的线性动态离散时间系统,它由描述状态向量的过程方程和描述观测向量的观测方程共同表示。

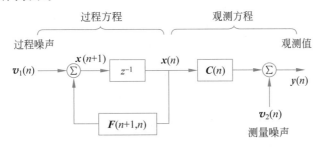

图 2-19 线性动态离散时间系统的信号流图表示

1) 过程方程

$$\boldsymbol{x}(n+1) = \boldsymbol{F}(n+1,n)\boldsymbol{x}(n) + \boldsymbol{v}_1(n) \tag{2-4-51}$$

式中,$M \times 1$ 向量 $\boldsymbol{x}(n)$ 表示系统在离散时间 $n$ 的状态向量,它是不可观测的;$M \times M$ 矩阵 $\boldsymbol{F}(n+1,n)$ 称为状态转移矩阵,描述动态系统在时间 $n$ 的状态到 $n+1$ 的状态之间的转移,它应该是已知的;$M \times 1$ 向量 $\boldsymbol{v}_1(n)$ 表示过程噪声。

2) 观测方程

$$\boldsymbol{y}(n) = \boldsymbol{C}(n)\boldsymbol{x}(n) + \boldsymbol{v}_2(n) \tag{2-4-52}$$

式中,$\boldsymbol{y}(n)$ 代表动态系统在时间 $n$ 的 $N \times 1$ 观测向量;$N \times M$ 矩阵 $\boldsymbol{C}(n)$ 称为观测矩阵,要

求它也是已知的；$N \times 1$ 向量 $\boldsymbol{v}_2(n)$ 称为测量噪声。

卡尔曼滤波问题，即以某种最优方式联合求解未知状态过程方程和观测方程的问题，可以描述为：利用所有由观测值 $\boldsymbol{y}(1), \boldsymbol{y}(2), \cdots, \boldsymbol{y}(n)$ 组成的观测数据，对所有的 $n \geqslant 1$，寻找状态 $\boldsymbol{x}(i)$ 的最小二乘估计。

**2. 新息过程**

为了求解卡尔曼滤波问题，这里将应用基于新息过程(Innovations Process)的方法。给定观测值 $\boldsymbol{y}(1), \boldsymbol{y}(2), \cdots, \boldsymbol{y}(n-1)$，求观测向量 $\boldsymbol{y}(n)$ 的最小二乘估计，记作

$$\hat{\boldsymbol{y}}_1(n) \stackrel{\text{def}}{=} \hat{\boldsymbol{y}}(n \mid \boldsymbol{y}(1), \cdots, \boldsymbol{y}(n-1)) \qquad (2\text{-}4\text{-}53)$$

$\boldsymbol{y}(n)$ 所对应的新息过程定义为

$$\boldsymbol{\alpha}(n) = \boldsymbol{y}(n) - \hat{\boldsymbol{y}}_1(n), \quad n = 1, 2, \cdots \qquad (2\text{-}4\text{-}54)$$

其中 $M \times 1$ 向量 $\boldsymbol{\alpha}(n)$ 表示观测数据 $\boldsymbol{y}(n)$ 中新的信息，简称新息。

新息过程的内在物理意义在于：$n$ 时刻的新息 $\boldsymbol{\alpha}(n)$ 是一个与 $n$ 时刻之前的观测数据 $\boldsymbol{y}(1), \boldsymbol{y}(2), \cdots, \boldsymbol{y}(n-1)$ 不相关，并具有白噪声性质的随机过程，但它却能提供有关 $\boldsymbol{y}(n)$ 的新信息。

假设：

(1) 状态初始值是 $\boldsymbol{x}(0)$；

(2) 当 $n \leqslant 0$ 时，观测的数据以及噪声向量 $\boldsymbol{v}_1(n)$ 均为零。

在卡尔曼滤波中，不是直接估计观测数据向量的一步预测 $\hat{\boldsymbol{y}}_1(n)$，而是先计算状态向量的一步预测：

$$\hat{\boldsymbol{x}}_1(n) \stackrel{\text{def}}{=} \hat{\boldsymbol{x}}(n \mid \boldsymbol{y}(1), \cdots, \boldsymbol{y}(n-1)) \qquad (2\text{-}4\text{-}55)$$

然后再得到 $\hat{\boldsymbol{y}}_1(n)$：

$$\hat{\boldsymbol{y}}_1(n) = \boldsymbol{C}(n)\hat{\boldsymbol{x}}_1(n) \qquad (2\text{-}4\text{-}56)$$

将式(2-4-56)代入新息过程的定义式(2-4-54)，可得

$$\begin{aligned}
\boldsymbol{\alpha}(n) &= \boldsymbol{y}(n) - \boldsymbol{C}(n)\hat{\boldsymbol{x}}_1(n) \\
&= \boldsymbol{C}(n)[\boldsymbol{x}(n) - \hat{\boldsymbol{x}}_1(n)] + \boldsymbol{v}_2(n) \\
&= \boldsymbol{C}(n)\boldsymbol{\varepsilon}(n, n-1) + \boldsymbol{v}_2(n)
\end{aligned} \qquad (2\text{-}4\text{-}57)$$

式中，$\boldsymbol{\varepsilon}(n, n-1)$ 是状态向量的一步预测误差，定义为

$$\boldsymbol{\varepsilon}(n, n-1) \stackrel{\text{def}}{=} \boldsymbol{x}(n) - \hat{\boldsymbol{x}}_1(n) \qquad (2\text{-}4\text{-}58)$$

并且，定义新息过程 $\boldsymbol{\alpha}(n)$ 的相关矩阵为

$$\boldsymbol{R}(n) = E\{\boldsymbol{\alpha}(n)\boldsymbol{\alpha}^{\mathrm{H}}(n)\} \qquad (2\text{-}4\text{-}59)$$

将式(2-4-57)代入式(2-4-59)，注意到观测矩阵 $\boldsymbol{C}(n)$ 已知，预测状态误差向量 $\boldsymbol{\varepsilon}(n, n-1)$ 与过程噪声向量 $\boldsymbol{v}_1(n)$ 和测量噪声向量 $\boldsymbol{v}_2(n)$ 都正交，得

$$\begin{aligned}
\boldsymbol{R}(n) &= \boldsymbol{C}(n)E\{\boldsymbol{\varepsilon}(n, n-1)\boldsymbol{\varepsilon}^{\mathrm{H}}(n, n-1)\}\boldsymbol{C}^{\mathrm{H}}(n) + E\{\boldsymbol{v}_2(n)\boldsymbol{v}_2^{\mathrm{H}}(n)\} \\
&= \boldsymbol{C}(n)\boldsymbol{K}(n, n-1)\boldsymbol{C}^{\mathrm{H}}(n) + \boldsymbol{Q}_2(n)
\end{aligned} \qquad (2\text{-}4\text{-}60)$$

式中，$\boldsymbol{Q}_2(n)$ 是测量噪声向量 $\boldsymbol{v}_2(n)$ 的相关矩阵。$M \times M$ 矩阵 $\boldsymbol{K}(n, n-1)$ 称为预测状态误差相关矩阵，定义为

$$\boldsymbol{K}(n, n-1) = E\{\boldsymbol{\varepsilon}(n, n-1)\boldsymbol{\varepsilon}^{\mathrm{H}}(n, n-1)\} \qquad (2\text{-}4\text{-}61)$$

**3. 利用新息过程进行状态估计**

状态向量的一步预测的最小均方估计为

$$\hat{\boldsymbol{x}}_1(n+1) = \sum_{k=1}^{n} E\{\boldsymbol{x}(n+1)\boldsymbol{\alpha}^{\mathrm{H}}(k)\}\boldsymbol{R}^{-1}(k)\boldsymbol{\alpha}(k)$$

$$= \sum_{k=1}^{n-1} E\{\boldsymbol{x}(n+1)\boldsymbol{\alpha}^{\mathrm{H}}(k)\}\boldsymbol{R}^{-1}(k)\boldsymbol{\alpha}(k) + E\{\boldsymbol{x}(n+1)\boldsymbol{\alpha}^{\mathrm{H}}(n)\}\boldsymbol{R}^{-1}(n)\boldsymbol{\alpha}(n)$$

$$(2\text{-}4\text{-}62)$$

注意到 $E\{\boldsymbol{v}_1(n)\boldsymbol{\alpha}(k)\} = 0, k = 0,1,\cdots,n$，并利用状态方程（2-4-51），易知下式对 $k = 0,1,\cdots,n$ 成立：

$$E\{\boldsymbol{x}(n+1)\boldsymbol{\alpha}^{\mathrm{H}}(k)\} = E\{[\boldsymbol{F}(n+1,n)\boldsymbol{x}(n) + \boldsymbol{v}_1(n)]\boldsymbol{\alpha}^{\mathrm{H}}(k)\}$$

$$= \boldsymbol{F}(n+1,n)E\{\boldsymbol{x}(n)\boldsymbol{\alpha}^{\mathrm{H}}(k)\} \qquad (2\text{-}4\text{-}63)$$

将式（2-4-63）代入式（2-4-62）等式右边第一项，可化简为

$$\sum_{k=1}^{n-1} E\{\boldsymbol{x}(n+1)\boldsymbol{\alpha}^{\mathrm{H}}(k)\}\boldsymbol{R}^{-1}(k)\boldsymbol{\alpha}(k)$$

$$= \boldsymbol{F}(n+1,n)\sum_{k=1}^{n-1} E\{\boldsymbol{x}(n)\boldsymbol{\alpha}^{\mathrm{H}}(k)\}\boldsymbol{R}^{-1}(k)\boldsymbol{\alpha}(k)$$

$$= \boldsymbol{F}(n+1,n)\hat{\boldsymbol{x}}_1(n) \qquad (2\text{-}4\text{-}64)$$

定义

$$\boldsymbol{G}(n) \overset{\text{def}}{=} E\{\boldsymbol{x}(n+1)\boldsymbol{\alpha}^{\mathrm{H}}(n)\}\boldsymbol{R}^{-1}(n) \qquad (2\text{-}4\text{-}65)$$

将式（2-4-64）和式（2-4-65）代入式（2-4-62），得到状态向量一步预测的更新公式：

$$\hat{\boldsymbol{x}}_1(n+1) = \boldsymbol{F}(n+1,n)\hat{\boldsymbol{x}}_1(n) + \boldsymbol{G}(n)\boldsymbol{\alpha}(n) \qquad (2\text{-}4\text{-}66)$$

上式表明，$n+1$ 时刻的状态向量的一步预测分为非自适应（即确定）部分 $\boldsymbol{F}(n+1,n)\hat{\boldsymbol{x}}_1(n)$ 和自适应（即校正）部分 $\boldsymbol{G}(n)\boldsymbol{\alpha}(n)$。矩阵 $\boldsymbol{G}(n)$ 称为卡尔曼增益。

卡尔曼增益的实际计算公式如下：

$$\boldsymbol{G}(n) = \boldsymbol{F}(n+1,n)\boldsymbol{K}(n,n-1)\boldsymbol{C}^{\mathrm{H}}(n)\boldsymbol{R}^{-1}(n) \qquad (2\text{-}4\text{-}67)$$

其中状态向量预测误差的相关矩阵的递推公式为

$$\boldsymbol{K}(n+1,n) = \boldsymbol{F}(n+1,n)\boldsymbol{P}(k)\boldsymbol{F}^{\mathrm{H}}(n+1,n) + \boldsymbol{Q}_1(n) \qquad (2\text{-}4\text{-}68)$$

式中

$$\boldsymbol{P}(n) = \boldsymbol{K}(n,n-1) - \boldsymbol{F}^{-1}(n+1,n)\boldsymbol{G}(n)\boldsymbol{C}(n)\boldsymbol{K}(n,n-1) \qquad (2\text{-}4\text{-}69)$$

且 $\boldsymbol{F}^{-1}(n+1,n)$ 是状态转移矩阵 $\boldsymbol{F}(n+1,n)$ 的逆矩阵。

现总结基于一步预测的卡尔曼自适应滤波算法如下。

（1）初始条件为

$$\hat{\boldsymbol{x}}_1(1) = E\{\boldsymbol{x}(1)\}$$

$$\boldsymbol{K}(1,0) = E\{[\boldsymbol{x}(1) - \bar{\boldsymbol{x}}(1)][\boldsymbol{x}(1) - \bar{\boldsymbol{x}}(1)]^{\mathrm{H}}\}, \quad \text{其中} \bar{\boldsymbol{x}}(1) = E\{\boldsymbol{x}(1)\}$$

（2）输入观测向量过程：观测值 $\{\boldsymbol{y}(1),\cdots,\boldsymbol{y}(n-1)\}$。

（3）已知参数：状态转移矩阵 $\boldsymbol{F}(n+1,n)$，观测矩阵 $\boldsymbol{C}(n)$，过程噪声的相关矩阵 $\boldsymbol{Q}_1(n)$，观测噪声的相关矩阵 $\boldsymbol{Q}_2(n)$。

（4）当 $n = 1,2,3,\cdots$ 时，根据式（2-4-67）、式（2-4-57）、式（2-4-62）、式（2-4-69）、式（2-4-68）

计算 $G(n)$、$\boldsymbol{\alpha}(n)$、$\hat{\boldsymbol{x}}_1(n+1)$、$\boldsymbol{P}(n)$ 和 $\boldsymbol{K}(n+1,n)$。

卡尔曼滤波器是一种线性的离散时间有限维系统。卡尔曼滤波器的估计性能是：它使滤波器的状态估计误差的相关矩阵 $\boldsymbol{P}(n)$ 的迹最小化，即卡尔曼滤波器是状态向量 $\boldsymbol{x}(n)$ 的线性最小方差估计。

#### 4. 卡尔曼滤波抗野值

在实际应用中，由于量测设备本身或数据传输过程中的某些原因，导致在量测序列中常常出现野值，它们的量值和正常量值的相差很大。这些野值使在线应用的系统特别容易受到危害，也容易造成系统的不稳定或崩溃。采用对卡尔曼滤波信息进行修正的方法是：用一个活化函数加权于新息上，可在线修正新息序列，使修正的新息序列能够保持原有的新息序列性质，从而达到消除野值对滤波的不利影响。

在对新息序列修正前，先对新息序列进行归一化处理，即

$$\Delta\boldsymbol{\alpha}(n+1)=(\boldsymbol{CPC'}+\boldsymbol{R})^{-1/2}\boldsymbol{\alpha}(n+1) \tag{2-4-70}$$

其中 $\boldsymbol{C'}$ 为 $\boldsymbol{C}$ 的转置矩阵。归一化的新息序列协方差阵为

$$\boldsymbol{S}(n)=[\Delta\boldsymbol{\alpha}(j)-\widetilde{\Delta}\boldsymbol{\alpha}(n)][\Delta\boldsymbol{\alpha}(j)-\widetilde{\Delta}\boldsymbol{\alpha}(n)]' \tag{2-4-71}$$

其中，$\widetilde{\Delta}\boldsymbol{\alpha}(n)$ 为新息序列的均值。不难看出，$\boldsymbol{S}(n)$ 阵的迹具有 $\chi^2$ 分布，则有以下判别式：

当 $\text{trace}\{\boldsymbol{S}(n)\}<\chi_\alpha^2(M)$ 时，则可认为无野值；

当 $\text{trace}\{\boldsymbol{S}(n)\}\geqslant\chi_\alpha^2(M)$ 时，则可认为有野值。

其中，$\chi_\alpha^2(M)$ 是分位点为 $\alpha$、自由度为 $M$ 的 $\chi^2$ 分布值。

根据新息序列的性质，对卡尔曼滤波算法进行修正，重新构造状态估计，有

$$\boldsymbol{x}(n+1)=\boldsymbol{F}(n+1,n)\boldsymbol{x}(n)+\boldsymbol{K}(n+1)\boldsymbol{\Phi}_{n+1}(r_{n+1})\boldsymbol{\alpha}(n+1) \tag{2-4-72}$$

其中，$\boldsymbol{\alpha}(n+1)$ 为新息序列，$\boldsymbol{\Phi}_{n+1}(r_{n+1})$ 为活化函数，其具有以下性质：

(1) 当 $r_{n+1}\to\infty$ 时，$\boldsymbol{\Phi}_{n+1}(r_{n+1})\to0$；

(2) 当 $r_{n+1}<T_{n+1}$ 时，$\boldsymbol{\Phi}_{n+1}(r_{n+1})=1$，其中 $T_{n+1}$ 称为门限值；

(3) $\boldsymbol{\Phi}_{n+1}(r_{n+1})$ 单调下降且连续可微。$r_{n+1}$ 是 $\boldsymbol{\Phi}_n(r_{n+1})$ 函数的自变量。

从式(2-4-72)中可以看出，$\boldsymbol{\Phi}_{n+1}(\cdot)$ 描述的是一个函数空间，它的不同选取可得到不同的滤波算法。当 $\boldsymbol{\Phi}_{n+1}(\cdot)=1$ 时，式(2-4-72)即为卡尔曼滤波算法。因此，$\boldsymbol{\Phi}_{n+1}(\cdot)$ 的选取要求修正后的滤波算法既能抑制野值的影响，又能确保滤波算法的稳定。在这里确定修正函数为

$$\Phi_n(r_n)=\begin{cases}1, & r_n<T_n \\ (T_n/r_n)^{1/2}, & r_n\geqslant T_n\end{cases} \tag{2-4-73}$$

确定门限值

$$T_{n+1}=\chi_\alpha^2(M) \tag{2-4-74}$$

## 2.4.4 快速傅里叶变换

近代测试技术由静态测试发展至动态测试，在动态测试中，被测物理量的变化过程是动态的，可以是周期信号，也可以是随机信号。在动态测试过程中，首先要解决传感器的频率响应的选择问题，为此必须通过被测试信号的频谱分析掌握其频谱特征，才能做出正确选择。而传感器本身动态频率响应的标定，也涉及信号的频谱分析与计算，并需要使用快速傅

里叶变换(Fast Fourier Transform,FFT)技术。在动态测试过程中,不可避免地会混入各种干扰和噪声。有时为了提取信号中的主要成分并去掉不需要的成分,就需要采用信号滤波技术。

**1. 快速傅里叶变换**

这里介绍一种逐次加倍法的快速傅里叶变换算法。其思路是:连续地将序列的离散傅里叶变换运算分解为多个较短序列的运算,直到没有必要再分解为止,这种分解是依据时域序号的奇偶编号对 $f(x)$ 进行的。长度为 $N=2^n$ 的时域序列 $f(x)$,其离散傅里叶变换如下式:

$$F(u) = \frac{1}{N}\sum_{x=0}^{N-1} f(x)\exp[-j2\pi ux/N] \tag{2-4-75}$$

可将其写为

$$F(u) = \frac{1}{N}\sum_{x=0}^{N-1} f(x)W_N^{ux} \tag{2-4-76}$$

其中

$$W_N = \exp[-j2\pi/N] \tag{2-4-77}$$

如令 $M$ 为正整数,且

$$N = 2M \tag{2-4-78}$$

将式(2-4-78)代入式(2-4-76)可得到

$$\begin{aligned}F(u) &= \frac{1}{2M}\sum_{x=0}^{2M-1} f(x)W_{2M}^{ux} \\ &= \frac{1}{2}\left[\frac{1}{M}\sum_{x=0}^{M-1} f(2x)W_{2M}^{u(2x)} + \frac{1}{M}\sum_{x=0}^{M-1} f(2x+1)W_{2M}^{u(2x+1)}\right]\end{aligned} \tag{2-4-79}$$

由式(2-4-77)可知 $W_{2M}^{2ux}=W_M^{ux}$,所以可将上式写为

$$F(u) = \frac{1}{2}\left[\frac{1}{M}\sum_{x=0}^{M-1} f(2x)W_M^{ux} + \frac{1}{M}\sum_{x=0}^{M-1} f(2x+1)W_M^{ux}W_{2M}^{u}\right] \tag{2-4-80}$$

现在定义

$$F_{even}(u) = \frac{1}{M}\sum_{x=0}^{M-1} f(2x)W_M^{ux}, \quad u=0,1,\cdots,M-1 \tag{2-4-81}$$

$$F_{odd}(u) = \frac{1}{M}\sum_{x=0}^{M-1} f(2x+1)W_M^{ux}, \quad u=0,1,\cdots,M-1 \tag{2-4-82}$$

通过以上两式可将式(2-4-80)简化为

$$F(u) = \frac{1}{2}[F_{even}(u) + F_{odd}(u)W_{2M}^{u}] \tag{2-4-83}$$

同理,由 $W_M^{u+M}=W_M^{u}$ 和 $W_{2M}^{u+M}=-W_{2M}^{u}$ 可得

$$F(u+M) = \frac{1}{2}[F_{even}(u) - F_{odd}(u)W_{2M}^{u}] \tag{2-4-84}$$

式(2-4-83)和式(2-4-84)表明 1 个 $N$ 点的变换可通过将原始表达式分成两部分计算。对 $F(u)$ 前一部分的计算需要根据式(2-4-81)和式(2-4-82)以得到 $u=0,1,2,\cdots,N/2-1$ 时的 $F(u)$,对剩下的 $F(u)$ 的计算与此类似。

**2. 谱分析**

所谓谱分析是在频域内研究信号的某种特征随频率的分布,如幅度谱、相位谱和功率谱。快速傅里叶变换用于谱分析,或者说,计算信号的频谱,并因此计算出幅度谱、相位谱和功率谱。这有助于了解信号的特点,因而对信号进行谱分析是相当重要的。

1) 谱分析参数选取

设待分析的信号为任意长的连续时间信号 $x(t)(t \geqslant 0)$,若已知的最高频率为 $f_m$,频率分辨率为 $F$,可分别求出采样周期 $T$、记录长度 $t_p$ 和采样点数 $N$。

为了避免混叠,抽样率 $f_s$ 必须满足

$$f_s \geqslant 2f_m$$

即

$$T = \frac{1}{f_s} \leqslant \frac{1}{2f_m} \tag{2-4-85}$$

用离散的 $X(k)$ 近似表示连续的谱 $X_a(j\Omega)$:

$$X_a\left(j\frac{2\pi}{NT}k\right) = TX(k), \quad 0 \leqslant k \leqslant N-1 \tag{2-4-86}$$

离散频谱的频率间隔 $\frac{1}{NT}$ 不能大于 $F$,否则因栅栏效应,无法区分 $x_a(t)$ 中频率差为 $F$ 的相邻频率成分,所以应有

$$\frac{1}{NT} \leqslant F \quad \text{或} \quad N \geqslant \frac{1}{TF} = \frac{f_m}{F} \tag{2-4-87}$$

即

$$N \geqslant \frac{2f_m}{F} \tag{2-4-88}$$

若 $x(n)$ 是 $x_a(t)$ 的抽样,$x_a(t)$ 的记录长度 $t_p$ 与 $x(n)$ 的长度(点数)$N$ 满足

$$t_p = NT$$

代入式(2-4-87),得

$$t_p \geqslant \frac{1}{F} \tag{2-4-89}$$

式(2-4-85)、式(2-4-88)和式(2-4-89)给出了选取谱分析参数的依据。

2) 谱计算

用 FFT 计算 $X(n)$ 的频谱,即计算

$$X(k) = X_R(k) + jX_I(k) \tag{2-4-90}$$

根据下面的公式可求出幅度谱 $|X(k)|$、相位谱 $Q(k)$、功率谱 $S(k)$:

$$|X(k)| = \sqrt{X_R^2(k)} + \sqrt{X_I^2(k)} \tag{2-4-91}$$

$$Q(k) = \arctan\frac{X_I(k)}{X_R(k)} \tag{2-4-92}$$

$$S(k) = |X(k)|^2 = X_R^2(k) + X_I^2(k) \tag{2-4-93}$$

谱分析是寻找信号频率分量的一种方法。谱分析函数将信号从时域变换到频域,快速傅里叶变换是最常用的变换。

快速傅里叶变换是以较少计算量实现离散傅里叶变换（Discrete Fourier Transform，DFT）的快速算法，计算功率谱的速度非常快，而且使用内存的效率高，因为 FFT 变换是实时的并且在内存的同一位置进行。

3）谱分析用于信号检测

工业现场环境比较恶劣时，微弱的有用信号淹没在很强的背景噪声之中。一般的去除噪声的滤波方法无法奏效，可以使用谱分析技术进行信号检测。

测得信号 $x(t)$ 是有用信号 $s(t)$ 和噪声 $\omega(t)$ 的叠加时，由 $x(t)$ 抽样所得序列 $x(n)$ 实际上是 $s(t)$ 和 $\omega(t)$ 的抽样序列 $s(n)$、$\omega(n)$ 之和，即

$$x(n) = s(n) + \omega(n) \tag{2-4-94}$$

测得信号 $x(n)$ 的自功率谱为

$$S_x(\mathrm{e}^{\mathrm{j}\omega}) = S_s(\mathrm{e}^{\mathrm{j}\omega}) + S_\omega(\mathrm{e}^{\mathrm{j}\omega}) \tag{2-4-95}$$

若 $s(t)$ 的周期为 $T_0$，抽样间隔为 $T$，则 $S_x(\mathrm{e}^{\mathrm{j}\omega})$ 在 $\omega_0 = 2\pi f_0 T = \dfrac{2\pi T}{T_0}$ 处有一突起。换言之，谱峰的存在和位置表明了周期信号 $s(t)$ 的存在和频率。特别当 $\omega(t)$ 为白噪声时，有

$$S_\omega(\mathrm{e}^{\mathrm{j}\omega}) = \sum_{m=-\infty}^{\infty} R_\omega(m)\mathrm{e}^{-\mathrm{j}\omega m} = \sigma_\omega^2 \tag{2-4-96}$$

$$S_s(\mathrm{e}^{\mathrm{j}\omega}) = S_x(\mathrm{e}^{\mathrm{j}\omega}) - \sigma_\omega^2 \tag{2-4-97}$$

有用信号 $s(t)$ 的自功率谱 $S_s(\mathrm{j}\Omega)$ 可由 $S_s(\mathrm{e}^{\mathrm{j}\omega})$ 推知。

## 2.5 智能测控算法

随着被测系统复杂度的提高和对系统认知程度的不断深化，简单地将传感器所获得的信号进行放大再加以显示或传送已难以满足现代生产和生活的需要。因此必须对信号进行分析和处理才能获得有意义的结果。智能测控算法要解决的问题就是如何进行高准确度的多种类信息的宏观检测。本节介绍常用于现代检测系统及智能仪器中的几种测控理论与方法。

### 2.5.1 数字 PID 算法

数字 PID 算法指的是比例、积分、微分算法，常用于过程控制，它具有结构典型、参数整定方便、结构改变灵活、控制效果较好等优点，常用于电机调速等方面。

在 PID 三种作用中，微分作用主要用来减小超调，使系统趋向稳定，加快系统的动作速度并改善系统的动态特性；积分作用主要用来消除静差，提高精度并改善系统的静特性；比例作用则用于对偏差做出及时的响应。将三种作用的强度合理配合，可以使调节快速、平稳、准确，从而获得满意的控制效果。

一个典型的 PID 算法控制结构框图如图 2-20 所示，其中 $PV$ 是控制变量，$SV$ 是设定值，PID 调节器的输入偏差为

$$e = SV - PV \tag{2-5-1}$$

理想的模拟 PID 控制算式为

$$V = K_p \left( e + \frac{1}{T_i} \int e \, \mathrm{d}t + T_d \frac{\mathrm{d}e}{\mathrm{d}t} \right) + M \qquad (2\text{-}5\text{-}2)$$

式中,$K_p$ 为比例系数,$T_i$ 为积分时间,$T_d$ 为微分时间,$M$ 为 $e$ 等于零时的阀门开度(初始值),$V$ 为调节器的输出。

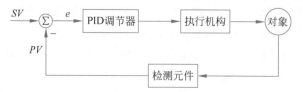

图 2-20　PID 算法控制结构框图

将 PID 控制算式离散化处理,便于系统用计算机实现控制。设采样周期为 $T$,初始时刻为 $0$,第 $n$ 次采样的偏差为 $e_n$,控制输出为 $MV_n$,则式(2-5-1)和式(2-5-2)分别可用离散形式表示为

$$e_n = SV_n - PV_n$$

$$MV_n = K_p \left( e_n + \frac{T}{T_i} \sum_{i=0}^{n} e_i + T_d \frac{e_n - e_{n-1}}{T} \right) + M \qquad (2\text{-}5\text{-}3)$$

式(2-5-3)称为位置式 PID 控制算式。在离散控制系统中并不常用位置式 PID 控制算式,而是每次只输出增量,也就是采用增量式 PID 算法:

$$MV_{n-1} = K_p \left( e_{n-1} + \frac{T}{T_i} \sum_{i=0}^{n-1} e_i + T_d \frac{e_{n-1} - e_{n-2}}{T} \right) + M \qquad (2\text{-}5\text{-}4)$$

$$\Delta MV_n = MV_n - MV_{n-1}$$

$$= K_p \left[ (e_n - e_{n-1}) + \frac{T}{T_i} e_n + T_d \frac{e_n - 2e_{n-1} + e_{n-2}}{T} \right] \qquad (2\text{-}5\text{-}5)$$

这个 PID 算法模块里的 $PV$,就是上面位置采集模块得到的被控对象的速度值;$SV$ 就是插补算法得到的被控对象的理想速度值;$e_n$ 就是其差值,也是每个周期内速度的变化量。

增量型算法与位置型算法相比,具有以下优点:

(1)增量型算法下不需要做累加,控制量增量的确定仅与最近几次误差采样值有关。计算误差或计算精度问题对控制量的计算影响较小。而位置型算法要用到过去的误差累加值,容易产生大的累加误差。

(2)增量型算法得出的是控制量的增量,例如阀门控制中,只输出阀门开度的变化部分,误动作影响小,必要时通过逻辑判断限制或禁止本次输出,不会严重影响系统的工作。

(3)用增量型算法,易实现手动到自动的无冲激切换。

因此,在实际控制中,增量式算法要比位置式应用更为广泛。在实际应用中,PID 数字控制的各种算法形式应根据执行器的形式和被控对象的特性而定。若执行部件不带积分部件,其位置与计算机输出的数字量一一对应(如电液伺服阀),就要采用位置式算法。若执行部件带积分部件(如步进电动机、步进电动机带动阀门或带动多圈电位器),就可选用增量式算法。

## 2.5.2 神经网络算法

随着研究的进展,人工神经网络(Artificial Neural Network,ANN)已经越来越多地应用于控制领域的各个方面。从过程控制、机器人控制、生产制造、模式识别直到决策支持都有许多应用神经网络的实例,且获得了相当好的效果。而且从控制理论观点来看,神经网络处理非线性的能力是最有意义的。

**1. 神经网络的基本概念**

人工神经网络是从生物学上获得灵感,使用能够模拟生物神经元某些功能的元器件构建而成,而组织方式模拟了人脑的结构。生物神经元受到传入的刺激,其反应又从输出端传到相联的其他神经元,输入和输出之间的变换关系一般是非线性的。神经网络由若干简单的(通常是自适应的)元件及其层次组织构成,采用大规模并行连接方式,按照生物神经网络类似的方式处理输入的信息。模仿生物神经网络而建立的人工神经网络,对输入信号有功能强大的反应和处理能力。图 2-21 为一个典型的人工神经元模型。

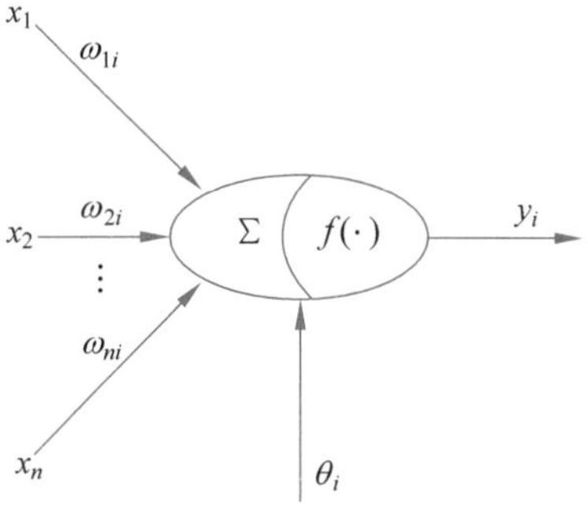

图 2-21 人工神经元模型

其中,$x_1,x_2,\cdots,x_n$ 为输入神经元,用于接收来自传感器的各种信息(刺激),合成输出 $y_i$。$\omega_{1i},\omega_{2i},\cdots,\omega_{ni}$ 为权值,表示连接强度或记忆强度,反映输入神经元 $x_i(i=1,2,\cdots,n)$ 对合成输出 $y_i$ 的影响,正的权值表示影响的增加,负的权值表示影响的减弱。输入和输出的关系如下:

$$\begin{cases} s_i = \sum_{j=1}^{n} \omega_{ji}x_j - \theta_i = \sum_{j=0}^{n} \omega_{ji}x_j \\ \omega_{0i} = -\theta_i, \quad x_0 = 1 \\ y_i = f(s_i) \end{cases} \qquad (2\text{-}5\text{-}6)$$

式中:$\theta_i$ 称为阈值;$\omega_{ji}$ 表示从神经元 $j$ 到神经元 $i$ 的连接权值;$f(\cdot)$ 称为输出变换函数,可以为线性函数或非线性函数。

由于单个神经元具有非线性响应,当大量神经元连成网络时,构成一个非常复杂的并行分布式非线性动力学系统,按人脑的神经组成方式将神经元相互级联,构成人工神经网络。不管网络的组织形式如何,神经网络均具有学习、容错、优化计算和提取信息特征的共同特性。

**2. 人工神经网络的基本原理**

1) 网络模型

根据神经元所构成的拓扑结构的不同,神经网络可分为前向网络和互联型网络两大类。现分述如下。

(1) 前向网络:由输入层、中间层(隐层)和输出层组成,每一层的神经元只接受前一层神经元的输出,并输出到下一层。这种类型结构简单,属于静态非线性处理单元的复合映射,可获得复杂的非线性处理能力。前馈网络具有很强的分类及模式识别能力。典型的前馈网络包括感知器网络、BP 网络、RBF 网络等。

(2) 互联型神经网络:网络中任意两个神经元之间都有可能连接,即网络的输入节点及输出节点均有影响存在,因此,信号在神经元之间反复传递,各神经元的状态要经过若干次变化,逐渐趋于某一稳定状态。典型的有 Hopfield 网络。

2) 学习(训练)

学习功能是神经网络最主要的特征之一。类似于人类通过训练去开发自身的智能一样,各种训练过程或学习算法(即网络能够通过训练实力来决定自身行为的方法)的研究,在人工神经网络理论与实践发展过程中起着重要作用。

训练神经网络的目的是使得能用一组输入矢量产生一组期望的输出矢量。训练是应用一系列输入矢量,通过预先确定的过程(算法)调整网络的权值来实现的。在训练过程中,网络的权值慢慢地变更。

训练分为有监督训练和无监督训练两种。

(1) 有监督训练:将给定标准训练样本加到网络的输入端,同时用网络输出与期望输出相比较得到的差值来控制连接权重的调整。监督训练尽管有许多成功案例,但监督训练被认为在模拟生物系统上是不接近真实情况的。

(2) 无监督训练:不要求事先给定标准样本,而是直接将网络置于工作环境中,使训练阶段与应用阶段成为一体,使得学习规律服从连接权重的变化,一般在训练前无法确定由一给定输入能产生一特定的输出,只能在训练之后,把输出转换成一个通用表示,建立起输入输出的关系。因此无监督训练更接近于生物系统的学习机制。

神经网络在模式识别中有着以下优势:人工神经网络和大脑相似,结构和处理顺序上都是并行的,而一般计算机都是一个处理单元,处理顺序是串行的,这就为采用高速并行运算方法提供了可能;在神经网络中,知识不在特定存储单元中,而是在整个系统中,同时,神经网络有一定的“联想”能力;神经网络有很强的容错性,甚至可以从不完善的数据学习推理、自适应以及模式识别。

**3. 典型神经网络模型**

这里介绍 3 种典型的神经网络模型:BP 网络、RBF 网络及 Hopfield 网络。

1) BP 网络

这是一种采用误差反向传播(Back Propagation)学习方法的单向传播多层次前向网络,一般由输入层、输出层和隐含层组成,其结构如图 2-22 所示。

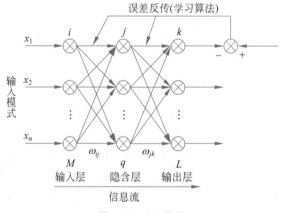

图 2-22　BP 网络

BP 网络学习是有监督学习,其学习过程由正向传播和反向传播组成。正向传播过程中输入信号自输入层通过隐含层传向输出层,每层的神经元仅影响下一层神经元状态。在输出层不能得到期望输出时,实行反向传播,将误差信号沿原通路返回,并将误差分配到各神经元,进而通过修改各层神经元的权值,使输出信号误差最小。BP 网络各神经元采用的激发函数是 Sigmoid 函数:

$$f(x) = \frac{1}{1 + \mathrm{e}^{-(x-\theta)}} \tag{2-5-7}$$

式中,$\theta$ 表示偏值或阈值。

由 BP 网络的结构图可以看出 BP 神经网络模型一般具有如下几个特点:

(1) 各层神经元仅与相邻层神经元之间有连接。

(2) 各层内神经元之间无任何连接。

(3) 各层神经元之间无反馈连接,是一种前馈网络。

(4) BP 网络含有隐含层,同时可以进行学习,能够通过训练使之对于非线性的模型具有识别能力,由于这个特点 BP 网络成为目前应用最广泛的网络。

进行 BP 网络设计时,需要考虑网络层数、每层的神经元数、初始值以及学习速率等多个方面。目前确定神经元的数目并没有很好的理论依据,很多情况下还要依靠经验和实验。选取合适的隐含层神经元数目,而不是盲目增加神经元的数目,可以提高网络训练的精度。一般初始值选取在 $(-1, 1)$ 之间的随机数。一般倾向选择小的学习速率,例如 $(-0.01, 0.8)$。

BP 网络的学习流程如下:

(1) 初始化网络。随机设定连接权值 $\omega_{ij}$、$\omega_{jk}$,阈值 $b_j$、$b_k$,学习因子 $\eta$,态势函数 $\alpha$。

(2) 向具有上述初始值的神经网络提供输入学习样本、序列号。

(3) 计算隐含层单元的输出值。

(4) 计算输出层单元的输出差。

(5) 计算输出层单元的偏差。

(6) 判断均方误差是否满足给定的允许偏差。如果不满足,修正权值,否则结束训练。

可以证明,一个三层 BP 网络,通过对监督信号的学习,改变网络参数,可以在任意小的平方误差范围内逼近任意非线性函数。BP 网络在模式识别、系统辨识、优化计算、预测和自适应控制等领域有着较为广泛的应用。

2) RBF 网络

RBF(Radial Basis Function)神经网络是三层结构的径向基函数神经网络,其结构如图 2-23 所示。

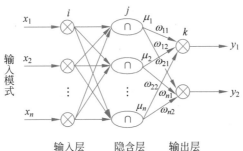

图 2-23 RBF 网络

RBF 网络是一种局部逼近的神经网络,即它对于输入空间的某个局部区域只有少数几个连接权值影响网络输出。因此,具有学习速度较快的优点。

RBF 网隐含层节点由类似高斯函数的激活函数构成,输出节点通常是如下所示的高斯函数:

$$\mu_j(x) = e^{-\frac{(x-c_j)^2}{\sigma_j^2}}, \quad j=1,2,\cdots,n \tag{2-5-8}$$

式中,$\mu_j$ 是第 $j$ 个隐含层节点的输出,$x=(x_1,x_2,\cdots,x_n)^T$ 是输入样本,$c_j$ 是高斯函数的中心值,$\sigma_j$ 是第 $j$ 个高斯函数的尺度因子,$n$ 是隐含层节点数。由式(2-5-8)可知,节点的输出范围为 0 到 1 之间,且输入样本越靠近节点中心,输出值越大。

RBF 网络的输出是其隐含层节点输出的线性组合,即

$$y_j = \sum_{i=1}^{m}\sum_{j=1}^{n}\omega_{ij}\mu_j(x), \quad i=1,2,\cdots,m \tag{2-5-9}$$

式中,$\omega_{ij}$ 是神经元 $i$ 与神经元 $j$ 间的连接权值,$m$ 为输出层节点数。

RBF 网络的学习过程与 BP 网的学习过程是类似的,两者的主要差别在于各使用不同的激活函数,BP 网中隐含层节点使用的是 Sigmoid 函数,其函数值在输入空间中无限大的范围为零值;而 RBF 网中使用的是高斯函数,属于局部逼近的神经网络。

3)Hopfield 网络

Hopfield 网络属于反馈网络,具有连续型和离散型两种类型,图 2-24 描述了离散型 Hopfield 网络的结构。

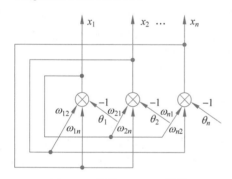

图 2-24　离散 Hopfield 网络

Hopfield 网络是一个单层网络,共有 $n$ 个神经元节点,每个节点输出均连接到其他神经元的输入,各节点间没有自反馈,图中的每个节点都附有一阈值 $\theta_j$。$\omega_{ij}$ 是神经元 $i$ 与神经元 $j$ 间的连接权值。

Hopfield 网络的工作过程如下:首先将输入模式施加于网络,网络的输出依次初始化。然后移去初始模式,经过反馈连接,已初始化的输出变成新的、更新过的输入。第一个更新的输入形成新的输出。该过程依次进行,经过反馈后,第二个更新过的输入产生第二个更新的输出。这个过渡过程一直延续,直到不再产生新的、更新的响应,网络达到其平衡为止。

对于每一个神经元节点有

$$\begin{cases} s_i = \sum_{j=1}^{n}\omega_{ij}x_j - \theta_i \\ x_i = f(s_i) \end{cases} \tag{2-5-10}$$

整个网络有两种方式:

(1)异步方式。

每次只有一个神经元节点进行状态的调整计算,其他节点的状态均保持不变,即

$$\begin{cases} x_i(k+1) = f\left(\sum_{j=1}^{n}\omega_{ij}x_j(k) - \theta_i\right) \\ x_j(k+1) = x_j(k), \quad j \neq i \end{cases} \tag{2-5-11}$$

（2）同步方式。

所有的神经元节点同时调整状态，即

$$x_i(k+1) = f\left(\sum_{j=1}^n \omega_{ij} x_j(k) - \theta_i\right) \qquad (2\text{-}5\text{-}12)$$

离散 Hopfield 网络实际上是一个离散的非线性动力学系统。因此，如果系统是稳定的，则它可从一个初态收敛到一个稳定状态；若系统是不稳定的，由于节点输出 1 或 −1 两种状态，系统不可能出现无限发散，只可能出现限幅的自持振荡或极限环。Hopfield 网络至今仍是控制领域中应用最广泛的网络之一。

## 2.5.3　遗传算法

遗传算法（Genetic Algorithms，GA）是基于达尔文进化论，在计算机上模拟生命进化机制而发展起来的一门新学科。GA 根据适者生存、优胜劣汰等自然进化规则来进行搜索计算和问题求解。对许多用传统数学难以解决或明显失效的复杂问题，特别是优化问题，GA 提供了一个行之有效的新途径。GA 在人工智能和工业系统（如控制、机械、土木、电力、图像工程）中都得到了成功应用，显示了诱人的前景。

**1. 简单遗传算法**

在自然界的演化过程中，生物体通过遗传、变异来适应外界环境，一代又一代地优胜劣汰，发展进化。GA 模拟了上述进化现象，将搜索空间映射为遗传空间，即将每一个可能的解编码为一个向量，称为染色体，并按预定的目标函数对每个染色体进行评价，根据其结果给出一个适应度的值。根据适应度对各染色体进行选择、交换、变异等遗传操作，剔除适应度低的染色体，保留适应度高的染色体，从而得到新的群体。由于新群体的成员是上一代群体中的优秀者，继承了上一代的优良性态，因而明显优于上一代。GA 就这样不断迭代，向着更优解的方向进化，直至满足某种预定的优化指标。GA 的工作过程如图 2-25 所示。

在遗传算法中，问题的求解过程实质上是一个迭代搜索过程，其重点在于适应规划和适应度度量。适应规划用于指导算法怎样在空间中进行搜索，常采用遗传操作，如交配和变异以及自然选择机制；而适应度度量则常采用计算适应值的方法，来评估一个候选解的优劣。遗传算法对于解决复杂的非线性、非结构性问题有很强的求解能力。传统的简单遗传算法具体包括以下几个步骤：

（1）在利用遗传算法进行迭代搜索之前，首先应对目标解空间进行编码，对目标空间的编码是非常重要的一步，它对于后面遗传算法的迭代运算的收敛产生直接的影响。例如在图像处理中，对于 256 级灰度图像而言，可以直接采用 8 位长自然编码，编码类似于生物体的基因链。

（2）计算各个体的适应值，即适应度函数的选取问题，适应度函数的选取是实现遗传算法最关键的一步，因为后面要说明的遗传算法的三种基本运算（选择、杂交和变异）中的选择运算是直接建立在适应度函数上的，而且它是遗传算法寻求最优解的基础。

（3）在确定了遗传算法的编码方式和适应度函数之后，接下来就是在解空间内随机地选取 N 个个体形成初始群体。初始群体中每一个个体称为初始个体，表示了问题的初始解。种群规模的选择会在很大程度上影响算法的质量，因此在实现算法时，既要考虑到减少算法的计算量，又要防止过早收敛于局部最优。

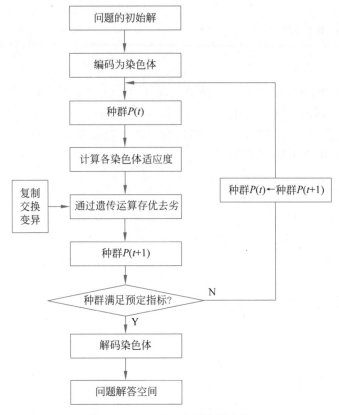

图 2-25　GA 的工作过程示意图

（4）根据群体中各个体的适应度，按照一定的策略选取 $M$ 个最好的个体作为繁殖下一代的群体，并放入交配池。选择应体现"适者生存"的原则，即让适应度高的个体获得较多的繁殖后代的机会。

（5）交配：交配过程是遗传算法中很重要的部分，杂交率的选择将直接关系到算法的性能。杂交率过高时，群体中个体的更新越快，则高性能个体的破坏也越快；杂交率过低时，搜索范围会变小，易造成算法停滞不前。根据预设的杂交率 $P_c$，对进入交配池中的染色体进行随机配对，并随机确定交换位置，得到 $N$ 个子代个体，从而允许对搜索空间中的新点进行测试。交换体现了自然界中信息交换的思想。

（6）变异：变异过程一方面可以是在当前解附近找到更好的解成为可能，另一方面又可保持群体的多样性，以防止陷入局部最优。根据变异概率 $P_m$，对某些个体的若干位进行取反操作，最后得到新一代种群。通过变异操作，可确保群体中遗传基因类型的多样性，以使搜索在尽可能大的空间中进行，获得质量较高的优化个体，而避免在搜索中丢失有用的遗传信息而陷入局部解。

（7）进行遗传迭代运算，判断是否满足终止条件，若满足则停机，否则转到（4）继续进行转化过程。

**2. 遗传算法的应用关键**

遗传算法在应用中最关键的问题有如下 3 个。

（1）串的编码方式：本质是问题编码。一般把问题的各种参数用二进制编码，构成子串；然后把子串拼接构成"染色体"串。串长度及编码形式对算法收敛影响极大。

（2）适应函数的确定：适应函数是问题求解品质的测量函数，往往也称为问题的"环境"。一般可以把问题的模型函数作为对象函数，但有时需要另行构造。

（3）遗传算法自身参数设定：遗传算法自身参数有 3 个，即群体大小 $n$、杂交概率 $P_c$ 和变异概率 $P_m$。$n$ 太小时难以求出最优解，太大则会增长收敛时间。一般取 $n=30\sim160$。$P_c$ 太小时难以向前搜索，太大则容易破坏高适应值的结构。一般取 $P_c=0.25\sim0.75$。$P_m$ 太小时难以产生新的基因结构，太大使遗传算法变成了单纯的随机搜索。一般取 $P_m=0.01\sim0.2$。

**3. 改进的遗传算法**

传统的遗传算法存在收敛速度慢，并且容易陷入过早收敛而使寻优结果与最优解相差太大的缺陷。故需要对传统的遗传算法进行改进，使得在提高收敛速度的同时给出非常接近于最优解的结果，只要在此基础上进行少量的局部搜索的计算，就能获得全局最优解。这种改进的遗传算法的主要思路就是分两次寻求全局最优解，即利用第一次搜寻到的解的结果确定第二次寻优的初始种群的选取范围，由于第一次寻优尽管给出的不一定是全局最优结果，但它肯定也是一个比较好的结果，可以由此解来将第二次寻优过程的初始种群限制在这个解的一个邻域内。显然，此时第二次寻优的初始种群的适应度较高。根据遗传理论，两个基因都比较优秀的个体，其后代优秀的可能性要大于两个一般个体的后代，所以这样分两步走的策略有利于搜寻到全局最优解。算法步骤如下：

（1）随机生成第一次寻优的初始种群 $A_1\sim A_N$。

（2）采用轮盘转的方式选择进行杂交操作的个体，每次选取两个。具体的做法是先计算群体中各个体的适应度总和 $S$，再随机生成 $0\sim S$ 之间一个随机数 $S_e$，然后从第一个个体开始累加，直到累加值大于此随机数 $S_e$，此时最后一个累加数的个体便是要选择的个体，选出两个个体后，根据一定的杂交概率 $P_c$ 随机选取某一位开始进行杂交运算，生成两个新个体。如此重复，直到生成新一代的群体 $NA_1^*\sim NA_N^*$。

（3）根据一定的变异概率 $P_m$，随机地从这一代群体 $NA_1^*\sim NA_N^*$ 中选择若干个个体，再随机地在这若干个个体中选择某一位进行变异运算，形成群体 $NA_1^-\sim NA_N^-$，为了防止杂交和变异操作破坏上一代群体中的适应度最高解，可以用上一代群体 $A_1\sim A_N$ 中适应度最低的个体与该变异群体 $NA_1^-\sim NA_N^-$ 中适应度最低的个体进行比较，若前者的适应度比后者的适应度高，则用前者替换掉后者。这样做的目的是防止种群的退化而导致收敛速度过慢，能显著加快收敛速度。经过这一步，就形成最终的新一代群体 $NA_1\sim NA_N$。

（4）判断停机条件是否满足，若不满足，则以新的群体作为 $A_1\sim A_{10}$ 转到步骤（2），否则转到步骤（5）。

（5）选取第一次寻优最终产生的群体中适应度最大的个体 $A_{max}$ 作为第二次寻优初始群体产生区间的中心，在 $A_{max}-A\sim A_{max}+A$ 之间以同等概率生成第二次寻优的初始种群 $B_1\sim B_N$。

（6）重复类似于（2）～（4）的步骤，直到最终生成满足停机条件的群体。

（7）将第二次寻优最终生成的群体中适应度最大的个体与第一次寻优的 $A_{max}$ 进行比较，若前者适应度更大，则以其作为最优值，否则保留后者作为最优值。这样做是因为有可能第一次寻优的结果已经很接近最优解，而第二次寻优的结果却收敛到了一个不太好的值。

尽管这种可能性的概率非常小,却是存在的。这样可以保证寻得的是一个较好的准最优解。

在上面的算法流程中,比较关键的两点是:第一,在每一代新种群中都保证了此代种群中适应度最大的个体的适应度不会小于上一代种群中适应度最大的个体,从而能够防止因种群中最优个体退化而导致的寻优速度变慢,从而加快了寻优速度。第二,就是前面提到的两次寻优策略,这一步骤是为了保证寻求最优解的质量,尽管不能保证每次都能搜索到全局最优解,但通过这一步骤,能够保证搜寻到一个非常接近全局最优解的准最优解。

## 习题与思考题

1. 随机误差、系统误差、粗大误差产生的原因是什么? 对测量结果的影响有什么不同? 从提高测量准确度看,应如何处理这些误差?

2. 对某电阻进行 10 次等精度测量,所得数据为 9.92,9.94,9.95,9.91,9.93,9.93,9.94,9.92,9.95,9.94,单位为欧姆。测量数据服从正态分布,不考虑系统误差,试判断在置信概率为 99% 时,该测量序列中是否含有粗大误差?

3. 用游标卡尺对某一尺寸测量 10 次,假定已消除系统误差和粗大误差,得到数据如下(单位为 mm):75.01,75.04,75.07,75.00,75.03,75.09,75.06,75.02,75.05,75.08,求测量值的算术平均值、均方根误差以及算术平均值的标准误差。

4. 非线性补偿的目的是什么? 主要有哪些补偿方法? 每种补偿方法的要点是什么? 请用框图简要说明。

5. 用计算法和图解法求取线性化器的输入输出特性,两者相比有何特点? 请简要说明。

6. 求 $y=\sqrt{x}$ 的插值二次式 $P_2(x)$,使 $P_2(100)=10, P_2(121)=11, P_2(144)=12(144)$;并计算 $\sqrt{115}$ 的近似值并估计误差。

7. 编程实现本章中关于自然三次样条插值法的实例。

8. 什么是 FIR 滤波器? 什么是 IIR 滤波器? 用矩形窗设计一个 FIR 线性相位低通数字滤波器,使其幅频特性逼近

$$H_d(f) = \begin{cases} 1, & 0 \leqslant f \leqslant 500\,\text{Hz} \\ 0, & 500\,\text{Hz} \leqslant f \leqslant \dfrac{f_s}{2} \end{cases}$$

设滤波器单位脉冲响应的持续时间为 10ms,取样频率 $f_s$ 为 2kHz。

9. 用某台 FFT 仪做谱分析。使用该仪器时,选用的抽样点数 $N$ 必须是 2 的整数次幂。已知待分析的信号中最高频率小于或等于 125Hz。要求谱分辨率小于或等于 2Hz。试确定下列参数:信号的最小记录长度、相邻抽样点间的最大时间间隔以及一个记录中的最少抽样点数。

10. 已知某连续控制器的传递函数为 $D(s)=\dfrac{1+0.17s}{0.085s}$,现用数字 PID 算法来实现它,试分别写出其相应的位置型和增量型 PID 算法输出表达式。设采样周期 $T=1s$。

11. 什么是前向神经网络和互联型神经网络? 说明 BP 网、RBF 网和 Hopfield 网的结构和应用特点。

12. 编程实现本章中的改进遗传算法。

## 参考文献

1 滕召胜.智能检测技术及数据融合[M].北京：机械工业出版社,2000.

2 陈明逵,凌永祥.计算方法教程[M].西安：西安交通大学出版社,1992.

3 刘存,李晖.现代检测技术[M].北京：机械工业出版社,2005.

4 卜云峰.检测技术[M].北京：机械工业出版社,2005.

5 宋文绪,杨帆.传感器与检测技术[M].北京：高等教育出版社,2004.

6 吴勃英.数值分析原理[M].北京：科学出版社,2003.

7 张贤达.现代信号处理[M].2版.北京：清华大学出版社,2002.

8 黄爱苹.数字信号处理[M].北京：机械工业出版社,1989.

9 柳海峰,姚郁.Kalman滤波抗野值方法研究[J].计算机自动测量与控制,2001,9(6)：60-64.

10 李人厚.智能控制理论和方法[M].西安：西安电子科技大学出版社,1999.

11 Goldberg D E. Genetic Algorithms in Search, Optimization and Machine Learning[J]. Addison-Wesley Publishing Company, Inc. , 1989.

# 第 3 章

# 测控系统的感知技术

在测控系统中,传感器处于研究对象与测试系统的接口位置,是测控系统的第一个环节。所有科学研究与自动化生产过程要获取的信息,都要通过传感器获得,并通过它转换为容易传输与处理的电信号。因此,传感器是感知、获取与检测信息的窗口,在测控系统中的作用和地位十分重要。

## 3.1 传感器概述

传感器技术所涉及的知识领域非常广泛,它们的共性是利用物理定律和物质的物理、化学或生物特性,将非电量转换成电量。下面对传感器的定义、分类与基本特性分别进行介绍。

### 3.1.1 传感器的定义与分类

测控系统第一个环节是信号的感知,即将被测量或被观察的量通过一个传感器或敏感元件转换为一个电的、液压的、气动的或其他形式的物理输出量,完成这种转换的装置称为传感器或敏感元件。传感器和敏感元件是密切相关的两个概念。传感器是指"能感受规定的被测量并按照一定规律转换成可用输出信号的器件或装置",敏感元件是指"传感器中能直接感受或响应被测量的部分"。本章重点在于介绍信号感知技术,因此不再严格区分,将二者统称为传感器。

传感器位于测控系统的输入端,一般由敏感元件、转换元件和信号调理电路等部分组成,如图 3-1 所示。

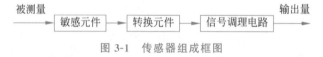

图 3-1 传感器组成框图

有些传感器的敏感元件和转换元件是合二为一的,它们将被测量直接转换为电信号,没有中间转换环节,如半导体气体传感器、温度传感器。信号调理电路包括电桥、放大、滤波等环节,当传感器输出为 $4\sim20\text{mA}$ 的标准信号时,这种设备又称为变送器。

由于被测物理量的内容广泛,传感器的工作原理和结构种类繁多,因此传感器有许多种分类方式。表 3-1 介绍了几种主要的分类。

表 3-1 传感器的分类

| 分类方式 | 传感器种类 | 说　　明 |
|---|---|---|
| 按输入量分类 | 位移、压力、温度、流量、湿度、速度、气体等传感器 | 以被测物理量命名,包括机械量、热工量、光学量、化学量、物理参量等 |
| 按工作原理分类 | 应变式、电容式、电感式、压电式、热电式、光电式等 | 以传感器对信号转换的作用原理命名 |
| 按结构分类 | 结构型传感器 | 敏感元件的结构在被测量作用下发生形变 |
| | 物性型传感器 | 敏感元件的固有性质在被测量作用下发生变化,包括物理性质、化学性质和生物效应等 |
| 按输出信号分类 | 模拟式传感器、数字式传感器 | 输出分别为模拟量和数字量 |
| | 电参数型和电量型传感器 | 电参数型指中间参量为电阻、电容、电感、频率等,电量型指中间参量为电势或电荷 |
| 按能量关系分类 | 能量转换型传感器(自源型) | 传感器直接将被测量的能量转换为输出量的能量 |
| | 能量控制型传感器(外源型) | 传感器输出能量由外源供给,但受被测量的控制 |

随着智能高新技术的发展,作为感知技术的核心,传感器也在不断地进步。新型传感器将采用更先进的技术、材料和工艺,具有高精度、数字化、智能化、微型化和集成化等特点。

本章重点介绍一些在现代测控系统中广泛应用的新型传感器,包括热敏传感器、光敏传感器、超声波传感器、图像传感器、生物敏传感器和智能传感器等。

## 3.1.2　传感器的基本特性

传感器的基本特性是指传感器的输入输出特性,一般分为静态特性和动态特性两大类。静态特性又称为"刻度特性"、"标准曲线"或者"校准曲线",它是当被测对象处于静态,即输入为不随时间变化的恒定信号时,传感器输入与输出之间的关系。动态特性是指当输入量随时间变化时的输入输出关系。

**1. 静态特性**

在标准工作条件下,可以由高精度输入量发生器产生输入量,用高精度测量仪器测定输出量,从而得到系统的静态特性曲线。实际的输入输出特性都存在一定的非线性,可用多项式代数方程来表示:

$$y = a_0 + a_1 x + a_2 x^2 + \cdots + a_n x^n$$

式中: $y$——输出量;

　　$x$——输入量;

　　$a_0$——零点输出;

　　$a_1$——理论灵敏度;

　　$a_2, a_3, \cdots, a_n$——非线性项系数。

衡量传感器静态特性的主要指标有量程、分辨率、阈值、灵敏度、重复性、迟滞、线性度、精度和稳定性等。

**1) 量程**

量程又称满度值,是指系统能够承受的最大输出值与最小输出值之差。如图 3-2 所示,实线表示的系统输出值在 $A$ 与 $a_0$ 之间,则该系统的量程 $y_{1FS}$ 为 $A-a_0$,虚线表示的系统输出值在 $A$ 与 0 之间,则该系统的量程 $y_{2FS}$ 为 $A$。

### 2) 分辨率与阈值

分辨率是指传感器能够检测到的最小输入增量。对于输出为数字量的传感器,分辨率可以定义为一个量化单位或二分之一个量化单位所对应的输入增量,如图 3-3 所示。使传感器产生输出变化的最小输入值称为传感器的阈值。

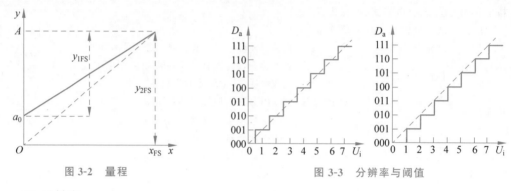

图 3-2  量程                    图 3-3  分辨率与阈值

### 3) 灵敏度

传感器输出变化量与输入变化量之比为静态灵敏度,其表达式为

$$S = \frac{\Delta y}{\Delta x}$$

线性传感器的输入输出特性曲线斜率就是其灵敏度。灵敏度又称为增益或放大倍数。

### 4) 重复性

重复性表示传感器在同一工作条件下,被测输入量按同一方向作全程连续多次重复测量时,所得特性曲线的不一致程度。如图 3-4 所示,正向行程的最大重复性偏差为 $\Delta R_{max1}$,反向行程的最大重复性偏差为 $\Delta R_{max2}$。重复性误差取这两个最大偏差中的较大者 $\Delta R_{max}$,再用满量程输出的百分数表示,即

$$\delta_R = \frac{|\Delta R_{max}|}{y_{FS}} \times 100\%$$

### 5) 迟滞特性

迟滞指传感器输入沿正向行程和反向行程变化时输入输出特性曲线的不一致性,如图 3-5 所示。迟滞特性一般用正反行程间输出值的最大差值与传感器满量程输出值的百分比表示,即

$$\delta_H = \frac{|\Delta H_{max}|}{y_{FS}} \times 100\%$$

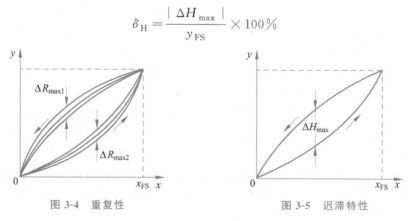

图 3-4  重复性                    图 3-5  迟滞特性

6）线性度

为了标定和数据处理方便，通常希望传感器的输入输出呈线性关系。在非线性误差不大的情况下，可以采用直线拟合的方法进行线性化。线性度是指传感器标准输入输出特性与拟合直线的不一致程度，也称为非线性误差。用标准特性曲线与拟合直线之间的最大偏差相对满量程的百分比表示：

$$\delta_L = \frac{|\Delta L_{max}|}{y_{FS}} \times 100\%$$

常用的直线拟合方法有理论拟合、端点连线拟合、最小二乘拟合等，分别如图 3-6(a)、(b)和(c)所示。相应地有理论线性度、端点连线线性度、最小二乘线性度等。

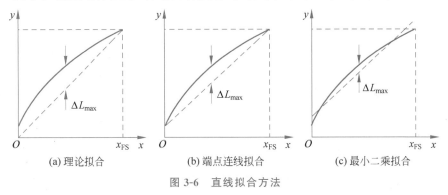

(a) 理论拟合　　　　　(b) 端点连线拟合　　　　　(c) 最小二乘拟合

图 3-6　直线拟合方法

理论拟合是以传感器理论特性线为拟合直线，与测量值无关。其优点是简单、方便，但 $\Delta L_{max}$ 较大。

端点连线拟合是以传感器校准曲线两端点间的连线为拟合直线，这种方法简单、直观，但 $\Delta L_{max}$ 也较大。

最小二乘法的拟合精度较高，它首先假定拟合直线方程为

$$y = kx + b$$

校准测试点$(x_i, y_i)$同拟合直线上对应点的残差为

$$\Delta L_j = (b + kx_j) - y_j$$

然后按照最小二乘原则确定 $k$ 和 $b$，使 $\sum_{j=1}^{N}(\Delta L_j)^2$ 取得最小值。令 $\sum_{j=1}^{N}(\Delta L_j)^2$ 对 $k$ 和 $b$ 的偏导数分别等于零，即可求得 $k$ 和 $b$：

$$k = \frac{N\sum_{j=1}^{N}x_j y_j - \left(\sum_{j=1}^{N}x_j\right)\left(\sum_{j=1}^{N}y_j\right)}{N\sum_{j=1}^{N}x_j^2 - \left(\sum_{j=1}^{N}x_j\right)^2}, \quad b = \frac{\left(\sum_{j=1}^{N}x_j^2\right)\left(\sum_{j=1}^{N}y_j\right) - \left(\sum_{j=1}^{N}x_j\right)\left(\sum_{j=1}^{N}x_j y_j\right)}{N\sum_{j=1}^{N}x_j^2 - \left(\sum_{j=1}^{N}x_j\right)^2}$$

7）精度

精度是反映传感器系统误差和随机误差的综合误差指标。经常用重复性、迟滞和线性度三项的和或者方和根来表示：

$$\delta = \delta_R + \delta_H + \delta_L \quad \text{或者} \quad \delta = \sqrt{\delta_R^2 + \delta_H^2 + \delta_L^2}$$

8）稳定性

稳定性是指在规定工作条件下和规定时间内，传感器性能保持不变的能力。传感器在长时间工作时会发生零点漂移，温度变化也会引起传感器的零点和灵敏度发生漂移。稳定性误差可以用零点或灵敏度变化前后的绝对差值来表示，也可以表示成相对误差。时间漂移相对误差是单位时间内零点变化量相对于满量程输出的百分比；零点温度漂移是温度变化1℃时零点变化值相对于满量程初始值的百分比；灵敏度温度漂移是温度变化1℃时灵敏度变化值相对于灵敏度初始值的百分比。

**2. 动态特性**

动态特性反映传感器感知动态信号的能力。一般来说，传感器输出随时间变化的规律应与输入随时间变化的规律相近，否则输出量就不能反映输入量。

1）动态特性的数学描述

为了分析传感器系统的动态特性，首先要建立数学模型。对于线性定常系统，它的数学模型可以用高阶常系数微分方程表示为

$$a_n \frac{\mathrm{d}^n y(t)}{\mathrm{d}t^n} + a_{n-1} \frac{\mathrm{d}^{n-1} y(t)}{\mathrm{d}t^{n-1}} + \cdots + a_1 \frac{\mathrm{d}y(t)}{\mathrm{d}t} + a_0 y(t) =$$

$$b_m \frac{\mathrm{d}^m x(t)}{\mathrm{d}t^m} + b_{m-1} \frac{\mathrm{d}^{m-1} x(t)}{\mathrm{d}t^{m-1}} + \cdots + b_1 \frac{\mathrm{d}x(t)}{\mathrm{d}t} + b_0 x(t)$$

若 $t \leqslant 0$ 时，$x(t)=0$，$y(t)=0$，则线性系统的传递函数为

$$H(s) = \frac{Y(s)}{X(s)} = \frac{b_m s^m + b_{m-1} s^{m-1} + \cdots + b_1 s + b_0}{a_n s^n + a_{n-1} s^{n-1} + \cdots + a_1 s + a_0}$$

对于稳定的线性定常系统，它的频率响应函数为

$$H(\mathrm{j}\omega) = \frac{Y(\mathrm{j}\omega)}{X(\mathrm{j}\omega)} = \frac{b_m (\mathrm{j}\omega)^m + b_{m-1} (\mathrm{j}\omega)^{m-1} + \cdots + b_1 (\mathrm{j}\omega) + b_0}{a_n (\mathrm{j}\omega)^n + a_{n-1} (\mathrm{j}\omega)^{n-1} + \cdots + a_1 (\mathrm{j}\omega) + a_0}$$

频率响应函数反映的是系统处于稳态输出阶段的输入输出特性，传递函数则反映了激励所引起的系统固有的瞬态输出特性和对应该激励的稳态输出特性。

2）典型环节的频率特性

（1）零阶传感器系统。

在零阶传感器系统的微分方程中，只有 $a_0$ 和 $b_0$ 两个系数不为零，即

$$a_0 y = b_0 x \quad 或 \quad y = \frac{b_0}{a_0} x = Kx$$

式中，$K$ 为静态灵敏度。

零阶系统的输入量无论随时间如何变化，其输出量幅值总是与输入量成确定的比例关系。在实际系统中，许多高阶系统在输入变化缓慢、频率不高的情况下，都可以近似地当作零阶系统来处理。

（2）一阶传感器系统。

一阶传感器系统的微分方程为

$$\frac{a_1}{a_0} \frac{\mathrm{d}y}{\mathrm{d}t} + y = \frac{b_0}{a_0} x$$

或写成

$$\tau \frac{\mathrm{d}y}{\mathrm{d}t} + y = Kx$$

式中,$\tau$ 为时间常数 $\left(\tau = \dfrac{a_1}{a_0}\right)$,$K$ 为静态灵敏度 $\left(K = \dfrac{b_0}{a_0}\right)$。

一阶系统的传递函数为

$$H(s) = \frac{Y(s)}{X(s)} = \frac{K}{1 + \tau s}$$

一阶系统的频率特性为

$$H(\mathrm{j}\omega) = \frac{Y(\mathrm{j}\omega)}{X(\mathrm{j}\omega)} = \frac{K}{1 + \mathrm{j}\omega\tau}$$

图 3-7 是两个典型的一阶系统,其中(a)是由弹簧(弹性系数 $k$)和阻尼器(阻尼系数 $b$)组成的力学系统,其输入输出关系为

$$x = ky + b\frac{\mathrm{d}y}{\mathrm{d}t}$$

令 $\tau = b/k$,$K = 1/k$,则有

$$\tau \frac{\mathrm{d}y}{\mathrm{d}t} + y = Kx$$

图 3-8(b)是由电容 $C$ 和电阻 $R$ 组成的电学系统,请读者自己推导它的微分方程表达式。

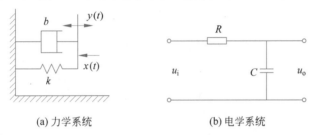

(a) 力学系统          (b) 电学系统

图 3-7 典型的一阶系统

(3)二阶传感器系统。

二阶传感器系统的微分方程为

$$\frac{a_2}{a_0} \frac{\mathrm{d}^2 y(t)}{\mathrm{d}t^2} + \frac{a_1}{a_0} \frac{\mathrm{d}y(t)}{\mathrm{d}t} + y(t) = \frac{b_0}{a_0} x(t)$$

令 $K = \dfrac{b_0}{a_0}$,$\omega_0 = \sqrt{\dfrac{a_0}{a_2}}$,$\zeta = \dfrac{a_1}{2\sqrt{a_0 a_2}}$,上式可以改写为

$$\frac{1}{\omega_0^2} \frac{\mathrm{d}^2 y}{\mathrm{d}t^2} + \frac{2\zeta}{\omega_0} \frac{\mathrm{d}y}{\mathrm{d}t} + y = Kx$$

式中,$\omega_0$ 为系统无阻尼固有角频率,$\zeta$ 为阻尼比系数,$K$ 为静态灵敏度。

图 3-8 所示为两个典型的二阶系统,对于力学系统有

$$m \frac{\mathrm{d}^2 y}{\mathrm{d}t^2} + b \frac{\mathrm{d}y}{\mathrm{d}t} + ky = F$$

对于电学系统有

$$LC\frac{d^2 u_o}{dt^2} + RC\frac{du_o}{dt} + u_o = u_s, \quad u_s = \begin{cases} 0, & t \leqslant 0_- \\ u_i, & t \geqslant 0_+ \end{cases}$$

可以根据二阶系统的微分方程通式分别求出各自的无阻尼固有角频率和阻尼比系数。

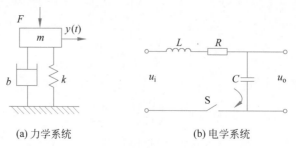

(a) 力学系统　　　　　　　　　　(b) 电学系统

图 3-8　典型的二阶系统

3) 时域性能指标

通常在阶跃信号作用下测定传感器动态特性的时域性能指标。因为阶跃输入对于一个传感器系统来说是最严峻的工作状态,如果传感器能够满足阶跃输入的动态指标,那么在其他输入时的动态性能指标也自然满足。图 3-9(a)和(b)分别是一阶系统和二阶系统对单位阶跃信号的响应曲线。

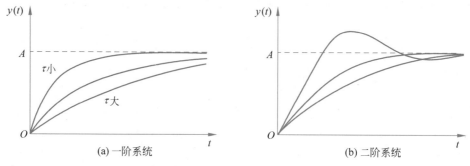

(a) 一阶系统　　　　　　　　　　(b) 二阶系统

图 3-9　一阶系统和二阶系统对单位阶跃信号的响应曲线

传感器的时域性能指标主要有以下四种。

(1) 时间常数 $\tau$:输出值上升到稳态值的 63% 时所需的时间。

(2) 上升时间:输出值从稳态值的 10% 上升到 90% 时所需的时间。

(3) 响应时间:输出值达到稳态值的 95% 或 98% 时所需的时间。

(4) 最大超调量 $\sigma$:在二阶系统中,如果输出量大于稳态值,则有超调,最大超调量定义为

$$\sigma(t_p) = \frac{y(t_p) - y(\infty)}{y(\infty)} \times 100\%$$

4) 频域性能指标

通常利用传感器系统对单位幅度正弦信号的响应曲线测定动态性能的频域指标。图 3-10(a)和(b)分别是一阶系统和二阶系统对单位正弦信号的响应曲线。

传感器的频域性能指标包括:

(1) 通频带:对数幅频特性曲线上幅值比从 0 衰减至 −3dB 时所对应的频率范围。

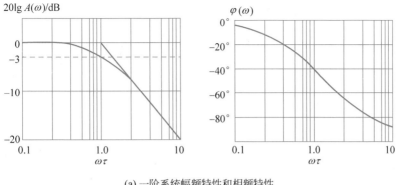

(a) 一阶系统幅频特性和相频特性

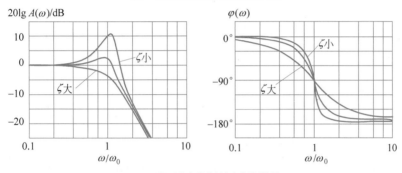

(b) 二阶系统幅频特性和相频特性

图 3-10　典型系统的频域性能指标

（2）工作频带：幅值误差为±5％或±10％时所对应的频率范围。

（3）相位误差：在工作频带范围内相角应小于5°或10°。

## 3.2　热敏传感器

热敏传感器是科学实验和生产活动中非常重要的一类传感器，它是将热量变化转换为电学量变化的装置，用于检测温度和热量。其中将温度变化转换为电阻变化的元件主要有热电阻、热敏电阻和高分子热敏电阻，将温度变化转换为电势的传感器主要有热电偶和 PN 结式传感器，将热辐射转换为电学量的器件有热电探测器、红外探测器等。本节主要介绍热电阻、热敏电阻和热电偶的工作原理、特性及应用。

利用感温材料，将热量变化引起的温度变化转换为敏感元件电阻变化的传感器主要包括金属热电阻和半导体热电阻两大类，前者简称热电阻，后者简称热敏电阻。阻值随温度升高而增加的属于正温度系数热敏电阻，阻值随温度升高而减小的属于负温度系数热敏电阻。

### 3.2.1　热电阻

大多数金属热电阻的阻值随温度升高而增大，其特性方程如下：

$$R_t = R_0 [1 + a(T - T_0)]$$

式中：$R_t$——被测温度 $T$ 时热电阻的电阻值；

　　　$R_0$——基准温度 $T_0$ 时的电阻值；

$a$ ——热电阻的电阻温度系数(1/℃);

$T$、$T_0$——绝对温度,单位 K。

$a$ 是有关温度的函数,在一定温度范围内可以近似看成一个常数。若 $a$ 保持不变,金属热电阻的灵敏度 $S$ 定义为

$$S = \frac{1}{R_0} \times \frac{\mathrm{d}R_t}{\mathrm{d}t} = \frac{1}{R_0} \times R_0 a = a$$

$a$ 越大,$S$ 就越大,热电阻的热响应速度越快。

通常使用的金属热电阻有铂、铜和镍,由于铂具有很好的稳定性和测量精度,常常用于高精度温度测量和标准测温装置。表 3-2 列出了主要金属热电阻传感器的性能。

表 3-2 主要金属热电阻传感器的性能

| 材 料 | 铂 | 铜 | 镍 |
|---|---|---|---|
| 适用温度范围/℃ | −200～600 | −50～150 | −100～300 |
| 0～100℃范围电阻温度系数平均值/(×10⁻³/℃) | 3.92～3.98 | 4.25～4.28 | 6.21～6.34 |
| 化学稳定性 | 在氧化性介质中性能稳定,不宜在还原性介质中使用,尤其是高温下 | 超过 100℃易氧化 | 超过 180℃易氧化 |
| 温度特性 | 近于线性,性能稳定,精度高 | 近于线性 | 近于线性,性能一致性差,灵敏度高 |
| 应用 | 高精度测量,可作标准 | 适于低温、无水分、无侵蚀性介质 | 一般测量 |

另外,镍和铁的电阻温度系数比铂和铜高,电阻率也比较大,故可做成体积小、灵敏度高的电阻温度计,其缺点是易氧化,不易提纯,且电阻值与温度关系是非线性的,仅适用于测量 −50～100℃范围内的温度。为了进行超低温测量,近年来一些新颖的热电阻相继出现。铟电阻适用于 −269～−258℃温度范围,测量精度高,灵敏度高,是铂电阻的 10 倍,但重现性差;锰电阻适用于 −271～−210℃温度范围,灵敏度高,但脆性高,易损坏;碳电阻适用于 −273～−268.5℃温度范围,热容量小,灵敏度高,价格低廉,操作简便,但热稳定性较差。

在热电阻选型方面,应该主要考虑以下参数。

(1) 热电阻的类别、测温范围及允许误差。

(2) 常温绝缘电阻:热电阻常温绝缘电阻的试验电压为直流 10～100V,环境温度为 15～35℃,相对湿度不大于 80%,大气压力为 86～106kPa。铂热电阻的常温绝缘电阻值应不小于 100MΩ,铜热电阻的常温绝缘电阻值应不小于 50MΩ。

(3) 公称压力:指在室温情况下保护管不破裂所能承受的静态外压。允许工作压力不仅与保护管材质、直径、壁厚有关,还与其结构形式、安装方法、置入深度以及被测介质的种类、浓度、流速有关。

(4) 热响应时间:指在温度出现阶跃变化时,传感器的输出变化相当于该阶跃变化的 50%,所需要的时间称为热响应时间。

(5) 最小置入深度:感温元件长度应不小于其保护管外径的 8～10 倍。部分产品为适应安装条件的限制,长度不符合本项要求,测量精度相应受到影响。

(6) 尺寸规格:包括保护管外径、总长等。

（7）接线盒形式：分为防水式和防爆式等。

（8）保护管材料、电气接口、防护等级、安装固定形式等。

### 3.2.2　热敏电阻

热敏电阻是一种半导体温度传感器，按温度特性分为负温度系数（NTC）热敏电阻、正温度系数（PTC）热敏电阻和在某一特定温度下电阻值会发生突变的临界温度（CTR）电阻器。在温度测量中，主要采用 NTC 型热敏电阻，其温度特性为

$$R_t = R_0 \exp B\left(\frac{1}{T} - \frac{1}{T_0}\right) \tag{3-2-1}$$

式中：$R_t$——被测温度 $T$ 时热敏电阻值；

　　　$R_0$——基准温度 $T_0$ 时的热敏电阻值；

　　　$B$——热敏电阻的特征常数；

　　　$T$、$T_0$——绝对温度，单位 K。

若定义 $\dfrac{1}{R_t} \times \dfrac{\mathrm{d}R_t}{\mathrm{d}t}$ 为热敏电阻温度系数 $a$，由式（3-2-1）有

$$a = \frac{1}{R_t} \times \frac{\mathrm{d}R_t}{\mathrm{d}t} = \frac{1}{R_t} \times R_0\left[\exp B\left(\frac{1}{T} - \frac{1}{T_0}\right)\right] \times B\left(-\frac{1}{T^2}\right) = -\frac{B}{T^2}$$

可见，$a$ 随温度降低而迅速增大，因此这种测温电阻的灵敏度高，非常适合于测量微弱的温度变化、温差及温度场分布，其电阻-温度特性曲线如图 3-11 所示。

使用热敏电阻需要注意两个问题，一是自热效应，二是温度特性的非线性。

图 3-12 显示了 NTC 型热敏电阻的伏安特性，当电流很小时，不足以引起自身加热，阻值保持恒定，电压降与电流之间符合欧姆定律，图中 $Oa$ 段为线性区。随着电流增加，功耗增大，产生自热，阻值随电流增加而减小，电压降增加速度逐渐减慢，出现非线性区 $ab$。当电流继续增大时，阻值随电流增加而减小的速度大于电压降增加的速度，于是出现负阻区 $bc$。当电流超过最大允许值时，热敏电阻会被烧坏。因此，当用热敏电阻进行测温、温控时，应使其工作在伏安特性的线性区。

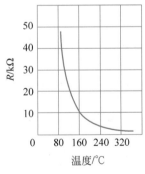

图 3-11　NTC 型热敏电阻温度特性

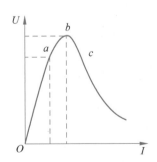

图 3-12　NTC 型热敏电阻伏安特性

热敏电阻值随温度变化呈指数规律，其非线性十分严重。为使测量系统的输入输出呈线性关系，可以采用串联或并联补偿电阻，利用电路中其他部件的非线性修正，以及通过计算机进行修正等方法。

在热敏电阻选型方面,应该主要考虑的参数有:产品的尺寸规格、阻值范围及允许偏差、电阻温度系数、工作温度、耗散系数、额定功率、热时间常数、$B$ 值等。其中耗散系数是物体消耗的电功与相应的温升值之比,在测量温度时,应注意防止热敏电阻由于加热造成的升温;$B$ 值是电阻在两个温度之间变化的函数,反映了负温度系数热敏电阻器灵敏度的高低,其量纲为 K。$B$ 值的大小取决于热敏材料的性能。对于负温度系数热敏电阻器来说,$B$ 值越大,温度系数越高。

### 3.2.3 热电偶

热电偶是一种结构简单、性能稳定、测温范围宽的热敏传感器,在冶金、热工仪表领域得到广泛应用,是目前检测温度的主要传感器之一,尤其是在检测 1000℃ 左右的高温时更有优势。

**1. 热电偶工作原理**

如图 3-13 所示,将两种不同的导体两端相接,组成一个闭合回路。当两个接触点具有不同温度时,回路中便产生电流,这种物理现象称为塞贝克效应。热电偶回路中产生的热电势,是由不同导体接触产生的接触电势和导体两端温度不同产生的温差电势综合作用的结果。当温度 $T>T_0$ 时,由导体 $A$、$B$ 组成的热电偶回路总热电势为

$$E_{AB}(T,T_0)=E_{AB}(T)-E_{AB}(T_0)$$

$E_{AB}(T)$ 为热端的热电势,$E_{AB}(T_0)$ 为冷端的热电势。只有当 $A$、$B$ 材料不同并且热电偶两端温度不同时,总热电势才不为零。

对于不同金属组成的热电偶,温度与热电势之间有着不同的函数关系。一般用实验数据来求这个函数关系。通常令 $T_0=0℃$,在不同的温度下精确测出回路总热电势,并将所测得的结果绘制成曲线或表格(称为热电偶分度表),以供使用者查阅。图 3-14 给出了几种热电偶的温度-热电势关系图。

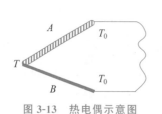

图 3-13  热电偶示意图

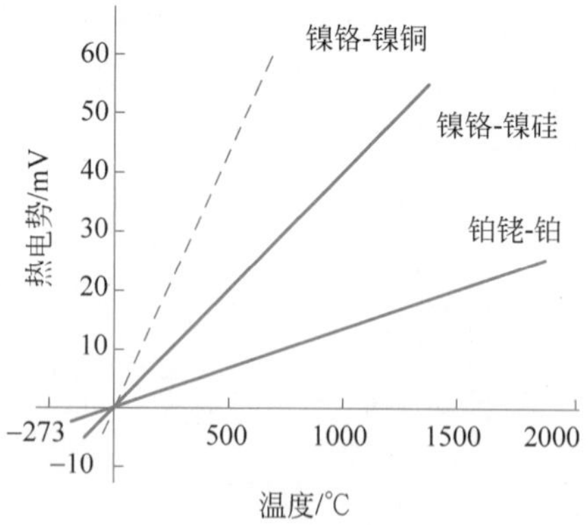

图 3-14  温度与热电势 E 的关系

**2. 热电偶基本定律**

1) 均质导体定律

两种均质导体组成的热电偶的热电势大小与电极的直径、长度及沿长度方向上的温度分布无关,只与热电极材料和温差有关。如果材质不均匀,当热电极上各处温度不同时,将产生附加热电势,造成无法估计的测量误差,因此热电极材料的均匀性是衡量热电偶质量的

重要指标之一。

2）标准电极定律

若导体 $A$、$B$ 分别与第三种导体 $C$ 组成热电偶，那么由导体 $A$、$B$ 组成的热电偶的热电势可以由标准电极定律来确定。标准电极定律指：如果将导体 $C$（热电极，一般为纯铂丝）作为标准电极（也称参考电极），并且已知标准电极与任意导体配对时的热电势，那么在相同节点温度 $(T, T_0)$ 下，任意两导体 $A$、$B$ 组成的热电偶的热电势为

$$E_{AB}(T, T_0) = E_{AC}(T, T_0) - E_{BC}(T, T_0) \qquad (3\text{-}2\text{-}2)$$

该定律大大简化了热电偶的选配工作，只要获得有关热电极和标准铂电极配对的热电势，任意两种热电极组成的热电偶的热电势便可由式（3-2-2）求出。

3）中间导体定律

在用热电偶测量温度时，必须在热电偶回路中接入导线和仪表。中间导体定律表明：在热电偶回路中，只要中间导体两端温度相同，对热电偶回路的总热电势没有影响。因此可以用导线将电压表接入热电偶回路，如图 3-15 所示。

图 3-15　热电偶测温电路

4）中间温度定律

在热电偶回路中，当节点温度为 $(T, T_0)$ 时，总热电势等于该热电偶在节点温度为 $(T, T_n)$ 和 $(T_n, T_0)$ 时相应的热电势的代数和，即

$$E_{AB}(T, T_0) = E_{AB}(T, T_n) + E_{AB}(T_n, T_0) \qquad (3\text{-}2\text{-}3)$$

中间温度定律可用于热电偶的串联。在热电偶分度表中，只要列出参考温度为 0℃ 时的热电势-温度关系，参考温度不为 0℃ 的热电势可由式（3-2-3）求出。

**3. 热电偶冷端温度补偿**

通常热电偶测量的是一个热源的温度或两个热源的温度差，因此需要将冷端的温度保持恒定或采取一定的方法进行处理。热电偶的分度表是在冷端温度 $T_0 = 0℃$ 的条件下热电势与热端温度的关系。当热电偶的冷端温度不为 0℃ 时，可以采用下述方法进行补偿。

1）0℃ 恒温法

将热电偶的冷端保持在 0℃ 器皿中（如冰水混合物中），如图 3-16 所示。这种方法适用于实验室，它能够完全克服冷端温度误差。

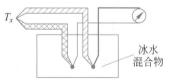

图 3-16　0℃ 恒温法

2）冷端恒温法

将热电偶的冷端置于一恒温器中，若恒定温度为 $T_0℃$，则冷端误差为

$$\Delta = E(T, T_0) - E(T, 0) = -E(T_0, 0)$$

冷端误差是一个定值，只要在回路中加上相应的补偿电压，或调整指示器的起始位置，就可以达到完全补偿的目的。

**3)冷端补偿器法**

工业上常采用冷端补偿器法,也称电桥补偿法。如图 3-17 所示,四臂电桥中有三个桥臂电阻的温度系数为零,另一个桥臂采用铜电阻

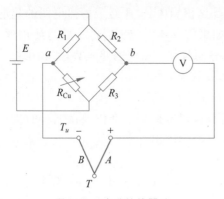

$R_{Cu}$,它的阻值随温度变化。电桥的输出电压特性与配用的热电偶的热电特性相似。当 $T_u = 20℃$ 时,电桥平衡;当 $T_u \neq 20℃$ 时,电桥的输出将不为零。如果电桥的输出 $\Delta u$ 满足

$$\Delta u = E_{AB}(T_u, 20)$$

回路总电势为

$$E_{AB}(T, T_u) + \Delta u = E_{AB}(T, 20)$$

若 $T_u$ 超过 20℃,$\Delta u$ 与热电偶的热电势方向相同;若低于 20℃,$\Delta u$ 与热电偶的热电势方向相反,从而自动地得到补偿。

图 3-17  冷端补偿器法

**4)补偿导线法**

当热电偶冷端由于受热端温度影响,在较大范围内变化时,应先用补偿导线将冷端延长到温度比较稳定的环境中,然后再用其他方法进行补偿。这些补偿导线的热电特性与热电偶近似,但用相对廉价的材料制成。

**5)计算机智能补偿法**

利用单片机或微型计算机,可以实现温度监测、控制、误差修正与冷端温度补偿的一体化、智能化。对于冷端温度恒定的情况,只要在热电势采样值上加上一个常数即可;对于冷端温度变化的情况,可以利用其他传感器实时测量冷端温度并送入微机系统,对热电势采样值进行实时修正。

**4. 热电偶的主要参数**

在选择热电偶产品时,应考虑的主要参数有:

(1)热电偶的类型、测温范围及允许误差。

(2)时间常数。

(3)最小置入深度。

(4)常温绝缘电阻及高温下的绝缘电阻。

(5)偶丝直径、材料,安装固定形式、尺寸,测量端结构形式等。

## 3.3  光敏传感器

光敏传感器是把光信号转换为电信号的传感器,按照工作原理可以分为光电效应传感器、红外热释电探测器、固态图像传感器、光纤传感器、色敏传感器、光栅传感器等。

光敏传感器具有可靠性高、抗干扰能力强、不受电磁辐射影响以及自身无电磁波辐射等优点。它们可以直接检测光信号,也可以间接测量温度、压力、速度、加速度、位移等。光敏传感器发展速度快,应用范围广。

## 3.3.1 光电效应传感器

光电效应传感器是利用光敏材料在光照射下,会产生光电子逸出、电导率发生变化或产生光生电动势等现象制成的光敏器件。这些因光照引起的材料电学特性改变的现象称为光电效应,分为外光电效应和内光电效应,内光电效应又包括光电导效应和光生伏特效应。与外光电效应相关的器件有光电管和光电倍增管,与光电导效应相关的器件是光敏电阻,与光生伏特效应相关的器件有光电池、光敏二极管、光敏三极管等。

**1. 外光电效应**

在光照作用下,物体内部的电子从物体表面逸出的现象称为外光电效应,亦称光电子发射效应。

一般在金属内部存在着大量的自由电子,普通条件下,它们在金属内部作无规则的自由运动,不能离开金属表面。但当它们获取外界的能量且该能量大于电子逸出功时,便能离开物体表面。假设一个电子吸收一个光子的能量 $E$,一部分能量用于克服材料对电子的束缚(即表面逸出功 $A$),另一部分全部转化为电子的动能,根据能量守恒定律有

$$E = h\nu = \frac{1}{2}mv^2 + A \tag{3-3-1}$$

式中: $h$ ——普朗克常数,$6.626 \times 10^{-34}$ J·s;

$\quad\quad \nu$ ——入射光频率,$s^{-1}$;

$\quad\quad m$ ——电子质量;

$\quad\quad v$ ——电子逸出速度;

$\quad\quad A$ ——物体的逸出功。

式(3-3-1)称为爱因斯坦光电效应方程式。由上式可知:

(1) 光电子逸出物体表面的必要条件是 $h\nu > A$,如果入射光子的能量小于阴极材料的表面逸出功,无论光强多大,都没有光电子产生。

(2) 在足够外加电压作用下,入射光频率不变时,单位时间内发射的光电子数与入射光强成正比。因为光越强,光子数越多,产生的光电子也相应增多。

(3) 对于外光电效应器件,只要光照射在器件阴极上,即使阳极电压为零,也会产生光电流,因为光电子逸出时具有初始动能。为使光电流为零,必须在阳极上加上反向截止电压,使外加电场对光电子所做的功等于光电子逸出时的动能。

外光电效应器件有光电管和光电倍增管。

1) 光电管

光电管主要有两种结构形式,如图 3-18(a)所示。它是在真空玻璃管内装入两个电极——光电阴极与光电阳极。光电管的阴极受到适当的光线照射后发射电子,这些电子在电压作用下被阳极吸引,形成光电流。除真空光电管外,还有充气光电管,它是在玻璃管内充入氩、氖等惰性气体。当光电子被阳极吸引时会对惰性气体进行轰击,从而产生更多的自由电子,提高了光电转换灵敏度。

2) 光电倍增管

光电倍增管的结构如图 3-18(b)所示,在一个玻璃泡内除装有光电阴极和光电阳极外,还有若干个光电倍增极。倍增极上涂有在电子轰击下能发射更多电子的材料。前一级倍增

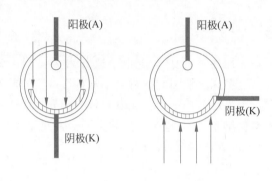
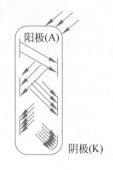

(a) 光电管结构图                    (b) 光电倍增管结构图

图 3-18    外光电效应器件

极反射的电子恰好轰击后一级倍增极,每个倍增极之间依次增大加速电压。光电倍增管的灵敏度高,适合在微弱光下使用,但不能接受强光刺激,否则容易损坏。

光电倍增管(PMT)是光子技术器件中的一个重要产品,它是一种具有极高灵敏度和超快时间响应的光探测器件,可广泛应用于光子计数、极微弱光探测、化学发光、生物发光、极低能量射线探测等研究,以及分光光度计、旋光仪、色度计、照度计、尘埃计、浊度计、光密度计、热释光量仪、辐射量热计、扫描电镜、生化分析仪等仪器设备中。

在选用光电倍增管时需要考虑以下主要特性参数。

(1)光谱响应:光电倍增管由阴极吸收入射光子的能量并将其转换为光电子,其转换效率(阴极灵敏度)随入射光的波长而变。阴极灵敏度与入射光波长之间的关系叫做光谱响应特性,波长单位是 nm,阴极辐射灵敏度单位是 mA/W 或 A/W。

(2)光照灵敏度:阴极光照灵敏度,是指使用钨灯产生的 2856K 色温光测试的每单位通量入射光产生的阴极光电子电流。阳极光照灵敏度是每单位阴极上的入射光能量产生的阳极输出电流。

(3)电流放大(增益):光阴极发射出来的光电子被电场加速后撞击到第一倍增极上将产生二次电子发射,这些二次发射的电子流又被加速撞击到下一个倍增极,连续地重复这一过程,直到最末倍增极的二次电子发射被阳极收集,这时光电倍增管阴极产生的很小的光电子电流即被放大成较大的阳极输出电流。一般的光电倍增管有 9～12 个倍增极。

(4)阳极暗电流:光电倍增管在完全黑暗的环境下仍有微小电流输出。这个微小电流叫做阳极暗电流。它是决定光电倍增管对微弱光信号的检出能力的重要因素之一。

(5)磁场影响:大多数光电倍增管会受到磁场的影响,磁场会使光电倍增管中的发射电子脱离预定轨道而造成增益损失。一般而言,从阴极到第一倍增极的距离越长,光电倍增管就越容易受到磁场的影响。

(6)环境温度:降低光电倍增管的使用环境温度可以减少热电子发射,从而降低暗电流。另外,光电倍增管的灵敏度也会受到温度的影响。在一些应用中应当严格控制光电倍增管的环境温度。

(7)滞后特性:由于二次电子偏离预定轨道和电极支撑架、玻壳等的静电荷影响,当工作电压或入射光发生变化后,光电倍增管会有一个几秒钟至几十秒钟的不稳定输出过程,在达到稳定状态之前,输出信号会出现一些微过脉冲或欠脉冲现象。滞后特性在分光光度测试中应予以重视。

在使用光电倍增管时,还应特别注意以下几点:

(1) 光电倍增管的工作电压可能造成电击,在仪器设计中应适当地设置保护装置。

(2) 由于光电倍增管的封装尾管易受外力或振动而损伤,故应尽量保证其安全。特别是对带有过渡封装的合成石英外壳的光电倍增管,应特别注意外力的冲击和机械振动等影响。

(3) 不要用手触光电倍增管,面板上的灰尘和手印会影响光信号的穿透率,受到污染的管基会产生低压漏光。光电倍增管受到污染后,可用酒精擦拭干净。

(4) 当阳光或其他强光照射到光电倍增管时,会损伤管中的光阴极。所以光电倍增管存放时,不应暴露在强光中。

(5) 玻璃管基(芯柱)光电倍增管比塑料管基更缺乏缓冲保护,所以对玻璃管基的管子应更加保护,例如,在管座上焊接分压电阻时,应将光电倍增管先插入管座中。

(6) 在使用中需要冷却光电倍增管时,应经常将光电倍增管的相关部件也进行冷却。氦气会穿透石英管壳,从而使噪声值升高,因此,在使用和存放中避免将光电倍增管暴露在有氦气存在的环境中。

**2. 光电导效应**

光电导效应是指在光的照射下,材料的电阻率发生改变的现象。光照射到半导体材料上时,价带中的电子吸收光子能量后跃入导带,使材料中的电子-空穴对增加,电导率增大,导电性能增强。

光电导效应器件主要为光敏电阻以及由光敏电阻制成的光导管。光敏电阻是用具有光电导效应的光导材料制成的,为纯电阻元件,其阻值随光照增强而减小。光敏电阻具有灵敏度高、体积小、重量轻、光谱响应范围宽、机械强度高、耐冲击和振动、寿命长等优点。

光敏电阻符号及由光敏电阻制成的光导管结构如图 3-19 所示。当在两极间加上电压时,就会有电流流过。没有光照时测得的电流为暗电流,有光照时电流增大,增大的电流称为光电流,光电流随光强增大而增大。

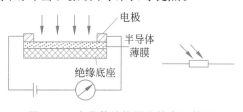

图 3-19 光导管结构及光敏电阻符号

光敏电阻的主要应用有照相机自动测光、室内光线控制、工业光控制、光控小夜灯、报警器、光控开关、光控电子玩具以及光电开关等。

制作光敏电阻的半导体材料有硫化镉、硫化铅、锑化铟等,不同材料做成的光敏电阻适用于光的不同波长范围(可见光、X 射线、红外线等)。

在选用光敏电阻器件时应考虑以下主要参数。

(1) 亮电阻(一般为 1~100kΩ):用 400~600lx 光照射 2 小时后,在标准光源 A(色温 2854K)下,用 10lx 光测量到的电阻值。

(2) 暗电阻(一般为 1~100MΩ):关闭 10lx 光照后第 10 秒的电阻值。

(3) 最大电压:在黑暗中可连续施加元件的最大电压。

(4) 最大功率:环境温度为 25℃时的功率。

(5) $\gamma$ 值:指 10lx 和 100lx 照度下的标准值。$\gamma = \lg(R_{10}/R_{100})$,$R_{10}$、$R_{100}$ 分别为 10lx 和 100lx 照度下的电阻值。

另外还要考虑光谱峰值、环境温度和响应时间等。

### 3. 光生伏特效应

光生伏特效应是指当一定波长的光照射非均质半导体(如 PN 结)时,由于自建场的作用,半导体内部产生一定方向的电动势,如果将 PN 结短路,则会出现光生电流。

如图 3-20 所示,在光照射下,PN 结内部产生电子-空穴对,在自建场作用下,光生电子被拉向 N 区,光生空穴被拉向 P 区,从而产生光生电动势。

利用光生伏特效应工作的光敏器件主要包括光敏二极管、光敏三极管和光电池。

#### 1) 光敏二极管

光敏二极管的符号及接线法如图 3-21 所示,光敏二极管在电路中一般处于反向工作状态,在没有光照射时,反向电阻很大,反向电流很小,光敏二极管处于截止状态;当光照射时,PN 结附近产生光生电子和光生空穴,形成光电流,光敏二极管导通。

#### 2) 光敏三极管

光敏三极管有 PNP 型和 NPN 型两种,如图 3-22 所示。当光照射到 PN 结附近时,PN 结附近产生电子-空穴对,这些载流子在内电场作用下定向运动形成光电流。由于光照射发射极所产生的光电流相当于三极管的基极电流,因此集电极电流为光电流的 $\beta$ 倍,光敏三极管比光敏二极管具有更高的灵敏度。

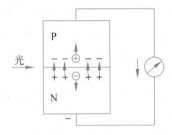

图 3-20　PN 结的光生伏特效应原理图

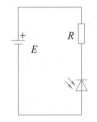

图 3-21　光敏二极管

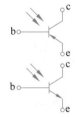

图 3-22　光敏三极管

#### 3) 光电池

光电池是基于光生伏特效应制成的自发电式器件,它有较大的 PN 结,当光照射在 PN 结上时,在结的两端出现电动势。

制作光电池的材料有许多种,包括硅、硒、锗、砷化镓、硫化镉、硫化铊等。其中硅光电池因为性能稳定、光谱范围宽、转换效率高、价格低廉等优点被广泛应用,又称为太阳能电池。

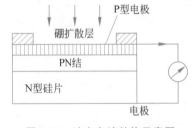

图 3-23　硅光电池结构示意图

常用的硅光电池结构如图 3-23 所示,它是在 N 型硅片上用扩散的方式掺入一些 P 型杂质(如硼)形成一个大面积的 PN 结,当入射光照射到 P 型表面时,若光子能量大于半导体材料的禁带宽度,则在 P 型区每吸收一个光子便激发出一个电子-空穴对。光生电子在 PN 结电场作用下被拉向 N 区,光生空穴被拉向 P 区,从而形成光生电动势。

## 3.3.2　色敏传感器

外界的许多信息是通过人的视觉神经获得的,由于每个人的感觉不同,很难对色彩作出一致的判断,利用半导体色敏传感器,可以实现对颜色的测定。

半导体色敏器件的结构及等效电路如图 3-24 所示。它是由深浅不同的两个 PN 结组成的。靠近表面的 $P_1N$ 结($PD_1$)对短波长的光比较灵敏,远离表面的 $P_2N$ 结($PD_2$)对长波长的光比较灵敏。

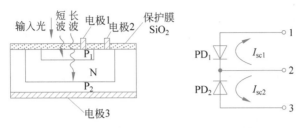

图 3-24 半导体色敏传感器的结构及等效电路

当外部光照射到色敏器件表面时,表面 $P_1$ 层、N 层以及深处的 $P_2$ 层分别吸收不同波长的光子,产生光生载流子形成光生电流,其一维模型如图 3-25 所示。表面 $P_1$ 层吸收短波光子,产生的光生载流子(电子)扩散到 $P_1N$ 结区形成光电流 $I_1$。N 层吸收较长波长的光子,光生载流子(空穴)分别向 $P_1$ 和 $P_2$ 层扩散,形成光电流 $I_2$ 和 $I_3$。$P_2$ 层吸收长波光子产生的光生载流子(电子)形成光电流 $I_4$。

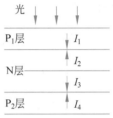

图 3-25 半导体色敏传感器一维模型

光电二极管 $PD_1$ 和 $PD_2$ 的短路电流 $I_{sc1}$ 和 $I_{sc2}$ 分别为

$$I_{sc1}=I_1+I_2, \quad I_{sc2}=I_3+I_4$$

为了测定入射光波长,需要预先计算出入射光波长与两个 PN 结短路电流之比($I_{sc2}/I_{sc1}$)之间的关系。这样,当测得 $I_{sc2}/I_{sc1}$ 后,通过查找波长与 $I_{sc2}/I_{sc1}$ 的关系曲线,就得到了入射光的波长(或颜色)。

另外还有非晶硅(Amorphous Silicon,a-Si)色敏传感器,它是一种 PIN 型光敏器件,工作原理是光生伏特效应。根据结构的不同可以分为非晶硅可见光传感器、非晶硅单色敏传感器和非晶硅集成型全色敏传感器。非晶硅可见光传感器的光谱响应正好与人类视觉感受的光谱相吻合,是很理想的可见光传感器,它的结构如图 3-26(a)所示。单色敏传感器和全色敏传感器是在可见光传感器的受光面上贴上不同的滤光片形成的,如图 3-26(b)所示。

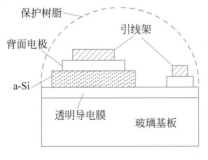

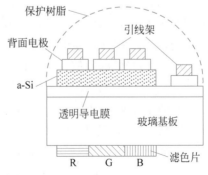

(a) 可见光传感器      (b) 集成型全色敏传感器

图 3-26 非晶硅光敏传感器的结构

由于工艺技术上可以制作出大面积的 a-Si 感光薄膜,形成大面积光传感器,所以 a-Si 光敏传感器可以用于彩色、光学读出装置,光情报传送,机器人及自动颜色识别等方面。

### 3.3.3 光纤传感器

光纤传感器是一类较新的光敏器件,由于具有极高的灵敏度和精度,以及抗电磁干扰和原子辐射、高绝缘、耐水、耐高温、耐腐蚀和质轻、柔韧、频带宽等优点,在机械、电子、航空航天、化工、生物医学、电力、交通、食品等领域的自动控制、在线检测、故障诊断、安全报警等方面有着广泛应用。

**1. 光纤的结构和传光原理**

光纤是光纤传感器系统的核心元件。光纤全称为光导纤维,通常由纤芯、包层及护套组成,如图 3-27 所示。纤芯是由玻璃、石英或塑料等材料制成的圆柱体,直径为 $5\sim150\mu m$。包层的材料也是玻璃或塑料等,但纤芯的折射率 $n_1$ 稍大于包层的折射率 $n_2$。护套起保护光纤的作用。较长的光纤又称为光缆。

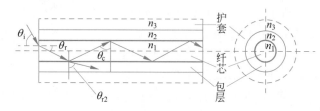

图 3-27　光纤的结构及传光原理示意图

光纤的传光原理如图 3-27 所示。入射光线在光纤入口处发生折射,如果入射角为 $\theta_i$,折射角为 $\theta_r$,空气的折射率为 $n_0=1.0$,根据折射定律有

$$n_0\sin\theta_i = n_1\sin\theta_r \tag{3-3-2}$$

当光线到达纤芯-包层界面时,发生第二次折射,一部分光以折射角 $\theta_{r2}$ 进入包层,另一部分以反射角 $\theta_c$($\theta_c=90°-\theta_r$)反射回纤芯,则有

$$n_1\sin\theta_c = n_2\sin\theta_{r2}$$

如果 $\theta_{r2}=90°$,即发生全反射,则有 $\sin\theta_c=n_2/n_1$,式(3-3-2)改写为

$$n_0\sin\theta_i = n_1\sin(90°-\theta_c) = n_1\sqrt{1-\left(\frac{n_2}{n_1}\right)^2} = \sqrt{n_1^2-n_2^2}$$

以入射角小于 $\theta_i$ 进入光纤的光线将形成全反射被引导至光纤输出端,并以近似等于入射角的角度射出。$\theta_c$ 称为临界角,$2\theta_i$ 为接受角,处于接受角之外的光线均被包层吸收而损失掉。$\sin\theta_i$ 定义为光纤的数值孔径,用 NA 表示,它反映纤芯接收光量的多少,是光纤的一个重要参数。

光纤按照折射变化情况分为:

(1)阶跃型。纤芯与包层之间的折射率是突变的。

(2)渐变型。纤芯在横截面中心处折射率最大,并由中心向外逐渐变小,到纤芯边界时减小为包层折射率。这类光纤有自聚焦作用,也称自聚焦光纤。

光纤按照传输模式分为:

(1)单模光纤。纤芯直径很小,接受角小,传输模式很少。这类光纤传输性能好,频带宽,具有很好的线性和灵敏度,但制造困难。

(2) 多模光纤。纤芯尺寸较大,传输模式多,容易制造,但性能较差,带宽较窄。

**2. 光纤传感器的工作原理**

按照光纤在传感器中的作用,通常将光纤传感器分为两种类型:功能型(或称传感型、探测型)和非功能型(或称传光型、结构型)。

1) 功能型光纤传感器

功能型光纤传感器的结构原理如图 3-28(a)所示。光纤不仅起传光作用,又是敏感元件,即光纤本身同时具有"传"与"感"两种功能。功能型光纤传感器是利用光纤本身的传输特性受被测物的作用而发生变化,使光纤中传导光的属性(光强、相位、偏振态、波长等)被调制这一特点而构成的一类传感器,又分为光强调制型、相位调制型、偏振态调制型和波长调制型等。

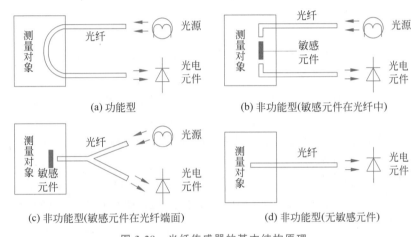

(a) 功能型      (b) 非功能型(敏感元件在光纤中)

(c) 非功能型(敏感元件在光纤端面)      (d) 非功能型(无敏感元件)

图 3-28 光纤传感器的基本结构原理

(1) 光强调制型光纤传感器。

光强调制型光纤传感器是基于光纤弯曲时会产生光能损耗原理制成的,主要用于微弯曲位移检测和压力检测。当光线在光纤的直线段传播时,一般以全反射方式传播;当光线到达微弯曲段界面时,入射角将小于临界角,有一部分光透射进入包层,导致光能的损耗。光纤输出光的强度反映了光纤的弯曲程度,对输出光强进行检测可以得到导致光纤形变的位移或压力信号大小。

(2) 相位调制型光纤传感器。

当一束波长为 $\lambda$ 的相干光在光纤中传播时,光波的相位角与光纤的长度 $L$、纤芯折射率 $n_1$ 及纤芯直径 $d$ 有关。光纤受到物理量的作用时,这 3 个参数会发生不同程度的变化,从而引起光相移。由于光纤直径引起的变化相对于另外两个参数要小得多,一般可以忽略。在一段长度为 $L$ 的单模光纤(光纤折射率 $n_1$)中,波长为 $\lambda$ 的输出光相对于输入端来说,相角为

$$\varphi = \frac{2\pi n_1 L}{\lambda}$$

当光纤受到物理量作用时,相位角变化量为

$$\Delta\varphi = \frac{2\pi}{\lambda}(n_1 \Delta L + L \Delta n_1) = \frac{2\pi L}{\lambda}(n_1 \varepsilon_L + \Delta n_1)$$

式中：$\varepsilon_L$——光纤轴向应变($\varepsilon_L = \Delta L / L$)；

　　$\Delta n_1$——纤芯折射率变化量。

由于光的频率很高，光电探测器不能检测相位的变化，因此需要用光学干涉技术将相位调制转换为振幅调制。在光纤传感器中常采用马赫-泽德(Mach-Zehnder)干涉仪等仪器完成这一过程。

（3）偏振态调制型光纤传感器。

偏振态调制型光纤传感器是利用法拉第旋光效应工作的。根据法拉第旋光效应，由电流所形成的磁场会引起光纤中线偏振光的偏转，这是磁场引起相位改变的结果。通过检测偏转角的大小，就可以得到相应的电流值。偏振态调制型光纤传感器常用于输电线电流的测量。

2）非功能型光纤传感器

非功能型光纤传感器的结构原理如图 3-28(b)和(c)所示。它是在光纤的端面或在光纤中放置光学材料、机械式或光学式的敏感元件来感受被测量的变化，从而使投射光或反射光的强度随之发生变化，光纤只是作为传输光信息的通道，对被测对象的"感觉"功能由其他敏感元件来完成。图 3-28(d)是没有外加敏感元件的情况，光纤把测量对象所辐射、反射的光信号直接传输到光电元件，这种传感器又称为探针型光纤传感器。非功能型光纤传感器适用范围广，使用简便，但是精度比功能型光纤传感器稍低。

非功能型光纤传感器又分为传输光强调制型、反射光强调制型和频率调制型。

（1）传输光强调制型光纤传感器。

传输光强调制型光纤传感器的输入光纤与输出光纤之间设置有机械式或光学式敏感元件。敏感元件在物理量作用下，对传输光的光强进行调制，如吸收光能、遮断光路或改变光纤之间的相对位置等。

（2）反射光强调制型光纤传感器。

反射光强调制型与传输光强调制型的原理类似，只是在结构上有稍许差别。光线是经过物体或光敏元件反射后进入接收光纤的。

（3）频率调制型光纤传感器。

在频率调制型光纤传感器中，光纤仅起到传输光的作用，其工作原理是光学多普勒效应，即由于观察者和目标之间的相对运动，观察者接收到的光波频率将发生变化。采用光学多普勒测量系统，可以方便地在非接触条件下进行对液体流速和流量的测量，如血液流量测量。

**3. 光纤传感器的应用**

利用光纤传感器的各种调制机制，可以制造出各种光纤传感器，如位移传感器、压力传感器、温度传感器、电流传感器、磁传感器、声压传感器、流速传感器和液位传感器等。

1）光纤温度传感器

用光纤测量温度的方法有许多种，按照原理不同可以分为功能型和非功能型两类。对于功能型光纤温度传感器，当温度变化时，光纤的长度、芯径与包层的折射率等会发生变化，从而引起传输光强、相位的变化。对于非功能型光纤温度传感器，主要是利用其他敏感元件在温度变化时引起的传输光强或反射光强的变化。图 3-29 是利用光相位变化的光纤温度传感器原理框图。

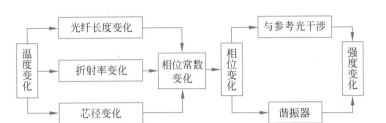

图 3-29　利用光相位变化的光纤温度传感器原理框图

2) 光纤微弯曲位移(压力)传感器

根据光纤弯曲时产生的弯曲损耗可以制成光纤微弯曲位移和压力传感器,其原理如图 3-30 所示。这种传感器由两块波形板组成,其中一块是活动的,另一块是固定的。当活动板受到位移或压力干扰作用时,光纤会发生周期性微弯曲,使部分光进入包层。位移或压力增大时,泄漏到包层的光强随之增大,同时纤芯的输出光强减小。通过测量泄漏到包层的散射光强度或纤芯输出光强度就能够测出位移或压力信号。

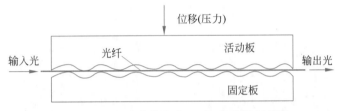

图 3-30　光纤微弯曲位移(压力)传感器原理图

3) 光纤线性位移传感器

光纤线性位移传感器是利用光纤传输光信号的功能,根据探测到的反射光强度来测量被测物与反射表面的距离。如图 3-31(a)所示,当光纤探头顶端紧贴被测物时,发射光纤中的光不能反射到接收光纤中去,因而光敏元件输出电信号为零;当被测物逐渐远离光纤探头时,发射光纤的光照亮被测物表面,并有一部分光被反射到接收光纤中。被测物的位移与反射到接收光纤中的光强关系如图 3-31(b)所示。图中Ⅰ段范围窄,但灵敏度高,线性好,适用于测量微小位移和表面粗糙度等。

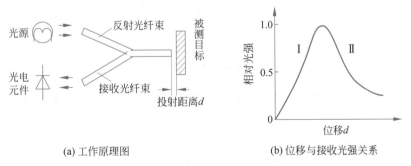

(a) 工作原理图　　　　　　　(b) 位移与接收光强关系

图 3-31　光纤线性位移传感器

实际的光纤位移传感器是由几百根纤芯组成的光缆,发射和接收光纤按照混合式、对半分式、共轴内发射外接收和共轴外发射内接收等几种组合方式分布。其中,混合式的灵敏度最高,而对半分式的Ⅰ段范围最大。

**4. 光纤传感器的主要参数**

无论对于何种光纤传感器,包括温度、位移、压力、应变等,在选择具体的产品时都需要重点考虑一些参数,具体包括:测量范围、测量精度、响应时间、分辨率、探头尺寸、探头材料、光纤电缆的长度和材料以及工作温度等。这些参数决定了所选传感器的工作性能和性价比是否满足系统设计需求。

## 3.3.4 光栅传感器

早期,人们利用光栅的衍射效应进行光谱分析和光波波长的测量。到 20 世纪 50 年代,开始利用光栅的莫尔条纹现象进行精密测量,从而出现了光栅式传感器。由于其原理简单、测量精度高、具有较强的抗干扰能力,被广泛应用于长度和角度的精密测量。

**1. 光栅的结构和分类**

1) 光栅的结构

在玻璃尺或玻璃盘上进行长刻线(一般为 10~12mm)的密集刻划,如图 3-32(a)或(b)所示,得到宽度一致、分布均匀、明暗相间的条纹,这就是光栅。

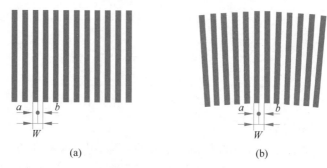

(a)          (b)

图 3-32 光栅栅线放大图

光栅上的刻线称为栅线,栅线宽度为 $a$,缝隙宽度为 $b$,一般取 $a=b$,$W(W=a+b)$ 称为光栅的栅距(也称光栅的节距或光栅常数)。

2) 光栅的分类

光栅种类很多,按工作原理分为物理光栅和计量光栅两种,前者用于光谱仪器,作色散元件,后者用于精密测量和精密机械自动控制等。计量光栅又分为长光栅和圆光栅,具体分类如图 3-33 所示。

图 3-33 计量光栅的分类

长光栅主要用于测量长度,条纹密度有每毫米 25、50、100、250 条等。根据栅线形式不同,又分为黑白光栅和闪耀光栅。黑白光栅是只对入射光波的振幅或光强进行调制的光栅,亦称幅值光栅；闪耀光栅是对入射光波的相位进行调制，亦称相位光栅。根据光线的走向，长光栅又分为透射光栅和反射光栅。透射光栅是将栅线刻制在透明材料上，如光学玻璃和制版玻璃；反射光栅则将栅线刻制在具有强反射能力的金属上，如不锈钢或玻璃镀金属膜。

圆光栅也称光栅盘，其刻线刻制在玻璃盘上，用来测量角度或角位移。根据栅线刻划的方向分为径向光栅和切向光栅，如图 3-34 所示。

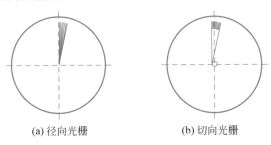

(a) 径向光栅　　　　　(b) 切向光栅

图 3-34　圆光栅

**2. 光栅传感器的工作原理**

光栅传感器由光栅、光路、光电元件及转换电路等组成，利用光栅的莫尔条纹现象进行测量。下面以黑白透射光栅说明它的工作原理。

1）光栅传感器的组成

光栅传感器由光源、透镜、主光栅、指示光栅和光电元件构成，如图 3-35 所示。主光栅与指示光栅之间的距离可以根据光栅的栅距进行选择。光源和透镜组成照明系统，光线经过透镜后成平行光投向光栅。主光栅与指示光栅在平行光照射下，形成莫尔条纹。整个测量系统的精度主要由主光栅的精度决定。光电元件主要有光电池和光敏晶体管，它把莫尔条纹的明暗强弱变化转换为电量输出。

2）莫尔条纹

所谓莫尔条纹是指当指示光栅与主光栅的栅线有一个微小的夹角 $\theta$ 时，则在近似垂直于栅线方向上显现出比栅距 $W$ 大得多的明暗相间的条纹，相邻的两条明条纹之间的距离（或相邻两条暗条纹之间的距离）$B$ 称为莫尔条纹间距，长光栅的横向莫尔条纹如图 3-36 所示。

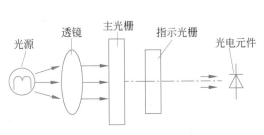

图 3-35　光栅传感器的构成原理图

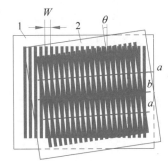

图 3-36　莫尔条纹示意图

当光栅之间的夹角 $\theta$ 很小，且两光栅的栅距都为 $W$ 时，莫尔条纹间距 $B$ 为

$$B = \frac{W}{2\sin\dfrac{\theta}{2}} \approx \frac{W}{\theta}$$

(3-3-3)

式中: $B$ ——相邻两条莫尔条纹之间的间距;

$\qquad W$ ——光栅栅距;

$\qquad \theta$ ——两光栅栅线夹角。

由于 $\theta$ 值很小,条纹近似与栅线方向垂直,因此称为横向莫尔条纹。

横向莫尔条纹有以下几个重要特征。

(1)运动对应关系:任意一个光栅沿垂直于栅线的方向每移动一个栅距 $W$,莫尔条纹近似沿栅线方向移动一个条纹间距;光栅反方向移动时,莫尔条纹也作反方向移动。因此可以通过测量莫尔条纹的移动量和移动方向判断主光栅(或指示光栅)的位移量和位移方向。

(2)位移放大:从式(3-3-3)可以看出,由于 $\theta$ 值很小,光栅具有位移放大作用,放大系数为

$$k = \frac{B}{W} \approx \frac{1}{\theta}$$

虽然 $W$ 很小,很难观测到,但 $B$ 远大于 $W$,莫尔条纹明显可见,便于观测。例如 $W = 0.02\text{mm}$, $\theta = 0.1°$,则 $B = 11.45692\text{mm}$, $k = 573$。

(3)减小误差:莫尔条纹是由光栅的大量栅线共同形成的。对光栅的刻线误差有平均作用。个别栅线的栅距误差或断线等瑕疵对莫尔条纹的影响很小,从而提高了光栅传感器的可靠性和测量精度。

3)光栅的信号输出(辨向原理和细分电路)

通过前面的分析知道,主光栅每移动一个栅距 $W$,莫尔条纹就变化一个周期 $2\pi$,通过光电转换元件,可将莫尔条纹的变化变成电信号,电压的大小对应于莫尔条纹的亮度,它的波形近似于一个直流分量和一个正弦波交流分量的叠加:

$$U = U_0 + U_m \sin\left(\frac{x}{W} 360°\right)$$

式中: $W$ ——栅距;

$\qquad x$ ——主光栅与指示光栅间瞬时位移;

$\qquad U_0$ ——直流电压分量;

$\qquad U_m$ ——交流电压分量幅值;

$\qquad U$ ——输出电压。

由上式可知,输出电压反映了瞬时位移的大小,当 $x$ 从 0 变化到 $W$ 时,相当于电角度变化了 360°。如采用 50 线/mm 的光栅,若主光栅移动了 $x\text{mm}$,即 $50x$ 条,将此条数用计数器记录,就可以知道移动的相对距离。

由于光栅传感器只能产生一个正弦信号,因此不能判断 $x$ 移动的方向。为了能够辨别方向,需要在间距为 $B/4$ 的位置设置两个光电元件,以得到两个相位差为 90° 的正弦信号,然后将信号送到辨向电路中去处理,如图 3-37 所示。

当主光栅向左移动,莫尔条纹向上运动时,光电元件 1 和 2 分别输出如图 3-38(a)所示的电压信号 $u_1$, $u_2$,经过放大整形后得到相位相差 90° 的两个方波信号 $u_1'$, $u_2'$。$u_1'$ 经反相后得到方波 $u_1''$。$u_1'$ 和 $u_1''$ 经 RC 微分电路后得到两组光脉冲信号 $u_{1w}'$ 和 $u_{1w}''$,分别加到与门 $Y_1$ 和 $Y_2$ 的输入端。对与门 $Y_1$,由于 $u_{1w}'$ 处于高电平时 $u_2'$ 总是低电平,故脉冲被阻塞,$Y_1$ 无输

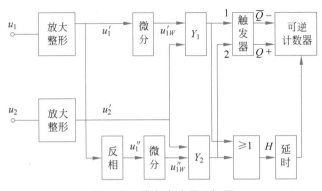

图 3-37　辨向电路原理框图

出。对与门 $Y_2$,$u'_{1W}$ 处于高电平时 $u'_2$ 也正处于高电平,故允许脉冲通过,并触发加减控制触发器使之置"1",可逆计数器对与门 $Y_2$ 输出的脉冲进行加法计数。同理,当主光栅反向移动时,输出信号波形如图 3-38(b)所示,与门 $Y_2$ 阻塞,$Y_1$ 输出脉冲信号使触发器置"0",可逆计数器对与门 $Y_1$ 输出的脉冲进行减法计数。这样每当光栅移动一个栅距时,辨向电路只输出一个脉冲,计数器所计的脉冲数即代表光栅位移。

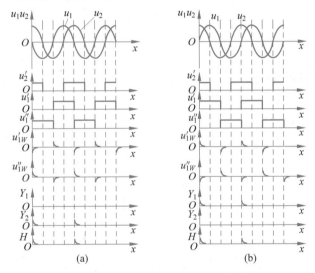

图 3-38　光栅移动时辨向电路各点波形

**3. 光栅传感器的性能参数**

光栅传感器主要用于位移和角度的测量,在选用光栅传感器时应根据具体的测量任务要求选择合适的产品型号,重点考虑传感器的量程、精度、分辨率、工作温度、信号输出形式、外观尺寸以及安装形式等性能参数。

### 3.3.5　CCD 图像传感器

近年来,随着图像传感技术的突破,以图像传感器为核心的计算机视觉技术蓬勃发展起来。图像传感器以其特有的优势在测控系统中展示了广阔的应用前景和发展潜力。下面对其中具有代表性的 CCD 图像传感器和红外传感器分别加以介绍。

CCD 图像传感器是一种集成型半导体光敏传感器,其核心部分是电荷耦合器件

(Charge Coupled Device,CCD)。CCD 是由以阵列形式排列在衬底材料上的金属氧化物半导体(Metal Oxide Semiconductor,MOS)电容器件组成的,具有光生电荷、积蓄和转移电荷的功能。

**1. CCD 的工作原理**

在 N 型或 P 型硅衬底上生长一层很薄的 $SiO_2$,再在 $SiO_2$ 薄层上沉积金属电极,这种规则排列的 MOS 电容阵列再加上相应的输入及输出就构成了 CCD 芯片。CCD 可以把光信号转换为电脉冲信号。每一个脉冲反映一个光敏单元的受光情况,脉冲幅度的高低反映该光敏单元受光的强弱,输出脉冲的顺序可以反映光敏单元的位置,这就构成了图像传感器。

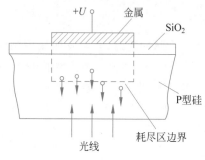

图 3-39　MOS 光敏单元结构

MOS 是 CCD 的基本结构,如图 3-39 所示。以 P 型衬底 MOS 结构为例,如果在栅极上施加一个幅值大于该 MOS 结构阈值电压的正脉冲,半导体表面将处于深耗尽状态。由于这种深耗尽状态,在半导体表面形成电子势阱。半导体表面相对于体内的电势差称为势阱深度。势阱可以存储少数载流子(在 P 型衬底情况下少数载流子是电子),势阱越深存储电荷越多。这种电荷会随着 MOS 从非稳态到稳态的过渡逐渐减少,只要电荷存储时间在数秒以上,CCD 就可以正常工作。

CCD 作为摄像光敏器件时,其信号电荷由光注入产生。器件受光照射时,光被半导体吸收,产生电子-空穴对,在外加电压作用下,少数载流子被收集到较深的势阱中。光照越强,势阱中收集到的电荷越多。

为了将势阱中的电荷转移并输出,每个光敏单元一般包括 3 个相邻的电极,电极上的脉冲电压相位依次相差 $120°$,波形都是前缘陡峭后缘倾斜,如图 3-40 所示。

如图 3-41 所示,电极 1、4、7…同脉冲 $\phi_1$ 相连,电极 2、5、8…同脉冲 $\phi_2$ 相连,电极 3、6、9…同脉冲 $\phi_3$ 相连。在 $t_1$ 时刻,电极 1、4、7 下方出现势阱,并收集到光生电荷,电荷的多少与光强有关。在 $t_2$ 时刻,电压 $\phi_1$ 下降,电压 $\phi_2$ 最高,电极 2、5、8 下方势阱最深,原来存储在电极 1、4、7 下方的电荷将在电场作用下转移到 2、5、8 下方。到 $t_3$ 时刻,电荷全部向右转移一步。依次类推,在 $t_5$ 时刻,电荷将转移到电极 3、6、9 下方。

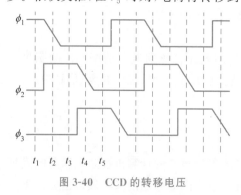

图 3-40　CCD 的转移电压

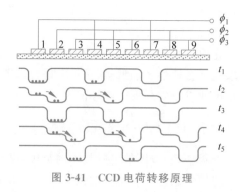

图 3-41　CCD 电荷转移原理

**2. CCD 图像传感器及其应用**

一个简单的三相 CCD 结构加上相应的驱动时钟脉冲,便可以作为摄像器件使用,但是这样做会存在以下问题：

（1）多层结构电极系统对入射光吸收、反射和干涉严重，光强损失大，量子效率低。

（2）在电荷包转移期间，光积分仍在继续，使输出信号产生拖影。

（3）信号输出的占空比很小。

因此实际的摄像器件常将光敏区与转移区彼此分开。

CCD 图像传感器一般分为线型和面型。二者的原理类似，都是通过光学成像系统将景物成像在 CCD 的像敏面上。像敏面将照在每一像敏单元上的图像照度信号转变为少数载流子密度信号存储于像敏单元（MOS 电容）中，然后再转移到 CCD 的移位寄存器（转移电极下的势阱）中，在驱动脉冲作用下顺序地移出器件，成为视频信号。

1）线型 CCD

线型 CCD 可以直接接收一维光信号，主要用于测试、传真和光学文字识别技术等方面。

最简单的线型 CCD 是单通道式的，结构如图 3-42 所示。它包括感光区（光积分单元）和传输区两部分：感光区由一列光敏单元组成，传输区由转移栅及一列移位寄存器组成。光照产生的信号电荷存储于感光区的势阱中。在转移脉冲到来时，光敏阵列势阱中的电荷被并行转移到移位寄存器中，最后在时钟脉冲的作用下一位位地移出，形成视频信号。传输区是遮光的，以防止因光生噪声电荷的干扰造成图像模糊。

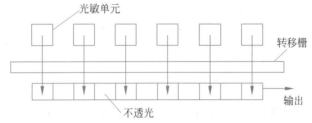

图 3-42 单通道线型 CCD 的结构

为了减少信号电荷在转移过程中的损失，通常采用双通道式结构，如图 3-43 所示。双通道式 CCD 有两列移位寄存器，平行分置在感光区两侧。当转移脉冲到来时，光敏单元中的信号电荷同时按箭头方向转移到对应的移位寄存器中，然后在驱动脉冲作用下，分别向右移出。同样感光区的双通道线型 CCD 比单通道线型 CCD 的转移次数减少一半，降低了传输损耗，同时也缩短了器件尺寸。

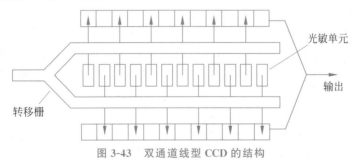

图 3-43 双通道线型 CCD 的结构

2）面型 CCD

按一定的方式将一维线型 CCD 的光敏单元及移位寄存器排列成二维阵列，即可以构成二维面型 CCD。常见的结构有隔列转移结构和帧转移结构。

　　隔列转移结构如图 3-44(a)所示,光敏单元呈二维排列,每列光敏单元被遮光的垂直移位寄存器隔开,光敏单元与垂直移位寄存器之间又有转移栅。光敏单元中的信号电荷在转移栅电压控制下转移到垂直移位寄存器,然后在读出脉冲作用下逐行转移到水平移位寄存器,再由水平移位寄存器快速输出,得到与光学图像对应的一行行视频信号。

　　帧转移结构如图 3-44(b)所示,包括成像区(光敏区)、存储区和水平移位寄存器三部分。在这种结构中,当光积分周期结束时,加在成像区和存储区电极上的时钟脉冲使所收集到的信号电荷迅速转移到存储区中。然后在驱动脉冲作用下,存储区中的电荷逐行转移到读出寄存器并输出。在第一帧读出的同时,成像区开始收集第二帧信号电荷。一旦第一帧信号被全部读出,马上传送第二帧信号,实现连续输出。

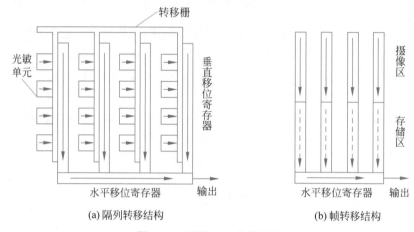

图 3-44　面型 CCD 传输原理

　　由于 CCD 器件具有体积小、高速、高灵敏度、高稳定性及非接触等众多优点,在测试与检测技术领域具有广泛的应用,例如用于测量物体的形貌、尺寸、位置以及计数等。CCD 图像传感器能实现图像信息传输,还被用于模式识别、自动监控和机器视觉等方面。第 5 章中有基于 CCD 图像传感器的详细应用实例。

　　**3. CCD 图像传感器的选型**

　　在构建基于 CCD 图像传感器的测控系统时,需要综合考虑照明(光源)、镜头、摄像机、图像采集卡、处理算法等多个环节的选型与设计。以下简要介绍其中几个环节。

　　1) 照明设计

　　不同图像测控系统的照明设计各不相同,影响照明方案的因素非常多,例如光的强度、颜色、均匀性、光源的结构、大小、照射方式以及被测物体的光学特性、距离、物体大小、背景特性等。照明设计主要涉及三个方面:光源的种类和特性、物体的光反射和传输特性、光源的结构。

　　光源的设计包括光照的方向、光谱、偏振性、强度以及均匀性等。光源的种类非常多:从发光器件本身可分为卤素灯、荧光灯、LED 灯、氙灯等;根据灯的几何形状可分为环形、方形、穹形、长条形等;根据发光的特性可分为点光源、线光源、面光源等;根据照射角度又可分为直射、间接、掠射、同轴、平行等。

　　物体的光反射和传输特性包括镜面反射和漫反射、颜色、光学密度(光穿透率)、折射、纹理、高度、表面方向等。

具体的照明技术又大致分为正向照明和背向照明两大类,不同的照明方式能够获得不同的拍摄效果,可以根据具体的需求灵活调整。

2) 镜头

镜头将被测物体及其周围的环境成像并投影在摄像机的二维图像传感器平面上,一般该平面是长宽比为4∶3的矩形,称作像平面。与像平面中的图像对应的物体平面被称作视野(Field of View,FOV)。从被测物体到物镜的距离称为工作距离(Work Distance,WD)。以镜头最佳聚焦WD为中心,前后存在一个范围,在此范围内的景物都能在像平面上获得清晰的图像,这个范围被称为景深(Depth of Field)。

(1) 摄像物镜的光学参数。

物镜的焦距$f$决定了物体在像平面上成像的大小,焦距越长,所得的像越大。物镜焦距值相差很大,从几毫米到数十米。有的镜头为适应不同的取像要求,设计成焦距可变。

镜头光圈的大小用相对孔径$F = D/f$来表示,其中$D$为镜头中光线能通过的圆孔直径,$f$为焦距。若镜头的焦距是50mm,有效孔径$D$为8.9mm,则相对孔径为8.9/50=1/5.6。在镜头上看到的相对孔径都是以$1/F$表示的,如3.4、5.6、8、11、16等。到达像平面的照度与相对孔径$F$的平方成正比。从8到5.6,光圈每增加一档,光照度增加一倍。

相对孔径$F$越大,即光圈越大,景深越短;光圈越小,景深越长。在机器视觉系统中,有时会加大光照强度,减小光圈来增加景深,以获得较大深浅范围内的清晰图像。

物镜的视场角决定了在像平面上良好成像的空间范围。当像平面尺寸一定时,焦距越长,视场角越小。例如俗称的广角镜头,其焦距就很短。

(2) 镜头的选择。

镜头的选择主要取决于焦距$f$,下面简要介绍一下焦距的计算和镜头的选择。

因为视野和像平面一般均为4∶3的矩形,用$H_o$表示视野的高度,$H_i$表示摄像机有效成像面的高度,则镜头的放大倍数PMAG为

$$\text{PMAG} = \frac{H_i}{H_o} = \frac{D_i}{\text{WD}}$$

式中,$D_i$为物镜到实际像平面的距离,WD为工作距离。在一般镜头中,PMAG<1,在放大镜中,PMAG>1。

为了实现聚焦,像平面必须有一个可以后移的距离,称为像平面的扩充距离LE:

$$\text{LE} = D_i - f = \text{PMAG} \times f$$

则物距WD、镜头放大倍数PMAG和焦距$f$的关系为

$$f = \frac{\text{WD} \times \text{PMAG}}{1 + \text{PMAG}}$$

根据上式可以计算出所需镜头的焦距$f$,由于所计算出来的焦距可能不能与现有产品准确匹配,所以普通镜头的选择通常按以下步骤进行:

① 获得镜头至物体的距离WD,如果是一个距离范围,则取中间值;

② 计算图像放大倍数PMAG;

③ 选取焦距规格最接近计算值的镜头;

④ 根据所选镜头的焦距值重新核算镜头至物体的距离WD。

例如,假设视场的高度为6cm,摄像机传感器的高度为6.6mm,镜头放大倍数为

$$\text{PMAG} = 6.6\text{mm}/6\text{cm} = 6.6\text{mm}/60\text{mm} = 0.11$$

物体至镜头的距离在 $10\sim30\text{cm}$ 范围内,使用中间值 $20\text{cm}$,则焦距计算值为

$$f = \frac{\text{WD} \times \text{PMAG}}{1 + \text{PMAG}} = 20\text{cm} \times 0.11/(1 + 0.11) = 19.82\text{mm}$$

在镜头的规范焦距 $8\text{mm}$、$12.5\text{mm}$、$16\text{mm}$、$25\text{mm}$ 和 $50\text{mm}$ 五档内,选择最接近的 $16\text{mm}$ 镜头,并用该焦距值重新计算 WD:

$$\text{WD} = f(1 + \text{PMAG})/\text{PMAG} = 16\text{mm} \times (1 + 0.11)/0.11 = 16.1\text{cm}$$

镜头的扩充距离为

$$\text{LE} = f \times \text{PMAG} = 16\text{mm} \times 0.11 = 1.76\text{mm}$$

大多数 C 型镜头的工作距离设计为 1m 至 0.5m,因此 WD=16.1cm 的距离不能获得正确的聚焦。为了获得清晰的成像,可以购买一套镜头垫圈附件,为镜头的聚焦机构提供所需的扩充距离。

(3) 镜头的分类。

在视觉测控系统中,常用的光学镜头按接口分为 C 型和 CS 型。C 型接口镜头是目前使用较广泛的镜头,具有重量轻、体积小、价廉及品种多等优点。CS 型与 C 型的区别在于镜头的定位面到图像传感器光敏面的距离不同,C 型是 17.526mm,而 CS 型是 17.2mm。CS 型更适应有效光敏传感器尺寸更小的摄像机。具有 CS 接口的相机可以与 C 型和 CS 型接口的镜头连接,但与 C 接口镜头连接时需要加装一个节圈;具有 C 接口的相机只能与 C 接口镜头连接,而不能与 CS 接口镜头连接,否则不但不能获得良好聚焦,还有可能损坏 CCD 靶面。

镜头根据焦距可以分为 35mm 摄像机镜头、广角镜头、长焦距镜头、中焦距镜头、微距镜头等;另外按镜头所具有的功能可以分为变焦距镜头、变光圈镜头、自动调焦镜头以及自动光圈镜头等。用户需要根据具体的系统设计需求进行选择。

3) 摄像机

前面已经介绍了 CCD 的基本结构和工作原理,下面介绍一下选择 CCD 摄像机时需要了解的一些知识。

(1) CCD 相机的分类。

按成像色彩划分,可分为彩色相机和黑白相机。

按灵敏度划分,可分为普通型、月光型、星光型和红外型,从普通型到红外型,相机正常工作所需照度依次减小,红外型采用红外灯照明,在没有可见光的情况下也可以成像。

按分辨率划分,像素数在 38 万以下的为普通型,像素数在 38 万以上的为高分辨率型。

按 CCD 光敏面尺寸大小划分,可分为 1/4 英寸、1/3 英寸、1/2 英寸、1 英寸相机。

按扫描方式划分,可分为行扫描和面扫描两种方式,面扫描 CCD 相机又分为隔行扫描和逐行扫描。

按同步方式划分,可分为普通相机(内同步)和具有外同步功能的相机。

(2) CCD 相机的主要功能控制。

① 同步方式的选择。对单台 CCD 相机而言,主要的同步方式有内同步、外同步和电源同步等,其具体功能为:内同步利用相机内置的同步信号发生电路产生的同步信号来完成同步信号控制;外同步通过外置同步信号发生器将特定的同步信号送入相机的外同步输入

端,以满足对相机的特殊控制需求;电源同步用相机的 AC 电源完成垂直同步。

对于由多个 CCD 相机构成的图像采集系统,通常希望所有的视频输入信号是垂直同步的,以避免变换相机输出时出现图像失真。此时,可以利用同一个外同步信号发生器产生的同步信号驱动多台相机,以实现多相机的同步图像采集。

② 自动增益控制。CCD 相机通常具有一个对 CCD 的信号进行放大的视频放大器,其放大倍数称为增益。若放大器的增益保持不变,则在高亮度环境下将使视频信号饱和。利用相机的自动增益控制(AGC)电路可以随着环境内外照度的变化自动地调整放大器的增益,从而可以使相机在较大的光照范围内工作。

③ 背光补偿。通常 CCD 相机的 AGC 工作点是以通过对整个视场的信号的平均值来确定的。当视场中包含一个很亮的背景区域和一个很暗的前景目标时,所确定的 AGC 工作点并不完全适合于前景目标,当启动背光补偿时,CCD 相机仅对前景目标所在的子区域求平均来确定其 AGC 工作点,从而提高了成像质量。

④ 电子快门。CCD 相机一般都具有电子快门特性,电子快门不需要任何机械部件。CCD 相机采用电子快门控制 CCD 的累积时间。当开启电子快门时,CCD 相机输出的仅是电子快门开启时的光电荷信号,其余光电荷信号则被释放。目前,CCD 相机的最短快门时间一般为 1/10000s;当电子快门关闭时,对 NTSC 制式相机,CCD 累积时间为 1/60s;对 PAL 制式相机,则为 1/50s。

较高的快门速度能够提高相机的动态分辨率。同时,当电子快门速度增加时,在 CCD 积分时间内,聚集在 CCD 上的光通量减少,将会降低相机的灵敏度。

⑤ $\gamma$(伽马)校正。在整个视觉系统中需要进行两次信号转换:CCD 传感器将光图像信息转换为电信号,即光电转换;电信号经传输后,在接收端由显示设备将电信号还原为光图像,即电光转换。为了使接收端再现的图像与原图像一致,必须保证两次转换的综合特性具有线性特征。

CCD 传感器上的光($L$)和从相机输出的信号电压($V$)之间的对应关系为 $V=L^{\gamma}$。在标准的 TV 系统中,相机的 $\gamma$ 系数为 0.45;在机器视觉应用中,$\gamma$ 应为 1.0。

⑥ 白平衡。白平衡功能仅用于彩色 CCD 相机,其主要功能是实现相机对实际景物的精确反映。一般分为手动白平衡和自动白平衡两种方式。

CCD 相机处于手动白平衡状态时,可通过手动方式改变图像的红色或蓝色状况,有多达 107 个等级供调节。

CCD 相机的自动白平衡一般分为连续方式和按钮方式。处于连续方式时,相机的白平衡设置将随着景物色温的改变而连续地调整,这种方式适用于景物的色彩温度在成像期间不断变化的场合,但对于景物中很少甚至没有白色时,连续的白平衡功能不能产生最佳的彩色效果;处于按钮方式时,可先将相机对准白色目标,然后设置自动开关方式,并保留在该位置几秒钟或至图像呈白色为止。在执行白平衡后,锁定白平衡设置,此时白平衡设置将存储在相机的存储器中。以按钮方式设置白平衡最为精确和可靠,适用于大部分应用场合。

(3)CCD 相机的相关特性参数。

① 最低照度。最低照度是衡量 CCD 相机灵敏度的重要指标,它表示当环境光照度降低到一定程度,而使 CCD 相机所输出的视频信号电平低到某一规定值时,所对应的环境照度。当环境照度低于最低照度时,CCD 相机输出的图像质量将难以保证。CCD 相机的最低

照度与所使用镜头的最大相对孔径有关,因此在提供相机最低照度时,应注明测试时所使用镜头的相对孔径。

② 分辨率。分辨率是 CCD 相机重要的性能参数之一,主要用于衡量相机对物像中明暗细节的分辨能力。CCD 相机的分辨率受多种因素影响,包括光源的光谱、镜头的 F 数等。同时还受一定的主观因素影响,其标准并不一致。如果相机分辨率是关键参数,最好是在实际操作环境下对相机进行测试。

③ 扫描方式。扫描方式分为隔行扫描、逐行扫描、异步触发和部分扫描四种类型。

隔行扫描由广播电视系统发展而来,可在相对较低的(30Hz)帧速下提供更为清晰的图像。从一帧图像的顶部开始,相机在前半帧时间内依次读取所有的奇数线,在后半帧时间内依次读取所有的偶数线。隔行扫描可以减少图像的闪烁。在机器视觉中,隔行扫描会影响移动物体的成像质量。

逐行扫描相机从一帧图像的顶部开始以自然次序进行连续扫描,这种方式在机器视觉中的应用越来越广泛。

CCD 相机处于异步触发方式时,不是以固定时钟逐行扫描和输出连续信号,而是在收到一个触发信号后,再开始扫描输出新的一帧信号。此功能适用于对生产线上快速运动目标的瞬间图像采集。

部分扫描是指 CCD 相机所读取的数据小于它的满帧数据。由于读取数据量相对较少,则相应的读取时间要少,从而提高了帧速。此功能对于高速图像采集系统非常重要。

④ 接口。CCD 相机采用的接口形式有 RS-422、Camera Link、LVDS(EIA-64)和 IEEE 1394。

RS-422 是数据信号传输的电气规范,这一标准采用双绞线。当某一信号为高电平时,另一信号必须为低电平。在 RS-422 规范中,高电平为 3V,低电平为 0V。

Camera Link 是适用于视觉应用数字相机与图像采集卡间的通信接口。标准的 Camera Link 电缆提供相机控制信号线、串行通信信号线和视频数据线。

LVDS(Low Voltage Differential Signaling)是一种低摆幅的差分信号技术,它使信号能在差分 PCB 线对或平衡电缆上以 400Mbps 的速率传输,其低电压和低电流驱动输出实现了低噪声和低功耗。

IEEE 1394 接口是 Apple 公司开发的串行接口标准,又称 FireWare 接口。IEEE 1394 接口能够在计算机与外围设备间提供 100Mbps、200Mbps、400Mbps 的传输速率。该接口不要求 PC 端作为接入外设的控制器,不同的外设可以直接在彼此之间传递信息。利用 IEEE 1394 的拓扑结构,不需要集线器就可以连接 63 台设备,并且可由桥网将独立的子网连接起来。该接口不需要强制用计算机控制这些设备。IEEE 1394b 接口规范能够实现 800Mbps 和 1.6Gbps 传输速率的高速通信方式,并可支持较长距离的数据传输。

另外选择 CCD 相机时还需要考虑镜头安装方式、最大线/帧速率、数据格式以及相机的尺寸、重量、工作温度、电源、功耗等因素。

### 3.3.6　红外传感器

能将红外辐射能转换为电能的装置称为红外传感器,按其工作原理可以分为光敏型(或称光子型、量子型)和热敏型两类。

光敏型红外传感器可以直接把红外光能转换为电能,包括光电导式、光生伏特效应式等,其工作原理是光电效应。它们需要在低温下工作,灵敏度很高,响应速度快,但响应红外光的波长范围较窄(见图 3-45 中曲线 2)。

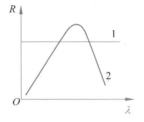

热敏型红外传感器将吸收的红外光转变为热能,使器件自身的温度发生变化,包括热电偶式、电阻式、电容式和热释电式等。热敏型红外传感器响应的红外光谱范围宽,在整个工作范围内灵敏度基本不变(见图 3-45 中的曲线 1),且能在常温下工作,价格便宜。它的响应速度和灵敏度都不如光敏型红外传感器。

图 3-45 红外传感器光谱响应曲线

**1. 热释电效应及器件**

红外热释电式光敏器件是热敏型红外传感器中最常用的器件。它的工作原理是热释电效应。

某些晶体材料(如铁电晶体)具有自发极化现象,自发极化的大小在温度有稍许变化时就有很大的变化。温度恒定时,由自发极化产生的表面电荷吸附空气中的电荷达到平衡;材料吸收红外光后引起温度升高,极化强度会减小,单位面积的表面电荷相应减少,一部分吸附电荷被释放;若与一个电阻连成回路,电路中就会有电流产生,如图 3-46 所示。这种因温度变化引起自发极化强度变化的现象被称为热释电效应。

当温度变化 $\Delta T$ 在材料各处一致时,热释电效应可以借助热释电系数 $p$ 表示为

$$\Delta P = p \Delta T$$

式中,$P$ 是自发极化。图 3-47 是钛酸钡热释电系数变化规律,由图可见,温度越接近居里温度点($T_C$),热释电系数越大。

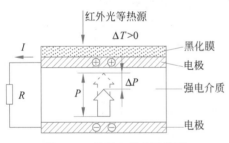

图 3-46 热释电效应示意图

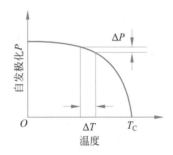

图 3-47 热释电系数的基本变化规律

热释电效应所产生的电荷不是永存的,由于处于器件表面,会与空气中的各种离子复合而使器件仍呈电中性。所以一般要在器件前方加装一个周期性遮断被测红外信号的机械装置,使器件接收红外光能而引起的温度作周期性变化。

利用热释电效应可以制成热释电红外传感器,如车辆计数器、人体探测器,以及探测环境温度的高温计(在高炉、熔化玻璃或热损失评估中使用的非接触式温度计)和辐射计(测量辐射源产生的功率)。另外一些应用包括红外分析仪、火灾检测、高分辨率测温术、医用温度计等。

另外,由于热释电式传感器很薄,所以比其他传感器响应更快,且灵敏度高。因为它检测的是温度梯度,无须与被测物达到热平衡。它适用于通过对被测物表面扫描实现成像,如用于红外热敏成像、无损测试、热点监视等。

**2. 红外传感系统**

红外技术已经在现代科技、国防、医疗、工农业等领域获得了广泛的应用。以红外线为测量介质的系统称为红外传感系统,按照功能可以分成五类:

(1) 温度计和辐射计,用于温度、辐射和光谱测量。

(2) 搜索和跟踪系统,用于搜索和跟踪红外目标,确定其空间位置并对它的运动进行跟踪。

(3) 热成像系统,可产生整个目标红外辐射的分布图像。

(4) 红外测距和通信系统。

(5) 混合系统,由以上各类系统中的两个或者多个组合而成。

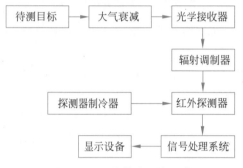

图 3-48　红外传感系统组成

一个典型的红外传感系统如图 3-48 所示。

(1) 待测目标:根据待测目标的红外辐射特性可进行红外系统的测量。

(2) 大气衰减:待测目标的红外辐射通过空气层时,由于各种气体分子以及各种溶胶粒的散射和吸收,使待测目标发出的红外辐射发生衰减。

(3) 光学接收器:接收部分红外辐射并传输给红外传感器,相当于雷达天线,常用的是物镜。

(4) 辐射调制器:又称调制盘和斩波器,它将来自待测目标的辐射调制成交变的辐射光,提供目标方位信息,并且可以滤除大面积的干扰信号,具有多种结构。

(5) 红外探测器:红外传感系统的核心,利用红外辐射与物质相互作用所呈现出来的物理效应探测红外辐射。按照工作原理分为光敏探测器和热敏探测器两类。

(6) 探测器制冷器:由于某些探测器必须在低温下工作,所以相应的系统必须有制冷设备。经过制冷,探测器可以缩短响应时间,提高灵敏度。

(7) 信号处理系统:将探测的信号进行放大、滤波,并从中提取出有用的信息。然后将这些信息转化为适当的格式,传送到控制设备或者显示器中。

(8) 显示设备:红外传感系统的终端设备,常用的有示波器、显像管、红外感光材料、指示仪器和记录仪等。

依照上面的流程,红外传感系统就可以完成相应的物理量的测量。

**3. 红外图像传感器**

由于红外光是人的肉眼看不到的,因此不能采用普通相机摄取红外图像。红外图像传感器可以利用红外热成像技术将红外辐射转换成可见光进行显示,还可以利用计算机系统对红外热图像进行分析处理,完成存储和打印输出。

红外热成像分主动式和被动式两种。主动式红外热成像采用一个红外辐射源照射被测物,然后接收被物体返回的红外辐射;被动式红外热成像利用物体自身的红外辐射来摄取红外图像,这种成像一般称作热像,获取热像的装置称为热像仪。

红外图像传感器及红外热成像技术在许多领域都有广泛应用。在工业上,可以利用红外热成像技术进行各种环境下的温度检测,如对某一部件进行温度分布和热传导性能检测,高速飞行的物体与空气摩擦引起物体表面温度变化的情况等。热像仪还可以用于无损探伤。

由于红外图像传感器能够快速、准确地测量目标物的温度分布情况，在电力、石油、化工、冶金等行业中常用作生产监控装置，它能够及时发现安全隐患并进行报警，为安全生产提供了保障。红外图像传感器还可以帮助消防队员迅速了解火灾中被困人员的伤亡情况，或协助公安人员进行夜间巡逻、监视等。

另外，红外热像仪在临床医学诊断中也具有十分重要的作用。采用医用红外热像仪可以方便地获取病变部位的红外图像，通过对红外图像温度信息的分析，便可对疾病进行诊断。近年来又开发出多幅热图过程诊断技术，对病变区对外部温度刺激的响应进行过程采样和特征分析，从而更精确地揭示病变区温度变化特征，为准确诊断提供可靠依据。

红外热像仪的主要技术参数包括器件类型（如 $320 \times 240$ 非制冷非晶硅焦平面阵列）、响应波段、启动时间、稳定时间、工作时间限制、增益、视频输出模式、功耗、外形尺寸、供电要求、重量、工作温度等。镜头的主要参数包括焦距、相对孔径、调焦方式、像敏面尺寸等。

**4. 红外测温仪**

红外测温技术在产品质量控制和监测、设备在线故障诊断、安全保护以及节约能源等方面发挥着重要作用。近 20 年来，非接触红外测温仪在技术上得到迅速发展，性能不断提高，适用范围也不断扩大，市场占有率逐年增长。比起接触式测温方法，红外测温有响应时间快、非接触、使用安全及使用寿命长等优点。

选择红外测温仪可分为 3 个方面：性能指标方面，如温度范围、光斑尺寸、工作波长、测量精度、响应时间等；环境和工作条件方面，如环境温度、窗口、显示和输出、保护附件等；其他方面，如使用方便、维修和校准性能以及价格等。

使用红外测温仪，应注意以下几点：

（1）确定测温范围。每种型号的测温仪都有自己特定的测温范围。因此，用户的被测温度范围一定要考虑准确、周全，既不要过窄，也不要过宽。根据黑体辐射定律，在光谱的短波段由温度引起的辐射能量的变化将超过由发射率误差引起的辐射能量的变化，因此，测温时应尽量选用短波段。

（2）确定目标尺寸。红外测温仪根据原理可分为单色测温仪和双色测温仪（又称辐射比色测温仪）。对于单色测温仪，在进行测温时，被测目标面积应充满测温仪视场。建议被测目标尺寸超过视场大小的 50% 为好。如果目标尺寸小于视场，背景辐射能量就会进入测温仪而干扰测温读数，造成误差。相反，如果目标大于测温仪的视场，测温仪就不会受到测量区域外面的背景影响。

（3）确定光学分辨率。光学分辨率是测温仪到目标之间的距离 $D$ 与测量光斑直径 $S$ 之比。如果测温仪由于环境条件限制必须安装在远离目标之处，而又要测量小的目标，就应选择高光学分辨率的测温仪。光学分辨率越高，测温仪的成本也越高。

（4）确定波长范围。目标材料的发射率和表面特性决定测温仪的光谱响应或波长。对于高反射率合金材料，有低的或变化的发射率。在高温区，测量金属材料的最佳波长是近红外，可选用 $0.18 \sim 1.0 \mu m$ 波长；在其他温区，可选用 $1.6 \mu m$、$2.2 \mu m$ 和 $3.9 \mu m$ 波长。有些材料在特定波长是透明的，红外能量会穿透这些材料，对这种材料应选择特殊的波长。例如，测量火焰中的 $CO_2$ 用窄带 $4.24 \sim 4.3 \mu m$ 波长，测量火焰中的 $CO$ 用窄带 $4.64 \mu m$ 波长，测量火焰中的 $NO_2$ 用 $4.47 \mu m$ 波长。

（5）确定响应时间。响应时间表示红外测温仪对被测温度变化的反应速度，定义为到达最终读数的95％能量所需要时间,它与光电探测器、信号处理电路及显示系统的时间常数有关。如果目标的运动速度很快或测量快速加热的目标时,要选用快速响应红外测温仪,否则达不到足够的信号响应,会降低测量精度。然而,并不是所有应用都要求快速响应的红外测温仪。对于静止的目标或目标热过程存在热惯性时,测温仪的响应时间就可以放宽要求。因此,红外测温仪响应时间的选择要和被测目标的情况相适应。

(6)信号处理。测量离散过程(如零件生产)和连续过程不同,要求红外测温仪有信号处理功能(如峰值保持、谷值保持、平均值)。如测温传送带上的玻璃时,就要用峰值保持,其温度的输出信号传送至控制器内。

(7)考虑环境条件。测温仪所处的环境条件对测量结果有很大影响,应加以考虑并适当解决,否则会影响测温精度甚至引起测温仪的损坏。当环境温度过高,存在灰尘、烟雾和蒸汽的条件下,可选用厂商提供的保护套,水冷却、空气冷却系统,空气吹扫器等附件。这些附件可有效地解决环境影响并保护测温仪,实现准确测温。

**5. 被动式热释电红外探测器**

在电子防盗、人体探测器领域中,被动式热释电红外探测器的应用非常广泛,因其价格低廉、技术性能稳定而受到广大用户和专业人士的欢迎。

1)工作原理及特性

人体都有恒定的体温,一般在37℃,所以会发出特定的波长为$10\mu m$左右的红外线,被动式红外探头就是靠探测这种红外线而进行工作的。人体发射的红外线通过菲泥尔滤光片增强后聚集到红外感应源上。红外感应源通常采用热释电元件,这种元件在接收到人体红外辐射后,温度发生变化,会失去电荷平衡,向外释放电荷,后续电路经检测处理后就能产生报警信号。

这种探测器是以探测人体辐射为目标的。所以热释电元件对波长为$10\mu m$左右的红外辐射必须非常敏感。为了仅仅对人体的红外辐射敏感,在它的辐射照面通常覆盖有特殊的菲泥尔滤光片,使环境的干扰受到明显的控制。

传感器包含两个互相串联或并联的热释元件。而且制成的两个电极化方向正好相反,环境背景辐射对两个热释元件几乎具有相同的作用,使其产生释电效应相互抵消,于是探测器无信号输出。一旦有人侵入探测区域内,人体红外辐射通过部分镜面聚焦,并被热释元件接收,但是两片热释元件接收到的热量不同,产生的电信号也不同,不能抵消,经信号处理而报警。

2)探测器的优缺点

该探测器的优点是本身不发出任何类型的辐射,器件功耗很小,隐蔽性好,价格低廉。缺点是:

(1)容易受各种热源、光源干扰。

(2)被动红外穿透力差,人体的红外辐射容易被遮挡,不易被探头接收。

(3)易受射频辐射的干扰。

(4)当环境温度和人体温度接近时,探测和灵敏度明显下降,有时会造成短时失灵。

3)探测器的安装要求

热释电红外人体探测器只能安装在室内,其误报率与安装的位置和方式有极大的关系。正确的安装应满足下列条件:

（1）探测器应离地面 2.0～2.2m。

（2）远离空调,冰箱,火炉等空气温度变化敏感的地方。

（3）探测范围内不得隔屏,不得有家具、大型盆景或其他隔离物。

（4）探测器不要直对窗口,否则窗外的热气流扰动和人员走动会引起误报。此外,探测器不要安装在有强气流活动的地方。

红外热释电探测器的性能指标包括发射频率、发射电流、发射功率、无线报警距离、探测距离和探测角度等。

## 3.4  声敏传感器

机械振动在介质中的传播称为声波,人耳可以听到的声波频率范围是 16～20kHz,超过 20kHz 的声波称为超声波,如图 3-49 所示。

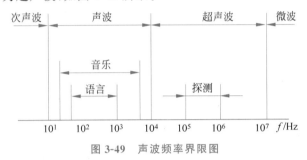

图 3-49  声波频率界限图

由于声源在介质中施力方向与波在介质中传播方向不同,声波的波形也不同,一般分为以下几种。

（1）纵波:质点振动方向与传播方向一致的波称为纵波。它能在固体、液体和气体中传播。

（2）横波:质点振动方向与传播方向相垂直的波称为横波。它只能在固体中传播。

（3）表面波:质点的振动介于纵波和横波之间,沿着表面传播,振幅随着深度的增加而迅速衰减的波称为表面波。它只能在固体的表面传播。

声敏传感器是将在气体、液体或固体介质中传播的机械振动转换为电信号的器件或装置。传统的声敏传感器包括电阻变换型、压电式、电容式等,本节将介绍在探测、遥感、医疗、生物等诸多领域都有广泛应用的超声波传感器和新兴的声波面波(SAW)传感器。

### 3.4.1  超声波传感器

超声波传感器是利用超声波的特性研制而成的传感器。超声波是一种振动频率高于人耳听觉范围的机械波,具有频率高、波长短、绕射现象小,特别是方向性好、能够定向传播等特点。超声波对液体、固体的穿透能力很强,尤其是在不透明的固体中,它可穿透几十米的深度。超声波碰到杂质或分界面会产生显著反射形成反射式回波,碰到活动物体能产生多普勒效应。因此超声波检测广泛应用在工业、国防、生物医学等方面。

**1. 超声波传感器的基本原理与结构**

超声波传感器以超声波为检测手段,因此必须有发射超声波和接收超声波的装置,一般将它们称为超声换能器或超声探头。

超声波传感器按工作原理分为压电式、磁致伸缩式和电磁式等,在检测技术中应用最为广泛的是压电式。

压电式换能器是利用电致伸缩效应制成的。通过在压电材料上施加交变电压,使其产生电致伸缩振动而产生超声波。常用的压电材料为石英晶体、压电陶瓷和锆钛酸铅等。

压电式超声波接收器一般利用超声波发生器的逆效应进行工作,其结构和超声波发生器基本相同,有时就用同一个换能器兼作发生器和接收器两种用途。当超声波作用在压电晶片上时使晶片伸缩,在晶片的两个界面上产生交变电荷。这种电荷被转换成电压,经放大后送到测量电路,最后记录或显示出来。

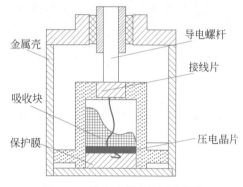

图 3-50 压电式超声波探头结构

由于用途不同,压电式超声波探头有多种结构形式,如直探头(纵波)、斜探头(横波)、表面波探头、双探头(一个发射,一个接收)、聚焦探头(将声波聚集成一细束)等。典型的压电式超声波探头结构如图 3-50 所示。

**2. 超声波传感器的性能指标**

超声探头的核心是其塑料外套或者金属外套中的一块压电晶片。构成晶片的材料可以有许多种。晶片的大小,如直径和厚度也各不相同,因此每个探头的性能是不同的,使用前必须预先了解它的性能。超声波传感器的主要性能指标包括:

(1) 工作频率。工作频率就是压电晶片的共振频率。当加到它两端的交流电压的频率和晶片的共振频率相等时,输出的能量最大,灵敏度也最高。

(2) 工作温度。由于压电材料的居里点(温度超过居里点,压电材料的压电特性将消失)一般比较高,特别是诊断用超声波探头使用功率较小,所以它们的工作温度相对较低,可以长时间地工作而不失效。医疗用的超声探头由于工作温度比较高,需要单独的制冷设备。

(3) 灵敏度。主要取决于制造晶片本身。机电耦合系数大,灵敏度高;反之,灵敏度低。

根据所测量对象的不同,超声波传感器的主要参数还包括测量范围、增益、分辨率、响应时间、电源、保护等级、输出方式以及重量、尺寸等。

**3. 超声波传感器的应用**

超声波传感器主要利用超声波在传播时的反射、折射、衰减等现象进行工作。下面介绍几种它在工业检测和医疗领域的应用。

1) 超声波传感器在检测技术中的应用

(1) 超声波测厚。

用超声波检测金属零件的厚度,具有测量精度高、测试仪器轻便、操作安全简单、易于读数或实现连续自动检测等优点。但对于声衰减很大的材料以及表面凹凸不平或形状很不规则的零件,用超声波测厚较困难。

超声波测厚常用脉冲回波法,如图 3-51 所示。超声波探头与被测物体表面接触,主控制器产生一定频率的脉冲信号,送往发射电路,经电流放大后激励压电式探头,以产生重复的超声波脉冲,脉冲波传到被测工件的另一面被反射回来,被同一探头接收。如果超声波在

工件中的声速 $v$ 是已知的,设工件厚度为 $d$,脉冲波从发射到接收的时间间隔为 $\Delta t$,则工件的厚度为

$$d = v\Delta t / 2$$

(2)超声波测物位。

超声波测物位包括液位测量、固体料位测量、固-液分界面测量以及液-液分界面测量和液体有无测量等。根据使用的特点可分为定点式物位计和连续式物位计两大类。

超声波物位传感器具有测量精度高、安装方便、不受被测介质影响、耐高温、安全防爆等优点,在物位仪表中使用广泛。

图 3-52 为脉冲回波式测量液位的工作原理图。探头发出的超声波脉冲通过介质到达液面,经液面反射后又被探头接收。通过测量脉冲发射与接收的时间间隔以及超声波在介质中的传播速度,即可求出探头与液面之间的距离。如果只需要知道液位是否处于某一高度,则可以采用定点式液位计,实现定点报警或液面控制。

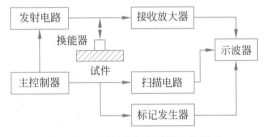

图 3-51 脉冲回波法测厚工作原理

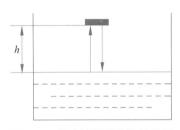

图 3-52 超声波测量液位示意图

(3)超声波测流量。

超声波流量计对被测液体不产生附加阻力,同时也不受液体的物理和化学性质影响,因此可以测量多种冷热流体及泥浆等。按照测量原理可以分为时差测量法、相位差测量法和频率差测量法。

图 3-53 为超声波流量计的安装示意图,对于时差测量法,当传感器 1 为发射探头,传感器 2 为接收探头时,超声波顺流传播时间 $t_1$ 为

$$t_1 = \frac{\dfrac{D}{\cos\theta}}{c + v \cdot \sin\theta}$$

当传感器 2 为发射探头,传感器 1 为接收探头,超声波逆流传播时间 $t_2$ 为

$$t_2 = \frac{\dfrac{D}{\cos\theta}}{c - v \cdot \sin\theta}$$

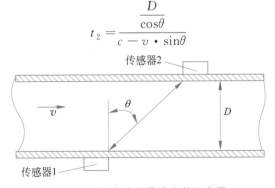

图 3-53 超声波流量计安装示意图

时差为

$$\Delta t = t_2 - t_1 = \frac{2Dv\tan\theta}{c^2 - v^2\sin^2\theta}$$

由于 $c \gg v$，于是上式可以改写为

$$\Delta t \approx \frac{2Dv\tan\theta}{c^2}$$

液体的平均流速为

$$v \approx \frac{c^2}{2D\tan\theta}\Delta t$$

该方法的测量精度取决于 $\Delta t$ 的测量精度。

（4）超声波无损探伤。

过去许多技术因为无法探测到物体组织内部而受到阻碍，超声波传感技术的出现改变了这种状况。超声波探伤分为穿透法探伤和反射法探伤。

穿透法探伤是根据超声波穿透工件后能量的变化状况来判断工件内部质量的方法。发射探头和接收探头分别置于工件的相对两面，其结构如图 3-54 所示。当工件内有缺陷时，因部分能量被反射，接收能量将变小，根据这个变化可以把工件内部的缺陷检测出来。该方法结构简单，适合探测薄板；探测灵敏度较低，不能精确定位；对两探头的相对距离和位置要求较严格。

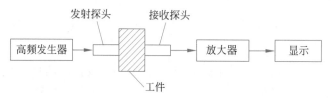

图 3-54　穿透法探伤原理图

反射法是以超声波在工件中反射情况的不同来探测缺陷的方法，具体又分为一次脉冲反射法和多次脉冲反射法。它的原理如图 3-55 所示，其中 T 为高频发生器产生的超声波，B 为工件底部反射的超声波，简称底波，F 为缺陷处反射超声波。由于超声波在工件上表面和下表面之间多次反射，可以形成多个底波脉冲。一次脉冲反射法是以一次底波为依据进行探伤的方法。多次脉冲反射法是以多次底波为依据进行探伤的方法。

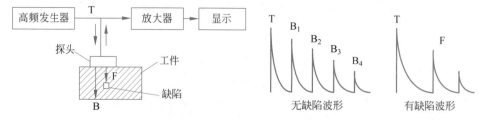

图 3-55　反射法探伤原理图

2）超声波传感器在医疗上的应用

超声波传感器在医学上的应用主要是诊断疾病，它已经成为了临床医学中不可缺少的诊断方法。超声波诊断的优点是：对受检者无痛苦、无损害、方法简便、显像清晰、诊断的准确率高等。超声波诊断可以基于不同的医学原理，其中有代表性的一种是利用超声波的反

射。当超声波在人体组织中传播遇到两层声阻抗不同的介质界面时,在该界面就产生反射回波。每遇到一个反射面时,回波在示波器的屏幕上显示出来,而两个界面的阻抗差值也决定了回波的振幅的高低。

另外,利用超声波的能量改变生物组织的结构、状态或功能,从而治疗某些疾病的研究称为超声治疗。利用较低强度的超声波的"温和"的生物效应来治疗某些疾病的方法称为超声理疗;反之,利用较强的超声波的剧烈作用来切断、破坏某些组织的方法称为超声手术。

### 3.4.2　SAW 传感器

声表面波简称 SAW(Surface Acoustic Wave),是英国物理学家瑞利(Rayleigh)于 19 世纪末期在研究地震波的过程中发现的一种集中在地表面传播的声波。后来发现,任何固体表面都存在这种现象。20 世纪 80 年代后,人们发现某些外界因素(如温度、压力、加速度、磁场、电压等)对 SAW 的传播参数会造成影响,进而研究这些影响与外界因素之间的关系,并根据这些关系研制出测量各种物理、化学参数的 SAW 传感器。

**1. SAW 传感器的特点**

SAW 传感器之所以能够迅速发展并得到广泛应用,是因为它有许多独特的优点。

(1)高精度,高灵敏度。SAW 传感器是将被测量转换为电信号频率进行测量,而频率的测量精度很高,有效检测范围线性好,而且抗干扰能力很强,适于远距离传输。例如 SAW 温度传感器的分辨率可以达到千分之一。

(2)数字化。SAW 传感器将被测量转换为数字化的频率信号进行传输、处理,易于与计算机接口,组成自适应实时处理系统。

(3)易批量生产。SAW 传感器的制作与集成电路技术兼容,极易集成化、智能化,结构牢固,性能稳定,重复性与可靠性好,适于批量生产。

(4)体积小、质量轻、功耗低,可获得良好的热性能和机械性能。

**2. SAW 传感器的结构和工作原理**

SAW 传感器是以 SAW 技术、电路技术、薄膜技术相结合设计的器件,由 SAW 换能器、电子放大器和 SAW 基片及其敏感区构成,采用瑞利波进行工作。

SAW 谐振器结构如图 3-56 所示,它是将一个或两个叉指换能器(IDT)置于一对反射栅阵列组成的腔体中构成的。谐振器结构采用一个 IDT 时称为单端对谐振器,采用两个 IDT 时称为双端对谐振器。反射栅阵列能够将一定频率的入射波能量限制在由栅条组成的谐振腔内。

当在压电基片上设置两个 IDT,一个为发射 IDT,另一个为接收 IDT 时,SAW 在两个 IDT 中心距之间产生时间延迟,称为 SAW 延迟线,如图 3-57 所示。

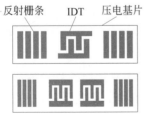

图 3-56　SAW 谐振器结构

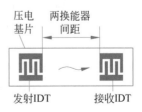

图 3-57　SAW 延迟线结构

采用 SAW 谐振器或 SAW 延迟线结构构成的振荡器分别称为谐振器型振荡器和延迟线型振荡器。

1) SAW 瑞利波

SAW 是一种沿弹性体表面传播的机械波。瑞利波质点的运动是一种椭圆偏振。在各向同性固体中,它是由平行于传播方向的纵振动和垂直于表面及传播方向的横振动合成的,两者的相位差为 90°。瑞利波的能量只集中在一个波长深的表面层内,频率越高,能量集中的表面层越薄。

2) 敏感基片

敏感基片通常采用石英、铌酸锂($LiNbO_3$)等压电单晶材料制成。当敏感基片受到物理、化学或机械量扰动作用时,其振荡频率会发生变化。通过适当的结构设计和理论计算,能使它仅对某一被测量有响应,并将其转换成频率量。

3) 换能器

换能器是用蒸发或溅射等方法在压电基片表面淀积一层金属膜,再用光刻方法形成的叉指状薄膜,它是产生和接收声表面波的装置。当电压加到叉指电极上时,在电极之间建立了周期性空间电场,由于压电效应,在表面产生一个相应的弹性形变。由于电场集中在自由表面,所以产生的声表面波很强烈。由 IDT 激励的声表面波沿基片表面传播。当基片或基片上覆盖的敏感材料薄膜受到被测量调制时,声表面波的频率将改变,并由接收叉指电极测得。

4) SAW 振荡器

SAW 传感器的核心是 SAW 振荡器,有谐振器型(R 型)和延迟线型(DL 型)两种。

延迟线型 SAW 振荡器由声表面波延迟线和放大电路组成,如图 3-58(a)所示。输入换能器 $T_1$ 激发出声表面波,传播到换能器 $T_2$ 转换成电信号,经放大后反馈到 $T_1$ 以保持振荡状态。

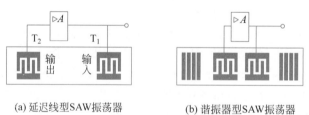

(a) 延迟线型SAW振荡器          (b) 谐振器型SAW振荡器

图 3-58　SAW 振荡器

谐振器型 SAW 振荡器由 SAW 谐振器和放大电路组成,如图 3-58(b)所示。单端对谐振器的 IDT 既是发射端,也是接收端;双端对谐振器中一个 IDT 作为发射端,另一个 IDT 作为接收端。将 SAW 谐振器的输出信号经放大后,正反馈到输入端,只要放大器的增益能够补偿谐振器及其导线的损耗,同时又满足一定的相位条件,谐振器就可以起振并维持振荡状态。

SAW 振荡器的基片材料由于外力或温度等物理量的变化而发生形变时,其上传播的 SAW 速度就会改变,从而导致振荡器频率发生变化。频率的变化量可以作为被测物理量的度量。

SAW 化学传感器是利用作为声传输区的衬底材料或其上的某种敏感膜对化学量敏感

而对 SAW 的速度进行调制工作的。当传输区接触到被测气体时,由于敏感膜与被测气体的相互作用,膜层的质量或电导率发生变化,SAW 的传播速度也随之改变。气体浓度不同,振荡器输出的频率变化量也不同。

**3. SAW 传感器举例**

1) SAW 压力传感器

SAW 谐振式力学量传感器包括压力传感器和加速度传感器,它们都是基于 SAW 器件在基底压电材料受到外界作用力时,谐振器的结构尺寸、压电材料的密度、弹性系数等发生变化,从而导致 SAW 的波长、频率和传播速度等发生变化。通过测量 SAW 传感器的频率变化可以确定压力的大小。SAW 压力传感器由 SAW 振荡器、敏感膜片、基底等组成,如图 3-59 所示。

2) SAW 气体传感器

SAW 气体传感器是在 SAW 传播路径上和 IDT 区域淀积一层化学界面膜,当界面膜吸附被测气体后,引起 SAW 传播速度变化,可以通过测量 SAW 频率的变化测量气体浓度。已经开发出来的 SAW 气体传感器有 $SO_2$、水蒸气、丙酮、甲醇、氢气、$H_2S$、$NO_2$ 等传感器。延迟线型 SAW 气体传感器的结构如图 3-60 所示。

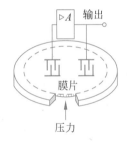

图 3-59　SAW 压力传感器示意图

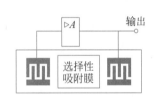

图 3-60　延迟线型 SAW 气体传感器

3) SAW 温度传感器

当温度变化时,SAW 振荡器的振荡频率会发生变化,从而可以制成 SAW 温度传感器。SAW 温度传感器具有长期稳定性,灵敏度很高,可测量出 $10^{-6} \sim 10^{-4}$ ℃的微小温度变化。SAW 温度传感器可以用于气象测温、粮仓测温、火灾报警等。

## 3.5　气敏传感器

随着国民经济的快速发展,及时、准确地对易燃、易爆、有毒、有害气体进行检测、预报和自动控制已成为煤炭、石油、化工、电力等部门亟待解决的重要课题。同时,随着人们生活水平的提高,家用燃料结构的改变,交通运输事业的发展,人们对净化生态环境的要求也越来越高,要求能够使用性能优良、方便耐用、小型多功能的传感器及时、准确地检测、监控易燃、易爆、有毒、有害气体。

### 3.5.1　气敏传感器的分类与特性

对不同气体的检测有多种方法,目前主要有利用半导体气体器件检测的电气法、利用电解质和电极对气体进行检测的电化学法、利用气体对光的折射率或光吸收等特性检测的光学法。根据构成气体传感器的材料,通常将它们分为干式和湿式两大类。凡利用固体敏感材料检测气体的均为干式气体传感器,利用水溶液或电解液感知气体的均为湿式气体传感器。干式气体传感器包括半导体气敏元件、固体电解质气敏元件、接触燃烧式、电化学式等,如表 3-3 所示。

表 3-3　主要类型的气敏元件

| 名　称 | | 检测原理、现象 | 代表性气敏元件及材料 | 检测气体 |
|---|---|---|---|---|
| 半导体气敏元件 | 电阻型 | 表面控制型 | $SnO_2$、$ZnO$、$In_2O_3$、$WO_3$ 等 | 可燃性气体、$C_2H_2CO$、$C-Cl_2-F_2$、$NO_2$ 等 |
| | | 体控制型 | $\gamma\text{-}Fe_2O_3$、$TiO_2$、$Nb_2O_5$ 等 | 可燃性气体、$O_2$、$C_nH_{2n}$、$C_nH_{2n-2}$、$C_nH_{2n+2}$ 等 |
| | 非电阻型 | 二极管整流作用 | $Pd/CdS$、$Pd/TiO_2$、$Pd/ZnO$ 等 | $H_2$、$CO$、$SiH_4$ 等 |
| | | FET 气敏元件 | 以 $Pd$、$Pt$、$SnO_2$ 为栅极的 MOSFET | $H_2$、$CO$、$H_2S$、$NH_3$ |
| | | 电容型 | $Pd\text{-}BaTiO_3$、$CuO\text{-}BaSnO_3$、$CuO\text{-}BaTiO_3$、$Ag\text{-}CuO\text{-}BaTiO_3$ 等 | $CO_2$ |
| 固体电解质气敏元件 | | 电池电动势 | $CaO\text{-}ZrO_2$、$Y_2O_3\text{-}ZrO_2$、$Y_2O_3\text{-}TiO_2$ 等 | $O_2$、卤素、$SO_2$、$SO_3$ 等 |
| | | 混合电位 | $CaO\text{-}ZrO_2$、有机电解质等 | $CO$、$H_2$ |
| | | 电解电流 | $CaO\text{-}ZrO_2$、$YF_6$、$LaF_3$ | $O_2$ |
| | | 电流 | $Sb_2O_3 \cdot nH_2O$ | $H_2$ |
| 接触燃烧式 | | 燃烧热(电阻) | Pt 丝+催化剂 | 可燃性气体 |
| 电化学式 | | 恒电位电解电流 | 气体透过膜+贵金属阴极+贵金属阳极 | $CO$、$NO$、$SO_2$、$O_2$ |
| | | 伽伐尼电池式 | 气体透过膜+贵金属阴极+贱金属阳极 | $O_2$、$NH_3$ |
| 其他类型 | | 红外吸收型、石英振荡型、光导纤维型、热传导型、异质结构、气体色谱法、声表面波气体传感器 | | 无机气体和有机气体 |

气敏传感器的主要参数与特性如下。

**1. 灵敏度**

灵敏度标志着气敏元件对气体的敏感程度,决定了测量精度。对于电阻型气体传感器,灵敏度 $S$ 可以用阻值变化量 $\Delta R$ 与气体浓度变化量 $\Delta P$ 之比来表示:

$$S = \Delta R / \Delta P$$

或者用气敏元件在洁净空气中的阻值 $R_0$ 与在被测气体中的阻值 $R$ 之比表示:

$$K = R_0 / R$$

**2. 响应时间**

从气敏元件与被测气体接触,到气敏元件的特性达到新的恒定值所需要的时间称为响应时间。它反映了气敏元件对被测气体浓度的反应速度。

**3. 选择性**

在多种气体共存的条件下,气敏元件区分气体种类的能力称为选择性。对某种气体的选择性好,表明气敏元件对该气体有较高的灵敏度。选择性好的气敏传感器对目标气体的灵敏度应该高于对干扰气体的灵敏度 5 倍以上。

**4. 稳定性**

当气体浓度不变时,若其他条件发生变化,在规定时间内气敏元件输出特性维持不变的能力称为稳定性。稳定性表示气敏元件对气体浓度以外的各种因素的抵抗能力。

**5. 温度特性**

气敏元件的灵敏度随温度变化的特性称为温度特性。温度包括元件自身温度和环境温度。元件自身温度对灵敏度的影响很大,一般用温度补偿法处理。

**6. 湿度特性**

气敏元件灵敏度随环境湿度变化的特性称为湿度特性。一般采用湿度补偿法消除湿度变化对测量数据的影响。

**7. 抗腐蚀性**

抗腐蚀性是指气敏传感器在暴露于高浓度目标气体时仍能正常工作的能力。在气体大量泄漏时,探测器应能够承受气体浓度期望值的 $10\sim20$ 倍。在返回正常工作条件时,传感器的漂移和零点校正值应尽可能小。

## 3.5.2 可燃性气体传感器

可燃性气体包括氢气($H_2$)、一氧化碳(CO)、甲烷($CH_4$)和液化石油气(LPG)等。这些气体如果浓度过高,极易引起爆炸和火灾等危险事故。检测这一类气体的传感器有半导体气敏传感器、接触燃烧式传感器、定电位电解式传感器、原电池式传感器、热传导传感器、红外传感器及纸型传感器等。其中:定电位电解式传感器是一种湿式气体传感器,通过测定气体在某个确定电位电解时所产生的电流来测量气体浓度;原电池式传感器主要用于缺氧检测;热传导传感器利用加热的铂电阻丝在不同气体中的热传导率不同,从而引起电阻值变化情况不同的原理工作;红外传感器利用不同的气体吸收不同的红外光工作;纸型传感器则是利用化学试纸探测目标气体,试纸颜色变化与气体浓度有一定的对应关系。

下面对半导体气敏传感器和接触燃烧式传感器作简要介绍。

**1. 半导体气敏传感器**

半导体气敏传感器包括用氧化物半导体陶瓷材料作为敏感体制作的气敏传感器以及用单晶半导体器件制作的气敏传感器,按传感机理可以分为电阻型和非电阻型。电阻型又包括表面电阻控制型和体电阻控制型。

1)表面电阻控制型气敏传感器

$SnO_2$、ZnO、$WO_3$ 等都属于表面电阻控制型半导体气敏元件,它们不论在空气中或惰性气体中,当表面吸附某种气体时都会引起电导率的变化。图 3-61 给出了 N 型氧化物半导体吸附气体后阻值的变化情况。

半导体表面态理论认为,当气体分子的亲和能(电势能)大于半导体表面的电子逸出功时,则该气体吸附后从半导体表面夺取电子而形成负离子吸附,如氧气、氧化氮等。若在 N 型半导体表面形成负离子吸附,则表面多数载流子(导带电子)浓度减小,电阻增大;若在 P 型半导体表面形成负离子吸附,表面多数载流子(价带空穴)浓度增大,电阻减小。若气体分子的电离能小于半导体表面的电子逸出功,则气体供给半导体表面电子,形成正离

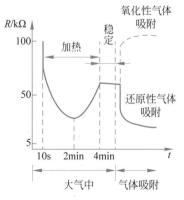

图 3-61 N 型氧化物半导体吸附气体后阻值变化

子吸附,如 $H_2$、CO、$C_2H_5OH$ 及各种碳氢化合物。当 N 型半导体表面形成正离子吸附时,多数载流子(导带电子)浓度增加,电阻减小;当 P 型半导体表面形成正离子吸附时,则多数载流子(价带空穴)浓度减小,电阻增大。这种现象就是气敏性。

下面以 $SnO_2$ 系气敏元件为例进行介绍。

$SnO_2$ 气体传感器有烧结型、厚膜型和薄膜型 3 种。它们都包括敏感元件及其基底、加热器和信号引出电极。

烧结型 $SnO_2$ 是一种实用化最早、工艺最成熟的气敏传感器,其气敏元件是以粒度很小的 $SnO_2$ 为基本材料,添加增感剂等物质后采用烧结工艺制成的多孔状 $SnO_2$ 陶瓷,如图 3-62(a)所示。由于添加剂和烧结工艺的不同,可以呈现出不同的气敏特性。对不同的气体,传感器的最佳检测温度不同。图 3-63 显示了某种烧结型气敏元件电阻与气体浓度的关系。

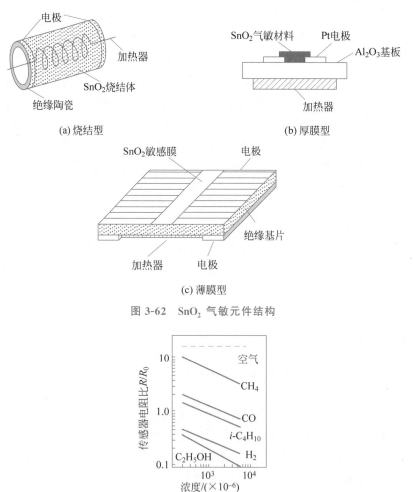

(a) 烧结型  (b) 厚膜型

(c) 薄膜型

图 3-62  $SnO_2$ 气敏元件结构

图 3-63  传感器电阻与气体浓度关系($R_0$ 为传感器在浓度为 $1000 \times 10^{-6}$ 时的 $i\text{-}C_4H_{10}$ 中的电阻(基准))

厚膜型 $SnO_2$ 气敏元件是将粉状 $SnO_2$ 与添加剂混合后制成浆料,采用丝网印刷技术涂在氧化铝基片上烧制而成的,如图 3-62(b)所示。它的性能一致性较好,适于批量生产。

薄膜型 $SnO_2$ 气敏元件是在绝缘衬底上采用蒸发、溅射或化学气相淀积等方法制作

SnO$_2$敏感膜,如图 3-62(c)所示。用这种方法制成的敏感膜颗粒很小,具有极高的灵敏度和相应速度。敏感元件的薄膜化有利于器件降低功耗、小型化,以及与集成电路制造技术兼容,因此是一种很有发展前景的器件。

2）体电阻控制型气敏传感器

材料的体电阻随某种气体的浓度发生变化的传感器统称为体电阻控制型气敏传感器,主要气敏元件包括 $\gamma$-Fe$_2$O$_3$ 和 TiO$_2$ 等。下面以 $\gamma$-Fe$_2$O$_3$ 为例做以介绍。

$\gamma$-Fe$_2$O$_3$ 是一种 N 型半导体,在高温下如果吸附了还原性气体,部分三价铁离子被还原成二价铁离子,使电阻率很高的 $\gamma$-Fe$_2$O$_3$ 转变为电阻率很低的 Fe$_3$O$_4$。随着气敏元件表面吸附的还原性气体增加,二价铁离子相应增多,气敏元件的导电性增强。一旦脱离还原性气体,二价铁离子在空气中被氧化为三价铁离子,重新变为 $\gamma$-Fe$_2$O$_3$,恢复高阻状态。图 3-64 显示了 $\gamma$-Fe$_2$O$_3$ 气敏元件对不同气体的响应特性。

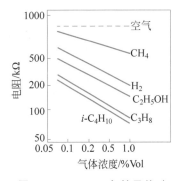

图 3-64　$\gamma$-Fe$_2$O$_3$ 气敏元件对不同气体的响应特性

$\gamma$-Fe$_2$O$_3$ 对丙烷和异丁烷的灵敏度较高,这两种气体正是液化石油气的主要成分,因此 $\gamma$-Fe$_2$O$_3$ 气敏元件又称为"城市煤气传感器"。

**2. 接触燃烧式气敏传感器**

可燃性气体(H$_2$、CO、CH$_4$ 和 LPG 等)与空气中的氧接触,发生氧化反应,产生反应热(无焰接触燃烧热),使铂丝温度升高。通过测量铂丝的电阻变化,就可以检测空气中可燃性气体的浓度。实际应用中,为了延长铂丝寿命,提高响应特性,需要在铂丝圈外面涂一层氧化物触媒(如氧化铝),其结构图和测量电路如图 3-65 所示。

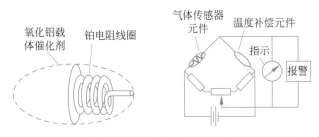

图 3-65　接触燃烧式气敏传感器结构图和测量电路

接触燃烧式传感器可以产生正比于易燃气体浓度的线性输出,测量范围可达 100%LEL(爆炸下限)。在测量时,周围的氧浓度要大于 10% 以支持易燃气体的氧化反应。这种传感器可以测量一种或几种混合在一起的可燃性气体,但是不能区分混合气体中的各种成分。

接触燃烧式气敏传感器具有快速的响应时间、优异的重复性和高精度,并且不受温度和湿度影响。但是不宜工作在气体浓度超过 LEL 的情况,另外要避免被硫化物、氯化物等腐蚀,腐蚀会在氧化铝表面造成不易消除的损坏。

**3. 可燃性气体传感器的主要性能参数**

在选择可燃性气体传感器产品时,首先要确定所检测气体的种类和可能的浓度范围,了解传感器的工作环境温度和湿度,选择对可燃性气体具有高灵敏度、长期稳定性、良好的抗湿性和重复性的产品。另外还需要考虑的一些参数,包括加热电压、测量电压、洁净空气中的电阻、工作寿命、响应时间、恢复时间以及灵敏度等。

### 3.5.3 氧气传感器

作为空气质量中的主要指标,氧浓度越来越受到人们的关注,氧气浓度监测和控制成为一项重要的研究课题。根据工作原理不同,氧气传感器大体上可以分为 3 类:氧化物半导体型,浓差电池型和极限电流型。

**1. 氧化物半导体氧传感器**

在一定温度下,金属氧化物与环境氧分压之间达到平衡状态时,氧化物电导率与氧分压有关。当氧分压很低时,氧化物中的氧原子向外逸出,氧化物中残留大量氧空位或金属间隙原子等缺陷,氧化物呈现以电子为多数载流子的 N 型导电性,其电导率随氧分压的降低而增大。相反,在氧分压很高时,氧化物中的氧原子将过剩而形成氧间隙原子或金属原子空位,使氧化物呈现以空穴为多数载流子的 P 型导电性,其电导率随氧分压的增大而增大。在氧分压处于中间状态时,电子或空穴都很少,导电性为离子导电。所以对于不同的金属氧化物,其导电类型可能是 N 型半导体,也可能是 P 型导电体或离子导电体。

氧化物半导体氧传感器属于体电阻控制型传感器,代表性的敏感材料是具有 N 型导电性的 $TiO_2$ 和 $Nb_2O_5$。

$TiO_2$ 是具有金刚石结构的 N 型半导体,在常温下难以与空气中的氧发生化学吸附而不显氧敏特性,只有在高温下才有明显的氧敏特性。$TiO_2$ 氧传感器有烧结型、厚膜型和薄膜型 3 种结构。为了获得更高的灵敏度,通常添加铂作为催化剂。

$Nb_2O_5$ 比 $TiO_2$ 具有更大的氧空位自扩散系数,所以能够更快地进行氧化还原反应,用 $Nb_2O_5$ 制作的氧传感器具有更好的响应特性。尤其是薄膜型 $Nb_2O_5$ 氧敏元件,具有尺寸小、灵敏度高等优点,越来越受重视。

**2. 浓差电池型氧传感器**

浓差电池型氧传感器采用具有氧离子导电性的氧化锆($ZrO_2$)固体电解质为工作介质。它是在纯的 $ZrO_2$ 中添加氧化钙或氧化钇等稳定剂,再经过高温焙烧后制成的。由于一部分四价的锆被二价的钙或三价的钇置换,晶体中产生氧离子空位,因此 $ZrO_2$ 就变成了氧离子导体。在温度达到 600℃ 以上时,具有良好的导电性。

氧化锆氧敏器件的工作原理可以用浓差电池模型来解释。如图 3-66 所示,当氧化锆两侧的氧气浓度不同时,高浓度一侧的氧通过晶体中的氧空位以离子形式向低浓度一侧迁移,形成氧离子导电,结果使高浓度一侧的铂电极失去电子显正电,低浓度一侧的铂电极得到电子显负电,在两铂电极之间就产生氧浓差电势。

利用浓差电池型氧传感器可以检测汽车发动机空燃比状态,或用于缺氧报警、环境氧浓度测定等。

氧浓度传感器的性能指标通常包括:测量浓度范围、精度、响应时间、过程气温度、电气部分使用温度、工作电压、外壳防护等级、输出电流以及探头长度等。

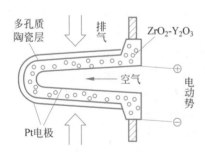

图 3-66 $ZrO_2$ 浓差电池型氧敏传感器的结构、浓差电池模型

### 3.5.4 电子鼻

电子鼻(Electronic Nose)是一种能够感知和识别气味的电子系统,即电子嗅觉系统。它由一个具有部分专一性的电子化学传感器阵列和一个合适的模式识别系统组成,能够识别单一的或复合的气味,还能够识别单一成分的气体、蒸汽或其他混合物。

**1. 电子鼻的结构**

电子鼻是感知和识别气味的电子系统。所谓气味通常是指许多在室温下能够以气态存在的有机化合物(统称挥发性有机化合物,缩写为VOC)。根据对人和动物的嗅觉系统的分析,人们设计的电子鼻由3部分组成:即气体传感器阵列、信号处理系统和模式识别系统。气体传感器阵列获取气味的初步信息,信号处理系统完成对信号的处理,模式识别系统将处理过程的待识别气味的信息和已知气味的信息数据库进行对比,从而识别出不同的气味。如图3-67所示。

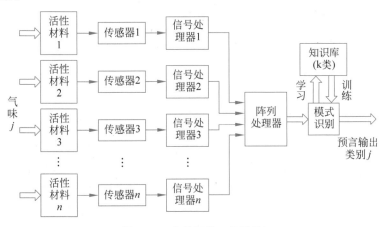

图 3-67 电子鼻的一般结构

**2. 气体传感器阵列**

在电子鼻的结构中,活性敏感材料接触到某种气味时会发生一些变化,传感器将这种变化转换为电信号。$n$ 种活性敏感材料和 $n$ 个传感器对一种气体的响应便构成了传感器阵列对该气味的响应谱,每种气味都会有各自的特征响应谱,可以据此区分不同的气味。因此,选择性优良的传感器和合适的传感器组合对电子鼻的性能至关重要。

电子鼻所采用的气体传感器主要有金属氧化物半导体电导型、电导聚合物(CP)电导型、石英晶体微天平(QCM)型、声表面波(SAW)型、MOS场效应晶体管(MOSFET)型等。

包括 MOS 型和 CP 电导型气体传感器的工作原理都是基于 VOC 和敏感材料发生作用,从而改变材料的电导或电阻。金属氧化物半导体电导型所用的材料为掺有贵金属催化剂铂或钯的二氧化锡、二氧化钛、氧化锌、氧化铱等。当探测气体中混有硫化物时,MOS 型气体传感器容易中毒。CP 型气体传感器需要通过电聚合过程来激活,这既耗费时间,又容易造成各批产品之间的性能差异。

QCM 由直径为几微米的石英振动盘和电极构成。当振荡信号加在器件上时,器件会在它的特征频率上发生共振。如果振动盘上淀积了有机聚合物,聚合物吸附 VOC 后使器件质量增加,从而引起振荡频率降低,通过测定频率变化可以识别 VOC。

MOSFET 气体传感器的工作原理是：当 VOC 与催化金属接触发生反应，反应产物扩散到 MOSFET 的栅极，改变了器件的性能，通过分析器件性能的变化可以识别 VOC。

SAW 气敏传感器是在 SAW 的传播途径淀积了能吸附 VOC 的聚合物膜。当 SAW 被接收时，信号发生了相移，相移量与吸附的 VOC 有关。可以通过测定相移（或频率）来识别 VOC。

**3. 信号处理系统**

在电子鼻中，传感器 $i$ 对气味 $j$ 产生一个与时间相关的电信号输出 $V_{ij}$，由 $n$ 个传感器组成的阵列对气味 $j$ 的响应是 $n$ 维状态空间的一个矢量 $\boldsymbol{V}_p$，写成分量形式是

$$\boldsymbol{V}_p = \{V_1, V_2, \cdots, V_{nj}\}$$

如果用直方图表示 $n$ 个传感器的输出，则构成阵列对气味 $j$ 的响应谱。阵列对气味 $j$ 的响应灵敏度不仅取决于传感器的质量，测试环境和信号处理方式也有十分重要的作用。迄今为止已经有多种稳态模型用于处理气敏传感器的信号，如表 3-4 所示，传感器信号中的瞬态信息也通过适当的处理加以利用，例如传感器信号的一阶导数可以帮助区分传感器的漂移和样本的检测。同时，还可以利用动态响应测量来校正传感器阵列，以节省相关的神经网络训练时间。

表 3-4　用于气敏传感器的某些传感器信号处理方式

| 模　型 | 公　式 | 传感器类型 |
|---|---|---|
| 差分 | $X_{ij} = (V_{ij}^{\max} - V_{ij}^{\min})$ | 金属氧化物化学电阻，SAW |
| 相对 | $X_{ij} = (V_{ij}^{\max} / V_{ij}^{\min})$ | 金属氧化物化学电阻，SAW |
| 部分差分 | $X_{ij} = (V_{ij}^{\max} - V_{ij}^{\min}) / V_{ij}^{\min}$ | 金属氧化物电阻，导电聚合物 |
| 对数 | $X_{ij} = \log(V_{ij}^{\max} - V_{ij}^{\min})$ | 金属氧化物电阻 |
| 传感器归一 | $X_{ij}' = (X_{ij} - X_{ij}^{\min}) / (V_{ij}^{\max} - V_{ij}^{\min})$ | 金属氧化物化学电阻，压电晶体 |

经验表明，相对和部分差分模型有助于补偿传感器的敏感性，而部分差分模式能使金属氧化物化学电阻的浓度依赖关系线性化。对数分析可以使高度非线性的浓度依赖关系线性化。传感器输出的归一化使其输出介于[0,1]之间，它不仅可以减少化学计量分类器的计算误差，还可以为人工神经网络分类器的输入准备适当的数据。

**4. 模式识别系统**

常用的模式识别方法分为有监督方法和无监督方法。有监督模式识别方法先用一组已知类别的气味作为训练集，并由该训练集得到判别模型；再用一未知气味测试所得到的数学模型，并给出预测的类别。已应用的有监督识别方法如表 3-5 所示，其中有些是有参数的，有些是无参数的。

表 3-5　电子鼻采用的某些学习识别法

| | 模式识别方法 | 线性特性 | 参　数 |
|---|---|---|---|
| 有监督方法 | 主元素分析 | 线性 | 无 |
| | 判别函数分析 | 线性 | 有 |
| | 特征权重法 | 线性 | 有 |
| | 样板匹配 | 线性 | 有 |
| | 反向传输人工神经网络 | 非线性 | 无 |
| | 学习矢量定量法 | 非线性 | 无 |

续表

| | 模式识别方法 | 线性特性 | 参 数 |
|---|---|---|---|
| 无监督方法 | 欧几里得聚类分析 | 线性 | 无 |
| | 其他聚类分析 | 非线性 | 无 |
| | Kohonen 网络 | 非线性 | 无 |

无监督识别法也需要学习,不过不需要单独的训练阶段,而是自动地在响应矢量间识别和学习,因而更接近人脑的工作方式。其基本思想是同类气味在多维空间中应该靠得更近些,结果相似的样本聚在一起成为一类,从而达到分类的目的。

## 3.6 生物敏传感器

生物敏传感器是分子生物学与微电子学、电化学、光学等结合的产物。它采用固定化的细胞、酶、抗体、抗原、激素等生物活性物质与换能器相配合组成传感器,如图 3-68 所示。这种传感器利用生物特有的生化反应,有针对性地对有机物进行简便而迅速的测定。它有良好的选择性,噪声低,操作简单,重复性好,能以电信号方式直接输出,容易实现检测自动化。

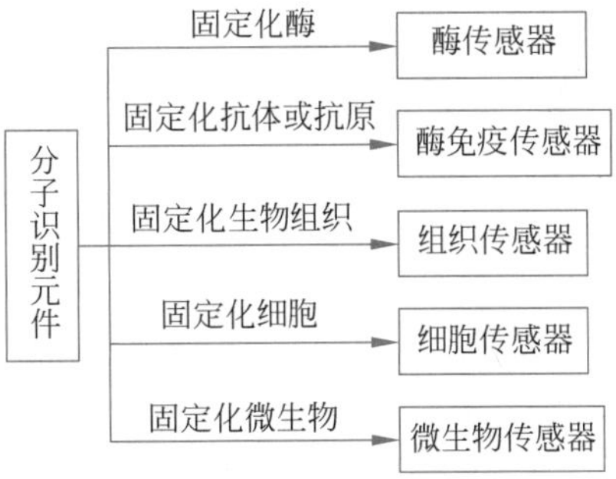

图 3-68 生物敏传感器

**1. 生物敏传感器的组成和分类**

生物敏传感器由分子识别元件(敏感基元)和与之结合的信号转换器件(换能器)两部分组成。敏感基元是指对目标物进行选择性作用的生物活性单元,它可以是生物体成分或生物体本身。敏感基元的主要功能是特异的识别各种被测物并与之反应。换能器是指能捕捉敏感基元与目标物之间的作用过程,并将其表达为物理信号的元件。常用的换能器有电化学电极、离子敏场效应晶体管(ISFET)、热敏电阻及微光管等。

生物敏传感器按所用分子识别元件的不同可以分为酶传感器、微生物敏传感器、组织传感器、细胞传感器、免疫传感器等;按信号转换元件不同可以分为电化学生物敏传感器、半导体生物敏传感器、测热型生物敏传感器、测光型生物敏传感器、测声型生物敏传感器等;按对输出信号的不同测量方式又分为电位型生物敏传感器、电流型生物敏传感器和伏安型生物敏传感器。

**2. 生物敏传感器的工作方式**

1)将化学变化转变为电信号

目前大部分生物敏传感器的工作原理均属于这种类型。以酶传感器为例,酶能催化特定的物质发生反应,从而使特定物质的量有所增减。用能把这类物质的量的改变转换为电信号的装置与固定化酶相耦合,即组成酶传感器。常用的信号转换装置有氢离子电极、过氧化氢电极以及其他离子选择性电极、ISFET 等。

2)将热变化转变为电信号

固定化的生物物质在进行分子识别时经常伴随有热量变化,例如大多数酶反应。借助热敏电阻可以把反应的热转变为电阻值的变化,完成热电转换。

3）将光效应转变为电信号

有些酶能催化产生化学发光，例如过氧化氢酶能催化过氧化氢产生化学发光。许多酶反应都伴随有过氧化氢产生，如果将过氧化氢酶同其他催化酶一起做成复合酶膜，再与光电流测定装置相连，就可以通过测定光电信号来检测所发生的化学反应。

4）直接产生电信号方式

分子识别元件同待测物质发生化学反应时伴随的电子转移、微生物细胞氧化等电信号的变化，可以直接或通过电子传递体的作用由电极导出。

## 3.6.1 场效应晶体管(FET)生物敏传感器

场效应晶体管生物敏传感器由分子识别部分(感受器)和信号转换部分(换能器，FET)构成，如图 3-69 所示。感受器部分主要指一种膜，生物敏感物质附着其上或包含在膜中。待测物质与敏感物质接触时，发生物理或化学变化，这种变化通过离子敏场效应晶体管(ISFET)转换成电信号输出。

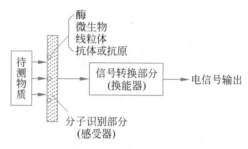

图 3-69 场效应晶体管生物敏传感器的组成

ISFET 是将普通的 MOSFET 的金属铝栅换为对离子有选择性响应的敏感膜，让敏感膜直接与被测离子溶液接触，通过离子与敏感膜的相互作用，调制场效应晶体管漏极与源极之间电流的变化，达到检测溶液中离子浓度的目的。

FET 型生物敏传感器具有体积小，易于实现集成化、多功能等其他类型生物敏传感器所不具备的优点，所以应用前景广阔。

**1. 酶场效应晶体管**

酶是一种生物催化剂，它来自生物细胞，是由活细胞产生的。酶是生物体进行化学反应的催化剂，具有催化效率高、专一性强的特点，能够在常温、常压条件下进行反应。

酶场效应晶体管(enzyme-based FET，ENFET)是由酶膜和 ISFET 两部分构成的，其中 ISFET 又多为pH−ISFET，其结构如图 3-70 所示。把酶膜固定在栅极绝缘膜($Si_3N_4$-$SiO_2$)上，进行测量时，由于酶的催化作用，使待测的有机分子反应生成 ISFET 能够响应的离子。当 $Si_3N_4$ 表面离子浓度变化时，表面电荷将发生变化，场效应晶体管栅极对表面电荷非常敏感，由此引起栅极的电位变化，从而对漏极电流进行调制。

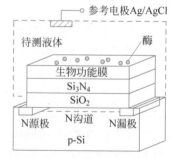

图 3-70 半导体酶传感器结构示意图

1）尿素酶-FET

临床检查上，定量分析血清和体液中的尿素，对于肾功能衰竭患者的诊断是必不可少

的。尿素在尿素酶的催化作用下,按下式分解

$$(NH_2)_2CO + 2H_2O + H^+ \xrightarrow{\text{尿素酶}} 2NH_4^+ + HCO_3^-$$

尿素-尿素酶反应时消耗溶液中的 $H^+$,尿素酶-FET 的工作原理就是利用 ISFET 检验尿素-尿素酶反应时溶液中的 pH 值发生的变化。

2)葡萄糖-FET

测定葡萄糖的酶传感器有两种,一种是电流测定法,它是基于在反应过程中产生氧或过氧化氢;另一种是电位测定法,它是基于在反应过程中产生 $H^+$ 或过氧化氢。后一种传感器由对 $H^+$ 敏感的 pH−ISFET 和固定在栅极上的葡萄糖氧化酶膜构成。葡萄糖酶传感器的反应式为

$$\beta\text{-D-葡萄糖} + O_2 \xrightarrow{\text{葡萄糖氧化酶}} \text{葡萄糖酸根} + H_2O_2 + H^+$$

葡萄糖-FET 结构和工作原理如图 3-71 所示。在传感器工作时,栅电压通过参比电极加上去。对应于溶液中的 $H^+$ 浓度变化,离子敏感膜的界面电位发生变化。根据 ISFET 的特性,当其漏极电流 $I_d$、漏-源电压 $U_{ds}$ 恒定时,栅极电压 $U_g$ 的变化量正比于溶液中 pH 值的变化量。因此,采用恒压电路可将栅压 $U_g$ 的变化由记录仪描绘下来。既然 $U_g$ 正比于 pH 变化量,而 pH 变化量又与葡萄糖含量有关,所以该系统可以用于葡萄糖测定。

3)青霉素-FET

将青霉素酶涂覆在 $H^+$-ISFET 栅上,就构成了青霉素酶场效应晶体管,可以用来测定青霉素的效价。青霉素水解为青霉菌酸(Penicilloic acid)放出 $H^+$,使电极表面的 pH 值下降,降低值与待测样品中青霉素含量有关。这种青霉素-FET 检测青霉素浓度的线性范围为 $0.2 \sim 2.5$ m mol/L,响应时间约为 10s。

**2. 免疫场效应晶体管**

抗体或抗原固定于膜(如醋酸纤维膜)上形成具有识别免疫反应的分子功能膜。抗体是蛋白质,属两性电解质(正负电荷随 pH 变化),所以抗体的固定膜具有表面电荷,其电位随电荷变化而变化,可以根据抗体膜的电位变化测定抗原的结合量。免疫场效应晶体管(Immune Sensitive FET,IMFET)是由 FET 和识别免疫反应的分子功能膜构成,其测量电路如图 3-72 所示。基片与源极接地,漏极接电源,相对地的电压为 $V_{DS}$。当抗体放入缓冲液中,参比电极 Ag-AgCl 的电位变化使漏电流变化。

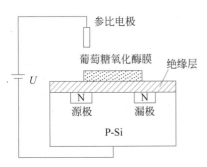

图 3-71 葡萄糖-FET 结构和工作原理示意图

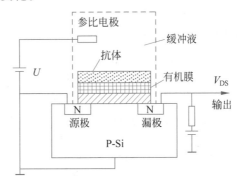

图 3-72 IMFET 的测量电路

### 3.6.2　DNA 生物敏传感器

随着分子生物学研究的深入,对脱氧核糖核酸(Deoxyribonucleic Acid,DNA)的检测越来越重要,DNA 生物敏传感器是获取生物信息的重要手段。除了 DNA 检测外,DNA 传感器还在环境检测、药物研究、法医鉴定及食品检验等方面具有广泛应用。

现代 DNA 检测技术包括 DNA 生物敏传感器、DNA 芯片、DNA 测序技术、混合 DNA 样品池、微芯片实验室等。DNA 生物敏传感器是分子生物学与微电子学、电化学、光学等相结合的产物,是 DNA 信息分析检测最重要的技术之一。

**1. DNA 生物敏传感器的基本类型和原理**

DNA 生物敏传感器由固定已知核苷酸序列的单链 DNA(也称 ssDNA 探针)的电极(探头)和换能器两部分组成。固定在传感器电极上的 ssDNA 探针与待测样品的目标 DNA 杂交,形成双链 DNA(dsDNA),杂交反应在传感器电极上直接完成,换能器将杂交过程所产生的变化转换成电、光、声等物理信号。根据换能器和 ssDNA 探针结构不同,目前开发出来的 DNA 生物敏传感器主要有电化学式、压电石英晶体式、光学式等。

1) 电化学 DNA 生物敏传感器

电化学生物敏传感器由表面固定 ssDNA 探针的电极和检测用的电化学活性杂交指示剂构成。电化学 DNA 生物敏传感器以电极为换能器,检测时将表面固定有 ssDNA 探针的电极浸入含有被测目标 ssDNA 分子的溶液中,电极上的 ssDNA 单链分子同目标物 DNA 杂交,引起电极上电流值变化,利用微分脉冲或循环伏安法可检测出 dsDNA 的杂交信号。

2) 压电石英晶体 DNA 生物敏传感器

压电石英晶体 DNA 传感器以石英晶体谐振器为换能器。在石英晶体电极区的表面固定 ssDNA 探针,然后浸入含有被测目标 ssDNA 分子的溶液中,在溶液中电极表面的 ssDNA 探针与互补序列的目标 ssDNA 分子杂交,形成 dsDNA。质量的变化会在压电晶体表面产生微小的压力变化,从而引起谐振频率的变化。谐振频率随电极表面上质量的增加而减小,因此可以通过测量谐振频率的变化达到测量的目的。

3) 光学 DNA 生物敏传感器

光学方法具有非破坏性和高灵敏度等优点,在生物敏传感器中获得广泛应用,目前研究的光学 DNA 生物敏传感器有光纤式、光波导式、表面等离子体谐振(SPR)式等类型。

光纤 DNA 生物敏传感器是将 ssDNA 探针固定在微米级光导纤维的末端上,然后将若干条固定有 ssDNA 探针的光导纤维合成一束,形成一个微阵列的传感器装置,光纤的另一端通过一个特制的耦合装置耦合到荧光显微镜中。根据荧光猝灭技术,荧光物质与溶剂分子或溶质分子发生某种反应时会导致荧光强度下降。测量时将光纤固定有 ssDNA 探针的一端浸入到荧光标记的目标 DNA 溶液中与目标 DNA 杂交。通过光导纤维,来自荧光显微镜的激光激发荧光标记物产生荧光,所产生的荧光信号仍经过光纤返回到荧光显微镜中,由 CCD 相机接收,获得 DNA 杂交图谱。

光波导 DNA 生物敏传感器是在光波导载玻片表面制成 ssDNA 探针阵列,将光波导载玻片与另一片载玻片叠放在一起,中间形成具有一定宽度和厚度的通道。与目标 DNA 溶液发生杂交时,透过狭缝照射光波导边缘的光线在波导内以全反射方式传播,并在波导载玻片表面附近产生光散射。利用 CCD 相机记录下散射光信号的图样,可获得 DNA 杂交的图谱。

表面等离子体谐振式 DNA 生物敏传感器的工作原理是：当平行表面的偏置光以表面等离子角入射并在界面上发生全反射时，入射光被耦合到表面等离子体内，由于表面等离子体谐振，将引起界面反射率显著减小。附着在金属表面的电介质材料不同，则其表面等离子角不同。附着的量决定了表面等离子体谐振的响应强度。因此，SPR 式 DNA 生物敏传感器通常将已知的单链 DNA 分子固定在几十纳米厚的金属膜表面，加入与其互补的单链 DNA 分子（目标 DNA），两者杂交将使金属膜与溶液界面的折射率上升，从而导致谐振角改变。如果固定入射角度，就能根据谐振角的改变程度对目标 DNA 分子进行定量检测，如图 3-73 所示。

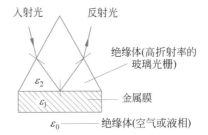

图 3-73　表面等离子谐振测试原理示意图

**2. DNA 传感器的应用**

1) DNA 传感器用于基因诊断

许多传染性疾病都是由病菌或病毒引起的，及时诊断出病原微生物是预防和治疗这些疾病的关键。在传统方法中，细菌感染是通过血液体外培养来诊断的，往往需要几天甚至几十天的时间，这对尽早发现和治疗疾病很不利。利用 DNA 微生物传感器可以在 10～20min 内直接检测到病原微生物的存在，如对结核杆菌的诊断和对乙型肝炎病毒的诊断。将 DNA 传感器与聚合酶反应链（PCR）技术结合，可以实现极低浓度的病原微生物感染的诊断。

2) DNA 传感器用于环境检测

当环境中存在病原微生物或基因诱变剂时，就会对人类的健康产生极大的威胁。近年来，利用 DNA 传感器检测环境中的病原微生物和基因诱变剂，因其简便、快捷、准确而受到广泛重视。

DNA 传感器检测环境中的病原微生物与 DNA 传感器进行疾病诊断的原理相似，通过固定检测对象的特异型 DNA 探针，再配合 PCR 技术，进行杂交信号的检测。如对沙眼衣原体的检测。

基因诱变剂主要是指那些直接与基因发生作用的芳香族有机化合物和离子型自由基，它们都可能引发癌症。芳香族化合物对基因序列里的胞嘧啶具有修饰作用，使胞嘧啶碱基的电化学活性降低，这可以通过计时电位计检测到。实验表面 DNA 传感器对废水中芳香族化合物的检测结果是可靠的。离子型自由基对 DNA 链进行攻击，会引起 DNA 链的断裂，从而改变传感器的伏安特性曲线。利用这种原理已制成 DNA 电化学汞传感器，并用于对工业废水中的自由基进行监控。

## 3.7 智能传感器

随着测控系统自动化、智能化的发展，要求传感器准确度高、可靠性高、具有一定的数据处理能力，并能够自检、自校、自补偿。智能传感器的出现满足了这一要求，它是微处理器和传统传感器相结合的产物，国际上称为 Intelligent Sensor 或 Smart Sensor。

### 3.7.1　智能传感器的结构和功能

智能传感器是测量技术、半导体技术、计算技术、信息处理技术、微电子技术、材料科学等的融合,它充分利用计算机的计算和存储能力,对传感器的数据进行处理。智能传感器主要由传感器、微处理器及相关电路组成,其结构框图如图 3-74 所示。

图 3-74　智能传感器的结构

传感器将被测的物理量、化学量转换成相应的电信号,通过滤波、放大、模数转换等环节后送到微处理器中。微处理器既可以对传感器信号进行计算、存储,还可以通过反馈电路对传感器进行调节。微处理器强大的计算功能降低了对传感器的要求,提高了传感器的性能。

智能传感器具有如下功能。

(1) 自补偿功能:通过软件对传感器的非线性、温度漂移、响应时间等进行自动补偿。

(2) 自校准功能:操作者输入零或某一标准量值后,自校准软件可以自动地对传感器进行在线校准。

(3) 自诊断功能:接通电源后,检查传感器各部分是否正常,并可诊断发生故障的部件。

(4) 数据处理功能:可以根据智能传感器内部的程序,自动处理数据,如进行统计处理、剔除异常值等。

(5) 双向通信功能:微处理器和基本传感器之间构成闭环,微处理器不但接收、处理传感器的数据,还可将信息反馈至传感器,对测量过程进行调节和控制。

(6) 信息存储和记忆功能。

(7) 数字量输出功能:输出数字信号,可方便地同计算机或接口总线相连。

(8) 除了检测物理量、化学量的变化,智能传感器还具有信号调理(如滤波、放大、A/D转换等)、数据处理和数据显示等能力。

与传统传感器相比,智能传感器不仅具有精度高、自适应性强、性价比高的优点,而且具有高可靠性、高稳定性、高信噪比和高分辨率,在现代测控系统中的应用日益广泛。

### 3.7.2　硬件结构

由于智能传感器的用途各不相同,其硬件结构也不尽相同,但都具有相似的模块。智能传感器硬件结构图如图 3-75 所示。

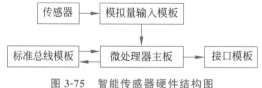

图 3-75　智能传感器硬件结构图

下面对智能传感器的主要模块作以简单介绍。

**1. 微处理器主板**

微处理器主板主要由 CPU、存储器、串行通信接口、地址译码器、时钟发生器、地址总线、控制总线等组成。微处理器是智能传感器的神经中枢,其性能决定了传感器的硬件电路、接口设计、模块数目等,在设计智能传感器时,应根据具体任务的要求选择合适的微处理器。

**2. 模拟量输入模板**

传感器输出一般为毫伏数量级的模拟量,要满足 A/D 转换电路的要求,必须经过模拟量输入模板上有关电路的放大、滤波等处理,经过 A/D 转换后传输到微处理器主板上。

**3. 标准总线模板**

智能传感器的外总线通常分为并行和串行两种。并行外总线以 IEEE-488(或称 GP-IB 总线,General Purpose Interface Bus)为代表,串行则为 RS-232。采用标准总线模块,能使智能传感器在机械上、电气上、功能上符合统一的规范,便于将不同功能的仪器连接起来,组成各种自动测试系统。

**4. 接口模板**

接口模板包括数字显示、打印输出、控制系统所需的数模转换等电路。数字显示通常使用七段发光二极管,按十进制计数方式显示测量结果;打印输出可以作为永久性记录保存,或者记录瞬间测量值、累加值、周期、批号等;数模转换电路将数字信号转换为模拟信号后送到后续控制电路进行系统控制。

### 3.7.3　软件设计

软件在智能传感器中起着十分重要的作用。智能传感器通过各种软件对测量过程进行管理和调节,并对传感器传送的数据进行各种处理。利用软件能够实现硬件电路难以实现的功能,以软件代替硬件,降低传感器制造的难度和成本。下面介绍几种常用软件的功能和设计方法。

**1. 数字滤波**

工业现场存在各种各样的干扰信号,而敏感元件输出的电信号一般都很弱,设计传感器时必须考虑克服干扰信号的影响。智能传感器可以利用数字滤波的方法消除随机噪声的干扰(如尖脉冲),数字滤波器就是计算机执行的各种运算程序,完全用软件方法滤波,削弱或滤除输入信号中的干扰,而不需增加任何硬件设备。它可以对频率很低或很高的信号进行滤波。常用的数字滤波有以下几种。

(1) 算术平均滤波:计算连续 $N$ 个采样值的算术平均值并将其作为滤波器的输出,如果第 $i$ 次采样值为 $x_i$,则算术平均值 $y(k)$ 表示为

$$y(k) = \frac{1}{N} \sum_{i=1}^{N} x_i$$

它适合于一般具有随机干扰的信号滤波。

(2) 递推平均滤波:递推平均滤波法将测量的 $N$ 个数据排成一列,每次测量到的新数据存放在队尾,而扔掉原来队首的一个数据,这样在队列中始终有 $N$ 个新数据,然后计算队列中数据的算术平均值,将其作为滤波结果。该方法适用于实时测量系统,每进行一次测量,就可以立即计算出一个算术平均值。

(3) 加权递推平均滤波:为了提高传感器对当前干扰的抑制能力,增加新数据在递推滤波中的比重,可以采用加权平均滤波算法,对不同时刻的数据加以不同权重。通常越新的

数据权重越大。加权平均递推滤波器的输出为

$$y(k) = \frac{1}{N}\sum_{i=1}^{N}\omega_i x_i$$

**2. 非线性校正**

大多数传感器的输入与输出呈非线性关系,如图 3-76(a)所示。为使传感器在检测过程中灵敏度保持一致,便于分析处理和直接显示,提高测量精度,需要对非线性进行校正。智能传感器利用软件进行补偿和非线性校正,它按照如图 3-76(b)所示的反非线性特性进行刻度转换,使输出 $y$ 与输入 $x$ 呈理想直线关系(如图 3-76(c)所示)。

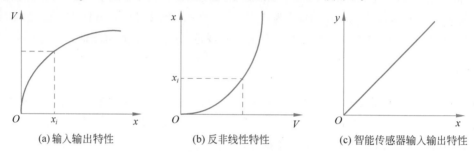

(a) 输入输出特性　　　　　(b) 反非线性特性　　　　　(c) 智能传感器输入输出特性

图 3-76　智能传感器系统非线性校正原理

常用的非线性校正方法有:

(1) 查表法。通过计算或实验得到检测值和被测值的关系,然后按一定的规律把数据排成表格,存入内存单元。微处理器根据检测值大小查表。查表法适合于参数计算复杂、编程烦琐、运算耗时的情况,执行速度快,可以完成数据补偿、计算、转换等功能。

(2) 线性插值法。利用一次函数对实验测出的输入/输出数据的反非线性曲线进行插值,用直线段逼近传感器的特性曲线。只要分段合理,插值点恰当,一般可以得到良好的线性度和精度。

(3) 曲线拟合法。若传感器的输入输出特性曲线为严重非线性,采用线性插值法误差较大,可以采用曲线拟合法,即采用 $n$ 次多项式来逼近反非线性曲线。具体步骤为:首先对传感器及其调理电路进行静态实验标定,得到反非线性校准曲线;假设曲线拟合方程,并根据最小二乘法原则确定待定系数;将所求得的系数存入内存。此外,还可以采取分段拟合的方法。

**3. 温度补偿**

温度对传感器的性能影响很大,为提高传感器的精度,必须进行温度补偿。智能传感器可以利用软件有效地解决这一问题。首先需要测出传感器的温度,其硬件结构框图如图 3-77所示。通常在敏感元件附近安装一个测温元件,或者将测温元件和其他敏感元件制作在一起,温度传感器的输出信号经过放大、A/D 转换后送入微处理器中进行处理。

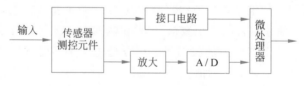

图 3-77　温度补偿原理框图

为了进行温度补偿,需要建立温度误差的数学模型,微处理器根据测得的温度值和数学模型进行补偿。常用的补偿方法有插值法、查表法等。查表法是根据实验数据求得校正曲线,然后把曲线上的各个校正点的数据以表格形式存入智能传感器的内存中去。一个校正点的数据对应一个或几个内存单元,在实时测量中通过查表来修正测量结果。查表法的速度和精度受校正点数目制约。为提高测量精度和测量速度,可以利用线性插值或抛物线插值的方法。

**4. 自动校正**

假设一传感器系统经标定实验得到的静态输出 $y$ 与输入 $x$ 的关系为

$$y = a_0 + a_1 x$$

式中 $a_0$ 为零位值,$a_1$ 为灵敏度或称转换增益。由于传感器系统受各种内在和外在的干扰,如电源电压、工作温度等变化,传感器系统的性能会发生变化,输入特性为

$$y = (a_0 + \Delta a_0) + (a_1 + \Delta a_1)x \tag{3-7-1}$$

式中 $\Delta a_0$ 为零位漂移,$\Delta a_1$ 为灵敏度漂移。

自动校正就是自动实时校正传感器的零位漂移和灵敏度漂移引起的误差。通常有两种方法,一种是三步校正法,另一种是三点校正法。

1) 三步校正法

微处理器在每一个特定周期内发出指令,使自校环节接通不同的输入信号,即

第一步,校零:输入信号为零点标准值 $x_0$,输出值为 $y_0 = a_0 + \Delta a_0$;

第二步,标定:输入信号为标准值 $x_R$,输出值为 $y_R = (a_0 + \Delta a_0) + (a_1 + \Delta a_1)x_R$;

第三步,测量:输入信号为被测信号 $x$,输出值为 $y$。

根据式(3-7-1),并联立以上 3 步,可以得出被测信号为

$$x = \frac{y - y_0}{y_R - y_0} x_R$$

因此,该方法可以实时测量零点,实时标定灵敏度。

2) 三点校正法

该方法是在测量工作条件下对传感器系统进行实时在线标定,确定出当时的输入输出特性及反非线性拟合方程。具体实现过程是:

首先,对传感器系统进行测量前的实时 3 点标定,即依次输入 3 个标准值 $x_{r1}$、$x_{r2}$、$x_{r3}$,测得相应的输出值为 $y_{r1}$、$y_{r2}$、$y_{r3}$,然后列出反非线性特性拟合方程

$$x = c_0 + c_1 y + c_2 y^2 \tag{3-7-2}$$

并根据标准输入和输出按最小二乘法原则确定式(3-7-2)的系数 $c_0$、$c_1$ 和 $c_2$。

式(3-7-2)确定后,传感器系统标定完成,可以进行测量工作。只要传感器系统在实时标定和测量期间保持输入输出特性不变,输出值即代表被测输入量。

**5. 自动诊断**

智能传感器一般均有一定的自诊断功能,它可以通过硬件和软件对测量装置的正常与否进行检验,以便及时发现故障,及时处理。自诊断程序一般有两种:一种是设置独立的"自校"功能,在操作人员按下"自校"按键时,系统将按照事先设计的程序,完成一个循环的自检,并从显示器上观察自校结果是否正确;另一种是在每次测量之前插入一段自校程序,若程序不能往下执行而停止在自校阶段,则说明系统有故障。

### 3.7.4　智能传感器的应用

智能传感器可以输出数字信号,带有标准接口,能接到标准总线上,在工作上有广泛的应用前景。早期的智能传感器有 Honeywell 公司的 ST-3000 系列智能压力传感器、日本横河电机株式会社开发的 EJA 差压变送器等,另外还有美国 Rosemount 公司的 8800A 卡曼旋涡流量变送器、Merritt 公司的智能超声传感器、德国 Strohrmann 制作的智能加速度传感器以及模拟生物眼睛的智能红外传感器和二维自适应图像传感器等,下面简单介绍基于人工神经网络的智能气体传感器和多功能传感器。

**1. 智能气体传感器**

识别混合气体中的成分是一项重要的研究课题,传统的方法是先将各种气体成分分离出来,然后分别用适用于各种气体的传感器进行检测。由于智能传感技术的发展,已经开发出基于人工神经网络和气体微传感器的智能气体传感器,不用分离气体就可以将混合气体中的各种成分检测出来。

1) 人工神经网络

人工神经网络由大量基本单元——神经元相互连接而成,每个神经元的结构和功能比较简单,但是由大量神经元所组成的神经网络就具有复杂的功能。人工神经网络是一个非线性的并行处理系统,采用分布式存储结构,信息分布在神经元之间的连接权重上,存储区和计算区合在一起,它不是按照给定的程序一步步进行运算,而是通过对样本的学习和训练,改变、调整神经元之间的权重,以适应环境,总结规律,完成运算、识别或控制。它具有初步的自适应和自组织能力,具有学习功能,可以反映人脑功能的若干基本活动,在信息处理、自动控制等领域得到广泛的应用。

2) 气体微传感器

气体微传感器由陶瓷金属复合材料制成,上下两个电极为铂电极。铂电极具有透气性,气体能透过铂电极与电极之间的电解质发生电离反应。不同气体在不同电压条件下与电解质的反应情况不同,产生不同的电流,这样得到的电压-电流曲线就是伏安特性。不同的传感器采用不同的电解质材料制作,可以产生不同的气体反应特征,由此进行复杂气体的识别。

3) 神经网络电子鼻

智能气体传感器利用人工神经网络进行气体识别,采用三层前馈网络,每个神经元是网络中的一个节点。图 3-78 所示网络的输入层有 24 个节点,隐含层有 5 个节点,输出为一个节点,节点之间以一定的权重 $W_{ij}$ 相互连接。

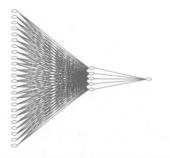

图 3-78　智能传感器中的人工神经网络

神经网络的工作过程分为训练和识别两个阶段。对于气体识别系统,训练时将样本伏安特性数据加在网络的输入端,通过反复训练来修正神经元之间的权重,使神经网络获得合适的映射关系,即得到输入样本下的正确输出,并具有固定的权重。将待识别的伏安特性曲线数据输入神经网络的输入端,就可以得到正确的识别结果。

采用人工神经网络的电子鼻可以解决传统电子鼻存在的非线性和重现性差等问题,还可以对气体进行分类,例如,一个包含 12 个气体传感器阵列和一个多层神经网络的电子鼻可以对 5 种酒精气味进行分析。此外,智能气体传感器还可以测量气体浓度,并用描述词表示出来。

**2. 多功能智能传感器**

多功能传感器是传感器技术中的一个新的发展方向,它体积小、功能强、采集信号集中,便于进行信息处理,同微处理器和信号处理电路结合起来,就成为多功能智能传感器。

多功能智能传感器有以下几种结□□形式:

(1) 几种不同的敏感元件组合□□□□个传感器,可以同时测量几个参数。各敏感元件是独立的。例如把测量温度□□□□件组合在一起,做成温湿度传感器。

(2) 几种不同的敏感元件制□□□□多功能传感器。这种传感器体积小,各种敏感元件工作条□□□□□□

(3) 利用同一敏感元件□□□□□作为敏感元件,在具有不同磁导率或介电常数物□□□□□□□

(4) 同一敏感元件在□□□□□□在所加电压、电流或工作温度发生变化时,传感□□□□□□□□值。

下面简单介绍一□□□□□□□

人的皮肤可以□□□□□□□□□多种检测功能。智能机器人为了获取周围的信息□□□□□□□□功能的传感器,已经开发出来的多功能触觉传□□□□□□□□

(1) 利用□□□□□□□□□□□触觉传感器。它具有触觉、压觉、滑觉和热觉功能□□□□□□□□□柔软的带有小齿的橡胶包封表皮,柔性隔热层的□□□□□□□□

(2) 非□□□□□□□□□□□系统公司(MSI)研制了用于机器人的非接触式皮□□□□□□□□□□□□不必要的接触和碰撞。它由超声波传感器、红外□□□□□□□□□□温度和气体传感器等多个智能传感器组成,并用□□□□□□□□

□□□□□□□□□电橡胶柔软,韧性好,易加工,可以做成大面积的□□□□□□□□□传感器,可以检测温度、硬度、热传导特性等,并能□□□□□□□□3-80 所示。印刷电路板上刻蚀 1mm 宽的 3 个电□□□□□□□□□盖加热线圈,维持 30℃ 恒温。电极间电阻分别为□□□□□□□□体的温度和压力信息同时作用于导电橡胶,改变橡□□□□□□□□□□变化,通过对电阻值的测量和处理,可以检测物体的硬度和热传□□

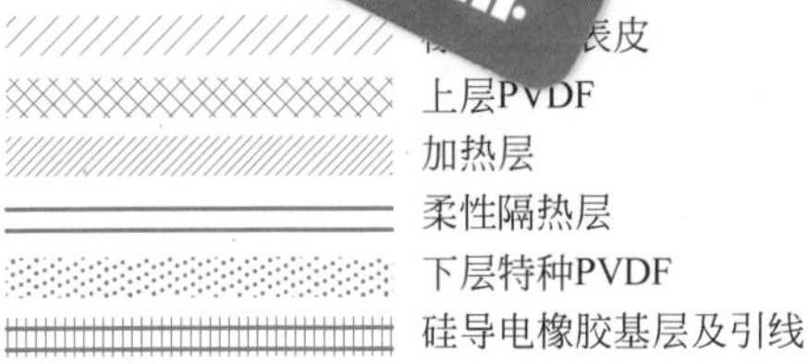

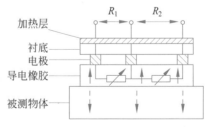

图 3-79　人工皮肤结构图

图 3-80　压感导电橡胶触觉传感器结构图

（图例说明）
特种□□表皮
上层PVDF
加热层
柔性隔热层
下层特种PVDF
硅导电橡胶基层及引线

（图 3-80 标注）
$R_1$　$R_2$
加热层
衬底
电极
导电橡胶
被测物体

## 习题与思考题

1. 传感器在检测系统中有什么作用和地位？

2. 什么是传感器的静态特性？有哪些主要指标？

3. 试述热电偶测温的基本原理和基本定律,热电偶冷端温度补偿措施有哪些？

4. 什么是光电效应？

5. 光纤传感器的优点有哪些？光纤传感器可以测量的物理量有哪些？

6. 论述 CCD 的工作原理。

7. 在图像测量系统中,在选择镜头时需要知道哪些参数？请描述选择镜头的具体步骤。

8. 气体传感器可以分为哪几种类型？氧敏传感器有哪些？

9. 超声波传感器的工作原理是什么？有哪些应用？

10. 声表面波的工作原理是什么？

11. 智能传感器的数据处理包括哪些内容？

## 参考文献

1 Ramon Pallas-Areny,John G Webster. 传感器和信号调节[M]. 张伦,译. 2 版. 北京：清华大学出版社,2003.

2 王雪文,张志勇. 传感器原理及应用[M]. 北京：北京航空航天大学出版社,2004.

3 彭军. 传感器与检测技术[M]. 西安：西安电子科技大学出版社,2003.

4 宋文绪,杨帆. 传感器与检测技术[M]. 北京：高等教育出版社,2004.

5 陈杰,黄鸿. 传感器与检测技术[M]. 北京：高等教育出版社,2002.

6 王伯雄. 测试技术基础[M]. 北京：清华大学出版社,2004.

7 刘亮. 先进传感器及其应用[M]. 北京：化学工业出版社,2005.

8 图像和机器视觉产品手册[Z]. 北京：凌云光视数字图像公司,2006.

# 第 4 章

# 基于网络的测控技术

基于网络的测控技术,主要是指以集散控制系统(Distributed Control System,DCS)、现场总线控制系统(FCS)和以太网(Internet-Intranet-Infranet)组成的测控系统与技术。本章重点讨论 DCS 的 MAP/TOP 通信协议、现场总线的 CAN 协议与 FF 协议,以及以太网的 TCP/IP 协议,对上述 3 种测控系统组建涉及的开发组态软件进行详细介绍,并给出基于3 种网络测控系统的典型实例。

## 4.1  集散网络测控技术

DCS 是分布式控制系统的英文缩写,在国内自动控制行业又称为集散控制系统。DCS是计算机技术、控制技术和网络技术高度结合的产物。DCS 通常采用若干个控制器对一个生产过程中的众多控制点进行控制,各控制器间通过网络连接并进行数据交换,收集生产现场数据,传达控制中心的操作指令。自 20 世纪 70 年代中期第一套集散控制系统问世以来,集散控制系统在工业控制领域得到了广泛的应用,集散控制系统已成为流程工业自动控制的主流,在计算机集成制造系统 CIMS(Computer Integrated Manufacturing System)或计算机集成生产系统 CIPS(Computer Integrated Production System)中,集散控制系统也将成为主角。

目前,DCS 在我国的应用遍及石油化工、冶金、炼油、建材、纺织、制药等各行各业。其中比较有代表性的 DCS 分别是 Honeywell 公司的 TPS 系列、日本横河公司的 CENTUM系列、Foxboro 公司的 I/A S 系列及 ABB 公司的 Advant 系列。国内有关科研单位也开发出自己的 DCS。

## 4.1.1  开放系统互联(ISO/OSI)标准模型

国际标准化组织(ISO)提出的开放式系统互联(OSI)参考模型,是网络系统遵循的国际标准。OSI 参考模型采用了将异构系统互联的一种标准分层的结构模式。OSI 参考模型是解决如何把开放式系统与其他系统联网通信,且将相互开放的系统连接起来的一种标准。它允许任一支持某种标准的计算机的应用进程,与任何支持同一标准的其他计算机应用进程进行自由地通信。

OSI 参考模型对各个层次的划分遵循下列原则:

(1) 网中各节点都有相同的层次,相同的层次具有同样的功能。

（2）同一节点内相邻层之间通过接口通信。

（3）每一层使用下层提供的服务，并向其上层提供服务。

（4）不同节点的同等层按照协议实现对等层之间的通信。

在总体通信策略的框架下，OSI 参考模型是一种七层工作结构模式，它的每一层都执行一种明确定义的功能，根据某种定义的协议运行。OSI 参考模型的每一层都覆盖下一层的处理过程，并有效地将其与高层功能隔离。每一层在它自己和邻近的上层和下层之间都有明确定义的接口协议，从而使一个特别协议层的实现独立于其他层。每一层向相邻上层提供一种确定的服务，并使用由相邻的服务向远方对应层传输与该层协议相关的数据信息，即用户数据和附加的控制信息以报文形式在本地层与远方系统的对应层之间进行数据交换。

**1. OSI 参考模型分层的基本功能**

OSI 参考模型的数据链路层和物理层是由硬件和软件实现的，其他层仅由软件实现。

1）物理层

物理层是整个 OSI 参考模型的最底层，它的任务就是提供网络的物理连接。物理层建立在物理介质上，提供机械和电气接口。主要包括电缆、物理端口和附属设备，如双绞线、同轴电缆、接线设备（如网卡等）、RJ-45 接口、串口和并口等，在 DCS 网络中都工作在这个层次上。物理层提供的服务包括：物理连接、物理服务数据单元顺序化（接收物理实体收到的比特顺序，与发送物理实体所发送的比特顺序相同）和数据电路标识。

2）数据链路层

数据链路层是建立在物理传输能力的基础上，以帧为单位传输数据，其主要任务就是进行数据封装和数据链接的建立。封装的数据信息中，地址段含有发送节点和接收节点的地址，控制段用来表示数据连接帧的类型，数据段包含实际要传输的数据，差错控制段用来检测传输中帧出现的错误。

数据链路层可使用的协议有 SLIP、PPP、X.25 和帧中继等。常见的 Modem、集线器和低档的交换机网络设备都是工作在这个层次上。工作在数据链路层次上的交换机俗称"第二层交换机"。数据链路层的功能包括：数据链路连接的建立与释放、构成数据链路数据单元、数据链路连接的分割、定界与同步、顺序与流量控制，以及差错的检测与恢复等。

3）网络层

DCS 网络层在 OSI 模型中是最复杂的一层，主要任务是完成网络中主机之间的报文传输，通过执行路由算法，为报文分组通过通信子网选择最佳路径。DCS 网络层采用的协议为 IP、IPX 和 X.25 分组等协议。DCS 网络边界中的路由器就工作在这个层次上，现在较高档的交换机也可直接工作在这个层次上，因此它们也提供了路由功能，俗称"第三层交换机"。网络层的功能包括建立和拆除网络连接、路径选择和中继、网络连接多路复用、分段和组块、服务选择和流量控制。

4）传输层

DCS 传输层解决的是数据在网络之间的传输质量问题，它属于较高层次。传输层用于提高网络层服务质量，提供可靠的端到端的数据传输，如 QoS 就是传输层的主要服务。传输层主要涉及的是网络传输协议，采用标准化的 ISO 8072/8073，如 TCP、UDP 和 SPX 等协议。传输层的功能包括：映像传输地址到网络地址、多路复用与分割、传输连接的建立与释放、分段与重新组装、组块与分块等。

5）会话层

会话层利用传输层来提供会话服务，会话可能是一个用户通过网络登录到一个主机的服务过程，或是一个正在建立的用于传输文件的会话。会话层的协议是 ISO 8326/8327。会话层的功能主要有会话连接到传输连接的映射、数据传送、会话连接的恢复与释放、会话管理、令牌管理与活动管理等。

6）表示层

表示层用于数据管理的表示方式，就是通过用同一种数据表示达到通信双方能够相互理解传达的信息。如用于文本文件的 ASCII 和 EBCDIC 码，用于表示数字的 1S 或 2S 补码表示形式。表示层使用的规则使 ISO 8822/8823/8824/8825。表示层的功能主要有：数据语法转换、语法表示、表示连接管理、数据加密和数据压缩等。

7）应用层

这是 OSI 参考模型的最高层，它解决的也是最高层次即程序应用过程中的问题，它直接面对用户的具体应用。应用层包含用户应用程序执行通信任务所需要的协议和功能，如电子邮件和文件传输等，在这一层中 TCP/IP 协议中的 FTP、SMTP、POP 等协议得到了充分应用。

**2. OSI 参考模型的数据传输**

当发送进程需要把数据传送给接收进程时，发送方应用程序产生的数据经过处理，在数据前面加上应用层报头（即应用层的协议控制信息），后传输给表示层。表示层对传送过来的数据流并不区分报头、报尾和真正的数据，而只是把应用程序传来的数据当成一个整体来处理。表示层可能以各种方式对应用层的报文进行格式转换，并且可能也要在报文前面加上一个协议控制信息（报文头），在经过对数据的处理后把它传送给会话层。在会话层，把所有数据当成一个整体来处理。这一过程重复进行下去，即当报文通过发送方节点的各个网络层次时，每一层的协议实体都给它加上控制信息，直至到达发送方节点的物理层。这时的数据可能与开始应用层产生的数据完全不同，已经分成了很多的数据帧。

报文到达发送方的物理层后，数据以物理信号的形式通过物理链路发送出去。报文通过物理链路到达网络中的第一个中继节点，在第一个中继节点向上一层通过三个层次传递到达网络层，然后返回到第一个中继节点的物理层。接着又在第二条物理链路上送往下一个中继节点。这个过程在网络中沿数据传输路径进行，直到报文到达接收方节点。在接收方设备中，数据开始按照发送方操作的过程向上传输，各种协议控制信息被一层一层地剥去，一直到达应用层，这时数据被还原成发送方的数据形式到达接收进程。数据在 OSI 参考模型中的整个过程是一个垂直的流动过程，如图 4-1 中的实线箭头及其所指的方向。这里需要理解建立虚拟通信与实际通信之间的关系。实际通信是层与层之间通过接口实现的通信；虚拟通信则是根据某些协议，在不同的计算机之间的对等层中间的通信，不用考虑实现的技术细节，只需要考虑对方的数据到达本地后的复原。

## 4.1.2 MAP/TOP 通信协议

多级分布式计算机测控系统的通信子网是一种工业控制局域网，由于应用的特殊性使之与普通局域网有一定差别，如网络的时效性、可靠性等。MAP（Manufacturing Automation Protocol，生产自动化协议）是关于生产设备的网络互联标准，生产设备包括工业设备、机器

图 4-1 数据流在 OSI 参考模型中的传输

人、计算机、终端和其他可编程测控设备。从 MAP 在国际上的认可度与应用范围来看,已成为事实上的工业局域网标准协议。

**1. MAP 规约的主要内容**

MAP 规约不是一套新的通信协议标准,而是按照 OSI 七层模型的框架,从 ISO 及 IEEE 802、EIA 等国际组织已有的文件和标准中选择合适的内容之后,组合成适合于控制领域中网络互联的分层协议。MAP 七层协议与其对应的标准如表 4-1。

表 4-1 MAP 七层协议与其对应标准

| 层 次 | 协 议 | 对 应 标 准 |
|---|---|---|
| 第七层应用层 | 公用应用服务规范(CASE)、制造业报文服务(MMS)、文件传输与管理(FTAM)、网络管理字典服务 | ISO 8650/2(DP)、EIA-RS511、ISO 8571、IEEE 802.1 |
| 第六层表示层 | ISO 表示层协议 | ISO 8623(DP) |
| 第五层会话层 | ISO 会话层核心协议 | ISO 8237(IS) |
| 第四层传送层 | ISO 传送层第四类协议 | ISO 8073(IS) |
| 第三层网络层 | 无连接方式网络服务 | ISO 8473(DIP) |
| 第二层数据链路层 | 不应答无连接服务 LLC1、令牌总线介质存取控制 MAC | IEEE 802.2、IEEE 802.4 |
| 第一层物理层 | 10Mbps 宽带、5Mbps 窄带 | IEEE 802.4 |

NBS 模型各级与各种 MAP 协议的对照表如表 4-2。

表 4-2 NBS 模型各级与各种 MAP 协议的对照表

| | |
|---|---|
| 公司级 | TOP,X.25 |
| 工厂级 | 全 MAP |
| 区间级 | 全 MAP/EAP MAP |
| 单元级 | EAP MAP |
| 设备级 | MinMAP |
| 装置级 | Field Bus |

MAP 规约定义了 6 个独立的基本单元,分别是 MAP 端系统(full MAP)、EAPMAP 端系统、MinMAP 端系统、MAP 路、MAP 桥和 MAP 门。其中 MAP 端系统、EAPMAP 端系统、MinMAP 端系统中所配置的协议分别是全 MAP、EAP/MAP 及 MinMAP,而 MAP、MAP 桥、MAP 门则是连接器。

**2. 技术办公系统协议**

技术办公系统协议(Technical Office Protocol,TOP)是一种为办公室系统通信定义局域网的一些规范和协议的开放式系统互联(OSI)协议,与生产自动化协议(MAP)相连。

目前 MAP 和 TOP 虽然在底层是不同的,但在中层和高层可以完全兼容。两者之间的不同主要在于,MAP 为了适应生产自动化中的装配线,用了令牌传递的令道访问方法,并采纳令牌总线 ISO 8802/4 和作为其物理层和部分数据链路层的标准;TOP 由于没有实时要求,则采纳了总线 ISO 8802/3 和令牌环 ISO 8802/5 作为标准。MAP 和 TOP 都使用以太网,并且通常联合使用。MAP 为生产终端、生产设备和机器人等定义局域网,而 TOP 定义前端办公室的连接。

## 4.1.3 通信接口

通信接口是网络化测控系统的重要组成部分。计算机与外设或计算机之间的通信通常有两种方式:并行通信和串行通信。并行通信指数据的各位同时传送。并行方式传输数据速度快,但占用的通信线多,传输数据的可靠性随距离的增加而下降,只适用于近距离的数据传送。串行通信是指在单根数据线上将数据一位一位地依次传送。发送过程中,每发送完一个数据,再发送第二个,以此类推。接收数据时,每次从单根数据线上一位一位地依次接收,再把它们拼成一个完整的数据。在远距离数据通信中,一般采用串行通信方式,它具有占用通信线少、成本低等优点。

应用比较广泛的串行接口通信标准有 RS-232C、RS-422、RS-485、USB 等。本节将以普遍使用的 RS-232C、RS-422、RS-423 和 RS-485 为例分别介绍串行通信接口和并行通信接口。

**1. RS-232C 接口**

RS-232C 串行通信接口是美国电气工业协会(EIA)与 BELL 公司等一同开发的一种标准通信协议,用于数据终端设备(DTE)和数据通信设备(DCE)之间的接口。该标准的主要电气特性见表 4-3。在电气性能方面,RS-232C 使用负逻辑。逻辑"1"电平是在 $-5 \sim -15\text{V}$ 范围内,逻辑"0"电平是在 $+5 \sim +15\text{V}$ 范围内。它要求 RS-232C 接收器必须能够识别低到 $+3\text{V}$ 的信号作为逻辑"0",识别高到 $-3\text{V}$ 的信号作为逻辑"1",即有 2V 的噪声容限。该标准规定了 21 个信号和 25 个引脚,但在智能仪器与计算机之间的通信中常用 2 个信号及 3 个引脚(2 脚发送数据,3 脚接收数据,7 脚信号地)。

表 4-3 RS-232C 的电气特性

| | |
|---|---|
| 最大电缆长度/m | 15 |
| 最大数据率/Kbps | 20 |
| 驱动器输出电压(开路)/V | ±25(最大) |
| 驱动器输出电压(满载)/V | ±5～±25(最大) |
| 驱动器输出电阻/Ω | 300(最小) |
| 驱动器输出短路电流/mA | ±500 |
| 接收器输入电阻/Ω | 3～7 |
| 接收器输入门限电压值/V | −3～+3(最大) |
| 接收器输入电压/V | −25～+25(最大) |

串行通信接口常用的 LSI 芯片是 Intel8251A、ZilogSIO、Motorola 的 MC6850 和 INS8250 ACIA 等。无论是哪种芯片,其基本功能是实现串/并转换及发送、接收数据。

由于 RS-232C 接口标准出现较早,难免有不足之处,主要有以下 4 点:

(1)接口的信号电平值较高,易损坏接口电路的芯片,又因为与 TTL 电平不兼容,故需使用电平转换电路方能与 TTL 电路连接。

(2)传输速率较低,在异步传输时,波特率最大为 19200bps。

(3)接口使用一根信号线和一根信号返回线而构成共地的传输形式,这种共地传输容易产生共模干扰,所以抗噪声干扰性弱。

(4)传输距离有限,实际最大传输距离只有 50m 左右。

**2. RS-422、RS-423 接口**

从 RS-232C 的电气特性可知,若不采用调制解调器,其传输距离很短,且最大传输速率也受到限制。因此,EIA 又公布了适应于远距离传输的 RS-422(平衡传输线)和 RS-423(不平衡传输线)标准。

RS-232C 传送的信号是单端电压,而 RS-422 和 RS-423 是用差分接收器接收信号电压的。由于差分输入的抗噪声能力强,使得 RS-422、RS-423 可以有较长的传输距离。RS-422 的发送端采用平衡驱动器,因而其传输距离最远,传输速率最高。表 4-4 列出了 RS-423 和 RS-422 的电气特性。

表 4-4　RS-423 和 RS-422 的电气特性

| 特　　性 | RS-423 | RS-422 |
| --- | --- | --- |
| 最大电缆长度/m | 600 | 1200 |
| 最大数据率 | 300Kbps | 10Mbps |
| 驱动器输出电压(开路)/V | ±6(最大) | 6(最大)输出端之间 |
| 驱动器输出电压(满载)/V | ±3.6(最小) | 2(最小)输出端之间 |
| 驱动器输出短路电流/mA | ±150(最大) | ±150(最大) |
| 接收器输入电阻/kΩ | ≥4 | ≥4 |
| 接收器输入门限电压值/V | −0.2～+0.2(最大) | −0.2～+0.2(最大) |
| 接收器输入电压/V | −12～+12(最大) | −12～+12(最大) |

RS-422 的最大传输距离为 1200m 左右,最大传输速率为 10Mbps。其平衡双绞线的长度与传输速率成反比,在 100Kbps 速率以下,才可能达到最大传输距离。只有在很短的距离下才能获得最高速率传输,一般 100m 长的双绞线上所能获得的最大传输速率仅为 1Mbps。RS-422 需要一终接电阻,要求其阻值约等于传输电缆的特性阻抗。在短距离传输时可不需要终接电阻,即一般在 300m 以下不需要终接电阻,终接电阻接在传输电缆的最远端。

**3. RS-485 接口**

为扩展应用范围,EIA 在 RS-422 的基础上制定了 RS-485 标准,增加了多点、双向通信能力,通常在要求通信距离为几十米至上千米时,广泛采用 RS-485 收发器。

RS-485 收发器采用平衡发送和差分接收,即在发送端,驱动器将 TTL 电平信号转换成差分信号输出;在接收端,接收器将差分信号变成 TTL 电平,因此具有抑制共模干扰的能力,加上接收器具有高的灵敏度,能检测低达 200mV 的电压,故数据传输可达千米以外。

其特点如下：

（1）RS-485 可以采用二线与四线方式，二线制可实现真正的多点双向通信。而采用四线连接时，与 RS-422 一样只能实现点对多的通信，即只能有一个主设备，其余为从设备，可连接多达 32 个设备。SIPEX 公司新推出的 SP485R 最多可支持 400 个节点。

（2）RS-485 共模输出电压在$-7\sim+12$V 之间，RS-485 接收器最小输入阻抗为 12k$\Omega$。

（3）RS-485 最大传输速率为 10Mbps。当波特率为 1200bps 时，最大传输距离理论上可达 15km。平衡双绞线的长度与传输速率成反比，在 100Kbps 速率以下，才可能使用规定最长的电缆长度。

（4）RS-485 需要 2 个终接电阻，接在传输总线的两端，其阻值要求等于传输电缆的特性阻抗。在近距离传输时可不需终接电阻，即一般在 300m 以下不需终接电阻。

（5）RS-485 只需要 DATA＋（D＋）、DATA－（D－）两根线。RS-485 为半双工结构，在同一时刻只能接收或发送数据。

（6）RS-485 总线上也可以挂接多台设备，用于组网，实现点到多点及多点到多点的通信（多点到多点是指总线上所接的所有设备及上位机任意两台之间均能通信）。

（7）连接在 RS-485 总线上的设备也要求具有相同的通信协议，且地址不能相同。在不通信时，所有的设备处于接收状态，当需要发送数据时，串口才翻转为发送状态，以避免冲突。

## 4.1.4 测控组态软件

"组态"的概念是伴随着集散型控制系统而出现的。测控组态软件是面向监控与数据采集（Supervisory Control and Data Acquisition，SCADA）的软件平台工具，具有丰富的设置功能，使用方式灵活。测控组态软件最早出现时，HMI（Human Machine Interface）或 MMI（Man Machine Interface）是其主要内涵，即主要解决人机图形界面问题。随着它的快速发展，实时数据库、实时控制、SCADA、通信及联网、开放数据接口、对 I/O 设备的广泛支持成为它的主要内容。与 DCS 的类型相对应，测控组态软件包括：DCS 组态软件、IPC-DCS 组态软件、PLC-DCS 组态软件等。

**1. 国内外主要测控组态软件**

随着工业测控系统应用的深入，在面临规模更大、控制更复杂的控制系统时，人们逐渐意识到原有的上位机编程开发方式对项目来说费时费力、得不偿失，同时，MIS（Management Information System，管理信息系统）和 CIMS 的大量应用，要求工业现场为企业的生产、经营、决策提供更详细和深入的数据，以便优化企业生产经营中的各个环节。下面就对几种测控组态软件分别介绍。

（1）InTouch：Wonderware 公司的 InTouch 软件是最早进入我国的组态软件。在90 年代初，基于 Windows 3.1 的 InTouch 软件曾令人耳目一新，并且 InTouch 提供了丰富的图库。InTouch 7.0 版完全基于 32 位的 Windows 平台，并且提供了 OPC 支持功能。

（2）Fix：Intellution 将自己最新测控组态软件命名为 iFiX，在 iFiX 中，Intellution 提供了强大的组态功能，在内部集成了微软的 VBA 开发环境。在 iFiX 中，Intellution 的产品与 Microsoft 的操作系统、测控网络进行了紧密的集成。

（3）Citech：CiT 公司的 Citech 也是较早进入中国市场的测控组态软件。Citech 具有简洁的操作方式，但其操作方式更多的是面向程序员，而不是测控用户。Citech 提供了类似

C语言的脚本语言进行二次开发,但与iFix不同的是它的脚本语言并非是面向对象的,而是类似于C语言,这无疑为用户进行二次开发增加了难度。

(4) WinCC:Simens公司的WinCC也是一套完备的测控组态开发环境,Simens提供类似C语言的脚本,包括一个调试环境。WinCC内嵌OPC支持功能,并可对分布式系统进行组态。但WinCC的结构较复杂,用户最好经过Simens的培训以掌握WinCC的应用。

(5) 组态王:组态王是国内第一家较有影响的测控组态软件。组态王提供了资源管理器式的操作主界面。组态王软件可以比较好地实现面向对象程序设计在测控系统中的应用,提供多种硬件驱动程序。

(6) Controx(开物):华富计算机公司的Controx 2000是全32位的测控组态开发平台,为工控用户提供了强大的实时曲线、历史曲线、报警、数据报表及报告功能。Controx内建OPC支持功能,并提供数十种高性能驱动程序。提供面向对象的脚本语言编译器,支持ActiveX组件和即插即用,并支持通过ODBC连接外部数据库。Controx同时提供网络支持和WebServer功能。

(7) ForceControl(力控):大庆三维公司的ForceControl是国内较早出现的组态软件之一。推出的2.0版在功能、易用性、开放性和I/O驱动数量有了很大的提高。

其他常见的组态软件还有GE的Cimplicity,Rockwell的RsView,NI的LookOut,PCSoft的Wizcon以及国内一些通用态组态软件,各有特色。

**2. 组态软件的功能特点**

测控组态软件组成主要包括人机界面软件(HMI)、基于PC的测控软件以及生产执行管理软件。目前看到的所有测控组态软件都能完成类似的功能:比如,几乎所有运行于32位Windows平台的组态软件都采用类似资源浏览器的窗口结构,并且对工业控制系统中的各种资源(设备、标签量、画面等)进行配置和编辑;都提供多种数据驱动程序;都使用脚本语言提供二次开发的功能等。

测控组态软件的使用者是自动化工程设计人员。测控组态软件的主要目的是使使用者在生成适合自己需要的应用系统时不需要修改软件程序的源代码,因此在设计组态软件时应充分了解自动化工程设计人员的基本需求,并加以总结提炼,重点集中解决共性问题。下面是测控组态软件主要解决的问题:

(1) 如何与采集、控制设备间进行数据交换。

(2) 使来自设备的数据与计算机图形画面上的各元素关联起来。

(3) 处理数据报警及系统报警。

(4) 存储历史数据并支持历史数据的查询。

(5) 各类报表的生成和打印输出。

(6) 为使用者提供灵活、多变的组态工具,可以适应不同应用领域的需求。

(7) 最终生成的应用系统运行稳定可靠。

(8) 具有与第三方程序的接口,方便数据共享。

自动化工程设计技术人员在组态软件中只需填写一些事先设计的表格,再利用图形功能把被控对象(如反应罐、温度计、锅炉、趋势曲线、报表等)形象地展现出来,通过内部数据连接把测控对象的属性与I/O设备的实时数据进行逻辑连接。当由测控组态软件生成的应用系统投入运行后,测控对象相连的I/O设备数据发生变化会直接带动被控对象的属性变化。若要对应用系统进行修改,也十分方便,这就是组态软件的方便性。

从以上可以看出,组态软件具有实时多任务、接口开放、使用灵活、功能多样、运行可靠等特点。

**3. 组态软件的设计思想**

组态软件最突出的特点是实时多任务。例如,数据获取与输出、数据处理与测控算法实现、图形显示及人机对话、实时数据的存储、检索管理、实时通信等多个任务要在同一台计算机上同时运行。在多任务环境下的测控组态软件一般都由若干组件构成,而且组件的数量在不断增长,功能也不断加强。各组态软件普遍使用了"面向对象"的编程和设计方法,使软件更加易于学习和掌握,功能也更加强大。

一般的组态软件都由下列组件组成:图形界面系统、实时数据库系统、第三方程序接口组件以及测控功能组件。

在图形画面生成方面,构成现场各过程图形的画面被划分成 3 类简单的对象:线、填充形状和文本。每个简单的操作与显示对象均有影响其外观的属性。

对象的基本属性包括线的颜色、填充颜色、高度、宽度、取向、位置移动等。这些属性可以是静态的,也可以是动态的。静态属性在系统投入运行后保持不变,与原来组态时一致。而动态属性则与表达式的值有关,表达式可以是来自 I/O 设备的变量,也可以是由变量和运算符组成的数学表达式。这种对象的动态属性随表达式值的变化而实时改变。例如,用一个矩形填充体模拟现场的液位,在组态这个矩形的填充属性时,指定代表液位的工位号名称、液位的上下限及对应的填充高度,就完成了液位对象的图形组态。这个组态过程通常叫做动画连接。

在图形界面上还具备报警通知及确认、报表组态及打印、历史数据查询与显示等功能。各种报警、报表、趋势都是动画连接的对象,其数据源都可以通过可视化图形组态方式来指定。这样每个画面的内容就可以根据实际情况由用户灵活设计。

在图形界面中,各类组态软件普遍提供了一种类 C/Basic 语言的编程工具——脚本语言来扩充其功能。用脚本语言编写的程序段可由事件驱动或周期性地执行,是与操作对象密切相关的。例如,当按下某个按钮时可指定执行一段脚本语言程序,完成特定的测控功能。也可以指定当某一变量的值变化到限定值时,立刻启动一段脚本语言程序完成特定的测控功能。

## 4.2 现场总线网络测控技术

现场总线控制系统(Fieldbus Control System,FCS)借助设备、仪表的计算能力,来实现以往无法设想的各种复杂计算,形成真正意义上的分散在生产现场的完整控制系统,提高了控制系统运行的可靠性,并可借助现场总线网段以及与之有通信连接的其他网段,实现远程测控操作,还能提供传统仪表设备无法提供的现场信息,如故障诊断等,便于管理员及时、深入地了解生产现场和测控设备的运行状态,从而做出合理的生产安排和资源调度。

### 4.2.1 现场总线技术简介

现场总线是指计算机网络与生产过程专用网络,或工业测控网络与生产现场基层的自动化测控设备之间传送信息的共同通路。它是应用于生产测控现场的一种数字网络,不仅包含有生产过程控制信息交换,而且还包含生产设备管理信息的交流。通过现场总线,各种智能设备(智能变送器、调节阀、分析仪和分布式 I/O 单元)可以方便地进行数据交换,生产过程控制策略可以完全在现场设备层次上实现。它的关键标志是能支持双向、多节点、总线式的全数字通信功能。

**1. 现场总线的技术特点**

现代工业控制思想的核心是"分散控制,集中监视"。现在流行的 DCS 控制是区别于 DDC 控制而发展起来的分布式测控系统,但是由于技术的发展和设备可靠性的提高,用于工业过程测控的测控站规模日益庞大,功能日益集中,现场信号的检测、传输和控制均采用 4～20mA 的模拟信号,这正是对"分散控制,集中监视"思想的违背。而 FCS 控制系统真正做到了这一点,把测控彻底地下放到工业生产现场,工业生产现场的智能测控仪器仪表就能完成诸如数据采集、数据处理、控制运算和数据传输等大部分现场功能,只有一些现场测控设备无法完成的高级测控功能才由上位机来完成,而且现场节点之间可以相互通信实现互操作,现场节点也可以把自己的诊断数据传送给上位机,有益于设备远程管理。

现场总线是用于智能化现场设备和基于微处理器的测控室自动化系统间的全数字化、多站总线式的双向多信息数字通信的通信规程,是互相操作以及数据共享的公共协议。现场总线是通信总线在工业现场设备中的延伸,允许将各种现场设备,如变送器、调节阀、基地式控制器、记录仪、显示器、PLC 及手持终端和测控系统之间,通过同一总线进行双向多变量数字通信。根据国际电工委员会 IEC 和现场总线基金会 FF 的定义,现场总线技术具有以下 5 个主要特点:

(1) 数字信号完全取代 4～20mA 模拟信号。

(2) 使基本过程控制、报警和计算功能等完全分布在现场测控设备中完成。

(3) 设备的智能化功能增强,如自诊断信息、组态信息以及补偿信息等。

(4) 实现现场测量、控制与管理一体化。

(5) 实现了真正意义上的系统开放性与互操作性。

**2. 几种有影响的现场总线**

下面介绍几种常用现场总线:FF 总线,LonWorks,PROFIBUS 总线,CAN 以及 HART 等。

1) FF 总线

基金会现场总线(Foundation Fieldbus,FF)是最具竞争力的现场总线之一。FF 总线分为低速 H1 和高速 H2 两种通信速率。H1 的传输速率为 31.25Kbps,通信距离可达 1.9km,可支持总线供电和本质安全防爆环境。H2 的传输速率有 1Mbps 和 2.5Mbps 两种,通信距离为 750m 和 500m。物理传输介质可为双绞线、光缆和无线。FF 总线包括 FF 通信协议、ISO 模型中的 2～7 层通信协议的相应层次、用于描述设备特性及操作接口的 DDL 设备描述语言、设备描述字典,用于实现测量、控制、工程量转换的应用功能块,实现系统组态管理功能的系统软件技术以及构筑集成自动化网络测控系统的系统集成技术等。

2) LonWorks

LonWorks 是由美国 Echelon 公司推出并由它与摩托罗拉、东芝公司共同倡导,于 1990 年正式公布而形成的。它采用 ISO/OSI 模型的全部七层协议,采用了面向对象的设计方法,通过网络变量将网络通信设计简化为参数设置,其通信速率从 300bps 到 1.5Mbps 不等,直接通信距离可达 2700m；支持双绞线、同轴电缆、光纤、射频、红外线、电力线等多种通信介质，并开发了相应的本质安全防爆产品，被誉为通用控制网络。

3）PROFIBUS 总线

PROFIBUS（Process Field Bus）总线是符合德国国家标准 DIN19245 和欧洲标准 EN50179 的现场总线，包括 PROFIBUS-DP、PROFIBUS-FMS、PROFIBUS-PA 三部分。它也只采用了 OSI 模型的物理层、数据链路层和应用层。PROFIBUS 支持主从方式、纯主方式、多主多从通信方式。主站对总线具有控制权，主站间通过传递令牌来传递对总线的控制权。取得控制权的主站，可向从站发送、获取信息。PROFIBUS-DP 用于分散外设间的高速数据传输，适合于加工自动化领域。FMS 型适用于纺织、楼宇自动化、可编程控制器、低压开关等。而 PA 型则是用于过程自动化的总线类型。

4）CAN

CAN 是控制器局域网络（Controller Area Network）的简称，是德国 Bocsh 公司及几个半导体集成电路制造商开发出来的。CAN 协议只取 OSI 底层的物理层、数据链路层和顶上层的应用层。其信号传输介质为双绞线，通信速率最高可达 1Mbps/40m，直接传输距离最远可达 10km/Kbps，可挂接设备最多达 110 个。

5）HART

HART（Highway Addressable Remote Transducer）最早由 Rosemout 公司开发并于 1993 年成立了 HART 通信基金会。这种被称为可寻址远程传感高速通道的开放通信协议，其特点是在现有模拟信号传输线上实现数字通信，属于模拟系统向数字系统转变过程中工业过程控制的过渡性产品，因而在当前的过渡时期具有较强的市场竞争能力，得到了较好的发展。

6）ControlNet

ControlNet 现场总线得到美国 Rockwell 公司的支持。它采用了一种新的通信模式——生产者/客户模式。这种模式允许网络上的所有节点，同时从单个数据源存取相同的数据。这种模式最主要的特点是增强了系统的功能，提高了效率和实现精确的同步。

**3. 现场总线控制系统（FCS）结构与特点**

现场总线对传统 DCS 的冲击来源于其本质上优越于 DCS 系统的技术特征。

FCS 更好地体现了 DCS 中"信息集中，测控分散"的概念。与传统的 DCS 相比，FCS 是全分散的总线系统，它可以由现场测控设备组成自治的测控回路。

连线简单将大大降低安装和连线的费用，现场测控装置的智能化将增强现场测控设备的功能，减少一半甚至一半以上的 I/O 设备，并提供更多的信息流量。由于结构上的改变，FCS 比 DCS 节约更多的硬件设备。使用 FCS 可以减少 1/2～2/3 的隔离器、端子柜、I/O 终端、I/O 卡、I/O 文件及 I/O 机柜，这样就节省了 I/O 装置及装置室的空间；同时减少大量电缆，使施工、调试大大简化，而且 FCS 比 DCS 性能有所提高。通过将 PID 功能植入变送器或执行器中使测控周期大为缩短，可以从 DCS 的每秒调节 2～5 次增加到每秒调节 10～20 次，大大提高了测控系统的实时性。

FCS 使用统一的组态方式，安装、运行、维修简便；利用智能化现场测控设备，使维修预报成为可能；用户可以自由选择不同品牌的测控设备达到最佳的测控系统集成，在测控设备出现故障时，可以自由选择替换的测控设备，保障了用户的最大利益。

现场总线技术不仅仅是一种通信技术,它实际上融入了智能化现场测控元件、计算机网络和开放系统互联等技术的精粹,所有这些特点使得以现场总线技术为基础的 FCS 相对于传统 DCS 系统具有巨大的优越性。

## 4.2.2　CAN 总线

控制器局部网是 Bosch 公司为现代汽车应用领先推出的一种多主机局部网,由于其卓越的性能,已广泛应用于工业自动化测控、多种测控设备、交通测控工具、医疗测控仪器以及建筑、环境测控等众多部门。

**1. CAN 总线特点**

CAN 总线是一种串行数据通信协议,通信介质可以是双绞线、同轴电缆或光导纤维。CAN 总线通信接口中集成了 CAN 协议的物理层和数据链路层功能,可完成对通信数据的成帧处理,包括位填充、数据块编码、循环冗余检验、优先级判别等项工作。CAN 总线的突出特点是:

(1) 可以多主方式工作。网络上任一节点均可成为主节点向其他节点主动发送信息。

(2) 非破坏性总线仲裁和错误鉴定。可使总线冲突的解决和出错鉴定由现场测控设备自动完成,对用户完全透明,且能区分暂时和永久故障并自动关闭故障点。

(3) CAN 节点可被设定为不同的发送优先级,满足不同的实时测控要求。

(4) 通信距离可达 10km(速率 5Kbps)。在通信距离 400m 之内,速率可达 1Mbps。

**2. CAN 报文传送及其帧结构**

报文传送由 4 种不同类型的帧表示和测控。

1) 数据帧

数据帧携带数据从发送器到接收器。数据帧由 7 个不同的位场组成,即帧起始、仲裁场、控制场、数据场、CRC 场、应答场和帧结束。数据场长度可为 0。数据帧的构成见图 4-2。

图 4-2　数据帧的构成

CAN 协议支持两种报文格式,其唯一的不同是标识符(ID)长度不同,标准格式为 11 位,扩展格式为 29 位。在标准格式中,报文的起始位称为帧起始(SOF),然后是由 11 位标识符和远程发送请求位(RTR)组成的仲裁场。RTR 位标明是数据帧还是请求帧,在请求帧中没有数据字节。

控制场包括标识符扩展位(IDE),指出是标准格式还是扩展格式。它还包括一个保留位(ro),为将来扩展使用。它的最后 4 字节用来指明数据场中数据长度码(DLC)。数据场范围为 0~8 字节,其后有一个检测数据错误的循环冗余检查(CRC)。

应答场(ACK)包括应答位和应答分隔符。发送站发送的这两位均为隐性电平(逻辑 1),这时正确接收报文的接收站发送主控电平(逻辑 0)覆盖它。用这种方法,发送站可以保证网络中至少有一个站能正确接收到报文。

报文的尾部由帧结束标出。在相邻的两条报文间有一很短的间隔位,如果这时没有站进行总线存取,总线将处于空闲状态。

2)远程帧

总线单元发出远程帧,请求发送具有同一识别符的数据帧。激活为数据接收器的站可以借助于传送一个远程帧来初始化各自源节点数据的发送。远程帧由 6 个不同分位场组成:帧起始、仲裁场、控制场、CRC 场、应答场和帧结束。远程帧不存在数据场。DLC 的数据值是独立的,它可以是 0~8 中的任何数值,这一数值为对应数据帧的 DLC。

3)出错帧

任何单元检测到一总线错误就发出错误帧。出错帧由两个不同场组成,第一个场由来自各站的错误标志叠加得到,其后的第二个场是出错界定符。

4)超载帧

超载帧用以在先行的和后续的数据帧(或远程帧)之间提供附加的延时。超载帧包括两个位场:超载标志和超载界定符。存在两种导致发送超载标志的超载条件:一是要求下一个数据帧或远程帧的接收器的内部条件;二是在间歇场检测到显位。由前一个超载条件引起的超载帧起点,仅允许在期望间歇场的第一位时间开始,而由后一个超载条件引起的超载帧在检测到显位的后一位开始。大多数情况下,为延迟下一个数据帧或远程帧,这两种超载帧均可产生。

5)帧间空间

数据帧和远程帧同前面的帧相同,不管是何种帧(数据帧、远程帧、出错帧和超载帧),均由称为帧间空间的位场隔开。相反,在超载帧和出错帧前面没有帧间空间,并且多个超载帧前面也不被帧空间分隔。

**3. CAN 总线系统的设计**

CAN 总线控制器有两种:一种是带有在片 CAN 的微控制器,如 P8X592、87C196CA、68HC05X4 等,使用这种器件的好处是系统较为紧凑;另一种是独立的 CAN 控制器,如 82C200、SI9200 及 Intel 82526 等,使用这种器件的优势在于可以根据实际需要灵活地选择合适的嵌入式系统,而且不像带有在片 CAN 的微控制器那样需要专门的开发工具。图 4-3 为 CAN 总线接口电路。

软件设计的关键是通信程序的编写。通信程序主要包括初始化子程序、发送子程序和接收子程序三个部分。只要掌握了这三部分程序的设计,就能够编写 CAN 总线通信的应用程序,此处不再详述。

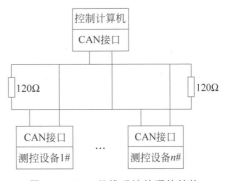

图 4-3 CAN 总线系统的硬件结构

## 4.2.3 FF 总线

基金会现场总线 FF 是由成立于 1992 年的国际现场总线基金会提出的一个现场总线标准。目前几乎所有系统集成制造商、仪器仪表制造商已向 FF 靠拢。基金会现场总线分低速 H1 和高速 H2 两种通信速率。物理传输介质可支持双绞线、光缆和无线发射。

**1. FF 总线的通信参考模型**

FF 只考虑 ISO/OSI 参考模型中的物理层、数据链路层和应用层,增加了应用层。应用层可划分为两个子层:总线访问子层与总线报文规范子层。在相应软硬件开发的过程中,往往把除去最下端的物理层和最上端的用户层之后的中间层部分作为一个整体,统称为通信栈,包括有系统管理、网络管理、功能模块、报文规范层、总线访问子层和数据链路层。这时,现场总线的通信参考模型可简单地视为三层,如图 4-4 所示。

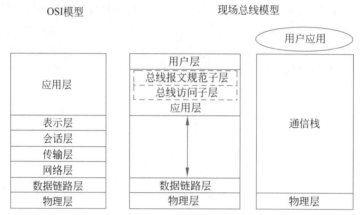

图 4-4　FF 总线的通信参考模型

其中,物理层规定信号如何发送,转换任务包括加上和除去前同步信号、起始定界符和结束定界符;数据链路层规定如何在设备间共享网络和调度通信;应用层则规定在设备间交换数据、命令、事件信息以及请求应答中的信息格式;用户层则用于组成用户所需要的应用程序,如规定标准的功能块、设备描述,实现网络管理、系统管理等。

**2. FF 总线通信协议**

图 4-5 描述了 FF 总线协议数据的内容和每层的附加信息,同时也反映了 FF 总线报文消息的生成和剥离的步骤。每帧协议报文的长度为 8～273 字节,并在报文头部附加前导码和帧前定界码,报文尾部以帧结束码表示该帧结束。

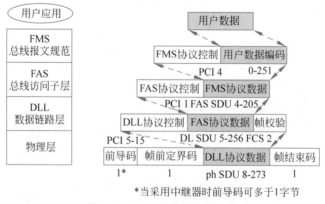

*当采用中继器时前导码可多于1字节

图 4-5　FF 总线协议数据格式

1) 物理层

FF 总线采用曼彻斯特编码技术编制要加载到直流电压或电流上的数字信号。曼彻斯特编码是将每个时钟周期分为两部分,在每个时钟中间必然存在一次电平跳变,用前半周期为低电平、后半周期为高电平的正相脉冲表示 0；前半周期为高电平、后半周期为低电平的负相脉冲表示 1。该编码方式可将同步时钟隐含在信号中，省去发送同步信号的不便。在基金会现场总线编码中增加了两个特殊的码 N+ 和 N−，在整个时钟信号周期都为高电平N+，或在整个时钟信号周期都为低电平 N−。其中用 1 字节的数字信号 10101010 来表示前导码。一般情况下，前导码为 1 字节长度，如果采用中继器，可以多于 1 字节。帧前定界码用 1N+N−10N−N+0 和帧结束码 1N+N−N+N−101 表示。图 4-6 为 FF 总线报文编码中的前导码、帧前定界码和帧结束码的曼彻斯特编码形式。

2）数据链路层

数据链路层（Data Link Layer，DLL）为系统管理内核和总线访问子层访问总线媒体提供服务，该层在现场总线报文消息上附加的协议控制信息用来控制总线上的各类链路传输活动。其主要功能是调度总线通信中的链路活动，管理数据的发送接收，探测、响应总线设备的活动状态，调节总线上各设备间的链路时间同步。

在 FF 总线的每一个段上有一个媒体访问控制中心，称为链路活动调度器（Link Active Scheduler，LAS），在数据链路层被用作总线仲裁器。在任何时刻每个总线段上只能有一个LAS 处于工作状态，总线段上的设备也只有得到 LAS 许可后才能向总线上传送数据。

由此可将 FF 总线中的设备划分为有能力成为 LAS 的链路主设备（Link Master Devices）和不具备成为 LAS 能力的基本设备（Basic Devices）。而当网络中存在多个总线网段时，负责连接两个不同总线网段的连接设备为网桥。图 4-7 表示了总线上各种通信设备的分类。

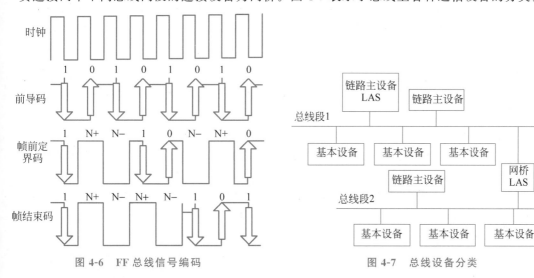

图 4-6  FF 总线信号编码                图 4-7  总线设备分类

设备以总线方式或通过桥以树型方式连接到介质上，采取广播通信方式，只有得到令牌的设备才有权对总线发送数据。令牌被链路活动调度器 LAS 集中管理。LAS 将令牌传递到每个设备，收到令牌的设备可向总线上传输信息帧。在基金会现场总线中所有的链路上都要求有一个且仅有一个 LAS。

一个总线段在同一时刻只能有一个设备持有令牌，令牌有两种类型：一种称为"强制数据（CD）"，收到 CD 的设备立刻向总线上所有设备发送数据，这是 LAS 执行的最高优先级的行为；另一种令牌称为"传送令牌（PT）"，收到 PT 的设备有权在 LAS 发布下一个 CD 的时间到来之前用于发布 PT，或发布时间信息 TD，或发布节点探测信息。图 4-8 为 LAS 调度算法。

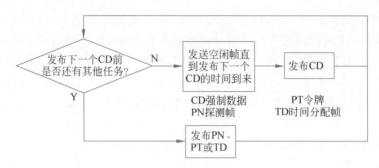

图 4-8   LAS 调度算法

LAS 调度算法具有以下功能：认知新设备并将新设备加入到链路中去；能从链路中除去没有响应的设备；能在链路上发布数据链路时间和调度时间；在调度时间内轮询那些以缓冲区存储数据的设备；在调度时间之间发送优先级驱动的令牌给某设备。

FF 总线支持无连接数据传输和两种面向连接的传输方式，一种为通信双方经请求响应交换信息后再传输数据，另一种是以数据发送方的数据链路层数据单元 DLDPU 为依据的传输方式。

3）应用层

现场总线访问子层（Fieldbus Access Sublayer，FAS）与总线报文规范层（Fieldbus Message Specification，FMS）一起构成应用层。

（1）现场总线访问子层：将总线报文规范层与数据链路层分隔开，现场总线访问子层利用数据链路层，为 FMS 和应用进程（AP application process）提供虚拟通信关系的报文传输服务。

（2）现场总线报文规范层：描述了用户应用所需要的通信服务、信息格式、行为状态等。用户应用可采用 FMS 提供的标准的报文格式在总线上互相传递信息，通过 FMS 服务访问 AP 对象以及它们的对象描述。

4）用户层

现场总线基金会以模块形式定义用户的应用，各种模块代表了完成不同功能的应用。一般分为 3 种模块：资源模块、功能模块和变换模块。

（1）资源模块：描述现场总线设备的特性，比如设备名称、制造商和序列号。在一个设备中只能有一个资源模块。

（2）功能模块：功能模块规定了控制系统的行为，其输入输出参数可以跨现场总线连接。每一个功能模块的执行都被精确地调度安排。在一个用户应用中可以存在多个功能模块。现场总线基金会定义了一组标准功能模块，表 4-5 所示为基本功能模块。

表 4-5   基本功能模块

| 功能模块名称 | 功能模块符号 | 功能模块名称 | 功能模块符号 |
|---|---|---|---|
| 模拟输入 | AI | 模拟输出 | AO |
| 偏移/增益 | BG | 控制选择 | CS |
| 离散输入 | DI | 离散输出 | DO |
| 手动装载 | ML | 比例微分 | PD |
| 比例积分微分 | PID | 比率 | RA |

（3）变换模块：如同资源模块，变换模块是用来配置设备的。变换模块按照输入输出函数的要求，读取本地传感器中包括刻度数据和传感器类型之类的信息，并将其输出到需要读取该数据的硬件设备中。

**3. FF 总线通信控制器**

通信控制器是一种执行现场总线低层通信协议的集成电路，是现场总线通信控制单元中的重要组成部分。各种现场总线协议的并存，导致每种现场总线都有自己的专用通信控制器。目前，可用作 FF 通信控制器的芯片有很多种，而且各家公司的产品功能繁简各不相同，各具特色。其中，Smar 公司生产的通信控制器芯片 FB2050、FB350 应用最广泛。

**1）基金会现场总线通信圆卡**

基金会现场总线强调系统的互连性、互操作性和互换性。安全、可靠的通信是实现基金会现场总线系统的前提和基础。而基金会现场总线通信协议的处理主要是由基金会现场总线圆卡来实现的。基金会现场总线通信圆卡包括主 CPU、FF 通信控制器芯片和媒体连接单元 3 部分，如图 4-9 所示。

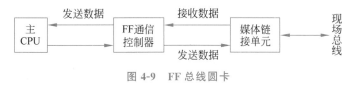

图 4-9　FF 总线圆卡

（1）主 CPU

主 CPU 负责实现基金会现场总线的高层协议，即第 2、7、8 层。

（2）FF 通信控制器

FF 通信控制器的主要功能是减轻主 CPU 通信工作的负担，用于完成总线信号的发送和接收、串行数据的编码和解码、帧检验序列的生成和验证、信息帧的打包和解包等功能。

（3）媒体连接单元 MAU

媒体连接单元的功能是接收和发送符合 FF 规范的物理信号，包括对通信控制器传来的信号限制频带，向总线上耦合信号波形，接收总线上耦合的信号波形，对接收波形的滤波和预处理等。MAU 的功能是执行通信控制器的 TTL 电平信号与现场总线物理介质上传输的信号之间的转换，具体电路根据所采用的物理介质的不同而不同。

**2）基金会现场总线通信控制器的功能**

根据 FF 协议的规定和实际应用情况，实现基金会现场总线通信所必需的通信控制器功能包括以下几个方面。

（1）总线信号的接收和发送

通信控制器需根据基金会现场总线的物理层标准，正确地实现总线信号的接收和发送。

（2）串行数据的编码和解码

基金会现场总线采用的是两线制同步通信方式，发送方在发送数据的同时也将时钟信号发往接收方。为此，发送方必须采用数据编码的方式，将时钟信息隐藏在数据中发送出去；接收方对接收到的信号解码，从中还原出时钟信号，以达到接送双方同步。数据编码的种类很多，基金会现场总线采用的是曼彻斯特编码和解码技术。

（3）信息帧的打包和解包

基金会现场总线上的信息采用分层打包的方式进行包装，通信控制器在接收到来自数据链路层的数据包后,需加上前导码、帧前定界码和帧尾定界码才能用于传输;反之,在接收到来自总线的数据包后,需去掉前导码、帧前定界码和帧尾定界码才能上交给数据链路层。

(4) 帧校验序列的生成和验证

基金会现场总线的数据链路层采用 CRC 校验法检查数据传输的正确性。在数据发送过程中,通信控制器一边发送数据,一边对发送的数据进行相应的 CRC 计算处理,直到本帧的最后一位数据发送完毕后,将 CRC 计算结果发送出去。同样,在数据接收过程中,通信控制器一边接收数据,一边对接收的数据进行 CRC 计算处理,一直到帧尾定界码为止,CRC 校验结果反映了数据传输的正确性。通信控制器将接收数据是否正确通知主机。

(5) 自动地址识别

为了减轻主 CPU 的软件负担,通信控制器需自动识别帧控制字和帧口的地址。接收数据时,通信控制器能对接收信息中的地址进行识别,验证本站点是否需要使用这些信息。如果需要使用,则将数据接收完,然后交给主 CPU;否则放弃本帧数据,接着侦听下一帧数据。

## 4.2.4 测控系统组态

测控组态软件拥有丰富的工具箱、图库和操作向导,使开发人员避免了软件设计中许多重复性的工作,可提高开发效率、缩短开发周期,已成为测控系统主要的软件开发工具。FCS 组态包括测控系统硬件和软件的组态,其中硬件组态包括操作员站的选择及硬件的配置、控制站的选择等;软件组态包括基本配置组态和应用软件组态。基本配置组态是给系统一个配置信息;应用软件组态包括图形软件组态和控制算法软件组态两部分,测控系统软件组态的任务就是完成应用软件的组态。

**1. 控制策略图形组态的功能**

控制策略图形组态系统要提供多种控制器件库、图形控制和功能软件,可组态各种显示与控制功能,创建画面和信息并将其与输入点连接,以图形形式显示系统操作状态、当前过程值和故障的可视化,提供友好的人机界面来操作被监控的设备和系统,对输入点的实时数据进行显示、记录、存储、处理,满足各种监控要求。

在过程控制中,按偏差的比例(P)、积分(I)和微分(D)进行控制的 PID 控制器是应用最为广泛的一种自动控制器,它具有原理简单、易于实现、适用面广、控制参数相互独立、参数的选定比较简单等优点。

**2. 控制算法组态的实现**

功能模块组态法是指系统把用户经常用到的一些算法,提前编成一个个模块存储在计算机中,用户根据需要从模块库中选取所需的模块和连接线,构成系统的控制回路。功能块类似于 DCS 控制站中的各种输入、输出、控制和运算功能块,所不同的是这些功能块分散于各台现场总线设备中,由这些设备在生产现场形成虚拟控制站。功能块将现场总线设备的功能模型化,对用户来说只需了解软功能块的功能就可以组态,而且组态类似于 DCS 的操作员站的操作。用功能块法组态的一个典型的 PID 控制回路如图 4-10 所示。

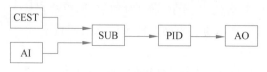

图 4-10　PID 控制回路示意图

图 4-10 中,CEST 为常数设定,AI 为模拟量输入,SUB 为减法运算器,PID 为控制算法,AO 为模拟量输出。输入模块(IN)将系统的数据采集环节从外部获取的一个变量值输出给后续模块,设定值和输入值通过减法器进行比较,其差值送给后续的 PID 模块,PID 模块的输出模块送到外部的被控对象。该系统在系统的一个采样周期对应的一个运行周期内完成运算,实际运行时,系统会由采样、运算和输出形成一个闭环并不断地进行下去。

1) 控制回路的组态原理

系统设计、仪表选择和设备组态完成后,按照要求的控制策略,增加 PID 功能块及其他算法等需要的功能块,连接各设备功能块的输入和输出,实现控制策略组态。

控制算法组态软件在用户编辑完成系统的控制回路后,必须先把它提交给编译器,由编译器检查有无编译错误。若无错误,编译器会生产相应的组态目标文件,即执行信息文件,它含有完成特定控制功能所需要的执行信息文件中的内容,从功能模块库中找到相应的功能模块,并把相应的模块参数、入口变量地址和出口变量地址提交给它,实现相应的控制功能。

控制组态所完成的工作,实际上是生产一个大的数据文件,此数据文件的内容直接反映了用户的控制思想,它包含了控制站所需的信息。在控制站运行软件前,把该数据文件读入内存即可。

用功能模块法实现组态时,算法模块编写得是否合理,以及编译器的校验组装功能是否完善,都直接影响到系统的性能,因此它们也都是组态软件设计的重要组成部分。

从满足需求的角度看,完成一定功能的可组态模块由 3 部分组成: 组态参数、配置程序和功能模块。组态参数是用户对该功能具体要求的体现,用户通过配置程序来表达这种要求,由配置程序产生组态参数文件,功能模块把参数配置文件调入内存形成内存中的组态参数。因此设计一个可组态模块必须做到以下几点:

(1) 明确功能需求中哪些是可供用户组态的,并将其用参数形式表达出来。

(2) 提供修改上述参数的配置程序或组态工具。

(3) 确保模块代码能根据上述参数运行。

2) 控制站运行软件的设计

控制站运行软件的现场控制功能的整个执行过程如图 4-11 所示。简便直观的操作和可靠稳定的运行,是控制系统组态软件设计的根本目的,而图形组态和控制算法组态所产生的数据文件,只有在一套完整的控制站运行软件支持下才能达到上述目的。

控制系统的控制站运行软件主要完成两个功能: 现场控制和过程管理。现场控制直接同现场的各种控制设备打交道,如 I/O 板、PLC、单回路控制器等。图 4-12 和图 4-13 分别是控制策略组态原理图和控制策略组态流程图。

3. 测控组态系统

测控组态系统是用于工业自动化和过程监视与控制的应用测控软件,它为自动化工程提供人机接口或 SCADA 系统。通过测控组态软件的使用,可使操作方便,并能直观地获取现场的实时数据,达到实时监视的目的,从而能够快速地查找到远程现场测控设备的故障,提高劳动生产率。此外,它还能够允许有安全权限的操作人员修改各种控制信号,能在监控画面上及时得到反馈和查看该操作的显示结果,并通过历史趋势和报表的数据信息,很方便地获取以前的生产状况,在出现产量或生产质量问题时,便于查找事故原因,为现场测控系统的维护管理提供直观可靠的依据。

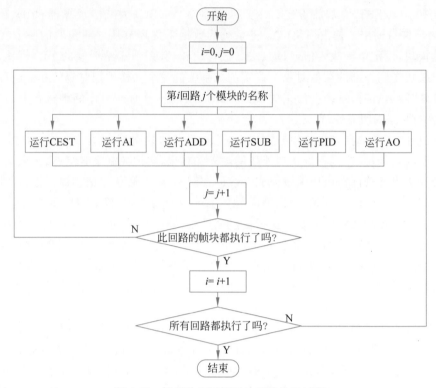

图 4-11　控制站运行控制功能的执行过程

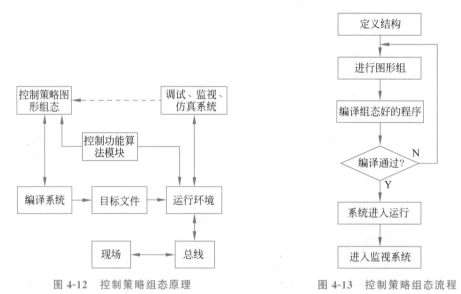

图 4-12　控 制 策 略 组 态 原 理　　　　图 4-13　控 制 策 略 组 态 流 程

　　测控组态系统具有组态开发平台和运行平台两部分。组态开发平台具有流程页面组态、动态报表组态、工艺参数报警组态、实时/历史数据趋势、动画连接定义、数据发布定义等功能。运行平台对组态开发平台所组态的工程文件进行解释,实时监控系统底层的各种物理设备的运行状况,根据工艺状况的变化,动态显示生产状况。

　　测控系统的软件组态是生成整个系统的重要技术。对每一个控制回路分别依照其控制回路图进行。组态工作是在组态软件支持下进行的,主要包括:测控组态、图形生成系统、显示组态 I/O 通道登记、单位名称登记、趋势曲线登记、报警系统登记、报表生成系统等方面的内容。有些系统可根据特殊要求而进行一些特殊的组态工作。测控工程师利用工程师键盘,以人机对话方式完成测控系统组态操作,测控系统组态结果存入磁盘存储器中,以备运行时调用。

测控组态系统实现 FCS 与管理网络的互联,充分利用测控系统资源,完成生产过程数据的实时获取、显示、处理、通信、控制以及工艺流程图动态显示和生产过程数据列表显示等。

测控组态系统能完成实时趋势显示及事件报警等功能。通过屏幕画面及图表的配合使用,从整体和细节两个方面对生产过程进行监控,系统运行中能实时进行事件报警检测,以便及时反映各工位点的工况,保证装置安稳运行。

## 4.3 以太网络测控技术

以太网出现于 1975 年,于 1990 年正式成为 ISO/IEC 8802.3 国际标准。在这期间,以太网从最初的 10Mbps 以太网,发展到 100Mbps 快速以太网和交换式以太网,直至发展到千兆以太网和光纤以太网。开放的以太网是 20 多年来发展最成功的网络技术,并导致了一场信息技术的革命。以太网系统由硬件和软件两部分组成,二者共同实现以太网系统内各计算机之间的信息传输和共享。以太网系统应具有以下 4 个基本要素。

(1)帧:指一系列标准化的数据,用于在系统中传输数据。

(2)介质访问协议:由内嵌于各个以太网接口中的规则组成,允许一个以上的计算机以竞争的方式访问共享的以太网传输通道。

(3)接口部件:标准化的电子测控设备,在以太网中发送和接收信号。

(4)物理介质:由电缆或其他用来传输数字式以太网信号的硬件组成。

### 4.3.1 TCP/IP 协议

TCP/IP 协议栈是实现 TCP/IP 协议功能的软件和硬件的集合。从软件角度出发,TCP/IP 协议栈除了 TCP/IP 协议外,还包括 UDP、Telnet、FTP、HTTP、ICMP、ARP 等多个协议,在不同的层次上完成各自的功能。

**1. TCP/IP 协议的网络分层**

TCP/IP 协议是在互联网产生之后,在网络互联的工作实践和经验中经过抽象提取出来的。TCP/IP 协议模型如图 4-14 所示,该模型由 5 个层次构成,从下至上是物理层、网络接口层、网际层、传输层和应用层。

| 应用层 | 与用户接口 |
|---|---|
| 传输层 | 面向连接的确保可靠传输 |
| 网际层 | 无连接的网际数据包传送 |
| 网络接口层 | 提供与物理层硬件的接口 |
| 物理层 | 定义通信媒体的物理特性 |

图 4-14 TCP/IP 协议模型

(1) 物理层对应于网络基本硬件,功能同 OSI 参考模型的物理层。

(2) 网络接口层上端负责通过网络接收并发送 IP 数据报,下端负责从网络上接收物理帧,并从中提出 IP 数据报送给网际层。网络接口有两种:一种是设备驱动程序(如局域网网络接口),另一种是含有数据链路协议的复杂子系统(如 X.25 中的网络接口)。

(3) 网际层(IP)规定了互联网中传输的包格式和从一台计算机通过一个或多个路由器达到最终目标的包转发机器。其功能包括 3 方面:

① 处理来自传输层的分组发送请求,即收到请求后,将分组装入 IP 数据报,填充报头,并选择好去往目的地的路径,最后将报文段发往适当的网络接口;

② 处理输入数据报,即判断接收到的报文段的目的地是否为本机,若是,则去掉报头,将用户数据交给适当的传输地协议;否则,再次寻址并转发数据报;

③ 负责路由选择、流量控制、拥塞控制等。

(4) 传输层(TCP)负责终端应用程序之间的可靠的数据传输。其功能包括格式化信息流和提供可靠传输。为了实现可靠传输,TCP 规定接收端必须发回确认,如果报文段发生冲突则必须重发。

(5) 应用层负责处理用户访问网络的接口问题,即向用户提供一套常用的应用程序,如WWW 浏览、FTP 和终端仿真等。

2. IP 协议

IP 是 TCP/IP 体系中的互联网协议,又称为"Internet"协议。它负责提供网络中的无连接的数据报传输服务。IP 与 TCP 两大协议是目前计算机互联网软件基础。而 IP 协议是迈向网络互联的第一步。

IP 提供的服务有两个特征。

(1) 无连接的服务:这是 IP 最重要的特征。IP 协议采用无连接的数据报机制,IP 只负责将报文段发往相应的目的地,而不管它是否真的能正确到达,因此 IP 协议机制无须进行验证、确认和重传,也无须保证报文段传送的正确顺序。而可靠性则是由 TCP 来负责的。

(2) 点对点的传送:点对点通信的一个最大问题是路由选择。

IP 数据报格式如图 4-15 所示,一个 IP 报文分为报头和数据两部分。报头的前 20 字节是固定的。为了保证 IP 报文段不是过大,IP 定义了一套可选项。当一个 IP 报文段没有可选项时,报文段首部的长度为 20 字节;当有可选项时,首部的长度为 24 字节。首部后面字节承载的是用户数据,长度为 4 字节的整数倍,是可有可无的选项,因此 IP 报文的最小长度为 20 字节。

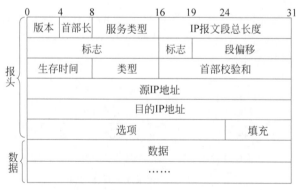

图 4-15　IP 数据报格式

IP 协议提供了一种在互联网中可以通用的地址格式,并在统一的管理下进行地址分配,以保证这种地址与互联网中的主机一一对应,从而屏蔽了各个物理地址的差异。IP 地址可以分为 3 类:A 类、B 类和 C 类,如表 4-6 所示。

表 4-6　3 类 IP 地址

| 地址类别 | 最高字节 | | 第二字节 | 第三字节 | 第四字节 |
|---|---|---|---|---|---|
| A 类 | 0 | 网络地址 | 主机地址 | | |
| B 类 | 10 | 网络地址 | 主机地址 | | |
| C 类 | 100 | 网络地址 | 主机地址 | | |

### 3. 传输控制协议 TCP

TCP 是 TCP/IP 体系中的传输层协议,它负责提供端到端可靠的传输服务。TCP 是目前计算机互联网中应用最广泛的传输层协议,大部分互联网都是建立在 TCP 基础上的。

一个 TCP 报文分为首部和数据两部分,如图 4-16 所示。首部的 20 字节是固定的,后面的字节承载用户数据,长度为 4 字节的整数倍,是可有可无的选项。因此 TCP 报文的最小长度也为 20 字节。

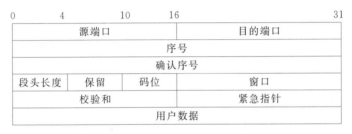

图 4-16　TCP 报文段格式

TCP 的主要机制包括:

(1) 编号与确认。TCP 将所传送的整个报文看成字节组成的数据流。TCP 对每字节进行编号,接收方利用 TCP 报文首部中的"确认序号"字段进行确认。如果发送方在规定的时间内没有收到确认报文,就要将未被确认的报文重新发送。

(2) 适应性重发。重发机制是 TCP 中最重要也是最复杂的问题。TCP 每当发送一个报文时,都要设置一次定时器,当到了定时器所设置的时间而未接收到报文时,就将此报文段重发。

(3) 用窗口进行流量控制。TCP 采用一种窗口机制来进行流量控制。发送方的窗口称为发送窗口,接收方的窗口称为接收窗口,接收窗口的大小也就是接收端缓冲区的大小。

(4) 拥塞控制。一旦发生拥塞,TCP 并不向网络中重发数据包。TCP 记录下接收方的通告窗口,然后将发送窗口调整到与通告窗口一样的大小。通信中一旦发生报文丢失,便使用加速递减策略,同时对于保留在发送窗口中的报文段,将其重发时间加倍。这样,就使得发送窗口在继续出现报文段丢失时按指数规律递减。

(5) "三次握手"。TCP 采用"三次握手"来达到使一个 TCP 连接的建立和释放是可靠的。

### 4. 用户数据报协议 UDP

用户数据报协议是 IP 的另一个主机到主机层协议(对应于 OSI 参考模型的传输层)。

UDP 提供了一种基本的、低延时的称为数据报的传输。

UDP 的简单性使 UDP 不适合于一些应用,但对另一些更复杂的、自身提供面向链接功能的应用却很适合。其他可能使用 UDP 的情况包括:转发路由表数据交换、系统信息、网络监控数据等的交换。这些类型的交换不需要流控、应答、重排序或任何 TCP 提供的功能。

图 4-17 示出了 UDP 头结构和各域的大小。

| 两字节 UDP<br>源端口号 | 两字节 UDP<br>目的端口号 | 两字节<br>校验和 | 两字节<br>信息长度 |
|---|---|---|---|

图 4-17　UDP 头结构

UDP 协议头有以下结构。

(1) UDP 源端口号:16 位的源端口是源计算机上的连接号。源端口和源 IP 地址作为报文的返回地址使用。

(2) UDP 目的端口号:16 位的目的端口号是目的主机上的连接号。目的端口号用于把到达目的机的报文转发到正确的应用。

(3) UDP 校验和:校验和是一个 16 位的错误检查域,基于报文的内容计算得到。目的计算机执行和源主机上相同的数学计算。两个计算值的不同表明报文在传输过程中出现了错误。

(4) UDP 信息长度:信息长度域 16 位长,告诉目的计算机信息的大小。这一域为目的计算机提供了另一机制,验证信息的有效性。

### 4.3.2　Internet-Intranet-Infranet

全球已进入一个以网络为中心的计算时代,个人计算机被赋予新的含义:以实现"远程人机交互"为主要内容的国际互联网层——Internet(International Networks)。企业为了适应 Internet,已纷纷建立 Internet 的企业内部应用模式——Intranet(Intra-Networks),即以"实时数据库管理"和"人机操作界面"为主要内容的企业内部互联网络层。目前,Internet上已有 60% 的 Web 节点属于 Intranet 的 Web 节点。面向工厂测控设备的现场总线及工业测控网络层——Infranet(Infrastructure Networks),是一种结合互联网的普遍连接性以及专网的可靠性与安全性的公共网络,服务提供商们将最终共同连接到 Infranet,以创建一个能够支持任何类型网络通信的统一全球网络。

**1. Internet**

Internet 是一个合成词,是由"Interconnect"和"Network"两个词合成的。Interconnect的意思是"互相连接",Network 的意思是"网络",所以 Internet 的直接意思就是"互相连接的网络"。

Internet 开始是由美国国防部资助的称为 Arpanet 的网络,原始的 Arpanet 早已被扩展和替换了,现在由其后代 Internet 所取代。第一个应用 Internet 类似技术的试验网络用了 4 台计算机,建立于 1969 年。该时间是第一台 IBM 个人计算机诞生后的 13 年。

**2. Intranet**

Intranet 是 Internal Internet 的缩写,是应用 Internet 中的 Web 浏览器、Web 服务器、HTML、HTTP、TCP/IP 网络协议和防火墙等先进技术,建立供企业内部进行信息访问的独立网络。

1) Intranet 简介

Intranet 分两种：一种是广义上的，即在公司内部使用的 Internet 技术，也即建立在
TCP/IP 网络协议及使用诸如 Web 浏览器等技术基础上的应用，它的基本思想是：在内部
网络上采用 TCP/IP 作为通信协议，利用 Internet 的 Web 模型作为标准平台，同时建立防
火墙把内部网和 Internet 隔开；另一种是狭义上的，即指公司内部所使用的万维网。

Intranet 与 Internet 既有联系又有区别。Internet 是存储在计算机上的信息的集合，这
些计算机物理地分布在全世界，因此 Internet 被称为因特网，是一个跨越全球的"网络的网
络"，它没有防火墙/网关的保护，是全开放的。而 Intranet 内在敏感的和享有版权保护的信
息则是公司内部的信息网，依靠"防火墙"(指用软件和硬件的方式将两个计算机网络分隔开
来的一种"障碍"，保障用户正常访问并阻挡未授权用户的非法访问)与 Internet 进行连接，
只允许经过授权的用户进入企业内部 Web 站点，还允许企业员工与 Internet 连接。它具备
以下特点：

(1) 采用 TCP/IP 协议，因 IP 协议能妥善处理局域网与广域网的通信，是 Internet 的通
用语。

(2) 采用 HTML/SMTP 及其他公开标准。

(3) 仅供单位内部使用。

(4) 具有安全性。

Intranet 最大的特点就是安全性，具有开发性、跨平台兼容性、可联机共享多媒体信息、
投资少、回收快等特点。

2) Intranet 的构建

一般说来，Intranet 的规划可以从以下几个方面来进行：

(1) Intranet 的功能设计。建立 Intranet 时，必须首先考虑好它应该具有哪些功能。
Intranet 诞生之初，只是纯粹的 Web 浏览功能。目前，Intranet 已发展为具有多种功能，几
乎包含了在 Internet 上出现的所有新技术，主要有 Web 浏览、电子邮件系统、群件、电话与
电视会议、多媒体信息广播、电子商务等。业界权威人士公认的全服务 Intranet 包括 8 项服
务：Web 出版、目录、电子邮件、安全性、广域互联、文件、打印和网络管理。

(2) 硬件与软件设计方案。硬件设计方案是指规划企业 Intranet 网的硬件设计，如果
企业已有现成的 LAN 或 WAN，则 Intranet 完全可以建立在原有系统之上。软件设计方案
是指 Intranet 产品的选择。由于 Intranet 技术可以归结为一种软件技术，软件方案的规则
直接关系到 Intranet 的成败。

(3) 应用与开发计划。组织 Intranet 上各种信息系统内容，确定具体的应用开发方法
及所使用的工具等。

(4) 投资费用规划。在完成了功能设计及硬件与软件设计方案和应用开发计划后，还
必须对投资费用进行估算，以便于具体实施。

3) 构建 Intranet 的步骤

构建一个独立的企业 Intranet 可采用以下 5 个步骤。

(1) 选择 Web 服务器上的网络操作系统。目前比较流行的网络操作系统有 Unix、
Windows 2000/XP、Netware 及 OS/2Warp 等。由于 Internet 上大多数服务器运行 Unix，
所以 Unix 当然是最好的选择。不过随着 Internet/Intranet 不断发展，其上的大部分应用和

工具已以 Unix 平台移植到 PC 上,所以如果原来的操作系统为 Windows、Netware、OS/2warp 等,则完全没有必要放弃。

（2）加载 TCP/IP 协议软件。TCP/IP 协议是 Internet/Intranet 的标准通信协议,目前几乎所有流行的操作系统支持 TCP/IP 协议,都提供了 TCP/IP 协议软件。

（3）安装 Web 服务器。由于 Web 服务器技术是 Intranet 的关键技术,所以安装好 Web 服务器是构建 Intranet 的基础。目前,许多公司均已推出了 Intranet 全套解决方案,Web 服务器通常作为一个重要的组成部分包含在其中,这些产品包括 Microsoft 公司的 Backoffice、Netscape 公司的 SuiteSpot、Oracle 公司的 Interoffice、Novell 公司的 InnerWebPublisher 等,所包含的 Web 服务器分别为 Internet Information Server、Netscape Enterprise Server、Web Server 及 Netware Web Server。

（4）建立 Web 信息系统。包括编制 HTML 文档及建立应用服务器和后端数据库服务器的链接。HTML 文档是 Web 服务器上信息的基本组织形式,利用当前比较流行的 Web 出版工具,可以方便地建立 HTML 文档,也可以把其他类型的文档自动转化为 HTML 文档。许多企业都依靠数据库管理系统(DBMS)存储大量重要的数据,因此必须建立 HTML 到 SQL 数据库的链接。另外,随着群件的普及,许多企业建立了文档数据库,可以建立 Web 到文档数据库的链接,使 Web 浏览器具有文档查询、检索功能。

（5）安装客户机软件。在 Intranet 的客户机装上 TCP/IP 协议软件和浏览器软件。注意安装的 TCP/IP 软件不能版本太低,以免和服务器端连接不上。客户机上使用的是 Windows 操作系统。浏览器软件可选择 Netscape 通信公司的 Navigator 或 Microsoft 公司的 Internet Explorer。它们是目前最为常用的两种浏览器软件。

4）基于现场总线的 Intranet 体系结构

图 4-18 是基于现场总线的 Intranet 体系结构图,可分为 4 层:现场总线检测层、现场总线控制层、现场总线管理层和现场总线信息层。

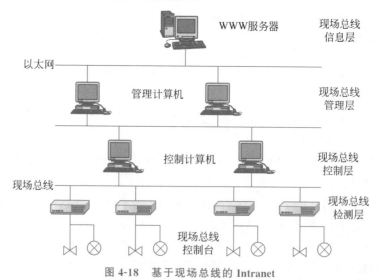

图 4-18　基于现场总线的 Intranet

（1）现场总线检测层。采用现场总线功能模块结构,完成检测、A/D 转换、数字滤波、累积、计数、温度压力补偿、阀位补偿等功能,可进行组态设计;智能转换器对传统检测仪表的

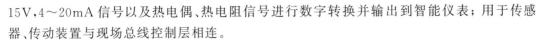

15V、4～20mA 信号以及热电偶、热电阻信号进行数字转换并输出到智能仪表;用于传感器、传动装置与现场总线控制层相连。

(2) 现场总线控制层。通过控制软件对过程的各种运行参数进行实时监测、报警、趋势分析,并完成连续控制、顺序控制、梯形图逻辑、执行设定点程序等,以及生成传输动态数据库、生产计划接收和各种优化处理。

(3) 现场总线管理层。将现场总线控制层的实时通用数据集成到 Web 服务器。

(4) 现场总线信息层。将控制过程、信息管理、通信网络融为一体,信息共享,实现主体优化;采用开放操作,采用基于 ISO 开放系统互联标准的全数字化通信体系结构。有关人员登录到 Web 服务器,可以根据各自的权限监控到生产现场的每个传感器、执行器的运行情况。

**3. Infranet**

互联网的突出优势在于连接和带宽。而与之相比,Infranet 则在多个方面都提供保证,可在不损失互联性和带宽的前提下确保质量、可靠性和安全性。具体来讲,Infranet 将为业务价值链带来的好处体现在:

(1) 客户应用可以向网络自动请求所需的安全性、质量和带宽级别。

(2) 提供动态保证,即按客户应用所需的性能和安全级别交付应用。

(3) 使运营商在全球公网上支持并提供高级业务的扩展,例如内容投放和高性能 VPN业务,而不再局限于某一物理网络。

根据 IIC 的观点,Infranet 的演进可以划分为以下 4 个阶段。

(1) IP 基础设施:Infranet 演进的起点。这个阶段提供基于数据包的网络基础设施,并确保稳定且可预测的网络性能。

(2) 基础 Infranet:通过向 IP 基础设施中添加 QoS、高可用性和安全机制,将 Infranet质量整合起来。

(3) 单一 Infranet:通过实施标准的 Infranet 客户端网络接口(Infranet Client-Network Interface,I-CNI),提供标准的信任保证、对所有流量类型的支持,以及自动控制功能。

(4) 全局 Infranet:通过实施标准的 Infranet 跨运营商接口(Infranet Inter-Carrier Interface,I-ICI),将信任和业务保证扩展到多个网络,并为财务结算提供业务流程。

## 4.3.3 测控系统组态

工业测控系统采用以太网工厂自动化(Ethernet for Plant Automation,EPA)通信标准,是一种基于以太网、无线局域网、蓝牙等信息网络通信技术的分布式现场总线标准。基于 EPA 标准构建的工业自动化控制系统是通过分布与现场设备上各种功能块的直接相互操作来实现的,对 EPA 设备的组态实际上就是对设备中的功能块进行组态和调度;EPA标准还采用了先进的可扩展标记语言对 EPA 设备进行描述。由于 EPA 采用了诸多新技术,以及组态方式的改变,对基于 EPA 的组态软件的开发也提出了更高的要求。基于分布式控制的现场总线组态软件是组态软件的下一步发展趋势,EPA 组态软件的出现是对这一发展趋势的巨大推动。

**1. 以太网企业自动化测控系统模型**

EPA 标准是建立在 IEC 61499 和 IEC 61804 之上的,这两个标准规定了工业测量和控制系统分布式应用的结构模型和原子级的功能模块,功能模块通过分布式网络进行组合并相互协调工作,共同完成控制任务。EPA 通信标准提供了基于控制系统功能、在不同工程项目中可随意重复使用的模块化结构,并通过工程设计模型和运行期模块两个层次,组成完整的 EPA 网络化控制系统。从用户应用的角度看,EPA 控制系统是由一些基本的功能模块元素(如模拟输入模块 AI、模拟输出模块 AO、开关量输入模块 DI、开关量输出模块 DO和 PID 控制运算模块等),通过以连线方式表达的逻辑连接关系进行组合,协调相互的工作,共同完成控制任务。

EPA 控制系统模型如图 4-19 所示,从图中可以看出,EPA 是一种分布式总线控制系统,该系统抛弃了集散控制的策略措施,系统中每一个设备都是平等的,不存在控制器和现场设备之分,也就是由集散控制的 3 层控制模式变成了 2 层控制模式,系统的所有功能都下放到了现场设备,每一个设备都是一个集成了 EPA 管理内核的智能现场设备,这些现场设备在组态后,相互之间的控制就已经形成。在运行期间,通过相互之间的互相控制来完成整个控制过程。

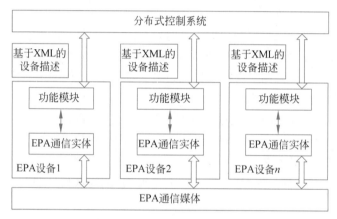

图 4-19　EPA 系统控制模型

EPA 中的基本功能由每个设备中的功能块完成,一个设备中可能有多个功能块,功能块是基于 IEC 61499 定义的。功能块将控制过程中的某个特定功能封装在一个功能块中,并提供给用户接口,用户不必关心功能实现的具体细节,只需根据功能块的接口配置相应的控制系统。功能块的接口定义中分为数据输入输出接口和事件输入输出接口,事件的输入接口用于触发功能块中某个功能算法的执行,而事件输出接口用于本功能块的运算完成后通知其他功能块,数据的输入输出用来传递用于功能运算的数据。从 EPA 控制系统的角度看,EPA 控制系统的组态就是对分布于现场设备中的这些功能块进行组态。

EPA 提供了基于 XML 的 EPA 可扩展设备描述语言(eXtensible Device Description Language,XDDL),XDDL 是为实现设备互操作的目的而设计的。采用 XDDL 可以描述现场设备的功能。设备描述的源文件即 XML 源文件,是由设备开发商提供的可读的文本格式的文件,设备描述文件定义了通过 EPA 现场总线可以获得的设备的所有信息。

**2. 以太网企业自动化组态软件总体设计**

EPA 组态软件的设计采用面向对象的设计思想,将各个功能模块封装在不同的类中,提供一种可扩展的、灵活的和健壮的设计。同时给用户提供友好的人机界面,将各种组态工作都用图形化的方式表现,智能地完成各种组态任务,让用户从繁重的工作中脱离出来。软件的整体结构采用文档-视图模式,把数据和表现分离开来,文档部分专门用来存储系统要用到的数据,而视图则是将实际的数据用图形化的方式表现出来。

通过分析 EPA 协议,可以看出,EPA 组态软件主要的功能有:EPA 设备功能块的组态、EPA 设备的调度组态、EPA 应用层的实现和 EPA 设备的设备管理。这几部分是 EPA 组态软件中最重要的部分,当然还有其他辅助功能,如工程管理、编译、下载等,都建立在这几部分基础之上。下面着重介绍这几个部分的设计,以及它们之间的关系。

EPA 模块配置图如图 4-20 所示,EPA 设备管理模块封装了 EPA 设备描述文件解析类和 EPA 设备管理类;EPA 功能块配置模块封装了 EPA 功能块配置所需的功能块数据结构、功能块配置链接的数据结构,以及图形化显示功能块和它们之间链接的数据结构;EPA 调度配置模块封装了 EPA 调度配置所需的数据结构和图形化显示调度配置的数据结构;EPA 应用层模块则封装了与 EPA 应用层通信相关的类;EPA 编译管理模块根据组态配置,为所用到的现场设备编译相应的配置文件;EPA 配置下载管理模块,将编译好的配置文件下载到相应的现场设备中。

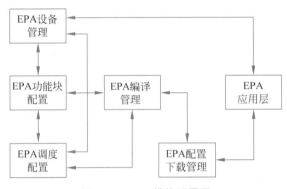

图 4-20  EPA 模块配置图

## 4.3.4  发展方向（IPv6）

目前的互联网是在 IPv4 协议的基础上运行。IPv6 是下一代互联网协议,它的提出最初是因为随着互联网的迅速发展,目前已有成功应用的苗头出现。IPv4 定义的有限地址空间将被耗尽,地址空间的不足必将影响互联网的进一步发展。为了扩大地址空间,拟通过 IPv6 重新定义地址空间。IPv4 采用 32 位地址长度,只有大约 43 亿个地址,估计在 2005~2010 年间将被分配完毕,而 IPv6 采用 128 位地址长度,几乎可以不受限制地提供地址。按保守方法估算 IPv6 实际可分配的地址,整个地球每平方米面积上可分配 1000 多个地址。在 IPv6 的设计过程中除了一劳永逸地解决地址短缺问题以外,还考虑了在 IPv4 中解决不好的其他问题。IPv6 的主要优势体现在以下几方面:扩大地址空间、提高网络的整体吞吐量、改善服务质量(QoS)、安全性有更好的保证、支持即插即用和移动性、更好实现多播功能。

**1. IPv6 基本协议**

IPv6(Internet Protocol Version 6)的数据包头与 IPv4 相比得到了大大的简化,见图 4-21,IPv6 头所含字段少,而且头长度固定。这些特点使路由器的硬件实现更加简单。与 IPv4 不同,在 IPv6 网络中路由过程不对数据包进行分割,从而进一步减少了路由负载。

| 版本号 | 优先级 | 流标识 | |
|---|---|---|---|
| 报文长度 | | 下一头 | 跳数限制 |
| 源 IP 地址 | | | |
| 目的 IP 地址 | | | |

图 4-21 IPv6 头结构

IPv6 在需要的时候将可选择的互联网信息编码在单独的头中,即在基本头和上一层头之间放置扩展头。这种头包括逐跳选项头、路由选项头、分段选项头、目的地址选项头、认证选项头和封装安全载荷选项头等 6 种头。每个扩展头都被一个明确的"下一个头"域的值所确定。如例 4-1 至例 4-3 所示,每个 IPv6 数据包可带有 0 个、1 个或多个扩展头,每个扩展头由前一个头的"下一个头"域所确定。

例 4-1

| IPv6 头<br>下一个头＝TCP | TCP 头＋数据 |
|---|---|

例 4-2

| IPv6 头<br>下一个头＝路由 | 路由头<br>下一个头＝TCP | TCP 头＋数据 |
|---|---|---|

例 4-3

| IPv6 头<br>下一个头＝路由 | 路由头<br>下一个头＝分段 | 分段头<br>下一个头＝TCP | TCP 头＋数据 |
|---|---|---|---|

除了逐跳选项头之外,其他扩展头都不被数据包发送路径上的任何一个节点检查或处理,除非是数据包到达了 IPv6 头中的"目的地址"域所指明的节点(或在组播路由的情况下,节点组中的任一个节点)。在对 IPv6 头中"下一个头"域正常解复用时,首先要处理第一个扩展头(当没有扩展头时直接处理上层头)。每一个扩展头的内容和语义决定了是否要继续处理下一个头。因此,必须严格按照扩展头在数据包中出现的顺序对它们进行处理。接收者不能在数据包中搜索一个特定的扩展头,并且在处理完所有排在它前面的头之前处理它。

逐跳选项头中携带的信息必须被数据包传送路径上包括源节点和目的节点在内的每一个节点检查和处理。逐跳选项头如果存在,则它必须紧随在 IPv6 头之后。当 IPv6 头中"下一个头"域的值为 0 时,说明后面有逐跳选项头存在。

如果节点处理一个头的结果是要进行下一个头的处理,但这个头的"下一个头"域的值不能被节点所识别,则节点将丢弃这个数据包并向数据包的源点发送一个 ICMP"参数错误"消息,ICMP 代码值为 1(不能识别下一个头的类型),ICMP 指针域包含源数据包中不能被识别的域的偏移量。若一个节点遇到除 IPv6 头外的任一个头的"下一个头"域为 0,则节点对这个数据包也按上面的方法进行处理。每个扩展头的长度应为 8 的整数倍(以字节为单位),以保证下面的头也按 8 字节对齐。每个扩展头内的多字节域按它们的自然分界来对齐。

IPv6 的完整实现包括下面扩展头的实现:

(1) 逐跳选项头;

（2）路由头（类型 1）；

（3）分段头；

（4）目的地选项头；

（5）认证头；

（6）封装安全载荷头。

其中,逐跳选项头用来携带在数据包发送路径上必须由每个节点检查的信息；路由头用来列出数据包从源地址到目的地址之间需要经过的一个或多个中间节点的地址；分段头用来对数据包长度大于路径最大传输单元的数据包进行分段；目的地选项头用来携带只需要目的节点进行处理的信息；认证头用来为数据包提供完整性和数据初始认证；封装安全载荷头用来提供数据的机密性。

**2. IPv6 地址格式**

与 IPv4 的 32 地址相比,IPv6 的地址要长得多。IPv6 共有 128 位地址,是 IPv4 的整整 4 倍。与 IPv4 相同,一个字段由 16 位二进制数组成,因此,IPv6 有 8 个字段。每个字段的最大值为 16384,但在书写时用 4 位的十六进制数字表示,并且字段与字段之间用“:”隔开,而不是原来的“.”。而且字段中前面为零的数值可以省略,如果整个字段为零,那么也可以省略。128 位地址所形成的地址空间在可预见的很长时期内,能够为所有可以想象出的网络设备提供一个全球唯一的地址。128 位地址空间包含的准确地址数是 340,282,366,920,938,463,463,374,607,431,768,211,456。

**3. 地址配置**

IPv6 的一个基本特性是支持无状态和有状态两种地址自动配置的方式。无状态地址自动配置方式是获得地址的关键。IPv6 把自动将 IP 地址分配给用户的功能作为标准功能。只要机器一连接上网络便可自动设定地址。这样有两个优点：一是最终用户用不着花精力进行地址设定；二是可以大大减轻网络管理者的负担。IPv6 有两种自动设定功能：一种是和 IPv4 自动设定功能相同的名为“全状态自动设定”功能；另一种是“无状态自动设定”功能。

**4. 路由协议**

IPv6 的路由是基于地址前缀的。由于 IPv6 具有可聚合的地址,可保证互联网中的顶级路由器中的缺省路由表项不超过 8192 个,非常有利于顶级聚合域内和不同顶级域间的路由优化。

IPv6 的路由有 3 种形式,见表 4-7。

表 4-7 IPv6 的路由形式

| 形　　式 | 描　　述 |
|---|---|
| 使用 CIDR 路由 | 像 IPv4 一样使用 longest-prefix match 路由 |
| 使用路由头 | 如果基于供应商选择、策略或服务质量的考虑,一个有单播地址的 IPv6 数据包携带路由头,那么这个数据包将顺序经过路由头中指定的各个路由器 |
| 升级 IPv4 路由协议 | 将 IPv4 路由协议升级,使它们能够处理 IPv6 地址<br>用于单播地址 unicast：OSPF,RIP-2,IS-IS,BGP4＋,… <br>用于组播地址 multicast：MOSPF,PIM,… |

**5. 移动性**

IPv6是移动互联网的基石,移动IPv6能使移动用户在同类的和不同类的网络之间进行漫游和无缝的切换,因此对移动性的支持成为IPv6最闪亮的特点。固定的互联网向移动互联网的演变需要移动IPv6的支持,无线网络向IP网络的演变也需要IPv6作为其核心网络的支撑。IPv6的移动性表现在:

(1) 移动IPv6能够支持大量的移动用户。

(2) 移动IPv6网络中移动管理更为简易、有效。

(3) 数据在移动互联网中传输效率更高。

(4) 更有效地支持Ad-Hoc移动网络。

## 4.4 典型应用

本节详细分析作者研制开发的基于Internet的小型多功能转子轴承远程测控系统的结构设计及其工作原理。

### 4.4.1 系统结构和原理

小型多功能转子远程实验系统在结构上分为两个部分,即硬件平台和软件系统。硬件平台包括转子实验台、PWM电机转速控制器和数据获取系统;软件系统包括现场测控软件和网络通信软件。系统总体结构示意图如图4-22所示。

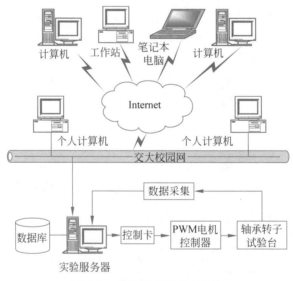

图4-22 系统总体结构示意图

硬件结构包括转子实验台、电机转速控制器和测控子系统。3部分协同工作实现电机转速控制、转子振动数据采集以及试验数据实时分析。

转子试验台是本系统的测控对象,为实现试验台的多功能,试验台采取了3种不同形式试验模块:单跨转子试验模块、双跨转子试验模块和平行轴转子试验模块。其中,单跨转子轴承试验模块的结构示意图见图4-23。3种试验模块的转子采用整体圆柱轴承支撑,润滑油润滑。轴承外径尺寸较大,便于采用其他的轴承形式。圆盘利用锥套或胀紧联结套进行轴上固定,位置可以根据试验需要随时调整。圆盘轴向均匀分布螺孔,在进行动平衡实验时可安装配置。在轴承座上设计传感器安装位置,便于轴承根部的振动测量。另外设计传感器支架,对不同位置的振动信号进行感知测量。

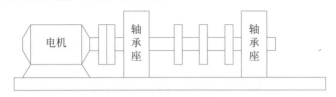

图 4-23　单跨转子轴承试验模块结构示意图

系统的驱动系统采用直流电机,电机控制电路采用脉冲宽度调制(PWM)控制器。该测控系统功能如下:

(1) 能够同时测量多个参量,包括振动、压力、温度等物理量。

(2) 能够快速进行动态在线实时测量和控制,满足网上远程试验的要求。

(3) 能够实时快速进行信号的实时分析处理。

该测控系统主要由传感器(温度、振动、压力)、信号调理器、数据采集单元和计算机组成,并采用以太网结合校园网实现轴承试验台现场设备对象的远程数据采集与远程控制。结合虚拟仪器软件平台,最大限度地完成测量和控制的全过程。既实现对转子的控制和信号的检测,又能对所采集的信号进行分析和处理。测控系统可以根据试验目的的不同,选择不同的传感器和不同的数据分析方法,进行各种研究和实验。试验台测控系统的结构框图见图 4-24。

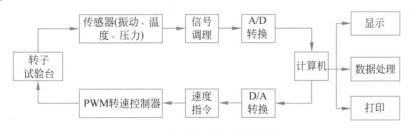

图 4-24　试验台测试系统结构框图

软件系统由现场测控软件和远程测控软件两部分组成。现场测控软件负责对本地(服务器端)被测对象工况进行实时测量和控制,并负责测量数据的简单分析和发送;远程测控软件则主要实现网络远程通信、远端控制指令的发送、本地测量结果数据的传输以及用户认证、数据加密等网络安全工作。该测控系统软件构成示意图如图 4-25 所示。

现场测控软件包括电机转速控制程序、多通道数据同步采集程序、数据存储程序和振动量分析程序。电机转速控制程序实现对直流电机转速的实时监测和精确控制;多通道数据同步采集程序实现

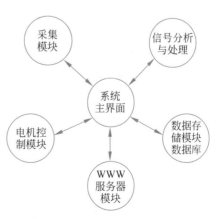

图 4-25　软件构成示意图

对多路传感器信号的同步采集和触发采集功能；数据存储程序负责历史数据的保存；振动量分析程序实现对转子振动量数据的信号处理和频谱分析。采用可视化组态测控系统开发工具 LabVIEW 组态实现现场测控软件。

## 4.4.2　基于 Internet 的远程测控

在本系统中，分别利用 4 种不同的技术和方法实现了系统的远程测控功能，即基于 Java Applet 技术和图像传输的远程测控、基于 AppletVIEW 和 Java Beans 组件技术的远程测控、基于 ActiveX 技术和图像传输的远程测控以及基于 DataSocket 和 Java Beans 组件技术的远程测控。

**1. 方案一：基于图像传输原理和 Java Applet 实现的远程测控**

由于本测控系统的服务器端现场测控软件是用 LabVIEW 组态软件开发的，所以，如果以通过网络传输测试数据的方式实现远程测控任务的话，就要求远程测控软件必须设计各种数据格式的传输方式，以便客户端程序可以识别和接收不同类型的数据，如整数和浮点数，字符串和数组等，这样做的优点是数据传输量比较小，但缺点是使得客户端程序的开发难度增加许多。基于这种考虑，在本系统开发过程中，首先设计了一种利用图像来传输测量结果的方法，利用图像传输的方法不需要考虑数据格式的识别问题，唯一要考虑的问题是图像的编码和解码工作，相对来说比较易于实现。

图像的编解码是本方案的关键问题，数据流量和开发难度均取决于图像数据的编码和解码方式。所以，图像格式的选择对于远程测控速度和实时性有着至关重要的影响。经过具体的比较和分析，选择 PNG(Portable Network Graphics，可移植的网络图形)图像格式作为数据传输中的图像格式。确定图像格式之后，本方案采用 Java Applet 技术实现客户端程序开发，主要包括建立与服务器端数据服务程序(Data Server)的网络连接、控制命令发送和接收、PNG 图像的编码和解码。

应用本方案实现的远程测控系统的基本结构示意图如图 4-26 所示。客户端由两个部分组成，一个是网络浏览器，另一部分则是嵌入到浏览器页面中运行的 Java Applet 程序。客户端通过 Internet 和支持 Java Applet 的浏览器来访问服务器，自动下载并运行 Applet。服务器端由 Web 服务器、LabVIEW VI 程序和 Data Server 3 部分组成。Web 服务器为客户端提供 WWW 服务，使得客户端能够通过浏览器访问服务器。LabVIEW VI(虚拟仪器)负责服务器端本地系统的现场测控任务。而 Data Server 一方面同客户端 Java Applet 程序建立网络连接，作为 Applet 程序的数据服务器，接收客户端 Applet 程序的请求并传送数据；另一方面又负责响应 Applet 程序的请求，以客户(Client)方式对 LabVIEW VI 程序进行相应的控制和获取数据。

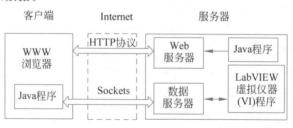

图 4-26　Java Applet 应用系统结构

**2. 方案二：基于图像传输原理和 ActiveX 实现的远程测控**

在本方案中，基于以下考虑而采用 ActiveX 控件实现图像传输和远程测控功能：

（1）浏览器对组件技术尤其是对 ActiveX 的广泛支持。

（2）ActiveX 控件在客户端的执行效率要高于 Java Applet。

（3）易于开发，Delphi 开发的程序可以直接以 ActiveX 控件形式进行网络发布。

本方案的其他方面，包括服务器端程序、图像格式和控制命令，均与方案一相同，只是客户端程序改用 ActiveX 控件形式而不是 Java Applet 程序。

**3. 方案三：基于数据传输和 Java Beans 组件技术的远程测控**

方案一和方案二均是基于图像传输原理来实现远端测量结果数据的发送和接收。虽然采用 PNG 图像格式使得数据量很大程度地减小，但是比起纯粹的测量数据而言，其数据量依旧是相当大的，这就必定造成以图像传输方式传递数据的方案测控的实时性减弱。本方案以数据传输代替图像传输主要就是基于实时性方面的考虑。

选择数据传输方式的一个必然结果是必须处理各种不同格式的数据量，对于开发而言，将增加一定的复杂性和难度。面向对象和组件技术为复杂项目设计、管理和开发提供了一条有效的解决途径。在本方案实现中，利用不同类型的对象负责识别和处理不同格式的数据量，然后以组件的方式实现，达到封装和复用的效果。

Java 不仅是一个很好的网络开发语言，而且是一个完全面向对象的程序设计语言。Java Beans 是软件组件技术在 Java 语言中的最新扩展之一，Java Beans 的提出和实现使得 Java 也支持组件技术，从而使 Java 具有组件软件的优点，可以用组件和框架的方式构建和开发应用程序。Java Beans 技术完全符合设计面向对象和组件设计，所以本方案基于 Java Beans 技术开发了远程测控的客户端程序。

针对服务器端传送过来的测量数据类型，在客户端程序开发中应用了许多相应的 Java 组件，包括处理和显示数组数据的示波器、处理布尔类型数据的开关、处理和设置整数和浮点数的旋钮等组件。这些组件的应用使得程序开发更加有效。客户端程序采用 AppletVIEW 开发实现。本方案中客户端与服务器之间的数据通信过程如图 4-27 所示。首先，客户端通过 Web 浏览器访问服务器，请求并接收所需要的 HTML 页面。其次，嵌入该 HTML 页面中的 Java Applet 程序自动请求下载并立即启动和运行。接着，客户端 Applet 程序请求获得相应的 jvi 程序，这个 jvi 程序就是结合 AppletVIEW 开发客户端程序

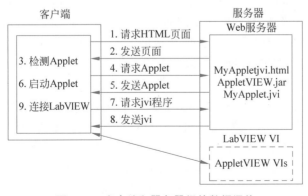

图 4-27　客户端和服务器间的数据通信

主体,前一步骤下载运行的 Applet 程序为 jvi 程序提供了一个运行环境,程序的主要功能是接收和显示服务器端发送来的数据并实现远程测控功能,而实现这些功能的 Java Beans 组件就在 jvi 程序中。完成了客户端程序的启动之后,jvi 程序就和服务器端虚拟仪器程序之间建立网络连接,执行远程测控任务。

#### 4. 方案四:基于 DataSocket 技术的远程测控

DataSocket 是 LabVIEW 提供的一个网络测控系统开发工具,借助它可以在不同的应用程序和数据源之间共享数据。Java Beans 版的 DataSocket 就是利用 Java 对 DataSocket 技术进行全新的实现,并包装成 Java Beans 组件,从而使得这个工具既有 Java 的跨平台优点,又有组件软件的易于重用和再开发特点,并保持了 DataSocket 在网络测控数据传输中的高效率,而且,是完全为 B/S 开发模式设计实现的。

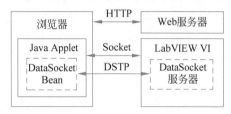

图 4-28　DataSocket 网络测控系统工作原理

在本测控系统中,用 DataSocket Bean 开发的网络测控程序的工作原理如图 4-28 所示。客户端和服务器之间的远程数据通信任务均是通过 DataSocket 服务器来实现。对客户端,程序只需要负责从本地的 DataSocket 服务器 Read 端口处读取数据,以及将控制指令发送到本地 DataSocket 服务器的 Write 端口,远程服务器对客户端程序完全是透明的操作。对服务器端,同样是只要对本地 DataSocket 服务器的两个端口进行读写数据,即可完成对客户端发送数据和响应控制指令。底层的工作则是由服务器和客户端的 DataSocket 程序来完成。

#### 5. 4 种实现方案应用比较

在多功能转子轴承试验台测控系统的远程测控程序开发中,分别对上述 4 种方案进行了具体实现和远程实验,并针对实验结果对这几种方案进行了比较和分析。

基于图像处理的 Java Applet 实现方案的优点是开发效率高,程序较小,便于客户端下载执行;缺点是由于采用图像传输的方法,相对于只传输结果数据的方法(即后两种方案)数据量比较大,而且,服务器端需要对图像进行编码和压缩,客户端需要对压缩数据进行解压和图像解码,这些工作加重了系统负担,降低了数据传输效率,尤其对于 Java 程序,会占用相当多的系统资源。

基于图像传输的 ActiveX 实现方案,在实现上采用 Delphi 开发,它的优点是开发效率高,而且一旦程序下载成功,比起同样功能的 Java 程序具有更高的执行速度和效率,占用的系统资源也相对比较少;但是,实验证明,生成的 ActiveX 控件程序的尺寸比 Java 程序要大许多,客户端需要花费大量的时间来下载这个程序;另外,也具有上面所述的用图像方式来传递结果数据的缺点。

这两种基于图像传输的方法的最大优点就是,只需进行一次浏览器程序和服务器程序的开发,以后不管对于何种本地测控应用,均可不加任何修改地直接升级为网络测控程序。并且,不需要修改原有的本地测控程序,相当于为本地测控程序增加了一个独立的网络测控外壳。共同的缺点是只能应用于数据量较少的远程测控系统。

基于数据传输和 Java Beans 实现的远程测控方案,由于客户端程序的开发选用 AppletVIEW,为远程测控系统提供了可视化开发环境,所以具有很高的开发效率。并且,结果数据的传输是基于 Socket 的一种传输方式,具有较高的数据吞吐量。缺点是需要修改本地测控程序,并在本地 VI 程序中调用 AppletVIEW 提供的一些网络控件 VI 来与浏览器端的 Java 程序通信实现网络测控。

基于 DataSocket 技术的远程测控方案,是 DataSocket 技术进行远程测控的一种技术。优点是 DataSocket 定义了一个测控数据传输协议,从而利用这种方法可以达到很高的数据传输效率,实时性能相当好。缺点是客户端的控制功能太弱,尚有待加强。

总体来说,第三种方案,也就是基于数据传输和 Java Beans 技术的开发方案比较成熟、开发效率较高,也比较稳定。基于图像传输的方法不能达到很大的数据吞吐量,而基于 DataSocket 技术的方法则远端测控能力有限。4 种方法实现结果的对比情况如表 4-8 所示。

表 4-8 4 种方法实验结果比较

| | 实时性 | 远程控制 | 开发难度 | 可靠性 |
|---|---|---|---|---|
| 方案一 | 差 | 中 | 中 | 中 |
| 方案二 | 中 | 中 | 高 | 中 |
| 方案三 | 好 | 好 | 低 | 好 |
| 方案四 | 好 | 差 | 中 | 好 |

## 4.4.3 系统测控实例

多功能转子轴承试验台测控系统如图 4-29 所示。控制部分通过软件改变 D/A 转换的输出电压,D/A 转换的输出连到 PWM 电机控制器的输入端。通过 Web 程序,实验者可以在异地远端通过浏览器实现轴承转子转速的实时控制。测量部分通过数据采集单元对转子参数进行多通道实时测量,并通过网络将数据实时传给远端用户。远程测控采用方案三。

图 4-29 试验台测试系统照片

服务器端数据采集程序的界面如图 4-30 所示。

远程客户端的测控程序界面如图 4-31 所示,客户端程序为一个 Java Applet,运行于 WWW 浏览器窗口内,当客户端访问服务器时自动下载并运行。

对经过滤波的数据进行频谱分析,可以计算得到转子的实际转速。图 4-32 给出了实际远程实验过程中转子振动量的时域信号波形和频谱图。从其频谱图中可以看出,幅值最大的横坐标位置就是转子的转动频率,转动频率的幅值总是远大于其他位置。记转子的转动频率为 $f$,单位时间 $T$ 为 1min,则转子的转速就是 $f \times T$(r/min)。这里由频谱图 4-32(b) 可见,幅值最大的位置为 25Hz,则转速为

$$v = f \times T = 25 \times 60 = 1500 \text{(r/min)}$$

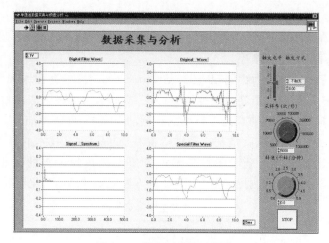

图 4-30　数据采集程序界面

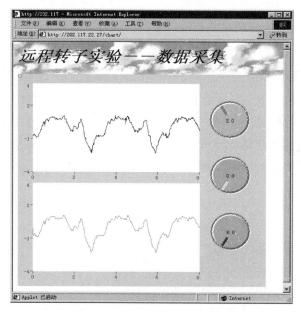

图 4-31　远程客户端程序界面

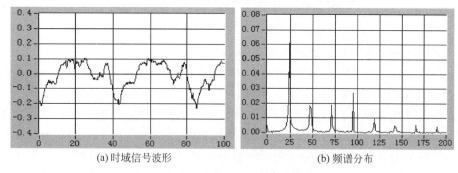

(a)时域信号波形　　　　　　　　　(b)频谱分布

图 4-32　振动量分析和转速测量

## 习题与思考题

1. ISO 七层模型是哪七层？各自的功能是什么？
2. 串口通信与并口通信各自有什么优缺点？
3. FCS 测控系统组态包括哪几种组态？
4. FCS 与 DCS 相比有什么优点？
5. 熟悉组态王运行环境，应用其做一个串级双容水箱设计。
6. 现场总线模型与 OSI 模型相比有什么不同？
7. 试描述一下用 FF 总线开发一网络测控系统的过程。
8. Internet-Intranet-Infranet 三者有什么不同？
9. IPv6 与 IPv4 相比做了哪些改进？
10. 试自行设计一个基于 Internet 的远程测控系统，并给出软硬件设计原理。

## 参考文献

1 阮勇,熊静琪. 网络测控系统及其进展[J]. 中国测试技术,2003,3(2)：56-57.
2 戎舟,高翔,赵飞龙. 网络化测控系统的实现技术[J]. 测控技术,2005,24(1)：29-31.
3 Feng-Li Lian,James Moyne,Dawn Tibury. Network DesignConsideration for Distributed Control System[J]. IEEE Transactions on Control System Technology,2002,10(2)：297-306.
4 杨宁,赵玉刚. 集散控制系统及现场总线[M],北京：北京航空航天大学出版社,2003.
5 雷霖. 现场总线控制网络技术[M]. 北京：电子工业出版社,2004.
6 王锦标. 计算机控制系统[M]. 北京：清华大学出版社,2004.
7 邹益仁,马增良,蒲维. 现场总线控制系统的设计和开发[M]. 北京：国防工业出版社,2003.
8 马万里,王平,谌震文. 基于以太网工厂自动化标准的组态软件设计与开发[J]. 计算机集成制造系统, 2005,11(10)：1357-1360.
9 马建. IPv6 原理及在移动通信中的应用[M]. 北京：科学出版社,2004.
10 史久根,张培仁,陈真勇. CAN 现场总线系统设计技术[M]. 北京：国防工业出版社,2004.
11 Jian Liang Chen,Han Chieh Chao,Sy Yen Kuo. IPv6：More than protocol for next generation Internet[J]. Computer Communications,2006,29(16)：3011-3012.

# 基于机器视觉的测控技术

在人类感知外部信息的过程中,通过视觉获得的信息占全部获取信息量的 75% 以上。因此,模拟生物宏观视觉功能的图像传感器得到越来越多的关注。随着计算机技术和自动化技术突飞猛进的发展,机器视觉理论得到长足进步,特别在 20 世纪 90 年代后期,图像传感器(CCD)技术的突破和成本大幅下降,给机器视觉的应用带来千载难逢的机遇。以基于机器视觉的现代测控技术在现代工业、农业、国防以及科学研究等众多领域得到了广泛应用,并成为用其改造传统测控理论、测控方法、测控技术、测控系统的重要研究方向和研究热点内容之一。本章重点介绍机器视觉测控系统、数字图像处理方法和图像信息融合技术,简要介绍应用作者研制的 ZM-VS1300 视觉智能测控系统平台研制开发视觉测控系统的方案,最后给出了作者研制的机器视觉测控系统典型应用案例。

## 5.1　机器视觉测控系统

随着各种先进图像传感器和数字图像处理技术的迅速发展,机器视觉与图像测量技术成为现代科学技术研究领域的重要发展方向。本节从机器视觉测控系统的基本概念出发,综合机器视觉测控系统原理、技术和应用进行介绍。

### 5.1.1　机器视觉测控概述

机器视觉测控技术是近年来测控领域形成的一门新兴测控技术。它以现代光学为基础,融光电子学、计算机图形学、图像信息处理、模式识别以及自动控制等现代科学技术为一体,由光、机、电、算综合技术组成。机器视觉测控就是将被测对象的视觉图像信息检测传递给图像处理装置,图像处理装置经过一系列处理后给出决策结果,根据决策结果实施对测控系统的相应控制。机器视觉测控技术可广泛应用于有形物体的检测、识别和跟踪。如工业产品的尺寸测量、缺陷识别、分类判定等;微电子器件(IC 芯片、PC 板卡)的焊点自动检测;软质、易脆零部件的检验;各种模具二维形状的定标;机器人视觉;指纹与虹膜人体识别;大型工件空间三维尺寸的自动检测等技术。

**1. 智能检测中的计算机视觉技术**

在现代化的大生产之中,视觉检测往往是不可缺少的环节。比如,汽车零件的外观、药品包装的正误、IC 字符印刷的质量、电路板焊接的好坏等,都需要众多的检测工人,通过肉眼或结合显微镜进行观测检验。大量的人工检测不仅影响工厂效率,而且带来不可靠的因素,直接影响产品质量与成本。另外,许多检测的工序不仅仅要求外观的检测,同时需要准确获取检测数据,比如零件的宽度、圆孔的直径以及基准点的坐标等,这些工作很难靠人眼快速完成。

近年来发展迅猛的计算机视觉检测技术解决了这一问题。计算机视觉检测系统一般采用 CCD 摄像机(或其他图像获取设备)摄取检测图像并转化为数字信号,再采用先进的计算机硬件与软件技术对数字图像信号进行处理,从中获得所需各种目标图像的特征值,并由此实现模式识别、坐标计算、灰度分布图等多种功能;然后再根据其结果显示图像,输出数据,发出指令,配合执行机构完成位置调整,好坏筛选及数据统计等自动化流程,从而对客观世界的三维景物和物体进行形态和运动识别。其目的之一就是要寻找人类视觉规律,从而开发出从图像输入到自然景物分析的图像理解系统。计算机视觉与人工视觉相比较,最大优点是精确、快速、可靠和数字化。

机器视觉测控系统中,视觉信息的处理技术主要依赖于图像处理方法,它包括图像变换、图像编码、图像增强、图像分割、图像特征分析、数学形态学等处理技术,新兴的图像处理技术还包括图像配准、图像融合、图像分类、图像识别、图像检索、3D 形状恢复、图像数字水印、视频图像传输等智能图像处理技术。经过这些处理后,输出图像的质量得到相当程度的改善,既改善了图像的视觉效果,又便于计算机对图像进行分析、处理和识别。

**2. 视觉检测特点**

机器视觉检测是随着超大规模集成电路和计算机技术的飞速发展而出现的一项新兴技术。它具有非接触、快速高效等特点,能够同时有效地利用计算机的运算、存储和网络功能。

机器视觉检测所能检测的对象十分广泛,可以说对检测对象是不加选择的。理论上人眼观察不到的范围,机器视觉检测都可以观察得到,如红外线、微波、超声波等人类就观察不到,而视觉检测则可以利用这方面的敏感器件形成红外线、微波、超声波等图像。机器视觉检测技术不仅可以完成诸如直径、面积、周长、体态比、形状因子、弯曲度等几何参数的测量,还可以对物体的表面质量进行检测,如表面粗糙度、腐蚀面积、颜色、各种纹理参数、不规则表面区域的几何参数的测量,以及纹理参数的定量分析等。

机器视觉检测的应用范围非常广泛,并且有着良好的应用前景。目前,人们已研制成功了各种利用视觉检测技术进行产品质量检测的系统,例如对连续生产线上的产品进行各种在线检测,如划痕检测、裂纹检测、缺陷判定等。机器视觉的应用领域也越来越广,从行走机器人的视觉引导系统和工业机器人的"手-眼"系统到军事上的精确制导系统,从医学领域中的 X 光机、CT 机、B 超机等计算机辅助诊断技术到资源卫星照片和气象云图的图像分析,都采用了图像处理技术和机器视觉技术。在工业领域,利用各种射线照片可以检测出机器各部分的裂纹和缺陷;在生物工程中,利用显微图像可以对生物的细胞、化学物质的分子结构等进行检测研究。其他应用如汽车零件的外观、药品包装的正误、IC 字符印刷的质量、电路板焊接的好坏等也都可以看到图像检测的实际价值。此外,X 射线图像、核磁共振图像、低温电子显微图像、共焦显微图像等各种成像方法得到的图像,经过适当的变换使之成为计算机可以接受的数字图像后,都可以利用机器视觉方法对其进行处理和识别,如药品生产线上药品颗粒的计数以及残次品剔除等;利用计算机的网络功能可以将视觉检测系统与生产调度系统组网,以便完成各种生产信息的反馈,有效组织生产,提高生产效率。作为计算机科学的一个重要分支,机器视觉检测应用已经深入工业、农业、军事、医学等领域,对于提高众多领域的自动化和智能化程度起到了重要的作用。

## 5.1.2 机器视觉测控系统原理

机器视觉测控系统一般由获取图像信息的图像测量系统、决策分类或跟踪对象的控制系统组成。图像测量系统可以分为图像获取和图像处理两大部分。人们可以通过各种观测系统从被观测的场景中取得图像。这些观测系统包括拍摄各种场景的照相机和摄像系统。例如,用于观测微小细胞的显微图像摄像系统,考察地球表面的卫星多光谱扫描成像系统,在工业生产流水线上的工业机器人视觉系统,以及计算机层析成像系统(CT)等。观测系统使用的光波段可以从可见光、红外线、X 射线、微波、超声波到 γ 射线等。从观测系统所获取的图像可以是静止的,如文字、照片等,也可以是运动的,如视频图像等;可以是二维的,也可以是三维的。数字图像处理就是利用数字计算机或其他高速、大规模集成数字硬件,对从图像信息转换来的数字电信号进行某些数字运算和处理,以期提高图像的质量,达到人们所要求的效果。决策分类或跟踪对象的控制系统主要是根据对图像信息的分析结果进而实施一定的控制。如在线视觉测控系统对产品判定分类后的去向控制、自动跟踪目标动态视觉测量系统的实时跟踪控制以及机器人视觉跟踪控制系统等。本节重点介绍视觉测控系统的检测内容,对于控制内容,请参考有关控制类图书。

典型的视觉检测系统的构成如图 5-1 所示,一般由光源、镜头、摄像器件、图像采集卡,以及嵌入式计算机系统等环节组成。光源为视觉系统提供足够的照度,镜头将被测场景中的目标成像到视觉传感器(即摄像器件)的像面上,并转变为电信号。图像存储体负责将电信号转变为数字图像,即把每一点的亮度转变为灰度级数据,并存储一幅或多幅图像。后面的嵌入式计算机系统包括图像存储体、图像处理软件,以及通信/输入输出设备组成,负责对图像进行处理、分析、判断和识别,最后给出测量结果。

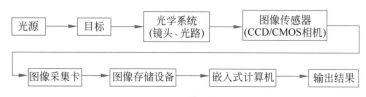

图 5-1　视觉检测处理系统

一个典型的视觉检测处理系统实物图如图 5-2 所示。

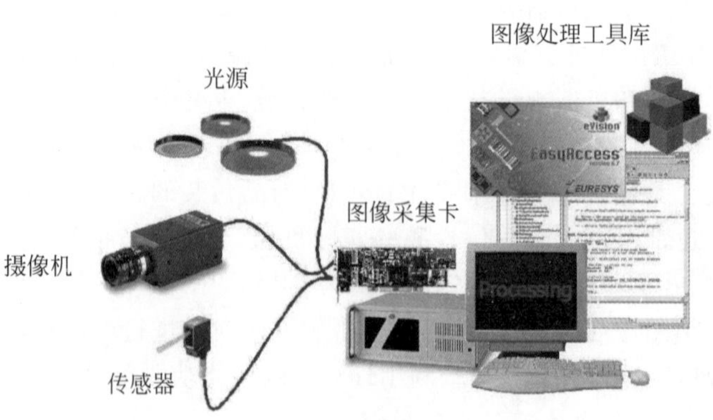

图 5-2　典型的视觉检测处理系统实物图

**1. 机器视觉检测系统硬件**

这里主要介绍光源、镜头、图像传感器、图像采集卡、图像存储设备等部分。

1) 光源

在视觉检测过程中,由于视觉传感器(主要指可见光传感器)对光线的依赖性很大,照明条件好坏将直接影响成像质量。具体地讲,就是影响图像清晰度、细节分辨率和图像对比度等。因此,照明光源的正确设计与选择是视觉检测成功的关键。

(1) 光源的选择

检测系统一般有两种:一种是通过测量被检测物体的像来测量被检测物体的某些特征参数;另一种是通过测量被检测物体的空间频谱分布来确定被检物体的某些特征参数。对于前者,照明光源选用白炽灯或卤钨灯就可以了,而对于后者应选用激光照明,因为它能满足单色性好、相干性强、光束准直、精度高等要求。CCD 器件的光谱范围为 $0.4\sim1.1\mu m$,峰值响应波长约为 $0.9\mu m$,氦氖气体激光器的激光波长为 $0.6328\mu m$,其光谱响应灵敏度很接近于峰值响应波长的光谱灵敏度,与其他激光器相比,用相同功率光束照明,可得到较大的输出信号。并且,此种激光器技术上比较成熟,结构简单,使用方便,价格便宜,多被选用。用于视觉检测的光源应满足以下几点要求:

① 照度要适中。光源照度的大小将直接影响图像的灰度。照度过高,使图像对比度过大,甚至局部图像出现过饱和而产生失真;照度过低,使图像对比度过小,图像缺乏层次感而降低测量精度。

② 亮度要均匀。如果视场内亮度不均匀,将会产生附加灰度,从而带来测量误差。

③ 亮度要稳定。由于图像灰度的高低直接受光源照度的影响,当照度出现波动时,势必影响图像灰度级,从而容易引入测量误差。因此,理想的光源应保持照度稳定不变。

④ 不产生阴影。当照明方式不当时,容易产生阴影,此时在目标边缘处产生过渡区域,从而降低边缘清晰度,影响测量精度。

⑤ 照度可调。在有些场合下需要调节视场亮度,目前市场上已有成熟可调光源的选择。

(2) 光源的照明方式

光源的照明一般有以下几种方式:

① 漫反射照明方式。漫反射照明方式如图 5-3(a)所示,这种方式适合于照射表面光滑、形状规则的物体。当物体表面特性对研究目标具有重要作用时,也可以采用这种照明方式。

② 透射照明方式。透射照明方式如图 5-3(b)所示,这种照明方式也称为背光照明,适合于不透光物体照明,它可以形成一幅黑白灰度图像,可用于物体轮廓识别和定位。

③ 结构光照明方式。结构光照明方式如图 5-3(c)所示,结构光是指几何特征已知的光束,例如一束平行光通过光栅或网格形成条纹光或网格光,然后投射到物体上。由于光束的结构模式已知,因此通过结构光投影模式的变化可以检测物体的二维、三维几何特征。

④ 定向照明方式。定向照明方式如图 5-3(d)所示,如果物体表面光滑且无缺陷,则定向平行光束将会被有规律地反射;若物体表面粗糙或存在缺陷,则会造成投射光的散射。因此,从反射光束的变化可以检测物体表面的粗糙度或表面缺陷。

2) 镜头

镜头是图像传感器必不可缺的组成部分,它的作用相当于人眼的晶状体,主要具有成

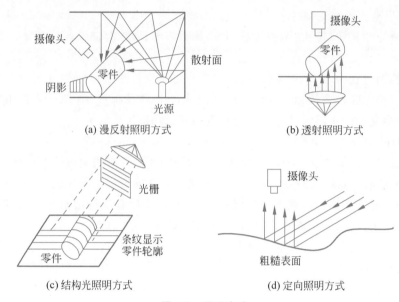

图 5-3　照明方式

像、聚焦和变焦等功能。相关的概念和指标详见本书 3.3.5 节的内容。

　　3) 图像传感器

　　这里主要介绍 CCD、CMOS、数码相机和遥感图像采集设备等几种常见的图像传感器及其性能指标。

　　(1) CCD。

　　CCD(Charge Coupled Device)即电荷耦合器件,是一种新型的半导体器件,它由许多个称为感光像元的离散成像元素所构成。这种感光像元在接收输入光后,会产生一定的电荷转移,于是形成了和输入光强成正比的输出电压。CCD 器件具有灵敏度高、光谱响应宽、线性度好、动态范围大、结构紧凑、体积小、重量轻、寿命长和可靠性高等优点,因此性价比高。目前 CCD 器件在各个行业都有着广泛应用。将 CCD 成像器引入光学测量或机构测量系统,使传统的测量系统变为非接触式的、快速的、智能化的测量系统。

　　如表 5-1 所示为敏通公司的 MTV-1362 型 CCD 摄像机主要性能指标。

表 5-1　敏通公司的 MTV-1362 型 CCD 摄像机主要性能指标

| 图像传感器 | 1/3 英寸线传输 CCD |
| --- | --- |
| 成像区域 | 4.8mm×3.6mm |
| 像素总数 | 795(H)×596(V) |
| 扫描系统 | 625 线 |
| 最小照度 | 0.1 lx(F2.0) |
| S/N 比 | 大于 50dB |
| 亮度校正 | 1、0.45、0.25 |

CCD 尺寸和镜头形式选择详见 3.3.5 节。

　　(2) CMOS。

　　CMOS(Complementary Metal Oxide Semiconductor,互补金属氧化物半导体)图像传感器是近年来发展起来的一种新型光敏器件技术。与 CCD 相比,它具有体积小、耗电少和价格低等优点。目前 CMOS 摄像机发展迅速,虽然它还有一些弱点,但在光学分辨率、感光度、信噪比和高速成像等主要指标上都已呈现出超过 CCD 的趋势,具有在高速、监控等方面占领主流市场的潜力。

（3）数码照相机。

数码照相机是 20 世纪末开发出的新型照相机,在拍摄和处理图像方面有着得天独厚的优势。随着计算机的普及和对计算机图像处理技术的认同,数码照相机在计算机视觉检测方面得到了广泛的应用。数码照相机较传统照相机相比具有许多优势:用途多样性、直接数字化、无污染、即拍即显、多样呈现、快速远距离传送、应用灵活性、正常消耗低等。

数码照相机主要由光学镜头、感光传感器(CCD 或 CMOS)、模数转换器(A/D)、图像处理器(DSP)、图像存储器(memory)、液晶显示器(LCD)、端口、电源和闪光灯等组成。数码照相机是利用光电传感器(CCD 或 CMOS)的图像感应功能,将物体反射的光转换为数码信号,经压缩后储存于内建的存储器上。

数码照相机的主要部件及技术参数如下。

① 镜头。

照相机的镜头对成像质量的好坏起着重要的作用。一部照相机最昂贵的部分往往是它的镜头。数码照相机的镜头和普通光学照相机镜头有相通之处。不过因为数码机的感光单元 CCD 相对于普通的 35M 胶片来说要小很多。因此,比较短的镜头就可以完成较大的变焦范围,所以日常看到的数码照相机大多很小巧。在数码照相机的各项指标中,大多数码照相机都有光学变焦镜头,但其变焦范围非常有限,可变范围一般在 3~6 倍,很少有超过 10 倍的,所以这类照相机一般都可以安装附加的远距照相镜头和过滤器。有一些数码照相机还有数码变焦功能,可以使变焦范围再度扩大。

② 快门。

快门的速度是数码照相机的另一个重要参数,在民用数码照相机中快门速度大多在 $\frac{1}{1000}$s 之内,基本上可以应付大多数的日常拍摄。快门不仅要看“快”还要看“慢”,即快门的延迟,比如 C-2020Z 最长具有 16s 的长快门,用来拍夜景足够了,但是快门太长会增加数码照片的“噪声”,就是照片中会出现杂条纹。

③ 存储器件。

传统照相机中存储器件是胶卷本身,即胶卷既起感光作用又起存储拍摄信息的作用。而数码照相机中的 CCD 或 CMOS 芯片只起感光作用,只是将光信号变成模拟电信号,并在拍摄下一幅画面前就将这电信号输出,不能存储拍摄信息。数码照相机中存储信息要另用其他器件。数码照相机中可用的存储器件很多,如 Pt 卡、CompactFlash 卡(简称 CF 卡)、SmartMedia 卡、固定软盘卡、软磁盘、MD 光盘等。

④ 分辨率。

数码照相机的分辨率是拍摄记录景物细节能力的度量。分辨率的高低既决定了所拍摄景物的清晰度高低,又决定了所拍摄文件最终能打印出高质量画面的大小,以及在计算机显示器上显示高质量画面的大小。其分辨率的高低,取决于数码照相机中 CCD 芯片或 CMOS 芯片上像素的多少,像素越多,分辨率越高。分辨率的高低也就用像素量的多少间接加以反映。目前,高档数码照相机均是以 CCD 作为光敏传感器件,CCD 的像素从 130 万、

230万、500万、800万、1000万,一直到1200万像素,同计算机一样更新换代很快,但其制造工艺较为复杂,且功耗较大,成本较高。

⑤ 色彩位数。

色彩位数用来表示数码照相机的彩色分辨能力,取决于数码照相机中所用面阵CCD的动态范围与A/D转换器的位数,数码照相机的色彩位数越多,色彩越真实,色彩的层次感越好,意味着可捕获的细节数量增多。通常数码照相机有24位的色彩位数,广告摄影用的数码照相机需要30或36位的彩色深度。彩色深度为24意味着可记录$2^{24}$即1677万种摄色,彩色深度为30意味着可记录$2^{30}$即10.7亿种颜色。

⑥ 信号输出形式。

数码照相机与计算机之间的直接信息传递接口,主要有RS-232串行接口、SCSI-2接口、USB接口、IEEE 1394接口和IRDA红外接口等几种。部分数码照相机除了有与计算机连接的端子外,还有视频输出端子,可在电视机上观看拍摄图片。

(4) 遥感图像采集设备。

遥感图像获取设备中光学摄影包括摄像机、多光谱摄像机等,红外摄影包括红外辐射计、红外摄像仪、多通道红外扫描仪等,微波包括微波辐射计、合成孔径雷达(SAR)等。

4) 图像采集卡

完成将光学成像设备得到的模拟电信号转化为数字信号的电路元器件,且独立在成像设备之外的数字化设备即是各类图像采集卡。

(1) 图像采集卡。

成像设备要将采集的视频图像以模拟电信号方式输出,常用的输出方式有两类:标准视频信号和非标准视频信号,因此对应的图像采集卡也分两类。

① 标准视频图像采集卡可采集的标准视频信号有黑白视频、复合视频、分量模拟视频和S-Video等。其中黑白视频包括RS-170、RS-330、RS-343和CCIR等。复合视频(首先有一个基本的黑白视频信号,然后在每个水平同步脉冲之后,加入一个颜色脉冲和一个亮度信号。由于彩色信号是由多种数据"叠加"起来的,故称为复合视频)主要有NTSC、PAL和SECAM等制式,我国广泛使用的是PAL制式。由于S-Video传输的图像质量要优于复合视频,目前正逐渐得到应用。

② 非标准视频图像采集卡可采集的非标准视频信号有非标准RGB信号、线扫描信号和逐行扫描信号。采用非标准视频信号通常是为了获得高分辨率、高刷新率的图像或其他特殊要求的图像。例如,CT、MR、X光机、超声波等医疗的影像,要求高分辨率和高传输率,因此这些设备的图像输出一般为非标准视频信号。

(2) 图像采集卡的性能指标。

一般设计图像采集系统对图像采集卡要求的性能指标主要有:

① 多路视频输入。

② 视频图像通过PCI总线或USB总线实时传递至计算机内存。

③ 采集图像实时在VGA卡上显示,实现同屏显示工作方式。

④ 用户自己定义任意采集方式、采集窗口大小。

⑤ 实时采集单场、单帧、任意间隔以及连续帧的图像。

⑥ 视频输入(Video信号PAL、NTSC制式)。

⑦ 图像采集分辨率。

⑧ 采样位数。

⑨ 亮度、对比度、色度、饱和度,画面大小可自行设置。

⑩ 即插即用(Plug&Play)方式。

⑪ 稳定接收视频信号。

(3) 图像采集卡的设计。

这里介绍两种图像采集卡的设计。

① 基于 PCI 总线的图像采集卡的设计。

基于 PCI 总线的图像采集,硬件上主要实现对输入的模拟视频信号进行 A/D 转换、视频解码等功能;而软件部分则是硬件板卡的驱动和图像数据的 DMA 传输到计算机内存。基于 PCI 总线的图像采集整体框架设计如图 5-4 所示。

图 5-4　基于 PCI 总线的图像采集卡结构框图

从硬件结构上来说,图像采集卡的电路设计包括外围视频信号输入接口和 PCI 总线接口两个模块。外围视频信号输入接口模块主要是模拟视频输入信号输入 Fusion 878A 的模拟视频输入端。Conexant 公司所生产的专用多媒体集成芯片 Fusion 878A 通过 DMA/PCI 总线主控操作实现对 NTSC/PAL/SECAM 复合视频、S-Video 视频的采集功能。主要包括以下模块:视频译码模块、比例调节模块、视频数据格式转换模块、数据 FIFO 模块和 DMA 传输控制器模块。PCI 总线接口模块主要实现集成芯片和 PCI 总线之间的电气连接。

WDM 驱动程序用于管理图像采集硬设备,对硬设备进行初始化设置等,使之与操作系统协同工作,并将在集成芯片 Fusion 878A 中所采集的像素资料通过总线 DMA 传输到计算机的物理内存。

例如,作者自行开发的图像采集卡可以有 4 路视频输入;采集的图像数据可以实时送往计算机内存,在 VGA 上显示,可以选择视频输入制式(PAL 制式和 NTSC 制式);图像采集分辨率最大为 768×576;采集速度最快为 30 帧/s;采集位数可以为 8 位、15 位、24 位、32 位;提供了二次开发的通用编程接口(使用 VC、VB 和 Delphi 等多种编程语言);可以在软件中设置采集方式、采集窗口大小、图像亮度、对比度、色度、饱和度,可以满足一般视觉检测系统的要求。

② 基于 USB 总线的图像采集卡的设计。

基于 USB 总线的高分辨率图像采集卡是以 USB 2.0 总线为接口来设计的。主要实现硬件板卡和 USB 协议处理芯片固件程序的设计两个部分,系统各模块构成框图如图 5-5 所示。

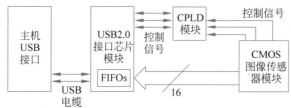

图 5-5　基于 USB 总线的图像采集卡结构框图

USB 2.0 图像采集卡主要由图像传感器模块、CPLD 模块、USB 2.0 模块组成。图 5-5 中图像传感器模块核心芯片采用 Motorola 公司的 MCM20027，USB 2.0 模块的核心芯片是 Cypress 公司提供的 CY7C68013，CPLD 选用 Altera 公司的 EMP7064AELC44-10。图像传感器工作时通过 CMOS 图像传感器采集图像，经过传感器内部 A/D 转换成 Bayer 模式的数字图像后，以稳定的速率输出该 Bayer 模式的数据到 USB 2.0 接口芯片，再由 USB 2.0 接口芯片按照 USB 协议把数据打包传至个人计算机进行处理，当计算机接收到 Bayer 格式的数字图像后，在应用程序中将该数据进行颜色插补算法，处理成 RGB 格式的数字图像，最后显示或者存盘为 BMP 格式图像。其中 CPLD 模块主要完成 CMOS 图像传感器与 USB 2.0 接口芯片通信的接口时序，以实现定位每帧数字图像帧的帧头。

高分辨率数字图像传感器软件设计涉及 3 部分程序：USB 设备端固件程序、设备驱动程序和主机端应用程序。固件程序主要用于控制 FX2 内嵌 8051 微控制器，以实现相应各种标准请求、厂商自定义请求等 USB 2.0 协议内容，并负责图像采集的具体操作；驱动程序为应用程序提供操作图像采集卡的接口，并且实现设备的即插即用和电源管理等功能；应用程序提供可视化的人机交互界面，用户可以通过界面提供的操作按钮完成对图像采集卡的操作，并且解码 Bayer 格式的原始数据为 RGB 图像数据以供显示。

作者自行开发的 USB 总线图像采集卡可实现 1280×1024 的最高分辨率，10 帧/s 的图像刷新速率，采用 USB 总线直接供电，支持即插即用，简便易用。

5）图像存储设备

图像存储设备用于暂时或永久存储摄像系统获取的数字图像。可进行数字图像存储的硬件有硬盘、光盘、磁带机和闪存等。

目前使用的硬盘、光盘和磁带机都可以进行图像的存储。硬盘的容量在不断增大，并且对于更大图像存储的需求可以使用硬盘阵列来实现。各种光盘存储技术发展很快，可满足大容量存储的要求。磁带机由于只能顺序读取，因此，只适用于大量图像数据备份和视频图像的记录。例如，目前数码摄像机就是用数字 DV 金属带来记录视频图像。

闪存作为一种新型的 EEPROM（电可擦可写可编程只读内存），不仅具有 RAM 内存可擦可写可编程的优点，还具有 ROM 的所写入数据在断电后不会消失的优点。由于闪存同时具备了 ROM 和 RAM 两者的优点，从诞生之日起，闪存就在数码相机、PDA、MP3 音乐播放器等移动电子产品中得到了广泛应用。

6）计算机主机

计算机用于对数字图像进行管理、分析和处理。这是机器视觉检测系统应用的主要工作和核心。计算机可以是 PC、微处理器，也可以是工作站。在一些需要高速实时处理的图像处理主板上可装有图像处理器、图像加速器、DSP 等微处理器，构成嵌入式系统。另外还有一些专供图像处理的计算机。

**2. 机器视觉检测系统软件**

机器视觉检测系统是在硬件支持环境下主要依靠软件实现具体的测控功能。组建视觉测控系统硬件主要是选型组态，而软件必须依赖视觉测控系统人员的开发。一般情况下，每个具体的硬件配置有相关的驱动软件，实现特定任务的视觉测控系统软件编程是一件工作量很大的工作。近年来，机器视觉工作者在研究视觉测控系统硬件的同时，也对机器视觉检测处理的共性软件进行了研究开发，出现了很多机器视觉测控系统组态软件平台，如最具代表性的机器视觉软件 HALCON。

德国 MVtec 公司的 HALCON 是在世界范围内广泛使用的机器视觉软件,拥有满足用户各类及其视觉应用需求的完善的开发库。HALCON 也包含 Blob 分析、形态学、模式识别、测量、三维摄像机定标、双目立体视觉等杰出的高级算法,具体包括一维条码识别、二维码识别、二进制和灰度值形态学、分类、彩色图像处理、基于基本元件的匹配、轮廓处理、与焦平面距离测定、边缘与线提取、特征提取、FFT 几何变换、霍夫变换、马赛克、OCR、OCV、点滤波、区域处理、分割、串行接口、基于形状匹配、平滑滤波、通信接口、模板匹配、纹理分析等。

HALCON 支持 Linux 和 Windows,并且可以通过 C、C++、C♯、Visual Basic 和 Delphi 语言访问。另外,HALCON 与硬件无关,支持大多数图像采集卡及带有 DirectShow 和 IEEE 1394 驱动的采集设备,用户可以利用其开放式结构快速开发图像处理和机器视觉应用软件。

## 5.1.3 视觉检测系统应用

视觉检测技术主要研究用计算机模拟人的视觉功能从客观事物的图像中提取信息,进行处理并加以理解,最终用于实际检测和控制。据估计,全球图像处理市场以每年 8.8% 的速度迅速增长,到 2009 年的机器视觉市场规模预计将达到 26.2 亿美元。与计算机视觉理论相比,机器视觉完成的任务单一,应用在特定的场合,最大的优点是精确、快速、可重复性和数字化。目前很多公司的视觉产品和视觉技术就是要挖掘实现机器视觉技术的潜力,并通过图像处理技术来实现其增值服务。

作者在机器视觉检测软硬件平台方面进行了卓有成效的研究开发工作,推出了 ZM-VS1300 视觉测控平台,应用于产品尺寸测量判定、缺陷划痕检测以及集成芯片管脚测量等具体项目上,为实施视觉测控系统的国产化奠定了基础。

**1. 缺陷检测**

图 5-6 给出采用作者开发的 ZM-VS1300 智能测控平台组建的包括陶瓷镯、瓶盖、电池、陶瓷砖、镜头和笛子等 6 类产品的视觉缺陷检测图。

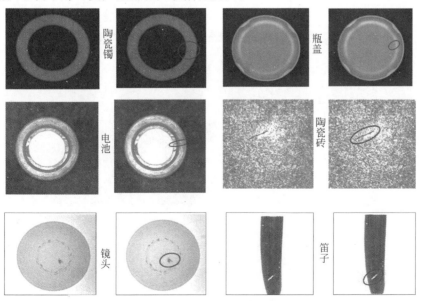

图 5-6 6 类产品缺陷检测判定

### 2. 尺寸测量

工件尺寸测量是指在机器视觉智能测控平台支持下,通过现场可视化编程,实现生产线机械工件尺寸的在线高速、高精度自动检测与判定。采用作者开发的 ZM-VS1300 视觉智能测控平台检测插件两个部位尺寸的可视化编程界面如图 5-7 所示。

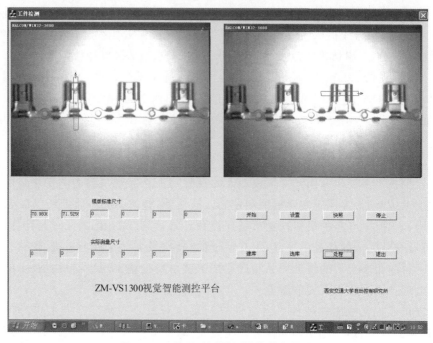

图 5-7 工件尺寸测量可视化编程界面

### 3. PCB 焊点检测与分类

PCB 焊点检测与分类,目的是对焊点处的操作进行在线视觉检查,对检查结果进行分类,并通过控制系统将 PCB 板卡按分类结果进行路径去向控制,以便后续分类处理,达到检测判定与分类整理的目的。图 5-8 给出作者研制的 PCB 焊点检测与分类系统界面,图 5-9

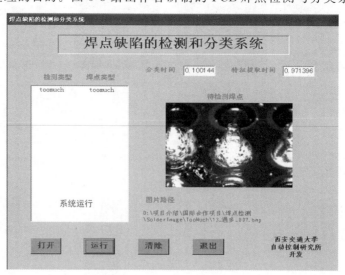

图 5-8 PCB 焊点检测系统界面

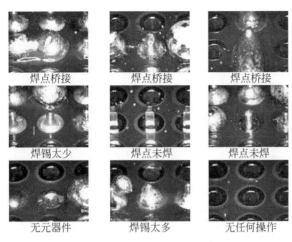

图 5-9　PCB 焊点检测与分类图

所示为焊点缺陷检测类型。焊点检测包括缺陷与合格检测,缺陷焊点又需要进行分类识别,包括焊锡太多、焊锡太少、焊点两两桥接、焊点处未插元件以及插入元件未焊接等识别内容。

## 5.2　数字图像处理

数字图像处理技术是一门跨学科的前沿高科技,是在信号处理、计算机科学、自动控制理论及其他应用领域基础上发展起来的边缘学科,是认识世界的重要手段。目前图像处理与识别技术已应用于许多领域,成为 21 世纪信息时代的一门重要的高新科学技术。下面重点介绍用于图像测控技术中的几种图像处理方法。

### 5.2.1　平滑和滤波

在图像的采集、获取与传输过程中,所有的图像均不同程度地被可见或不可见的噪声"污染"。噪声源包含电子噪声、光子噪声、量化噪声等。如果信噪比低于一定的水平,噪声将会在图像上形成可见的颗粒形状,导致图像质量下降。除了视觉质量下降,噪声还可能掩盖了重要的图像细节。由于在工业现场所采集的图像,除了噪声的干扰外,还有光照的微小变化和摄像机的微弱震动使图像污染,因而对噪声的滤波是一种必要的预处理手段。平滑空间滤波器用于模糊处理和减小噪声。模糊处理经常用于预处理,例如,在提取大的目标之前去除图像中一些琐碎的细节、桥接直线或曲线的缝隙。

**1. 邻域平均**

图像中的大部分噪声,如敏感元件、传输通道、整量化器等引起的噪声,多半是随机性的,它们对某一像素的影响,可以认为是孤立的,因此,和邻近各点相比,该点灰度值将有显著的不同。基于这一分析,可以采用邻域平均的方法,来判断该点是否含有噪声,并用适当的方法去除发现的噪声。这种方法的基本思想是用若干像素灰度的平均值来代替每像素的灰度值。通常选取该像素的 4-邻域或 8-邻域。

邻域平均是图像平滑和滤波的一种直接的空间域方法。对于给定的图像 $f(x,y)$ 中的每个像素点$(m,n)$,取其邻域$S$。设$S$含有$M$像素,取其平均值作为处理后所得图像像素点$(m,n)$处的灰度。用一像素邻域内各像素灰度平均值来代替该像素原来的灰度,即是邻域平均技术。经图像平滑后,像素对应的输出为

$$g(x,y) = \frac{1}{M} \sum_{(x,y) \in S} f(m,n) \tag{5-2-1}$$

均值滤波的算法简单,但抗噪性能不好,这是由于它是对模板上的所有点进行处理,而当噪声点与实际图像的灰度差异过大时,也会对滤波后所得的结果造成较大影响,可以采用带有阈值的均值滤波加以改善。

$$g(x,y) = \begin{cases} \dfrac{1}{M} \sum\limits_{(m,n) \in S}^{n} f(m,n), & \left| f(x,y) - \dfrac{1}{M} \sum\limits_{(m,n) \in S}^{n} f(m,n) \right| > T \\ f(x,y), & \text{其他} \end{cases} \tag{5-2-2}$$

如式(5-2-2)所示,当像素点大小与其邻域平均像素差高于一个阈值时,才用模板对其滤波,否则保持不变,这样可以有效去除噪声点的干扰。

在实际应用中,一般常用的是$3 \times 3$的窗口,而且还可以根据不同的影响,对邻域像素取不同的权重,然后再进行平均。常用的滤波算子有

$$\boldsymbol{H}_1 = \frac{1}{9} \begin{bmatrix} 1 & 1 & 1 \\ 1 & 1 & 1 \\ 1 & 1 & 1 \end{bmatrix}, \quad \boldsymbol{H}_2 = \frac{1}{10} \begin{bmatrix} 1 & 1 & 1 \\ 1 & 2 & 1 \\ 1 & 1 & 1 \end{bmatrix}, \quad \boldsymbol{H}_3 = \frac{1}{16} \begin{bmatrix} 1 & 2 & 1 \\ 2 & 4 & 2 \\ 1 & 2 & 1 \end{bmatrix}$$

$$\boldsymbol{H}_4 = \frac{1}{8} \begin{bmatrix} 1 & 1 & 1 \\ 1 & 0 & 1 \\ 1 & 1 & 1 \end{bmatrix}, \quad \boldsymbol{H}_5 = \frac{1}{8} \begin{bmatrix} 0 & 1 & 0 \\ 1 & 4 & 1 \\ 0 & 1 & 0 \end{bmatrix}$$

这些模板都是利用了低通滤波的原理。由于信号变化慢的部分属于低频部分,而变化较快的部分则是在高频部分,对图像来说,噪声和边缘都属于灰度变化较快的部分,在频域中属于较高频区,可以采用低通滤波的方法来去除噪声,而频率域的滤波也可以通过空间域的卷积实现,以上这些模板就相当于频率域的低通滤波。

采用何种滤波算子,取决于中心点和邻域的重要程度,因此,要根据实际需要选取所需的滤波算子。但是这种邻域平均法在去除噪声的同时也使图像的边缘变得模糊,一般难以做到既有效去除图像的噪声,又能很好地保持图像的边缘。

### 2. 中值滤波法

对受到噪声污染的退化图像进行还原,可以采用线性滤波方法来处理,在许多情况下还是很有效的。但是多数线性滤波器具有低通特性,在去除噪声的同时也使图像的边缘模糊,所以有些情况需要采用非线性滤波器。中值滤波是一种比较典型的非线性滤波方法,它能在某些条件下既去除噪声又保护图像的边缘,且对滤波脉冲干扰及图像扫描噪声最为有效。中值滤波的基本原理是将像素(在中值计算中包括的原像素值)邻域内灰度的中值代替该像素的值。

中值滤波器的使用非常普遍,这是因为对于一定类型的随机噪声,它提供了一种优秀的去噪能力,比小尺寸的线性平滑滤波器的模糊程度明显要低。中值滤波器对处理脉冲噪声(也称为椒盐噪声)非常有效,因为这种噪声是以黑白点叠加在图像上的。

中值滤波器的工作原理如下：

(1) 将模板在图中漫游,并将模板中心与图中某像素位置重合。

(2) 读取模板下各对应像素的灰度值。

(3) 将这些灰度值从小到大排成 1 列。

(4) 找出这些值里排在中间的 1 个。

(5) 将这个中间值赋给对应模板中心位置的像素。

由以上步骤可以看出,中值滤波器的主要功能就是让与周围像素灰度值的差比较大的像素改取与周围像素值接近的值,从而可以消除孤立的噪声点。因为它不是简单的取均值,所以由于模糊而对目标点造成的损害较小。

**3. 空域滤波实现**

在空域,滤波器的实现过程如下:滤波窗口的选择为 $N \times N$,其中 $N$ 为奇数(设 $N$ 为 3),如图 5-10 所示。

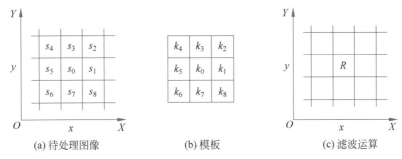

(a) 待处理图像     (b) 模板     (c) 滤波运算

图 5-10 用 3×3 模板进行空间滤波的示意图

主要步骤为

(1) 将模板在图中漫游,并将模板中心与图中某像素位置重合。

(2) 将模板上的系数与模板下的对应像素相乘。

(3) 将所有乘积相加。

(4) 将和(模板的输出响应)赋给图中模板中心位置的像素。

图 5-10(a)给出一幅图像的一部分,其中所标为一些像素的灰度值。现设有 1 个 3×3 的模板如图 5-10(b)所示,模板内所标为模板系数。如将 $k_0$ 所在的位置与图中灰度值为 $s_0$ 的像素重合(即将模板中心放在图中$(x,y)$位置),模板的输出响应 $R$ 为

$$R = k_0 s_0 + k_1 s_1 + \cdots + k_8 s_8 \tag{5-2-3}$$

将 $R$ 赋给增强图,作为在$(x,y)$位置的灰度值,如图 5-10(c)。如果对原图每像素都这样进行,就可以得到增强图所有位置的新灰度值。在设计滤波器时给各个 $k$ 赋予不同的值,就可以得到不同的滤波效果。

## 5.2.2 边缘检测

图像中的边缘就是灰度存在剧烈变化的地方,是灰度值不连续的结果。由于边缘处灰度不连续,所以边缘处灰度值的一阶导数存在极值点,而二阶导数存在过零点。因此可以用图像灰度值的导数来检测图像中存在的边缘点。边缘能勾画出目标物体轮廓,使观察者一目了然,包含了丰富的信息(如方向、阶跃性质、形状等),是图像识别中抽取的重要属性。

**1. 梯度算子**

梯度对应一阶导数,梯度算子是一阶导数算子。对于连续函数 $f(x,y)$,它在位置$(x,y)$的梯度可表示为一个矢量:

$$\nabla f(x,y) = \begin{bmatrix} G_x & G_y \end{bmatrix}^T = \begin{bmatrix} \dfrac{\partial f}{\partial x} & \dfrac{\partial f}{\partial y} \end{bmatrix}^T \tag{5-2-4}$$

这个矢量的梯度模和方向角分别为

$$M(\nabla f) = \begin{bmatrix} G_x^2 + G_y^2 \end{bmatrix}^{1/2} \tag{5-2-5}$$

$$\theta(x,y) = \arctan(G_y/G_x) \tag{5-2-6}$$

由式(5-2-5)和式(5-2-6)可看出,梯度的数值就是 $f(x,y)$ 在其最大变化率方向上的距离所增加的量。实际上数字图像中求导数是利用差分近似微分来进行的,即

$$\Delta_x f(x,y) = f(x,y) - f(x-1,y) \tag{5-2-7}$$

$$\Delta_y f(x,y) = f(x,y) - f(x,y-1) \tag{5-2-8}$$

以上的偏导数需对每像素位置进行计算,运算量很大,所以在实际中常用小区域模板卷积来近似计算。对 $G_x$ 和 $G_y$ 各用一个模板,需要两个模板组合起来以构成一个梯度算子,根据模板的大小,有许多不同的算子。算子运算是采取类似卷积的方式,将模板在图像上移动并在每个位置计算对应中心像素的梯度值,所以对一幅灰度图求梯度所得的结果是一幅梯度图。

边缘检测算子检查每像素的邻域并对灰度变化率进行量化,通常也包括方向的确定。下面介绍几种常用的边缘检测算子(见图 5-11)。

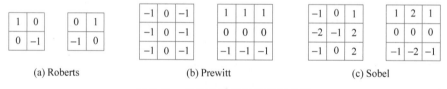

图 5-11　几种常用的梯度算子模板

比较简单的算子是 Roberts 边缘检测算子,如图 5-11(a)所示,它是 $2\times2$ 的模板,是一种利用局部差分算子寻找边缘的算子。

图 5-11(b)所示的两个卷积核构成了 Prewitt 边缘算子,图像中的每一个点都用这两个模板做卷积,其中一个模板对垂直边缘响应最大,而另一个对水平边缘响应最大。两个卷积的最大值作为该点的输出值。

图 5-11(c)所示的两个卷积核构成了 Sobel 边缘算子,同 Prewitt 算子的方法一样,图像中的每个点都用这两个卷积核进行卷积,取最大值作为输出。

由于 Sobel 算子不像普通梯度算子那样用两像素的差值,它具有两个优点:引入平均因素,因而对图像中的随机噪声有一定的平滑作用;它是相隔两行或两列之差分,故边缘两侧像素得到了增强,边缘显得粗而亮。

**2. 拉普拉斯算子**

拉普拉斯(Laplacian)算子是二阶导数算子,对一个连续函数 $f(x,y)$,它在位置$(x,y)$处的拉普拉斯值定义如下:

$$\nabla^2 f = \frac{\partial^2 f}{\partial x^2} + \frac{\partial^2 f}{\partial y^2} \tag{5-2-9}$$

计算函数的拉普拉斯值也可以借助各种模板实现，它要求模板的中心像素系数应该是正的，而对应中心像素的邻近像素的系数应是负的，且它们之和应该是零，如图 5-12 所示。

| 0 | −1 | 0 |
|---|---|---|
| −1 | 4 | −1 |
| 0 | −1 | 0 |

| −1 | −1 | −1 |
|---|---|---|
| −1 | 8 | −1 |
| −1 | −1 | −1 |

图 5-12　拉普拉斯算子的模板

拉普拉斯算子是二阶微分算子，可以证明，它具有各向同性，即与坐标轴方向无关，坐标轴旋转后结果不变。若 $\nabla^2 f$ 在 $(x,y)$ 点发生零交叉，则 $(x,y)$ 为阶跃型边缘点。对屋顶型边缘点，在边缘点的二阶导数取极小值。

**3. Marr-Hildreth 边缘检测算子**

**1) 算子原理描述**

Marr-Hildreth 边缘检测算子(简称 $M\text{-}H$ 算子)使用的滤波器是 $\nabla^2 G$，其中 $\nabla^2$ 是拉普拉斯算子 $\left(\dfrac{\partial^2}{\partial x^2}+\dfrac{\partial^2}{\partial y^2}\right)$，$G$ 代表二维高斯分布函数，$G(x,y)=\mathrm{e}^{-\frac{x^2+y^2}{2\sigma^2}}$，其中 $\sigma$ 是标准偏差。$\nabla^2 G$ 是"墨西哥帽子"圆对称算子，其二维分布用公式表示为

$$\nabla^2 G(r)=\frac{-1}{\pi\sigma^4}\left(1-\frac{r^2}{2\sigma^2}\right)\mathrm{e}^{-\frac{r^2}{2\sigma^2}} \tag{5-2-10}$$

滤波器 $\nabla^2 G$ 有两个显著的优点：

(1) 该滤波器中的高斯函数部分 $G$ 能将图像变模糊，有效地消除一切尺度远小于高斯分布空间常数 $\sigma$ 的图像强度变化。之所以选择高斯函数来模糊图像，是因为它在空域和频域内都是平滑的、定域的，因而引入任何在原始图像中未曾出现过的变化的可能性最小。

(2) 滤波器采用拉普拉斯算子 $\nabla^2$ 可以节省计算量。如果使用像 $\dfrac{\partial}{\partial x}$ 或 $\dfrac{\partial}{\partial y}$ 那样的一阶方向导数，就必须沿每个朝向找出它们的峰、谷值；如果使用像 $\dfrac{\partial^2}{\partial x^2}$ 或 $\dfrac{\partial^2}{\partial y^2}$ 那样的一阶方向导数，就必须检测它们的零交叉。但是所有这些算子都有一个共同的缺点，即具有方向性，它们全都与朝向有关。为了避免由于方向性造成的计算负担，需要设法选一个与朝向无关的算子。最低阶各向同性的微分算子正好就是拉普拉斯算子 $\nabla^2$。

**2) M-H 算子的实现**

$\nabla^2 G$ 有无限长拖尾，在具体实现卷积 $f(x,y)*\nabla^2 G$ 时，应取一个 $N\times N$ 的窗口。同时，为了减小卷积运算的计算量，可用两个不同带宽 $\sigma_1$，$\sigma_2$ 的高斯曲面之差(DOG)来近似 $\nabla^2 G$。实验表明，对于 $11\times11$ 的窗口，这样做的结果使运算量从 121 步减少到 44 步，运算效率显著提高。

$$\mathrm{DOG}(\sigma_1,\sigma_2)=\frac{1}{\sqrt{2\pi}\,\sigma_1}\exp\left(-\frac{x^2+y^2}{2\sigma_1^2}\right)-\frac{1}{\sqrt{2\pi}\,\sigma_2}\exp\left(-\frac{x^2+y^2}{2\sigma_2^2}\right) \tag{5-2-11}$$

从工程观点来看，当 $\sigma_1/\sigma_2=1.6$ 时，DOG 最逼近 $\nabla^2 G$。

考虑到 M-H 算子的对称性，可采用分解的方法来提高运算速度，即把一个二维滤波器分解为独立的行、列滤波器。

将方程(5-2-11)改写为

$$\nabla^2 G = H_{12}(x,y) + H_{21}(x,y) \tag{5-2-12}$$

其中　　$H_{12}(x,y) = h_1(x)h_2(y)$，$H_{21}(x,y) = h_2(x)h_1(y)$。

$$h_1(\xi) = \sqrt{K}\left(1 - \frac{\xi^2}{\sigma^2}\right)\exp\left[-\frac{\xi^2}{2\sigma^2}\right]$$

$$h_2(\xi) = \sqrt{K}\exp\left[-\frac{\xi^2}{2\sigma^2}\right]$$

对于一个 $11 \times 11$ 的 LOG 滤波器，其分解后的行、列滤波器分别为

行 $h_1(\xi) = \begin{bmatrix} 0 & 1 & 5 & 17 & 36 & 46 & 36 & 17 & 5 & 1 & 0 \end{bmatrix}$

列 $h_2(\xi) = \begin{bmatrix} -1 & -6 & -17 & -17 & 18 & 46 & 18 & -17 & -17 & -6 & -1 \end{bmatrix}$

**4. Canny 边缘检测法**

Canny 边缘检测是一种比较新的边缘检测算子，具有很好的边缘检测性能，得到了越来越广泛的应用。Canny 边缘检测法利用高斯函数的一阶微分，能在噪声抑制和边缘检测之间取得较好的平衡。对于各类型的边缘，Canny 边缘检测算子具有更好的边缘强度估计，并有较好的单、双边定位精度。

1）Canny 边缘检测原理

Canny 给出了评价边缘检测性能优劣的 3 个指标：

（1）低失误概率，即将非边缘点判别为边缘点的概率和，将边缘点判别为非边缘点的概率都要低。

（2）高定位精度，即检测出的边缘点要尽可能在实际边缘的中心。

（3）对单一边缘仅有唯一响应，即单个边缘产生多个响应的概率要低，并且虚假边缘响应得到最大的抑制。

以上面的指标为基础，利用范函求导的方法导出一个由边缘定位精度和信噪比乘积组成的表达式，这个表达式近似于 Gaussian 函数的一阶导数，此即为该最佳函数的最好近似。设 $\boldsymbol{n}$ 为任意方向，$\boldsymbol{G}_n$ 为 Gaussian 函数在这个方向上的一阶导数，即

$$\boldsymbol{G}_n = \frac{\partial G}{\partial \boldsymbol{n}} = \boldsymbol{n}\nabla G \tag{5-2-13}$$

式中

$$\boldsymbol{n} = \begin{bmatrix} \cos\theta \\ \sin\theta \end{bmatrix}, \quad \nabla G = \begin{bmatrix} \dfrac{\partial G}{\partial x} \\ \dfrac{\partial G}{\partial y} \end{bmatrix}$$

$\boldsymbol{n}$ 为方向矢量，$\nabla G$ 是梯度矢量。将图像 $f(x,y)$ 与 $\boldsymbol{G}_n$ 做卷积，同时改变 $\boldsymbol{n}$ 的方向，$\boldsymbol{G}_n * f(x,y)$ 取得最大值时的 $\boldsymbol{n}$（即 $\partial(f(x,y) * \boldsymbol{G}_n)/\partial \boldsymbol{n} = 0$ 对应的方向）就是正交于检测边缘的方向。

根据 Canny 的定义，中心边缘点为算子 $f(x,y)$ 与 $\boldsymbol{G}_n$ 的卷积在边缘梯度方向上的区域中的最大值，这样，就可以在每一点的梯度方向上判断此点强度是否为其邻域的最大值，来确定该点是否为边缘点。当一个像素满足以下 3 个条件时，则被认为是图像的边缘点：

（1）该点的边缘强度大于沿该点梯度方向的两个相邻像素的边缘强度。

（2）与该点梯度方向上相邻两点的方向差小于 $45°$。

（3）以该点为中心 $3 \times 3$ 的邻域中的边缘强度极大值小于某个阈值。

2) Canny 算子的算法实现

(1) 对要处理的图像 $I$ 作高斯光滑，则新的图像为 $f=G*I$，其次对 $f$ 求 $x$ 和 $y$ 的方向导数 $f_x=(G*I)_x$，$f_y=(G*I)_y$。

Canny 算子计算 $G(x,y)$ 的梯度，通过计算 $2\times2$ 邻域矩阵的平均有限差分，得到对于 $x$ 和 $y$ 的偏微分值 $f_x$ 和 $f_y$，计算过程为

$$f_x=\frac{f(x,y+1)-f(x,y)+f(x+1,y+1)-f(x+1,y)}{2} \tag{5-2-14}$$

$$f_y=\frac{f(x+1,y)-f(x,y)+f(x+1,y+1)-f(x,y+1)}{2} \tag{5-2-15}$$

梯度幅度和梯度方向为

$$M=\sqrt{f_x^2+f_y^2}$$

$$\theta=\arctan\frac{f_y}{f_x}$$

(2) 细化 $M$ 中所有的边。采用非最大抑制算法寻找图像中的可能边缘点，其基本思想是根据当前点周围 8 个方向上相邻像素的梯度值来判断当前点是否具有局部极大梯度值，如果是，则将其判为可能的边缘点，否则为非边缘点。

梯度的方向可以被定义为属于 4 个区之一，各个区用不同的邻近像素进行比较，以决定局部极大值。这 4 个区及其相应的比较方向如表 5-2 所示。

表 5-2　4 个区及其相应的比较方向

| 4 | 3 | 2 |
|---|---|---|
| 1 | $x$ | 1 |
| 2 | 3 | 4 |

例如，如果中心像素 $x$ 的梯度方向属于第 4 区，则把 $x$ 的梯度值与它的左上和右下相邻像素的梯度值比较，看 $x$ 的梯度值是否是局部极大值。如果不是，就把像素 $x$ 的灰度设为 0。

(3) 双阈值操作。通过双门限递归寻找图像边缘点，得到单像素宽度边缘图。递归跟踪过程由 2 个门限控制，分别记为 $T_1$ 和 $T_2$，并且 $T_1<T_2$。只有当前像素点的值大于 $T_2$ 时才开始跟踪过程，跟踪向像素点邻域两个方向进行，直到相应像素梯度值低于门限 $T_1$ 为止。

## 5.2.3　图像分割

图像分割是指把图像分成互不重叠的区域并提取出感兴趣目标的技术。一般是按照图像的某些特性（如灰度级、纹理等），将图像分成若干区域，但每个区域都有相同或接近的特性，而相邻区域特性不相同。图像分割是图像处理中最基本和最重要的技术。图像处理的高级应用中，比如目标分离和跟踪、图像测量、特征提取等，与图像分割密切相关。图像分割的本质是将各像素进行分类的过程。分类所根据的特性可以是像素的灰度值、颜色或多谱特性、空间特性和纹理特性。具体的分割方法有以下几种。

**1. 灰度阈值法**

常用的图像分割方法是将图像灰度分成不同的等级，然后用设置灰度阈值的方法确定

有意义的区域或分割物体的边界。常用的阈值化处理就是图像的二值化处理,即选择一阈值 $T$,将图像转换为黑白二值图像,用于图像分割及边缘跟踪等预处理。

图像阈值化处理的变换函数表达式为

$$g(x,y) = \begin{cases} 0, & f(x,y) < T \\ 255, & f(x,y) \geq T \end{cases}$$
(5-2-16)

图像阈值化处理其实质是一种图像灰度级的非线性运算,它的功能是由用户指定一个阈值,如果图像中某像素的灰度值小于该阈值,则将该像素的灰度值置为 0,否则将其灰度值置为 255(设图像灰度级数为 256)。

在图像的阈值化处理过程中,选用不同的阈值其处理结果差异很大。阈值过大,会提取多余的部分;而阈值过小,又会丢失所需的部分(注意,当背景为黑色、目标为白色时刚好相反)。因此,阈值的选取非常重要。

(1) 间接阈值法。

在有些情况下,如果对图像作一些必要的预处理然后再运用阈值法,可以有效地实现图像分割。例如,图像中目标区域灰度变化剧烈,而背景区域变化平缓,可以先对原图像进行拉氏运算,突出目标区域的特征,然后对新图像使用邻域平均技术,最后再用阈值法进行分割。又如,对含有背景噪声的图像,可先对图像进行平滑,再用阈值法实行有效的分割。这样在一定程度上可以改善含有噪声的直方图的峰值判断的结果。

(2) 多阈值法。

在许多情况下对于复杂图像用单一阈值不能给出良好的分割结果。例如,由于照射光的不均匀,有可能把图像中某一部分物体和背景分在一起,或可能把一些背景也当作物体分割下来。解决这一问题有如下一些方法:若已知在图像上的位置函数描述不均匀照射,就可以设法利用灰度校正技术进行校正,然后采用单一阈值来分割;另外一种方法是把图像分成若干小块即子图像,并对每一块设置局部阈值。

使用双阈值法可以提高对两类区域图像的分割精度。方法是设置一高一低两个门限 $T_1$ 和 $T_2$,不妨设 $T_1 < T_2$。选择 $T_2$ 使有些目标点的灰度大于 $T_2$,选择 $T_1$ 应使每个目标点的灰度均高于 $T_1$。在进行分割时,把灰度大于 $T_2$ 的像点作为"核心"目标点,对于灰度超过 $T_1$ 的像素,再根据它和核心目标点的距离判断,如果相邻则将其当作目标点。这种分割方式除了利用灰度信息,还利用了空间距离信息,因此分割效果较好。

(3) $p$ 尾法确定阈值。

$p$ 尾法仅适用于事先已知目标所占全图像百分比的场合。若一幅图像由亮背景和黑目标组成,已知目标占图像的 $(100-p)\%$ 面积,则使得至少 $(100-p)\%$ 的像素阈值化后匹配为目标的最高灰度,将选作用于二值化处理的阈值。

(4) 最大类间方差确定阈值。

通常在不知道图像灰度分布的情况下,使用最大类间方差准则确定分割的最佳阈值。其基本思想是对像素进行划分,通过使划分得到的各类之间的距离达到最大,来确定合适的阈值。

假定最简单图像 $f(i,j)$ 的灰度区间为 $[0, L-1]$,选择一阈值 $t$ 将图像的像素分为 $c_1$、$c_2$ 两组。

$$\begin{cases} c_1 & f(i,j) < t \text{ 像素数为 } w_1, \text{灰度平均值为 } m_1, \text{方差为 } \sigma_1^2 \\ c_2 & f(i,j) \geqslant t \text{ 像素数为 } w_2, \text{灰度平均值为 } m_2, \text{方差为 } \sigma_2^2 \end{cases} \tag{5-2-17}$$

图像总像素数为 $w_1 + w_2$，灰度均值为 $m = (m_1 w_1 + m_2 w_2)/(w_1 + w_2)$。

则组内方差为

$$\sigma_w^2 = w_1 \sigma_1^2 + w_2 \sigma_2^2 \tag{5-2-18}$$

组间方差为

$$\sigma_B^2 = w_1 (m_1 - m)^2 + w_2 (m_2 - m)^2 = w_1 w_2 (m_1 - m_2)^2 \tag{5-2-19}$$

显然，组内方差越小，则组内像素越相似；组间方差越大，则两组的差别越大。因此 $\sigma_B^2/\sigma_w^2$ 的值越大，表明分割效果越好。改变 $t$ 的取值，使 $\sigma_B^2/\sigma_w^2$ 最大所对应的 $t$，就是分割的阈值。

这种方法比较常用，但它不能反映图像的几何结构，有时分割结构与人的视觉效果不一致。

（5）最佳熵自动阈值法。

最佳熵自动阈值法是通过研究图像灰度直方图的熵测量，由此自动找出图像分割的最佳阈值的区域分割法。

设有阈值 $t$ 将灰度范围为 $[0, L-1]$ 的图像划分为目标 $W$ 与背景 $B$ 两类，$[0, t]$ 的像素分布和 $[t+1, L-1]$ 的像素分布分别是

$$B: \frac{p_0}{P_t}, \frac{p_1}{P_t}, \cdots, \frac{p_t}{P_t} \tag{5-2-20}$$

$$W: \frac{p_{t+1}}{1 - P_t}, \frac{p_{t+2}}{1 - P_t}, \cdots, \frac{p_{L-1}}{1 - P_t} \tag{5-2-21}$$

式中，$P_t = \sum\limits_{i=0}^{t} p_i$。

设两个分布对应的熵分别为 $H_W(t)$ 和 $H_B(t)$，则

$$H_B(t) = -\sum_{t=0}^{t} \frac{p_i}{P_t} \ln \frac{p_i}{P_t} = -\frac{1}{P_t} \sum_{i=0}^{t} [p_i \ln p_i - p_i \ln P_t] = \ln P_t + H_t/P_t \tag{5-2-22}$$

$$\begin{aligned} H_W(t) &= -\sum_{i=t+1}^{L-1} \frac{p_i}{1 - P_t} \ln \frac{p_i}{1 - P_t} \\ &= -\frac{1}{1 - P_t} \left[ \sum_{i=t+1}^{L-1} p_i \ln p_i - (1 - P_t) \ln (1 - P_t) \right] \\ &= \ln(1 - P_t) + \frac{H - H_t}{1 - P_t} \end{aligned} \tag{5-2-23}$$

其中，$H_t$ 和 $H$ 分别为

$$H_t = -\sum_{i=0}^{t} p_i \ln P_i \tag{5-2-24}$$

$$H = -\sum_{i=0}^{L-1} \ln P_t (1 - P_t) + \frac{H_t}{P_t} + \frac{H - H_t}{1 - P_t} \tag{5-2-25}$$

使熵 $H(t)$取最大值的 $t$，就是分割目标与背景的最佳阈值。

(6) 峰谷法。

如果对图像没有充分的先验知识，可以根据图像的统计特性进行分割。利用灰度直方图特征分割门限的原理是：如果图像所含的目标区域和背景区域大小可比，而且目标区域和背景区域在灰度上有一定的差别，那么该图像的灰度直方图会呈现双峰-谷状：其中一个峰值对应于目标的中心灰度，另一个峰值对应于背景的中心灰度。将谷所对应的灰度值 $d$ 作为阈值，对图像进行二值化，就可将目标从图像中分割出来。可按照如下的准则搜索谷值：假设图像的直方图为 $h$，确定直方图谷点的位置方法之一是通过搜索找出直方图的两个最大的局部最大值，设它们的位置是 $Z_1$ 和 $Z_2$，并且要求这两点距离大于某个设定的距离，然后求 $Z_1$ 和 $Z_2$ 之间直方图的最低点 $Z_m$，用 $h(Z_m)/\min[h(Z_1),h(Z_2)]$测度直方图的平坦性，若这个值很小，则表示直方图是双峰-谷状，可将 $Z_m$ 作为分割门限。这种方法适用于目标和背景的灰度差较大，直方图有明显谷的情况。

**2. 区域生长**

分割区域的一种方法叫区域生长。假定区域的数目以及在每个区域中单个点的位置已知，则从一个已知点开始，加上与已知点相似的邻近点形成一个区域。相似性准则可以是灰度级、彩色、组织、梯度或其他特性，相似性的测度可以由所确定的阈值来判定。方法是从满足检测准则的点开始，在各个方向上生长区域，当其邻近点满足检测准则，就并入小块区域中。当新的点被合并后，再用新的区域重复这一过程，直到没有可接受的邻近点时，生长过程终止。

图 5-13 给出一个简单的例子。图(a)给出需分割的图像，设已知有 2 个种子像素(标为灰色方块)，现要进行区域生长。所采用的判断准则是：如果所考虑的像素与种子像素灰度值差的绝对值小于某个门限，则将该像素包括进种子像素的所在区域。图(b)给出 $T=3$ 时的区域生长结果，整幅图被较好地分成 2 个区域；图(c)给出 $T=2$ 时的区域生长结果，有些像素无法判定；图(d)给出 $T=8$ 时的区域生长结果，整幅图都被分在 1 个区域中了。

| | | | | |
|---|---|---|---|---|
| 1 | 0 | 4 | 7 | 5 |
| 1 | 0 | 4 | 7 | 7 |
| 0 | 1 | 5 | 5 | 5 |
| 2 | 0 | 5 | 6 | 5 |
| 2 | 2 | 5 | 6 | 4 |

(a)

| | | | | |
|---|---|---|---|---|
| 1 | 1 | 5 | 5 | 5 |
| 1 | 1 | 5 | 5 | 5 |
| 1 | 1 | 5 | 5 | 5 |
| 1 | 1 | 5 | 5 | 5 |
| 1 | 1 | 5 | 5 | 5 |

(b)

| | | | | |
|---|---|---|---|---|
| 1 | 1 | 5 | 7 | 5 |
| 1 | 1 | 5 | 7 | 7 |
| 1 | 1 | 5 | 5 | 5 |
| 2 | 1 | 5 | 5 | 5 |
| 2 | 2 | 5 | 5 | 5 |

(c)

| | | | | |
|---|---|---|---|---|
| 1 | 1 | 1 | 1 | 1 |
| 1 | 1 | 1 | 1 | 1 |
| 1 | 1 | 1 | 1 | 1 |
| 1 | 1 | 1 | 1 | 1 |
| 1 | 1 | 1 | 1 | 1 |

(d)

图 5-13　区域生长示例

由此可见，在实际应用区域生长法时需要解决 3 个问题：

(1) 选择或确定一组能正确代表所需区域的种子像素。

(2) 确定在生长过程中能将相邻像素包括进来的准则。

(3) 制定使生长停止的条件或规则。

实现步骤如下：

(1) 对图像进行光栅扫描，求出不属于任何区域的像素。当寻找不到这样的像素时结束操作。

(2) 把这个像素灰度同其周围(4-邻域或 8-邻域)不属于其他区域的像素进行比较，若灰度差值小于阈值,则合并到同一区域,并对合并的像素赋予标记。

（3）从新合并的像素开始,反复进行步骤(2)的操作。

（4）反复进行步骤(2)、(3)的操作,直至不能再合并。

（5）返回步骤(1)的操作,寻找新区域出发点的像素。

**3. 分裂合并**

当事先完全不了解区域形状和区域数目时,可采用分裂合并法。它是基于四叉树思想,把原图像作为树根或零层,将该图像等分成 4 个子块,作为被分裂的第一层。第一层的每个子块,像素属性一致则不再等分；如果属性不一,则子块需分裂成相等的 4 块作为第二层,如此循环。

区域生长是从某个或者某些像素点出发,最后得到整个区域,进而实现目标提取。分裂合并差不多是区域生长的逆过程：从整个图像出发,不断分裂得到各个子区域,然后再把前景区域合并,实现目标提取。分裂合并的假设是：对一幅图像,前景区域由一些相互连通的像素组成。因此,如果把一幅图像分裂到像素级,那么就可以判定该像素是否为前景像素,当所有像素点或者子区域完成判断以后,将前景区域或者像素合并就可得到前景目标。

灰度阈值法可以认为是从上至下对图像进行分裂,区域生长法相当于从下至上对像素进行合并。如果将这两种方法结合起来对图像进行划分,就是分裂合并算法。即将图像分成任意大小且不重叠的区域,然后再合并或分裂区域以满足分割的要求。这种算法需要采用图像的四叉数结构作为其基本数据结构,即将图像划分为 4 个大小相同且互不重叠的正方形区域,各区域的像素灰度平均值分别作为相应位置上的 4 像素的灰度。图 5-14 所示为这种结构。

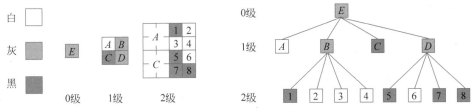

图 5-14 图像四叉树表达法

利用分裂合并算法对图像进行分割的步骤如下：

（1）生成图像的四叉树结构。

（2）根据经验和任务需要,从四叉树的某一层开始,合并满足一致性属性的共根的 4 个子块。重复对图像进行操作,直到不能合并为止。

（3）考虑上一步中没有合并的子块,如果它的子节点不满足一致性准则,将这个节点永久地分为 4 个子块。如果分出的子块仍不满足一致性准则,继续划分,直到所有的子块都满足为止。

（4）由于人为地将图像进行四叉树分解,可能会将同一区域的像素分在不能按照四叉树合并的子块内,因此需要搜索所有的图像块,将邻近的未合并的子块合并为一个区域。

（5）由于噪声影响或者按照四叉树划分区域边缘未对准,进行上述操作后可能仍存在大量的小的区域,为了消除这些影响,可以将它们按照相似性准则归入邻近的大区域内。

与前面谈到的一些区域分割方法相比,此方法的算法较复杂。但对复杂图像来说,效果很好。而且特征均匀性的条件,除用于块灰度特征外,对纹理特征也适用。

### 5.2.4　特征提取

基于图像测控技术的目标特征提取的内容包括线、圆、轮廓、骨架、纹理特征等数值或符号的提取。主要包括 Hough 变换法、中轴变换、多通道 Gabor 滤波器等方法。

**1. 线提取**

直线提取在工业测控系统中应用很广泛,例如对于一些线状的划痕,往往可以近似看成直线,在这种情况下,可以采用检测直线的方法来检测划痕。又如工业仪表的指针如线状,也可以通过直线提取的方法进行检测。常用的直线提取方法主要有哈夫(Hough)变换法等。

1) 哈夫变换原理

哈夫变换利用图像全局特性,将边缘像素连接起来,组成区域封闭边界,从而求得边界曲线方程。在预先知道区域形状的条件下,利用哈夫变换可以方便地得到边界曲线。它的主要优点是受噪声和曲线间断的影响比较小。

哈夫变换可以用于寻找某一范围内目标点数目最多的直线,它的基本思想是点-线的对偶性。在图像空间 $XY$ 中,设所有过点$(x,y)$的直线都满足方程

$$y = px + q \tag{5-2-26}$$

式中,$p$ 为直线的斜率,$q$ 为直线的截距。式(5-2-26)也可以写成

$$q = -px + y \tag{5-2-27}$$

式中表示参数空间 $PQ$ 中过点$(p,q)$的一条直线。图像空间到参数空间之间的转换可以用图 5-15 表示。

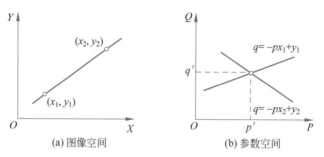

图 5-15　图像空间与参数空间点和线的对偶性

在图像空间 $XY$ 中,过点$(x_1,y_1)$的直线方程可以写为

$$y_1 = px_1 + q \tag{5-2-28}$$

$$q = -px_1 + y_1 \tag{5-2-29}$$

式(5-2-29)表示参数空间 $PQ$ 中的一条直线。同理,在图像空间 $XY$ 中,过点$(x_2,y_2)$的直线方程可以写为

$$y_2 = px_2 + q \tag{5-2-30}$$

$$q = -px_2 + y_2 \tag{5-2-31}$$

式(5-2-31)表示参数空间 $PQ$ 中的另一条直线。

设这两条直线于参数空间 $PQ$ 中的点$(p',q')$相交。由此可见,图像空间 $XY$ 中过点

$(x_1,y_1)$和$(x_2,y_2)$的直线上的每个点都对应在参数空间$PQ$里的一条直线,这些直线相交于点$(p',q')$。

由以上讨论可知,图像空间中共线的点对应在参数空间中相交的线。反过来,在参数空间中相交于一点的所有直线在图像空间里都有共线的点与之对应。这就是点-线对偶性。根据点-线对偶性,当给定图像空间的一些边缘点,就可以通过哈夫变换确定连接这些点的直线方程。

在实际使用哈夫变换时,要在上述基本方法的基础上根据图像具体情况采取一些方法以提高精度和速度,在实际中常用的是极坐标直线方程。

式(5-2-26)也可以改写为用参数空间$(\theta,\rho)$中的一点$(\theta',\rho')$来表示:

$$\rho' = x\cos\theta' + y\sin\theta' \tag{5-2-32}$$

式(5-2-32)中$(x,y)$是直线$L$上任一点的坐标,$\rho'$是原点到直线$L$在参数空间$(\theta,\rho)$中的距离,$\theta'$是$x$轴与直线$L$的法线间的夹角。同样,直角坐标系中的每一个点$(x,y)$对应参数空间$(\theta,\rho)$中的一条曲线,可以表示为

$$\rho = x\cos\theta + y\sin\theta \tag{5-2-33}$$

这里$\theta\in[0,180°]$,$\rho\in[-R,R]$,$R$是原点到直线$L$距离的最大可能值。假定位于直线$L$上的点$x_i,y_i$有$N$个$(i=1,\cdots,N)$,对这$N$个点逐一进行上述变换,则在参数空间$(\theta,\rho)$中得到对应的$N$条曲线,这$N$条曲线必定经过参数空间中的同一个点$(\theta',\rho')$。根据参数空间中的一个点对应于直角坐标系中的一条直线这个对应关系,找到参数空间中的这个点就确定了直线$L$。

这样,图像平面上的一个点就对应到参数$\rho$-$\theta$平面上的一条正弦曲线上(见图5-16)。哈夫变换最适合于检测较简单曲线(即解析式只含有较少的参数)。

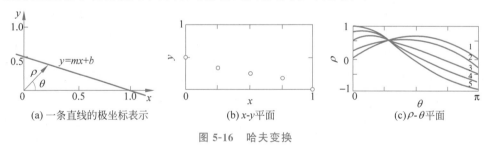

(a) 一条直线的极坐标表示  (b) $x$-$y$平面  (c) $\rho$-$\theta$平面

图 5-16  哈夫变换

2) 直线提取

在具体计算时需要在参数空间$(\theta,\rho)$里建立一个二维累加数组。设这个数组为$A(\theta,\rho)$,如图5-17所示,其中$[\theta_{\min},\theta_{\max}]$和$[\rho_{\min},\rho_{\max}]$分别为$\theta$、$\rho$的范围,即预期的斜率和截距的取值范围。开始时,置数组$A$为零,然后对每一个图像空间中的给定点,让$\theta$取遍$\theta$区间上所有可能的值,并根据直线公式算出对应的$\rho$,再根据$\theta$和$\rho$的值(设都已经取整)对$A$累加:

$$A(\theta,\rho) = A(\theta,\rho) + 1 \tag{5-2-34}$$

对图像遍历后,$A(\theta,\rho)$的值就是在点$(\theta,\rho)$处共线点的个数。同时$(\theta,\rho)$值也给出了直线方程的参数,这样就得到了点所在的线。

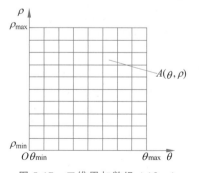

图 5-17  二维累加数组 $A(\theta,\rho)$

以下是用哈夫变换检测直线的算法过程:

(1) 初始化变换域$(\theta,\rho)$空间的数组。

(2) 顺序搜索图像中所有的物体点,对每一个物体点,按照变换域的各个点加1。

(3) 求出变换域的值大于一定阈值的点并记录。

(4) 根据这些点在原空间内画出直线。

除了检测线状的物体以外,可以将哈夫变换推广到包含圆弧线段的检测。如圆的方程为$(x-a)^2+(y-b)^2=r^2$,对于圆的哈夫变换,其参数空间是一个3D空间$(a,b,r)$,计算时需要在参数空间中建立一个三维的累计数组$A(a,b,r)$,依次变化参数$a$和$b$,根据上式计算出$r$,并对累计数组$A(a,b,r)$进行累加,最后从累计数组中就可得到共圆的点数。从这里可以看出,哈夫变换检测圆和直线的原理都相同,只是复杂程度增加了,搜索空间从二维变成三维。由于计算量大,所以又提出改进型的哈夫变换来检测圆,比如随机哈夫变换、圆梯度对称哈夫变换等。

**2. 骨架提取**

所谓骨架,可以理解为图像的中轴,例如一个长方形的骨架是它的长方向上的中轴线,正方形的骨架是它的两条对角线,圆的骨架是它的圆心,直线的骨架是它自身,孤立点的骨架也是自身。下面介绍最有代表性的骨架提取方法——中轴变换方法。

1) 中轴变换原理

中轴变换(Medial Axis Transform,MAT)是一种用来确定物体骨架的细化技术。所谓细化,就是从原来的图中去掉一些点,但仍要保持原来的形状。实际上,是保持原图的骨架。对图像进行细化有助于突出形状特点和减小冗余的信息量。具有边界$B$的区域$R$的MAT是如下确定的:对每个$R$中的点$P$,在$B$中搜寻与它最近的点。如果对$P$能找到多于1个这样的点(即有2个或以上的$B$中的点与$P$同时最近),就可认为$P$属于$R$的中线或骨架,或者说$P$是1个骨架点。

理论上讲,每个骨架点保持了与其边界点距离最小的性质,所以如果用以每个骨架点为中心的圆的集合(利用合适的量度),就可恢复出原始的区域来。具体就是以每个骨架点为圆心,以前述最小距离为半径作圆周。它们的包络就构成了区域的边界,填充圆周就得到区域。或者以每个骨架点为圆心,以所有小于或等于最小距离的长度为半径作圆,这些圆的并集就覆盖了整个区域。

由上述可知,骨架是用1个点与1个点集的最小距离来定义的,可写成

$$d_s(p,B)=\inf\{d(p,z)\mid z\subset B\} \tag{5-2-35}$$

根据式(5-2-35)求区域骨架需要计算所有边界点到区域内部点的距离,因而计算量是很大的。实际中都是采用逐次消去边界点的迭代细化算法。在这个过程中有3个限制条件需要注意:不消去线段端点,不中断原来连通的点,不过多侵蚀区域。

设已知目标点标记为1,背景点标记为0。定义边界点是本身标记为1而其8-连通邻域中至少有一个点标记为0的点。算法对边界点进行如下操作:

(1) 考虑以边界点为中心的8-邻域,记中心点为$p_1$,其邻域的8个点顺时针绕中心点分别为$p_2,p_3,\cdots,p_9$,其中$p_2$在$p_1$上方。首先标记同时满足下列条件的边界点:

① $2\leqslant N(p_1)\leqslant 6$

② $S(p_1)=1$

③ $p_2 \times p_4 \times p_6 = 0$

④ $p_4 \times p_6 \times p_8 = 0$

其中 $N(p_1)$ 是 $p_1$ 的非零邻点的个数，$S(p_1)$ 是以 $p_2, p_3, \cdots, p_9$ 为序时这些点的值从 $0 \to 1$ 变化的次数。当对所有边界点都检验完毕后，将所有标记了的点除去。

（2）同（1），仅将前面条件③改为条件③′$p_2 \times p_4 \times p_8 = 0$；条件④改为条件④′$p_2 \times p_6 \times p_8 = 0$。同样当对所有边界点都检验完毕后，将所有标记了的点除去。

以上两步操作构成 1 次迭代。算法反复迭代直至没有点再满足标记条件，这时剩下的点组成区域的骨架。在以上各标记条件中，条件①除去了 $p_1$ 只有 1 个标记为 1 的邻点，即 $p_1$ 为线段端点的情况以及 $p_1$ 有 7 个标记为 1 的邻点，也即 $p_1$ 过于深入区域内部的情况；条件②除去了对宽度为单像素的线段进行操作的情况以避免将骨架割断；条件③和条件④除去了 $p_1$ 为边界的右或下端点（$p_4 = 0$ 或 $p_6 = 0$）或左上角（$p_2 = 0$ 和 $p_8 = 0$）亦即不是骨架点的情况。类似地，条件③′和条件④′除去了 $p_1$ 为边界的左或上端点（$p_2 = 0$ 或 $p_8 = 0$）或右下角点（$p_4 = 0$ 和 $p_6 = 0$）亦即不是骨架点的情况。最后注意到，如 $p_1$ 为边界的右上端点，则有 $p_4 = 0$ 和 $p_6 = 0$，如 $p_1$ 为边界的左下端点，则有 $p_6 = 0$ 和 $p_8 = 0$，它们都同时满足③和④以及③′和④′各条件。

2）简化的中轴变换算法

上面所述的算法在编程实现时比较复杂，所需运算步骤多、速度慢。根据对二值图像特点的分析，经过实验，采用了一种简单而且效果很好的算法。可以根据 1 像素的 8 个相邻点的情况来判断该点是否应该删除，图 5-18 给出几种常见情况。

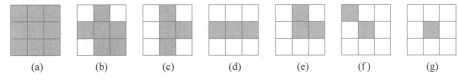

(a)　(b)　(c)　(d)　(e)　(f)　(g)

图 5-18　8 个相邻像素的常见组合

图中根据某点的 8 个相邻点的情况来判断该点是否能删除。分析图中各方格的中心点：（a）不能删，因为它是个内部点，这里要求的是骨架，如果连内部点也删了，骨架会被掏空的；（b）不能删，和（a）是同样的道理；（c）可以删，这样的点不是骨架；（d）不能删，因为删除后，原来相连的部分断开了；（e）可以删，这样的点不是骨架；（f）不能删，因为它是直线的端点，如果这样的点删了，那么最后整个直线也被删了；（g）不能删，因为孤立点的骨架是它自己本身。

总结一下，有如下判据：

（1）内部点不能删除。

（2）孤立点不能删除。

（3）直线端点不能删除。

（4）如果 $P$ 是边界点，去掉 $P$ 后，如果连通分量不增加，则 $P$ 可以删除。

可以根据上述的判据，事先做出一张表，从 0 到 255 共有 256 个元素，每个元素不是 0，就是 1。根据某点（即目标点）的 8 个相邻点的情况查表，若表中的元素是 1，则表示该点可删，否则保留。查表的方法是：设白点为 1，黑点为 0；左上方点对应一个 8 位数的第一位（最低位），正上方点对应第二位，右上方点对应第三位，左邻点对应第四位，右邻点对应第五位,左下方点对应第六位,正下方点对应第七位,右下方点对应第八位,按这样组成的 8 位数去查表即可。

每次对整幅图像逐行扫描一遍,对于每个点(不包括边界点),计算它对应在表中的索引,若为 0,则保留,否则删除该点。如果这次扫描没有一个点被删除,则循环结束,剩下的点就是骨架点;如果有点被删除,则进行新的一轮扫描。如此反复,直到没有点被删除为止。

**3. 轮廓提取与跟踪**

物体的轮廓在图像处理中有非常重要的意义。在工业产品表面质量检测中,通过轮廓提取或跟踪,确定产品的轮廓,从而确定表面缺陷所在的范围,提高检测算法的有效性;在目标跟踪中,通过轮廓提取或轮廓跟踪技术确定目标的轮廓参数。

在二值化图像中,轮廓提取的方法比较简单,如果一个物体中有一黑点,且它的 8 个邻点都为黑点,则认为这一点是物体内部点,将去除,对图像中所有像素点执行该操作便可完成图像轮廓的提取。轮廓提取也可用形态学方法来实现,即用一个 3×3 方形的结构元素对图像进行腐蚀,然后再用原图减去腐蚀后的图,即可得到物体的轮廓。

轮廓跟踪的最基本方法是:先根据某些严格的"探测准则"找出物体轮廓上的像素,再根据这些像素的某些特征用一定的"跟踪准则"找出目标物体上的其他像素。这里介绍一种二值图像的轮廓跟踪。

首先找第一个边界点像素:按照从左到右,从下到上的顺序搜索,找到的第一个黑点一定是最左下方的边界点,记为 A。点 A 的右、右上、上、左上 4 个邻点中至少有一个边界点,记为 B。从边界点 B 开始,定义初始的搜索方向为左方;如果左方的点为黑点,则为边界点,否则搜索方向顺时针旋转 45°。这样一直找到第一个黑点为止。然后把这个点作为新的边界点,在当前的搜索方向上逆时针旋转 90°,继续用同样的方法搜索下一个黑点,直到返回初始的边界点为止。图 5-19 为轮廓跟踪算法的示意图,箭头代表搜索方向。

**4. 角点提取**

在一些工业生产的领域,被检测的物体图像的缺陷往往表现为破损形状,这样会引起物体的角点变化,这也可以称为检测缺陷的依据。图像中的角点是指图像中具有高曲率的点,它由物体边缘曲率较大的地方或者多条边缘的交点形成,如图 5-20 所示。角点也可以作为物体识别、检测和定位的一个重要特征。

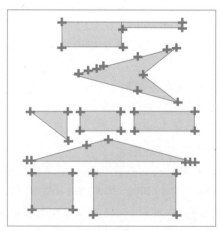

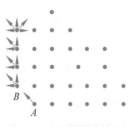

图 5-19　轮廓跟踪算法

图 5-20　角点检测效果图,标有十字的部分是角点

Harris 法是角点检测的常用方法,它的原理是利用水平、竖直两个差分算子对图像每像素进行滤波求得 $I_x$、$I_y$,然后求得如图中 $m$ 的 4 个元素值,最后根据求得的角点阵 cim 的值来确定每个点是否为角点。

$$m = \begin{bmatrix} I_x^2 & I_x I_y \\ I_x I_y & I_y^2 \end{bmatrix}, \quad I_y^2 = I_y * I_y, I_x^2 = I_x * I_x \qquad (5\text{-}2\text{-}36)$$

$$\text{Gauss} = \exp\left[-\frac{x^2 + y^2}{2\sigma^2}\right] \qquad (5\text{-}2\text{-}37)$$

$$\text{cim} = \frac{I_x^2 * I_y^2 - (I_x I_y)^2}{I_x^2 + I_y^2} \qquad (5\text{-}2\text{-}38)$$

角点最直观的印象就是在水平、竖直两个方向上变化均较大的点,即 $I_x$、$I_y$ 都较大。$I_x$、$I_y$ 是沿着水平和垂直方向的差分算子。这也是把角点和图像上的边缘以及平坦地区区分的依据。

(1) 边缘:仅在水平或者仅在竖直方向有较大的变化量,即 $I_x$ 和 $I_y$ 只有其一较大。

(2) 平坦地区:在水平、竖直方向的变化量均较小,即 $I_x$、$I_y$ 都较小。

在实际计算中,先对图像上每像素求得 $m$,然后使用高斯函数对求得的 $m$ 进行平滑滤波,去除噪声点带来的干扰,然后计算图像上每个点的角点量 cim。在求得的矩阵 cim 中,满足 cim 大于一阈值 threshold 并且 cim 是邻域内的局部最大值这两个条件的点被标记为角点。对于一幅图像,角点与自相关系数的曲率特性有关,自相关系数描述局部图像的灰度变化。

**5. 纹理特征提取**

纹理是对图像的像素灰度级在空间上分布模式的描述,反映了物质的质地,如粗糙度、光洁性、颗粒度、随机性和规范性等。纹理特征就是从物体图像中计算出一个值,对物体内部灰度级变化的特征进行量化。下面介绍两种纹理特征提取方法。

**1) 相位编码法**

图像纹理的相位编码利用了二维 Gabor 函数对图像进行滤波,提取图像纹理方向并对其进行编码,从而提取图像的纹理特征。二维 Gabor 函数的直角坐标形式如下:

$$G(x, y) = e^{-\pi[(x-x_0)^2/a^2 + (y-y_0)^2/\beta^2]} * e^{-2\pi i[(x-x_0)u_0 + (y-y_0)v_0]} \qquad (5\text{-}2\text{-}39)$$

式中 $(x_0, y_0)$ 是表示图像局部纹理的位置,$(\alpha, \beta)$ 是有效的 Gauss 窗的宽和长,$(u_0, v_0)$ 定义了空间频率 $\omega_0 = \sqrt{u_0^2 + v_0^2}$,方向角 $\theta = \text{arctg}\dfrac{v_0}{u_0}$。通过调整一系列参数 $(x_0, y_0; u_0, v_0; \alpha, \beta)$,可以获得不同特性的滤波器。这反映了 Gabor 滤波器的多尺度特性和方向特性。

图像纹理的相位编码的基本原理是假设将图像分成 $N$ 个区域,$S_1, S_2, \cdots, S_N$,每个相邻区域的边界是相邻的。纹理图像 $I(x, y)$ 在一定的区域为窄带纹理。即在区域 $S_m$ 中,$I_m(x, y)$ 主要集中在频域 $(u_m, v_m)$,那么在保证中心频率为 $(u_m, v_m)$ 的二维 Gabor 子函数 $G_m(x, y)$ 被包含在所选的函数集的前提下,当用不同的 $G_i(x, y)$ 对该区域做卷积时,则必有下式成立:

$$|G_i(x, y) * I_m(x, y)| \ll |G_m(x, y) * I_m(x, y)| \qquad (5\text{-}2\text{-}40)$$

该式成立的前提条件是 Gabor 函数集中的 Gauss 窗不能过分重叠,由于纹理中的窄带纹理数目有限,只要选取的 Gabor 函数集中的函数大于窄带纹理数目,并且所有窄带纹理的频率点都被取到,则对于每一个窄带区域,都能找到一个子函数 $G_i(x,y)$,使得式(5-2-40)成立。

图像的相位编码方法如下:

$$h_i = \iint\limits_{x,y} G_i(x,y)I(x,y)\mathrm{d}x\mathrm{d}y \tag{5-2-41}$$

其中,实部为

$$hi\_re = \iint\limits_{x,y} I(x,y)\mathrm{e}^{-\pi\left[(x-x_0)^2/a^2+(y-y_0)^2/\beta^2\right]}\cos\{2\pi f\left[(x-x_0)\cos\theta_i + (y-y_0)\sin\theta_i\right]\}$$

虚部为

$$hi\_im = \iint\limits_{x,y} I(x,y)\mathrm{e}^{-\pi\left[(x-x_0)^2/a^2+(y-y_0)^2/\beta^2\right]}\sin\{-2\pi f\left[(x-x_0)\cos\theta_i + (y-y_0)\sin\theta_i\right]\}$$

如果 $G_i(x,y)$ 在取样的 Gabor 函数集中有

$$hi\_re \gg hk\_re, \quad \forall k \in [0,N], \quad k \neq i$$
$$hj\_im \gg hk\_im, \quad \forall k \in [0,N], \quad k \neq j$$

则此区域的编码为 $i$ 的码字串接 $j$ 的码字,亦表示此区域的局部相位特征。

2)多通道 Gabor 的特征提取法

多通道 Gabor 滤波器在提取纹理特征时有其理论基础。假设每一通道滤波器的数字模型为

$$\begin{cases} I(x,y) = \sqrt{I_e(x,y)^2 + I_o(x,y)^2} \\ I_e(x,y) = G_e(x,y,f,\theta,\sigma) \otimes I(x,y) \\ I_o(x,y) = G_o(x,y,f,\theta,\sigma) \otimes I(x,y) \end{cases} \tag{5-2-42}$$

其中,$I(x,y)$ 为滤波器输入的图像,$G_e(x,y,f,\theta,\sigma)$ 和 $G_o(x,y,f,\theta,\sigma)$ 分别为偶对称和奇对称的 Gabor 滤波器。为了简单起见,使用各向同性 Gabor 滤波器:

$$\begin{cases} G_e(x,y,f,\theta,\sigma) = \mathrm{e}^{-\pi\frac{x^2+y^2}{2\sigma^2}}\cos[2\pi f(x\cos\theta + y\sin\theta)] \\ G_o(x,y,f,\theta,\sigma) = \mathrm{e}^{-\pi\frac{x^2+y^2}{2\sigma^2}}\sin[2\pi f(x\cos\theta + y\sin\theta)] \end{cases} \tag{5-2-43}$$

式中,$f$、$\theta$、$\sigma$ 分别为 Gabor 滤波器的 3 个重要的参数:空间频率、相位和空间常数。由于在对输入图像进行滤波时,要涉及卷积运算,实际运算量非常大,所以在实际运算中往往通过傅里叶逆变换的方法来求卷积:

$$\begin{cases} f_e(x,y) = G_e(x,y,f,\theta,\sigma) \otimes I(x,y) = \mathrm{FFT}^-\left[I(u,v) * G_e(u,v,f,\theta,\sigma)\right] \\ f_o(x,y) = G_o(x,y,f,\theta,\sigma) \otimes I(x,y) = \mathrm{FFT}^-\left[I(u,v) * G_o(u,v,f,\theta,\sigma)\right] \end{cases}$$
$$\tag{5-2-44}$$

其中,$I(u,v)$、$G_e(u,v,f,\theta,\sigma)$、$G_o(u,v,f,\theta,\sigma)$ 分别为 $I(x,y)$、$G_e(x,y,f,\theta,\sigma)$ 和 $G_o(x,y,f,\theta,\sigma)$ 的傅里叶变换,$\mathrm{FFT}^-$ 表示傅里叶逆变换。

在该算法中,每一对 Gabor 滤波器的 $G_e(x,y,f,\theta,\sigma)$ 和 $G_o(x,y,f,\theta,\sigma)$ 分别对应一

个特定的空间频率和方向。特征提取时同时提取频率和方向信息。在实际应用中,分别选择中心频率为 2、4、8、16 和 32,方向分别选取 $0$、$\frac{\pi}{6}$、$\frac{\pi}{3}$、$\frac{\pi}{2}$、$\frac{2\pi}{3}$ 和 $\frac{5\pi}{6}$。对于每个通道的滤波结果,可选取均值和方差作为该通道的特征。

## 5.3 图像融合技术

本节从图像融合技术的概念出发,介绍 3 种具有代表性的图像融合方法,分别是 Laplacian 算法、RoLP 算法和小波变换方法。

### 5.3.1 图像融合概述

在某些情况下,由于受照明、环境条件(如噪声、云、烟雾、雨等)、目标状态(例如运动、密集目标、伪装目标等)、目标位置(如远近、障碍物等)以及传感器固有特性等因素的影响,通过单一传感器所获得的图像的信息不足以用来对目标或场景进行更好的检测、分析和理解,这正是图像融合要解决的问题。

图像融合是新兴的研究方向,作为信息融合的一个重要分支,是多传感器信息融合中可视信息部分的融合,它把对同一目标或同一场景经多个传感器的成像或单一传感器的多次成像进行一定的处理,综合成统一图像或综合图像特征以供观察或进一步处理。它是一门综合传感器、图像处理、信号处理、计算机视觉和人工智能等技术的现代高新技术。图像融合技术充分利用多源数据的互补性和计算机的高速运算与智能处理,将来自多个传感器的图像进行综合处理,从而提高图像的清晰度和目标的可识别程度。

图像融合技术广泛应用于图像处理、遥感、计算机视觉以及军事等领域,其作用包括图像增强、特征提取、图像去噪、目标识别与跟踪,以及三维图像重构。

图像融合一般分为 3 类:像素级、特征级和决策级融合。这种分类方法是基于图像的表征层来划分的,分别适用于不同的应用情况。

像素级融合是在严格配准的条件下,直接使用来自各个传感器的信息进行像素与像素关联的融合方法,可用来提高信号的灵敏度与信噪比,以利于目视观测与特征提取。由于该方法的融合基础是严格的像素对准,所以对不同传感器采集视场的配准要求很高。其优点是能保持尽可能多的现场数据,提供细微信息;局限性在于:要处理的数据量大,实时性差,数据通信量大,抗干扰能力差。像素级融合一般用于多源图像复合、图像分析和理解等领域。

特征级融合属于中间层次,其处理方法是首先对来自不同传感器的原始信息进行特征抽取,然后再对从多传感器获得的多个特征信息进行综合分析和处理,以实现对多传感器数据的分类、汇集和综合。特征级融合在像素级融合的基础上,使用参数模板、统计分析、模式相关等方法进行几何关联、目标识别和特征提取,用以排除虚假特征,以利于系统判据。特征级融合的优点在于实现了可观的信息压缩,便于实时处理。由于所提取的特征直接与决策分析有关,因而融合结果能最大限度地给出决策分析所需的特征信息。目前大多数 $C^3I$(指挥、控制、通信与情报)系统的数据融合研究都是在该层次上展开的。

决策级融合是一种高层次的信息融合,其结果关联各传感器提供的判决,以增加识别的置信度。决策级融合方法主要是基于认知模型的方法,需要采用大型数据库和专家判决系统来模拟人的分析、推理、识别和判决过程,以增加决策的智能化和可靠性。决策级融合是三级融合的最终结果,是直接针对具体决策目标的,融合结果直接影响决策水平。其主要优点是通信及传输要求低,容错性高,数据要求低,分析能力强。由于对预处理及特征抽取有较高要求,所以决策级融合的代价较高。

图 5-21 为图像融合过程的基本框图。一般来说,图像信息融合过程分为 3 个层次,即预处理、信息融合与应用层。预处理主要是针对输入图像进行去噪及配准。去噪的目的主要在于去除透视收缩、叠掩、阴影、扰动等随机因素对成像结果一致性的影响;而图像配准的目的在于消除不同传感器图像在拍摄角度、时相及分辨率等方面的差异。接着通过信息融合过程,将大大减少或抑制被感知对象或环境解释中可能存在的多义性、不完全性或不确定性,从而提高图像分割、识别及解译的能力,并用于不同的应用领域。

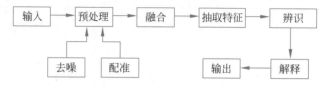

图 5-21　图像融合过程的基本框图

近 20 年来,国际上在图像信息融合的不同层次上开展大量的模型与算法研究,提出了各种系统形式。像素级图像融合算法按其实质讲,大体分为 3 类:假彩色技术、调制技术和多分辨技术。

这里重点叙述多分辨融合算法。多分辨算法来源于计算机视觉研究中对人眼感知过程的模拟。多分辨结构的形成是采用对图像进行自底向顶的计算,每一层图像均是其前一层图像经过某种模板滤波形成。具有代表性的方法包括金字塔型方法和小波变换方法。

1985 年,Burt 提出了一种基于分层分解的图像合成方法,通过求出两层高斯金字塔中图像之间的差异可得到 Laplacian(拉普拉斯)金字塔。基于 Laplacian 的图像融合方法粗略地模拟了人眼双目观察事物的过程,但是,更准确地说,人眼对局部亮度对比度较为敏感,所以用 Laplacian 金字塔得到的融合图像并不能很好地满足人类的视觉心理。1989 年,Toet 提出一种基于局部对比度的金字塔,即比率低通金字塔(RoLP 塔),以求高斯金字塔中各级之间的比率。比率低通金字塔虽然符合人眼的视觉特征,但由于噪声的局部对比度一般都较大,所以基于比率低通金字塔的融合算法对噪声比较敏感,而且算法也不稳定。为了解决这一问题,1993 年 Burt 提出了梯度金字塔。至于每一层的融合算法,Burt 提出了平均和选择相结合的算法,这样既在融合图像中保留了源图像的显著特征,又避免引入人为虚假信息。

基于小波变换的图像融合方法,则是将待融合的原始图像首先进行小波变换,将其分解在不同频段的不同特征域上,然后在特征域上进行融合。

图像融合在医学、遥感、计算机视觉、气象预报、军事目标探测与识别等方面的应用潜力得到了充分认识,尤其在计算机视觉方面,图像融合被认为是克服目前某些难点的技术方向;在航天、航空多种运载平台上,各种遥感器所获得的大量不同光谱、不同波段或不同时相、不同角度的遥感图像的融合,为信息的高效提取提供良好的处理手段,取得了明显效益。

## 5.3.2 Laplacian 金字塔方法

多分辨结构可以有效地执行许多基本的图像运算,利用其可以产生一组低通或带通图像,比 FFT 算法简便许多。通过级与级的互联,多分辨结构提供像素级处理与全局目标级处理之间的联系。多分辨结构的这种特性,使得它被当作是神经视觉中的某种最初级处理形式的模型。这里将在常规的基于 Gaussian 金字塔的基础上描述其派生的多分辨结构。

Gaussian 金字塔是一组图像序列,序列中的每一级图像均是其前级图像比率低通的复制图像。设 $G_0$ 表示输入源图像,作为 Gaussian 金字塔的底层。Gaussian 金字塔的第 $l$ 级矩阵的每一像素值可用一个 $5 \times 5$ 高斯窗口函数 $\omega(m,n)$ 对第 $l-1$ 级矩阵进行加权平均而得到,以此类推。金字塔算法使金字塔结构中相邻两级图像的频带以 $1/8$ 倍率减小,图像大小以 $1/4$ 倍率减小。设图像元素的横、纵坐标分别用 $i$、$j$ 表示,则级间的运算可以表示为

$$G_l(i,j) = \sum_{m=-2}^{2} \sum_{n=-2}^{2} \omega(m,n) G_{l-1}(2i+m, 2j+n) \tag{5-3-1}$$

假设有两幅源图像,例如可见光和红外图像,依照上式分别获取两幅图像每一路的 Gaussian 金字塔序列 $A_l$、$B_l$($0 < l \leqslant N$),$N$ 为金字塔的总级数。

利用插值法在给定数值间插补新的样本值,使金字塔结构中某一级图像能扩展成其前一级图像的尺寸,即对 $G_l$ 进行如下运算,获得与 $G_{l-1}$ 具有同样尺寸的新图像 $G_{l-1}^*$:

$$G_{l-1}^*(i,j) = 4 \sum_{m=-2}^{2} \sum_{n=-2}^{2} \omega(m,n) G_l \left[ (i+m)/2, (j+n)/2 \right] \tag{5-3-2}$$

仅当 $(i+m)/2$、$(j+n)/2$ 为整数且落在当前第 $l$ 级矩阵像素范围内时方计算上式。

Laplacian 金字塔(多分辨率带通滤波器)最初用于人眼立体视觉的双目融合,它是一组带通滤波图像序列 $L_l$,可以简单定义为 Gaussian 金字塔中相继各级比率低通图像之差,即

$$\begin{cases} L_l = G_l - G_l^*, & 0 \leqslant l \leqslant N-1 \\ L_N = G_N, & l = N \end{cases} \tag{5-3-3}$$

利用 Laplacian 金字塔,原始图像 $G_0$ 可以精确地得以恢复,即

$$\begin{cases} L_N = L_{FN}, & l = N \\ L_l = L_{Fl} + G_l^*, & 0 \leqslant l \leqslant N-1 \end{cases} \tag{5-3-4}$$

Laplacian 金字塔对于原始图像 $G_0$ 而言,是一组带通滤波器,而对于 Gaussian 金字塔序列中的图像 $G_l$、$L_l$ 则是其高通滤波器。

融合算法如下:

根据前面的分析,图像的 Laplacian 金字塔序列是 Gaussian 图像序列中相应各级的高通滤波(高频)图像。由于图像的细节对应图像的高频部分,而图像融合的目的就是将不同图像的细节特征有机地结合,因此,可设法融合不同图像的 Laplacian 金字塔序列从而达到融合的目的。具体操作如下:

(1) 获取每一路图像的 Gaussian 金字塔序列。

(2) 获得每一路图像的 Laplacian 金字塔。

(3) Laplacian 金字塔序列对应级融合:融合算子取对应各级的"或"运算或加权平均等。

(4) 重构图像。

### 5.3.3　RoLP 金字塔方法

比率低通金字塔(RoLP)非常类似于 Laplacian 金字塔,但它并不是求 Gaussian 金字塔中各级之间的差值,而是求 Gaussian 金字塔中各级之间的比率。比率低通金字塔是基于局部亮度对比的分解结构,它比 Laplacian 金字塔更适合人眼的视觉机理。

基于 Laplacian 的图像融合方法实际上是选取了局部亮度差异较大的点,这一过程粗略地模拟了人眼双目观察事物的过程。但是,更准确地说,人眼对局部亮度对比度较为敏感,而不是对局部亮度差异敏感,所以用 Laplacian 金字塔得到的融合图像并不能很好地满足人类的视觉心理。1989 年,Toet 提出一种基于局部对比度的金字塔,即比率低通金字塔。

RoLP 金字塔 $C_l$ 的构造为 Gaussian 金字塔中相应各级图像之比,即

$$\begin{cases} C_l = G_l / G_l^* , & 0 \leqslant l \leqslant N-1 \\ C_N = G_N , & l = N \end{cases} \tag{5-3-5}$$

通过式(5-3-5)进行运算,即可得到对比度金字塔。逐级递推获得每一路图像的对比度金字塔序列 $C_{Al}$、$C_{Bl}$。

获得融合图像的多级序列后,利用式(5-3-6)进行逆塔型变换,逐次递推出多尺度对比度塔底层图像,即最终重构图像 $F_0$。

$$\begin{cases} F_N = C_{FN} , & l = N \\ F_l = C_{Fl} F_l^* , & 0 \leqslant l \leqslant N-1 \end{cases} \tag{5-3-6}$$

式中,$F_l$ 表示融合后对比度金字塔的第 $l$ 层图像,$F_l^*$ 表示对 $F_{l+1}$ 插值后与 $F_l$ 具有相同尺寸的图像。

图像的细节变化可以认为是对比度的变化。由于人类视觉系统对图像的对比度变化较为敏感,且不同图像传感器对同一目标所成图像的对比度分布不同,融合不同图像的细节可以设法通过融合对比度来实现,具体操作如下:

(1) 获取每一路图像的 Gaussian 金字塔序列。

(2) 获得每一路图像的对比度金字塔。

(3) 对比度金字塔序列对应级融合,融合对比度金字塔有以下标准法则:

$$C_{Fl}(i,j) = \begin{cases} C_{Al}(i,j), & |C_{Al}(i,j)-1| > |C_{Bl}(i,j)-1| \\ C_{Bl}(i,j), & |C_{Al}(i,j)-1| \leqslant |C_{Bl}(i,j)-1| \end{cases} \tag{5-3-7}$$

式中,$C_{Al}(i,j)$、$C_{Bl}(i,j)$ 和 $C_{Fl}(i,j)$ 分别为待融合图像 $A$、$B$ 和融合图像 $F$ 的对比度金字塔序列中的第 $l$ 级。

(4) 重构图像。

### 5.3.4　二维小波变换方法

用在图像融合领域的小波变换,可以说是金字塔方法的直接拓展。自 Mallat 将计算机视觉领域内的多尺度分析的思想引入到小波变换后,对图像进行多分辨融合处理的方法在离散小波变换这一强有力的数学工具的帮助下日益完备,并取得了一系列卓有成效的成就。下面从 3 个方面详述基于二维离散小波变换的图像融合算法。

**1. 二维离散小波变换**

小波变换是一种正交变换,其基本原理是:对源图像分别作多尺度小波分解,即对源图像分别进行低、高通滤波,得到在不同尺度下的低频方向、水平方向、垂直方向和45°角方向的高频信息图的4个子图像序列。然后根据需要可对低频子图像重复上述过程。图5-22为小波变换的分解过程,其中 $A_{l-1}$ 子图像集中了分解图像低一级的低频成分;$D_{l-1}^1$ 子图像包含了分解图像低一级的行高频、列低频成分;$D_{l-1}^2$ 子图像集中了分解图像低一级的行低频、列高频成分;$D_{l-1}^3$ 子图像包含了分解图像低一级对角线方向的高频成分。继续用小波变换对低频部分进行分解,可以得到用 $A_l$、$D_l^1$、$D_l^2$、$D_l^3$、$D_{l-1}^1$、$D_{l-1}^2$、$D_{l-1}^3$ 子图像的编码取代低一级图像的编码,以此类推。对图像进行分解的层数,可根据具体图像的大小和融合效果来决定。可以看到,二维图像的小波分解对图像依次按行、按列与一维的低通和高通滤波器作卷积来实现,在卷积之后进行相应的降2采样,$h$、$g$ 表示正交镜像滤波器。

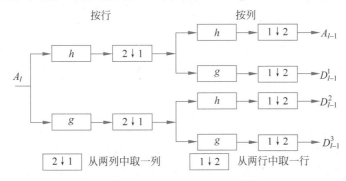

图 5-22 小波图像分解过程示意图

对严格配准的两幅源图像经过上述小波分解,可以得到一系列的子带数据,其中除了低频子带的数据为正值外,其他子带的数据均在零值左右分布,其中绝对值较大的系数对应于灰度突变之处,即对应于源图像中的显著特征(如边缘、线、区域边界等)。

对于图像处理,需要将连续小波变换与逆变换离散化,在此给出经典 Mallat 算法的离散形式:

$$A_l(i,j) = \frac{1}{2} \sum_{m,n \in Z} h(m)h(n)A_{l-1}(2i-m, 2j-n) \tag{5-3-8}$$

$$D_l^1(i,j) = \frac{1}{2} \sum_{m,n \in Z} h(m)g(n)A_{l-1}(2i-m, 2j-n) \tag{5-3-9}$$

$$D_l^2(i,j) = \frac{1}{2} \sum_{m,n \in Z} g(m)h(n)A_{l-1}(2i-m, 2j-n) \tag{5-3-10}$$

$$D_l^3(i,j) = \frac{1}{2} \sum_{m,n \in Z} g(m)g(n)A_{l-1}(2i-m, 2j-n) \tag{5-3-11}$$

式中,$A_l$、$D_l^1$、$D_l^2$、$D_l^3$ 是空间分辨率 $2^l$ 上的子带信号,$Z$ 是整数集,$i$、$j$ 是像素坐标,$h(n)$、$g(n)$ 构成正交镜像滤波器对。

**2. 图像融合**

像素级图像融合的实现要求是提取各个源图像中的信息(细节)并在最终的融合图像中得到有效显示。

根据两幅图像小波分解系数的活性测度的绝对值,取极大值的规则对两组小波系数进

行融合,得出新的小波系数表达,即

$$D_{l,F}^1(i,j) = \begin{cases} D_{l,A}^1(i,j), & |D_{l,A}^1(i,j)| > |D_{l,B}^1(i,j)| \\ D_{l,B}^1(i,j), & \text{其他} \end{cases} \tag{5-3-12}$$

$$D_{l,F}^2(i,j) = \begin{cases} D_{l,A}^2(i,j), & |D_{l,A}^2(i,j)| > |D_{l,B}^2(i,j)| \\ D_{l,B}^2(i,j), & \text{其他} \end{cases} \tag{5-3-13}$$

$$D_{l,F}^3(i,j) = \begin{cases} D_{l,A}^3(i,j), & |D_{l,A}^3(i,j)| > |D_{l,B}^3(i,j)| \\ D_{l,B}^3(i,j), & \text{其他} \end{cases} \tag{5-3-14}$$

式中,$D_{l,T}^d (d=1,2,3; T=A,B,F)$ 分别表示输入图像 $A$、$B$ 和融合图像 $F$ 的子带信号。

既然小波变换提供空间和频域定位,最大值融合规则的优化效果可说明如下两点:如果目标在图像 $A$ 比图像 $B$ 中更清楚,经过融合后 $A$ 图中的目标保存下来而 $B$ 图中的目标被忽略掉。另一种情形是,假设 $A$ 图中的目标外边界清楚,而 $B$ 图中的目标内边界更清楚,结果 $A$ 图中的目标可见性比 $B$ 图更好。这种情形下 $A$ 图和 $B$ 图中的小波转换系数在不同的分辨率级上至关重要。选择最大值融合规则,$A$ 图中的外部结构和 $B$ 图中的内部结构均可以在融合图像中得以保存。

**3. 二维离散小波图像重构**

对融合后的小波系数进行相应的小波逆变换,可得到最终的融合图像。这一过程如图 5-23 所示。小波图像重构是先对列或行进行升 2 采样(在相邻列或行间插入一零列或零行),然后再按行、按列与一维的低通或高通滤波器进行卷积,这样递推下去便可重构源图像。二维图像的这种行、列可分离性简化了图像的小波变换。

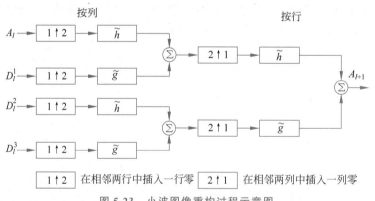

图 5-23  小波图像重构过程示意图

重构的具体离散形式如下:

$$A_{l-1}(i,j) = \frac{1}{2}\left[ \sum_{m,n \in Z} \tilde{h}(m)\tilde{h}(n)A_l\left(\frac{i-m}{2},\frac{j-n}{2}\right) + \sum_{m,n \in Z} \tilde{h}(m)\tilde{g}(n)D_l^1\left(\frac{i-m}{2},\frac{j-n}{2}\right) + \right.$$
$$\left. \sum_{m,n \in Z} \tilde{g}(m)\tilde{h}(n)D_l^2 A_l\left(\frac{i-m}{2},\frac{j-n}{2}\right) + \sum_{m,n \in Z} \tilde{g}(m)\tilde{g}(n)D_l^3\left(\frac{i-m}{2},\frac{j-n}{2}\right) \right] \tag{5-3-15}$$

式中,$\tilde{h}(n)$、$\tilde{g}(n)$ 同样构成正交镜像滤波器对,且有

$$h(n) = \tilde{h}(-n), \quad g(n) = \tilde{g}(-n) \tag{5-3-16}$$

从滤波器理论出发，$h(n)$、$\tilde{h}(n)$ 相当于一个低通滤波器，相应的 $g(n)$、$\tilde{g}(n)$ 相当于一个高通滤波器。

如果将图像的离散小波变换与图像的 Gaussian 金字塔分解进行简单对比，可以认为离散小波变换在提取图像低频部分的同时，较 Gaussian 金字塔分解多出两个方向的分解处理。图像融合在这些特征域内进行，理论上较 Gaussian 金字塔融合具有更好的效果。

由于小波的紧致性、正交性和方向信息的可行性，小波变换在不同的级别上能够有效地提取图像特征。所以这种融合方法比其他方法效果更佳。图 5-24 示出基于小波分解的图像融合方法的原理图。

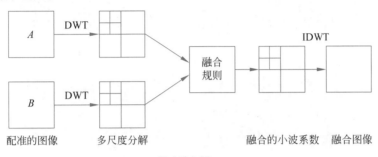

DWT：二维小波分解，
IDWT：二维小波重构

图 5-24　基于小波分解的图像融合方法原理图

**4. 小波分解函数和系数**

Daubechies 8 系数小波的分解和重构滤波器的系数见表 5-3。

表 5-3　Daubechies 8 系数小波滤波器组

| 滤波器名称 | 滤波器系数 | | | | | |
| --- | --- | --- | --- | --- | --- | --- |
| 分解低通滤波器 | −0.0001 | 0.0007 | −0.0004 | −0.0049 | 0.0087 | 0.0140 |
| | −0.0441 | −0.0174 | 0.1287 | 0.0005 | −0.2840 | −0.0158 |
| | 0.5854 | 0.6756 | 0.3129 | 0.0544 | | |
| 分解高通滤波器 | −0.0544 | 0.3129 | −0.6756 | 0.5854 | 0.0158 | −0.2840 |
| | −0.0005 | 0.1287 | 0.0174 | −0.0441 | −0.0140 | 0.0087 |
| | 0.0049 | −0.0004 | −0.0007 | −0.0001 | | |
| 重构低通滤波器 | 0.0544 | 0.3129 | 0.6756 | 0.5854 | −0.0158 | −0.2840 |
| | 0.0005 | 0.1287 | −0.0174 | −0.0441 | 0.0140 | 0.0087 |
| | −0.0049 | −0.0004 | 0.0007 | −0.0001 | | |
| 重构高通滤波器 | −0.0001 | −0.0007 | −0.0004 | 0.0049 | 0.0087 | −0.0140 |
| | −0.0441 | 0.0174 | 0.1287 | −0.0005 | −0.2840 | 0.0158 |
| | 0.5854 | −0.6756 | 0.3129 | −0.0544 | | |

图 5-25 给出了 Daubechies 小波(db8)尺度函数 $\phi$、小波函数 $\Psi$ 以及与其对应的分解和重构滤波器组。Daubechies 小波是一个紧支集、正交小波。利用其分解低通滤波器、分解

高通滤波器、重构低通滤波器、重构高通滤波器 4 个滤波器,按照式(5-3-8)、式(5-3-9)、式(5-3-10)、式(5-3-11)、式(5-3-15)即可实现图像的正交小波分解与重构。

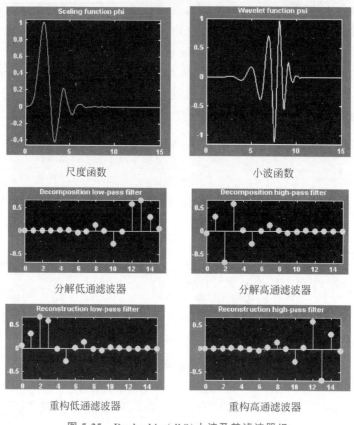

图 5-25　Daubechies(db8)小波及其滤波器组

### 5. 小波变换的图像融合应用

小波变换的图像融合具有广泛的应用。下面介绍两个应用的实例。

在放射外科手术计划中,计算机 X 射线断层造影术成像(Computerized Tomography, CT)具有很高的分辨率,骨骼成像非常清晰,如图 5-26(a),但对病灶本身的显示较差。而核磁共振(Nuclear Magnetic Resonance,NMR)成像虽然空间分辨率比不上 CT 图像,但其对软组织成像清晰,如图 5-26(b)所示,有利于病灶范围的确定,可是其缺乏刚性的骨组织作为定位参照。可见,不同模态的医学图像都有各自的优点,如果能将它们之间的互补信息综合在一起,作为一个整体来表达,那么就能为医学诊断、人体的功能和结构的研究提供更充分的信息,如图 5-26(c)所示。在临床上,CT 图像和 NMR 图像的融合已经应用于颅脑放射治疗、颅脑手术可视化中。

图 5-27(a)和(b)中分别为一对可见光和毫米波图像,可见光图像显示人的轮廓和外形,而毫米波图像具有较强的穿透能力,可穿透人体及人穿的衣服检测到人身上隐藏的枪支。通过小波变换得出融合图像,可以看出,右边的人在上衣里藏匿着枪支。武器隐匿检查在司法和海关等部门中是一个重要研究课题,图像融合被认为是解决该类问题的关键技术之一。

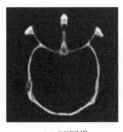 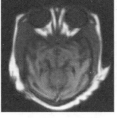 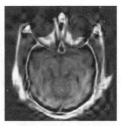

(a) CT图像      (b) NMR图像      (c) 小波变换融合图像

**图 5-26** 源 CT 图像、NMR 图像、融合图像结果对比图

(a) 可见光图像      (b) 毫米波图像      (c) 小波变换融合图像

**图 5-27** 源可见光图像、毫米波图像、融合图像结果对比图

## 5.4 典型应用

本节介绍作者研制的电子枪扭/弯曲特性视觉检测系统、背投电视会聚特性视觉测控系统,以及 ZM-VS1300 视觉测控系统平台,通过其软硬件系统的实现,充分展示基于机器视觉测控技术在工业测控领域的迅速发展和广泛应用。

### 5.4.1 电子枪扭/弯曲特性智能检测系统

电子枪是彩色显像管中一个极其重要的部件,它的合格与否直接影响到电视画面的显示质量,而影响电子枪质量的因素主要有电子枪的扭曲特性和弯曲特性两种,因而必须对这两种特性进行检测。

随着图像处理技术的迅速发展和 CCD 技术的成熟及 CCD 靶面分辨率的提高,特别是高分辨率 CCD 相机的出现,为解决有形对象微小变化的检测奠定了技术基础。在彩色电视机的生产过程中,影响电视画面的重要因素之一是电子枪与其基座的准确对位。由于电视机荧光屏分辨率为微米数量级,电子枪与其基座的连接弯曲误差必须控制在微米级范围内,扭曲误差不能超过 1°,所以检测难度很大,国内至今还没有研制成功此类检测设备,而国外设备系统原理复杂,制造成本昂贵。针对这一难题,作者对电子枪的扭/弯曲误差检测进行了深入研究,提出了一种新的技术方案,即采用高精度的 CCD 相机、图像采集卡和图像处理技术,使电子枪扭/弯曲检测简单易行,检测精度达到产品判定要求。

**1. 检测原理**

电子枪与其基座通过焊接连成一个整体。但是,在焊接时不可避免地会出现误差,表现为基座中心与电子枪中心不在同一垂直线上,出现弯曲误差;电子枪与其基座将产生一定的旋转角度,这就是扭曲误差。

电子枪扭/弯曲误差检测系统用于对这两种误差进行检测,并对检测结果加以判定。电

子枪安装点位置的实物外观如图 5-28 所示,3 个圆孔表示红、绿、蓝 3 色电子枪安装位置;在 3 个圆孔的两侧各有一个小方孔。

检测原理是在垂直方向上安装一台摄像机,拍摄图 5-28 所示的 3 个圆孔,通过对它所得到的图像进行处理,检测出电子枪的扭曲误差、弯曲误差。图 5-29 显示了电子枪扭/弯曲的检测原理。当电子枪完全准确时,扭/弯曲图像中 3 个圆心在同一水平直线上且和标准位置重合。当电子枪在装配时出现失误时,3 个圆心将不在同一水平线上,其圆心连线同水平线构成

图 5-28  电子枪实物外观俯视图

了一定的夹角,形成扭曲误差;同时,电子枪的中轴将不再和标准位置重合(图 5-29(b)所示,即上部分的枪体中轴线和下部分的基座中轴线不再重合),在扭/弯曲图像中表现为中间圆心同标准位置不再重合(图 5-29(a)所示,$B$ 和 $B'$ 之间的差值为 $d$),其差值就是弯曲误差。根据扭/弯曲误差可以判定出电子枪是否合格。

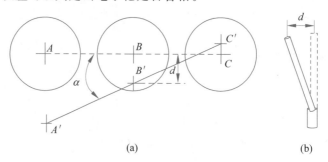

(a)                                         (b)

图 5-29  电子枪扭/弯曲检测原理

图 5-29 中 $A$、$B$、$C$ 为电子枪没有扭/弯曲时的圆心;$A'$、$B'$、$C'$ 为电子枪发生扭/弯曲后检测到的圆心,$d$ 为弯曲误差,$α$ 为扭曲误差。图 5-29(b)为弯曲误差参考模型。

电子枪的扭/弯曲检测系统由高分辨率 CCD 摄像机、高速高精度图像采集卡和计算机组成。通过 CCD 相机拍摄到电子枪圆孔图像,输出视频信号,经过图像采集卡将此信号数字化后输入计算机中进行图像处理,最后计算出电子枪的扭/弯曲误差结果。其系统结构如图 5-30 所示。

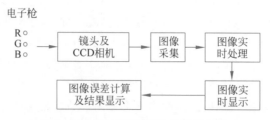

图 5-30  图像采集与图像处理结构图

电子枪扭/弯曲特性智能检测系统(EDBS)属于光机电智能自动化检测系统。系统的硬件装置如图 5-31 所示。

由图 5-31 可知,EDBS 系统硬件的主要组成部分有计算机、图像采集卡、视频线、CCD、镜头、光源和机械构架。

本系统对弯曲特性的检测方法同国外检测系统相同,是根据电子枪会聚帽中间小圆圆心和底座中心的偏移距离得出弯曲误差;而对扭曲特性的检测借鉴了手工检测系统,扭曲误差是通过对 CCD1 拍摄的,平行光源发出穿过电子枪侧面方孔的平行光线所成的长方形图像数据进行运算而得到的。与国外

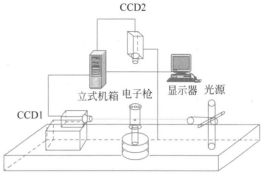

图 5-31　EDBS 系统硬件部分示意图

检测系统相比,本系统减少了一个 CCD 及配套镜头,减少了一个平行光源,简化了机械装置;采用了两块图像采集卡,对两个 CCD 拍摄到的图像同时采集,同时处理,由于图像卡之间的切换比图像卡内部视频源的切换要快得多,加快了图像采集速度。根据检测原理,自行开发了一套检测系统配套软件。在检测时,与国外检测系统只能进行静止检测不同的是,本系统一旦开启"检测"功能,就可以每隔一段时间对被测电子枪进行一次检测,如果发现电子枪的弯曲特性或者扭曲特性不符合工艺要求,可以随时对被检测产品进行调整,直到这个电子枪产品已经被调整至合格状态,或者确定该电子枪产品已经无法调整至合格状态,再触发检测信号,完成对该电子枪产品的整个检测。这样就可以完成对一个电子枪的弯曲特性和扭曲特性的同时检测和调整,节省了总体检测调整时间。而且整个系统的造价比国外同类检测系统大大降低,有很大的实用价值。

**2. 扭/弯曲检测图像处理算法**

系统利用了多种图像处理方法,包括线性和非线性滤波、图像分割、M-H 算子边缘检测、中轴变换,并对 Hough 变换算法进行了改进,从而对电子枪的扭曲误差和弯曲误差进行了实时、精确的检测。

1）图像预处理

经过线性滤波(例如邻域平均)方法处理之后,整个图像的噪声大大下降,但是圆形边缘还有一些模糊,在不同的图像中这种模糊程度不同。为了不影响扭/弯曲图像圆心的精确确定,系统采用非线性滤波器(例如中值滤波器)的图像处理方法。

2）基于改进遗传算法的图像分割

在系统要处理的图像中,需要提取出图像中的圆和方孔,所以可以把圆和方孔看作目标,而图像的其他部分可以看成背景。这样存在阈值的自适应选取问题。采用改进的遗传算法进行图像分割,这种算法的主要思路就是分两次寻求全局最优解,即利用第一次搜寻到的解的结果确定第二次寻优的初始种群的选取范围,第一次寻优尽管给出的不一定是全局最优结果,但它肯定也是一个比较好的结果,可以由此解来将第二次寻优过程的初始种群限制在这个解的一个邻域内。显然此时第二次寻优的初始种群的适应度是较高的。根据遗传理论,两个基因都比较优秀的个体,其后代是优秀的可能性要大于一般的两个个体的后代,所以这种策略有利于搜寻到全局最优解。

3）M-H 算子

该滤波器中的高斯函数部分能把图像变模糊,有效地消除一切尺度远小于高斯分布空

间常数均方差的图像强度变化,而采用拉普拉斯算子同时可以节省计算量。

4)简化的中轴变换算法

中轴变换算法在编程实现时比较复杂,所需运算步数多,速度慢。根据对二值图像特点的分析,经过实验,采用了一种简单而且效果很好的算法,可以根据1像素的8个相邻点的情况来判断该点是否应该删除,列出一张表,利用查表法,每次逐行地将整个图像扫描一遍,对于每个点(不包括边界点),计算它对应在表中的索引,若为0,则保留,否则删除该点。如果这次扫描没有点被删除,则循环结束,剩下的点就是骨架点;如果有点被删除,则进行新的一轮扫描,如此反复,直到没有点被删除为止。

5)改进的 Hough 算法

针对电子枪扭/弯曲误差检测的特点,系统要对处理后的图像进行特征提取,对包含圆的图像是求取圆的圆心坐标,对包含方形的图像是求取长方形左右两侧的直线方程。采用改进的 Hough 变换圆心检测方法,在图像边缘大部分存在的情况下,能准确地检测出图像圆心,该算法具有很强的鲁棒性。

**3. 软件技术**

采用面向对象编程技术,设计开发了人机交互界面与数据处理软件;采用 Win32 下的动态链接库和多线程等技术,解决了数据实时处理和人机界面友好交互之间的冲突,并采用数据库进行检测数据的存储与管理。

**4. 系统应用**

电子枪扭/弯曲特性智能检测系统的软件主界面如图 5-32 所示。

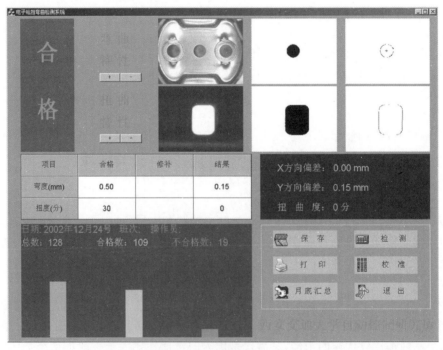

图 5-32  电子枪扭/弯曲特性智能检测系统主界面

系统主界面由 3 个主要部分组成,分别是图像显示部分、结果显示部分和功能按钮部分。图像显示部分的功能是显示图像采集卡采集到的图像和经过处理标记出特征的图像;

结果显示部分的功能是显示处理后得到的扭曲特性和弯曲特性,以及检测日期和检测人员等信息;功能按钮部分可以完成数据保存、数据打印、校准等功能。

系统实物图如图 5-33 所示。

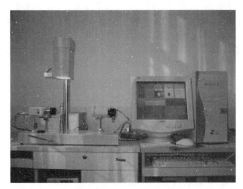

图 5-33 电子枪扭/弯曲特性智能检测系统实物图

该系统扭曲特性分辨率达到 $1'$、弯曲特性分辨率达到 0.05mm,检测精度达到国家标准;检测速度是手工检测系统的 10 倍,是国外同类检测系统的 1.5 倍;而造价只有国外同类检测系统的 1/5。这对我国电子枪扭/弯曲检测具有实际意义,对各种有形无损、无接触高精度检测也有借鉴意义。

## 5.4.2 背投电视会聚特性视觉测控系统

由于背投电视原理上的缺陷,不可避免地存在图像多种形式的失真,在生产终端必须进行会聚失真的校正补偿。采用人工调整补偿,不仅工作量大、调整时间长,而且产品一致性得不到保证,成为流水线生产过程的瓶颈。为此,作者基于机器视觉测控技术,研制成功背投电视自动会聚校正系统,解决了背投电视流水线生产的瓶颈重大难题。尽管背投电视成为过去,但背投电视会聚特性视觉测控系统对研究大屏幕电视画面特性检测具有现实参考价值。

**1. 系统工作原理**

背投电视自动会聚校正系统的原理如图 5-34 所示,电视机屏幕上显示出信号源提供的格栅图像,由于此时投影管未经过校正,显示出的图像存在大量失真,如图 5-35(a)所示。CCD 以 10 帧/s 的速度摄入该图像并通过图像采集卡输入到计算机,计算机通过多种图像处理算法,识别并计算出各控制点(同色格栅交叉点)的位置坐标,再经过曲线拟合得到更多投影点的位置坐标,最后将这些值写入 FLASH 芯片中,会聚电路在行场扫描过程中根据一定的时序取出这些数据,并通过数/模变换器转换成电流信号,加在套在投影管外的辅助偏转线圈(会聚线圈)上,使电子束发生微小偏转,使得 RGB 三光束在屏幕上精确地会聚在一起,完成会聚校正。校正后背投电视屏幕上显示的图像如图 5-35(b)所示。下面就该系统中的图像处理、数据处理及会聚电路给予介绍。

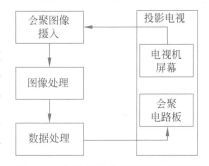

图 5-34 自动会聚校正系统原理框图

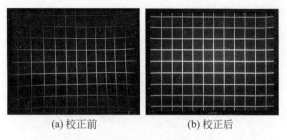

(a) 校正前　　　　　　　(b) 校正后

图 5-35　校正前、后格栅图像

**2. 图像处理。**

图像处理的目的是提取出每色 $N \times M$ 个格栅交叉点的坐标位置。图像处理流程如图 5-36 所示，下面重点介绍其中的三色分离、骨架提取及交叉点提取。

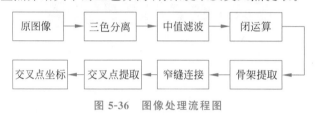

图 5-36　图像处理流程图

（1）三色分离。

所谓三色分离，就是将红、绿、蓝 3 种格栅从会聚图像中分离出来。目前采用手工调整，需要人为将红、绿、蓝 3 个投影 CRT 管分别开闭，以保证电视屏幕上只显示一色格栅，这不能满足生产线的速度要求，因此需要首先对图像进行三色分离。

由于 CCD 采集图像时各色光的相互干扰，使得每色格栅都不是纯色，如红色格栅中包含有蓝、绿色分量，而且 3 种格栅还有交叉重合，再则由于外照光线的影响，造成中间的亮度明显比四周高，甚至中心部分的背景比边缘部分的格栅还亮。因此采用彩色图像的局部阈值分割法进行阈值分割，分割后的图像如图 5-37 所示。

红　　　　　　　　绿　　　　　　　　蓝

图 5-37　三色分离后的格栅图像

（2）骨架提取。

分割后的图像经中值滤波去除噪声，形态学闭运算消除格栅裂缝后，得到了均匀、连续且边缘清晰的格栅图像。在此基础上就可采用骨架提取的方法，将格栅图像细化为宽度为单像素的格栅骨架图像。

该系统采用的是一种实用的求二值目标区域骨架的算法。设已知目标点标记为 1，背景点标记为 0。边界点定义为本身标记为 1 而其 8-连通邻域中至少有一个标记为 0 的点。骨架提取时，考虑以边界点为中心的 8-邻域，记中心点为 $p_1$，其邻域 8 个点顺时针绕中心点分别为 $p_2,p_3,\cdots,p_9$。算法对边界点进行如下操作：

① 首先标记同时满足下列条件的边界点：

$$
\begin{cases}
2 \leqslant N(p_1) \leqslant 6 \\
S(p_1) = 1 \\
p_2 \times p_4 \times p_6 = 0 \\
p_4 \times p_6 \times p_8 = 0
\end{cases}
\tag{5-4-1}
$$

其中 $N(p_1)$ 是 $p_1$ 的非零邻点的个数,$S(p_1)$ 是指以 $p_2,p_3,\cdots,p_9$ 点为序时,这些值从 0 至 1 变化的次数。$p_2 \times p_4 \times p_6 = 0$ 表示 $p_2$、$p_4$ 和 $p_6$ 3 个像素点中有一个为 0 值,即背景。当对所有边界点都检验完毕后,将所有标记了的点除去。

② 标记同时满足下列条件的边界点:

$$
\begin{cases}
2 \leqslant N(p_1) \leqslant 6 \\
S(p_1) = 1 \\
p_2 \times p_4 \times p_8 = 0 \\
p_2 \times p_6 \times p_8 = 0
\end{cases}
\tag{5-4-2}
$$

同样,当对所有边界点都检验完毕后,将所有标记了的点除去。

以上两步操作构成一次迭代,算法反复迭代直至没有点再满足标记条件,这时剩下的点为提取的格栅骨架。

(3) 交叉点提取。

为了提取格栅骨架图像中的交叉点,要消除其中的纯线点、线端点和孤立点,保留下来的点就是要提取的交叉点。一般根据目标点 8-邻域中其他目标点的个数判断该点的类型,决定是否取消或保留。其他目标点数采用式(5-4-2)中的 $S(p_1)$ 来判断,纯线点、线端点和孤立点的 $S(p_1)$ 值都小于 3。

但在特殊情况下,会出现 2 个或 4 个目标点共同表示一个交叉点,如图 5-38 所示。图中 1 代表目标点,0 代表背景点,所有带阴影的点共同表示一个交叉点。此时若只采用 $S(p_1)$ 判断,则会将图 5-38(a) 中所有的目标点均视为可擦除点,但事实上这些点都应当保留,正确的判断条件为

$$
\begin{cases}
S(p_1) < 3 \\
N(p_1) < 5
\end{cases}
\tag{5-4-3}
$$

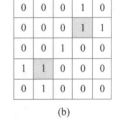

图 5-38 多个目标点共同表示
一个交叉点信息

经过三色分离、骨架提取、交叉点提取等图像处理,系统获得了格栅交叉点位置坐标的准确值,其坐标误差小于 2 像素。

**3. 数据处理**

通过图像处理得到各控制点的位置坐标后,与标准的位置坐标相减,即为各交叉点的校正量,做横向及纵向格栅的曲线拟合,就可求得每个投影点的校正量。例如设在显示屏的横向或纵向的一条格栅上有若干个控制点及其对应的校正值。实践表明,每条格栅采用二次线性方程内插,完全可以达到目前各种制式的会聚精度要求。

**4. 测控结果**

系统操作界面如图 5-39 所示。通过视觉检测、图像分析、图像融合、决策计算等一系列处理,给出投影电视会聚失真画面上每一点对应的失真补偿量,如图 5-39(a)所示,再经过调

整补偿,使失真图像(3 色不重合且弯曲变形的曲线)被调整校正成为图 5-39(b)所示的无会聚失真图像(3 色重合单色直线)。

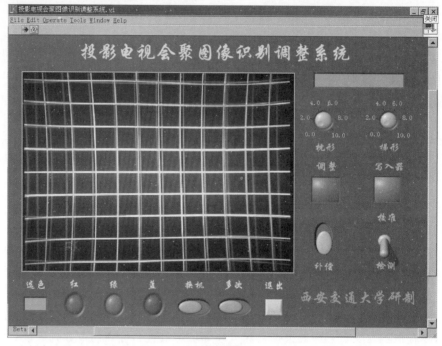

(a) 失真图像

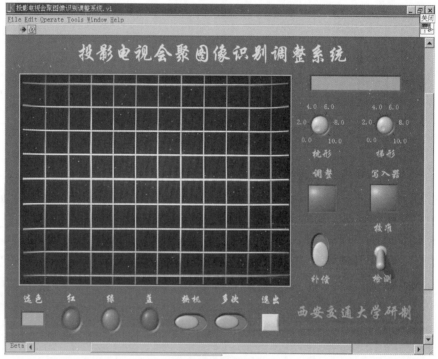

(b) 无会聚失真图像

图 5-39　系统操作界面

整个调整过程包括两大部分：PAL 制式和 NTSC 制式的调整。两部分的调整步骤完全相同。系统各部件安装完毕后，将界面右下角的"校准/检测"开关拨至校准后，按"调整"键即可完成系统的安装校准工作。此系统的基于视觉检测技术的背投电视会聚调整补偿精度高于国家标准，调整一台电视机用时小于或等于 3min，比人工调整效率提高近 100 倍，解决了生产过程中亟待解决的重大技术难题。

## 5.4.3　ZM-VS1300 视觉智能测控系统平台

针对 PC 视觉智能测控设备的共性技术问题，作者最新独立研制成功基于嵌入式系统的 ZM-VS1300 低成本视觉智能测控系统测控设备开发平台，突破了 ARM、DSP 和 FPGA 硬件联合设计嵌入式系统关键技术，为具备产品缺陷、工件尺寸、PCB 焊点检测功能的视觉智能测控系统平台快速研发铺平了道路，已成功应用于众多视觉检测行业的仪器设备开发。

### 1. ZM-VS1300 平台简介

ZM-VS1300 机器视觉平台适用于各类用户的计算机视觉测量需要。配备的支持二次编程开发的图像处理函数库更加提高了平台的应用领域和测量范围，满足从图像处理的初学者到专家级用户的不同需求。应用程序可在计算机上开发，开发完成后下载到 ZM-VS1300 平台搭载的 CF 闪存卡上即可运行。在作者研制开发的 ZM-VS1300 视觉智能测控平台支持下，可进行现场可视化编程，实现生产线机械工件尺寸的高速、高精度自动检测与判定。ZM-VS1300 视觉智能测控平台如图 5-40 所示。其中图(a)为 ZM-VS1300 视觉智能测控平台控制器，图(b)为测量判定某一集成芯片管脚尺寸系统及其界面，图(c)为检测两插件之间部位尺寸的可视化编程界面。

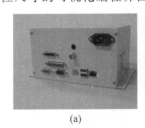  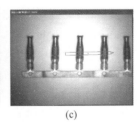

(a)　　　　　　　　　(b)　　　　　　　　　(c)

图 5-40　ZM-VS1300 视觉智能测控系统平台

### 2. 应用领域

ZM-VS1300 平台搭载了 Windows XP 系统，经过对 OS 的裁剪处理，减少了存储空间并提高了系统运行速度，是一种最适用于 FA 现场的视觉智能测量处理系统装置。其测量应用领域适用于以下方面：静止工件的有无检查，决定其位置、测量尺寸，捕捉视野中移动的工件，外观检查，缺陷检测，工件表面的划痕检查，PCB 焊点产品尺寸检测等。

### 3. 图像处理功能库

ZM-VS1300 平台提供了丰富的图像处理及相关模块组成的软件库。功能从几何变换、空间滤波、模板匹配等一般的图像处理模块和像素级单位的底层存取操作，到用于工件测定模块和各种视觉测量软件。在减轻程序工作同时可以解决各类复杂工件的视觉测量问题。如提供了"产品尺寸检测"、"产品缺陷检测"、"产品划痕检测"以及"PCB 焊点检测与分类"等专用软件。

**4. 系统操作**

以产品尺寸检测为例,ZM-VS1300 视觉智能测控系统平台的操作步骤如下:

(1)显示图像。运行软件程序,打开主界面,调节待测工件位置、采集设备位置、镜头光圈和焦距,呈现清晰的可供图像处理的实时图像。

(2)快照。当待测工件位置在预定区域并且图像清晰时截取一帧图像,程序后台会自动保存该帧图像。

(3)设置模板。选择标准工件图像中的特有区域设置 2 个特征轮廓,选择图像中需要关注的区域,完成以上操作就设定好模板,同时程序后台会保存模板,再次使用时不需要重新设置模板。

(4)工件的合格判定。将待测工件放置到标准位置,稳定后单击"处理"按钮,完成判定。

(5)阈值设置和对应参数显示。阈值设置是指判定合格时的阈值,根据实际情况进行调节;模板参数显示是指当设置模板完成后,将在对应位置显示工件相关间距参数,当进行完待测工件并与模板匹配判定后,给出工件的合格与不合格。

(6)整批待测工件处理。完成整批待测工件的处理后,退出程序。

这里要注意,系统平台首次使用时,需要先设置模板,以后使用时就可以直接调用预设好的模板。

## 5.5  HALCON 简介

HALCON 是德国 MVtec 公司推出的图像处理软件,是世界公认的具有最佳效能的机器视觉软件。实际上是一套图像处理库,由 1000 多个各自独立的函数,以及底层的数据管理核心构成。

HALCON 中包含了各类滤波、色彩分析以及几何、数学变换、形态学计算分析、校正、分类、辨识、形状搜索等基本的几何以及图像计算功能,也包含 Blob 分析、形态学、模式识别、测量、三维摄像机定标、双目立体视觉等高级算法。

由于功能大多并非针对特定工作设计的,因此只要用得到图像处理的地方,就可以用HALCON 计算分析能力来完成。HALCON 提供的算子覆盖了工厂自动化、质量控制、遥感、航空图像解析、医学图像分析和监视作业等领域的应用,应用范围几乎没有限制。在工业应用领域,如宇宙航空、汽车零件制造、制陶业、化学、电子元件和设备、食品业、玻璃制造和生产、生命科学、冶金业、机械、医疗、勘探、造纸业、制药业、精密工程、光学、交通运输、橡胶、半导体、轮船制造、保安监控、人造材料、通信等。

### 5.5.1  视觉开发环境

HALCON 支持多种操作平台,包括 Windows NT/2000/XP、Linux,以及 UNIX 平台,还包括 x64 系统。HALCON 可以在各种编程语言和环境下应用。提供数百个示例可以使用户对解决方案有直观的了解,并可作为模板以缩短开发周期。软件开发工具支持交互式开发工具 HDevelop。HDevelop 使图像处理任务得到迅速解决,并通过自动代码生成功能很容易与标准开发环境,如 Visual C++ 的环境相结合。HALCON 也可以自由选择符合要求的图像采集硬件,提供许多图像采集设备的接口(模拟、数字、IEEE 1394、cameralink)。

这些高效的数据交换开放式接口允许集成用户自己的操作或访问专门的硬件以完善系统，作者采用自行研制的 ZM-VS1300 视觉测控硬件平台已成功与 HALCON 进行了有效集成，获得良好应用。

HALCON 为满足所有专业视觉库的要求，提供了如下功能：

（1）包括所有标准的和先进的图像处理方法，从许多不同设备的图像采集到基于阴影的先进图像匹配。

（2）HALCON 除了提供图像处理功能外，还提供了机器视觉应用所需的工具，如串口通信、文件处理、数据分析、算术运算以及分类。

（3）HALCON 提供灵活的并行处理方式，以最大限度地发挥多处理器或多核硬件的功能，从而使处理加速。

（4）HALCON 库在应用中是对终端用户隐匿的，并且它的安装需要资源很少，很适应现代工业测控发展的要求。

（5）HALCON 还在机器视觉库内提供性能优异的功能函数，如三维摄像机标定、基于阴影的或基于部件的匹配、亚像素精度边缘和线的提取、亚像素精度的轮廓处理、透过双目立体重建、任意感兴趣区域的处理等功能。其中一个典型例子就是形态学分析，HALCON 的处理速度最高可以是其他产品的上百倍。

## 5.5.2 HALCON 的架构与数据结构

HALCON 的基本架构如图 5-41 所示。它的主要部分是图像处理库，此库包含了大量的算子。这些算子对相应的数据结构进行操作从而实现 HALCON 的所有功能。通过所谓的语言界面来操作这些算子，可以在不同的程序语言中用同样的编程方式来直接调用其中的功能。一些库还可以用动态连接的方式进行加载。

图 5-41　HALCON 的基本结构

HALCON 的基本结构有算子和数据结构两大重要部分。

**1. HALCON 的算子**

HALCON 中各种运算功能都是通过算子来完成的。目前的版本有超过 1150 个算子。其中大部分都有多重的计算功能，可以通过参数来选择计算方法。算子的重要特性如下：

（1）算子之间没有继承关系，以软件结构的角度来看，所有的算子都处于同一级上。

（2）可以依据逻辑功能来对算子进行分类。可以在 C++ 或 COM 中看到这些类别，相同类别中的算子成员处理相同的数据类型。

（3）所有算子的输入输出参数排列方式都有相同的规则。

（4）算子的设计遵循开放式的架构。可以设计自己需要的算子加入 HALCON，从而扩展 HALCON。

（5）许多算子可以借助自动并行计算来加快速度，尤其是以多处理器或者多核的计算机来处理大尺寸的图像时效果尤佳。

**2. HALCON 的数据结构**

（1）HALCON 有两种基本的参数类型：图像数据(如图像)和控制数据(如整数、句柄等)。

（2）所有算子的参数都是以标准的方式排列：输入图像、输出图像、输入控制、输出控制。当然，并非所有的算子都具有上述 4 类参数，不过参数排列的次序依旧如上。

（3）每个算子都有一个自我描述界面。除了标准文件，描述还包括类型或值列表等参数信息。这些信息都可以在参考手册或 HDevelop 的 Operators 对话框中在线获得。

（4）计算过程中算子的输入参数内容不会改变，从而使语义变得简单。仅有 3 个算子不遵循这个原则(它们是 set_grayval、overpaint_gray 以及 overpaint_region)。

（5）开放的架构可以获取内部数据，以便和外部数据整合。

（6）所有在处理二维图像时需要用到的数据结构，如多频道图像、区域、轮廓、tuples(一种阵列)等，都以一种快速有效的方式被直接支持。

**3. 并行版 HALCON**

标准版的 HALCON 是为了在单处理器的计算机上进行顺序式计算而设计的。在 Windows NT/2000/XP、Linux 以及 Solaris 等系统下，HALCON 是"线程安全"的，也就是说能用在多线程程序下。然而 HALCON 执行时，每个算子都是独立互斥的，也就是说线程执行的时候要互相等待。相对地，并行版 HALCON 支持"并行编程"(例如多线程程序)，它同时也是线程安全以及可重入的。这意味着多个线程可同时调用同一个算子。并行版 HALCON 支持 Windows NT/2000/XP、Linux 以及 Solaris。

除了支持并行编程，并行版 HALCON 在多处理器或多核的计算机上(例如双奔腾内核的计算机)能自动进行算子平行化处理。这个平行机制是基于将数据分配到不同的处理器去作业而实现的，如此，图像就会在多处理器上被处理(也即所谓的数据平行化)。

### 5.5.3 HDevelop

HDevelop 不仅仅是 HALCON 的图形用户界面，也是开发图像分析应用程序高度交互的编程环境。

**1. HDevelop 特点**

（1）在 HDevelop 的图形用户界面下，在同一个环境中可以直接选择、分析和更改算子和图标对象。

（2）HDevelop 可以为特殊任务使用算子。另外，结构化的算子列表可以帮助用户迅速找到合适的算子。

（3）完整的在线帮助包括每个 HALCON 算子的信息，例如功能性的典型子类和父类算子、复杂的算子、错误处理以及应用示例的详细描述。在线帮助基于因特网浏览器，如 Netscape Navigator 或 Microsoft IE。

（4）HDevelop 包含带编辑和调试功能的程序解释器。它支持标准的编程特性，例如过程、循环或条件。在程序运行过程中参数仍然可以修改。

（5）HDevelop 可很快显示操作结果。可以使用不同的算子或参数并且能立即看到其影响。此外，可以预览一个算子结果而不需修改程序。

（6）许多图形工具可以用来在线检查图标和控制数据。例如，可以非常简单地在图形窗口上点击对象来选取形状和灰度特性，或者交互地检查图像的柱状图并且应用实时分割来选择参数。

（7）带有自动回收功能的变量来管理图标对象和控制数值。

（8）可以利用 HDevelop 找到最佳的算子和参数来解决图像分析任务，并且用 C、C++ 或 COM（Visual Basic、.NET、C♯、Delphi）构建应用程序。

（9）利用 HDevelop 可以开发完整的图像分析程序并在 HDevelop 环境中运行。

（10）用 C、C++、Visual Basic、.NET 或 C♯ 导出应用程序源码。然后程序同 HALCON 库编译和连接从而独立运行程序（控制台）。当然，可以扩展或整合产生的代码到已有的软件中。

（11）HDevelop 提供了比标准编程环境更好的图像监视以及调试功能，系统中的 vision 部分很容易进行优化或新增功能。

（12）所有的代码都被包含了，所以除非参量改变或者要加入新的功能，HDevelop 输出的程序代码都是不需要修改的。这就使得 HDevelop 输出的程序代码容易与编程语言环境相结合，从而缩短编程时间。

（13）视觉部分程序与其他部分无关，因此可以独立执行开发测试而不必跟随整个项目程序进行开发。从技术支持的层面来说，只要将 HDevelop 程序代码交给厂商即可使用，从而可大幅提高服务效率。

（14）HDevelop 可在不同的操作系统下以同样的方式执行，开发好的程序可以在其他架构平台（比如 Linux）下使用。

**2. HDevelop 过程**

HDevelop 提供创建和执行过程的机制，过程意味着通过在一个或多个过程调用中封装多种算子调用以增加 HDevelop 程序的可读性和模块性。它还利用在不同的过程中通过存储重复使用的功能，令在其他 HDevelop 程序中重用代码变得容易。

一个 HDevelop 过程由程序体和一个接口组成。过程接口类似于 HALCON 算子的接口，包含图标和控制输入输出参数列表。一个过程体包含一个算子和一个过程调用列表。

每个 HDevelop 程序有一个或多个过程组成。通常包括主过程，它里面有特殊的状态，因为它在调用层次中通常是最高的过程，不能被删除。

HDevelop 提供过程创建、加载、删除、复制、修改、存储和导出所有必要的机制。一旦一个过程创建，它就可以像一个算子一样被使用：过程的调用可以在任何程序体中加入且在适当的调用参数下可执行。通常，在 HDevelop 中使用过程的概念是调用 HALCON 算子概念的扩展。因为过程和算子接口有着相同的参数种类和相同的参数传递规则。

从 HALCON 7.1 起，本地和外部的过程被区分开来。本地过程存储在 HDevelop 程序内部并且和以前版本的 HALCON 过程兼容。外部过程单独存储，所以可以在不同的 HDevelop 程序中共享，而最有利的是对外部过程的修改会立即影响所有使用它的 HDevelop 程序。

## 5.5.4 利用 HALCON 进行应用开发

利用 HALCON 开发视觉测控系统应用步骤如图 5-42 所示。

图 5-42 应用开发的三步方法

（1）图 5-42 说明了 HDevelop 可以完成检视分析图像、构建机器视觉方法的原型，直到最后开发视觉方法的流程。整个项目分成许多阶段，如初始化、处理和扫尾工作。主程序调用其他子程序、传递图像或接收显示结果，最后，程序转换成要用的程序代码。

（2）整个程序开发过程都是在程序开发环境中进行的，如 Microsoft Visual Studio。由 HDevelop 输出的程序代码通过指令（如 include 指令）加入程序中。程序的界面以及其他必需的代码则是利用所用程序语言提供的机制来建构。最终，整个程序被编译及链接。

（3）自行撰写的程序与 HALCON 库一起装入目标机中运行。

## 5.5.5　在程序语言中使用 HALCON

HALCON 提供了 3 种语言界面。它们会以一种简单的方式调用以及使用 HALCON 库中提供的算子与数据类型。其中 C 和 C++界面是特定语言使用的，但是 COM 界面并不限定使用语言，可以在 Visual Basic、C♯或是 Delphi 中使用。

不管使用哪种语言，合适的界面库（HALCONc.＊、HALCONcpp.＊、HALCONx.＊）必须要和 HALCON 库（HALCON.＊）连接到程序中。此外，在 C 以及 C++语言中还要加入相应的包含文件。

在进行开发前，建议先试着运行 HALCON 中提供的各种语言范例程序，由此可以了解怎样创建工程以及算子与数据类型是怎样被使用的。

各种语言界面中用到的类型名、类、算子命名规则等会根据所使用的语言不同而有所不同，详细的说明参见 HDevelop、C++、COM（Visual Basic）以及 C 的参考手册。

**1. C**

C 接口是 HALCON 所支持的所有接口中最简单的一种。C 接口中每个算子都用一两个全局函数来表示，其名称和参数顺序与 HDevelop 中一致。所有的算子都可以接收控制元（tuple）类型的输入数据，这些算子名称都是以 T_开头。此外，如果只使用单参数，那么可用一种只使用基本数据类型（long、double、char＊）的简化算子，这些算子没有 T_这一开头。Hobject 类型以及 Htuple 类型分别用来声明图像以及控制数据。由于 C 不含解析功能，因此必须利用 clear_obj 算子来释放声明的图像变量。操作、复制、创建、清除或是处理控制元（tuple）类型的数据时，会用到宏（macro）功能。

下面的程序代码说明了如何读取一幅图像，并且将其显示在图形视窗中。

```
read_image (&Monkey,"monkey");
get_image_pointer1 (Monkey,&Pointer,Type,&Width,&Height);
open_window (0,0,Width,Height,0,"visible"," ",&WindowHandle);
disp_obj (Monkey,WindowHandle);
```

**2. C++**

C++接口要比C复杂得多。C++语言的特长以及面向对象的语法在使用上更为便利，例如自动类型转换、建构与解构，或是将处理同类型的函数集合成一个类。和在C接口中一样，每个算子都有一个全局函数从而可以使用程序式的编程方式。此时可用 Hobject 以及 HTuple 两个类别。此外，以面向对象方式来说，算子还可以以类成员的方式使用，例如 HDataCode2d，HMeasure 或是 HshapeModel 等。另外，还可以使用如 HImage 或者 HRegion 这样的类。

下列的程序代码说明了如何读取一幅图像，将其显示在图形视窗中，并且进行一些基本的 Blob 分析。

```
HImage   Mandrill ("monkey");
HWindow   w (0,0,512,512);
Mandrill. Display (w);
HRegion   Bright = (Mandrill >= 128);
HRegionArray Conn = Bright. Connection ( );
HRegionArray Large = Conn. SelectShape ("area","and",500,90000);
```

**3. Visual Basic**

和 C++类似，Visual Basic 有程序式或者面向对象式的编程方式。如果是以程序式的编程方式进行编程，那么 HOperatorSetX 类提供了所有算子，其中 HUntypedObjectX 代表所有图像数据，内建的 Variant 类型则是用于控制数据。如果是以面向对象式的编程方式进行编程，HDataCode2dX、HMeasureX 或是 HShapeModelX 等类提供了主要功能。

下列程序码说明了如何读取一幅图像，并且进行一些基本的 Blob 分析。

```
Dim image As New HimageX
Dim region As HregionX

Call image. ReadImage ("monkey")
Set region = image. Threshold (128,255)
```

**4. C♯**

同 Visual Basic 一样，C♯使用 HALCON 的 COM 界面。因此，上面所有关于 VB 的用法对于 C♯ 都适用。唯一的差异是 C♯中与. NET 一样，将变量（Variant）这一数据类型称为对象（Object）。

下列代码以 C♯的语法重写了 Visual Basic 中的那个例子：

```
HimageX   image = new HimageX ( );
HRegionX   region;

Image. ReadImage ("monkey");
region = image. Threshold (128,255);
```

**5. HALCON 的使用限制**

HALCON 的使用极限如下：

（1）最大图像尺寸为 32 768×32 768。

（2）存储器中的最大图像阵列数目为 100 000。

（3）每个参数包含的最大目标数目为 100 000。

（4）每幅图像的最大频道数为 1000。

(5) 一条轮廓上的最大采样点数目为 30 000。

(6) 一个多边形上的最大控制点数目为 10 000。

(7) 图像坐标从 −32 768 到 +32 768。

(8) 最大字串长度为 1024 个字符。

## 习题与思考题

1. 在尺寸测量系统中选择 CCD 器件有何优点？如何选择光源及照明方式？如何选择物镜的焦距？

2. 平滑滤波器和锐化滤波器的作用是什么，两者有什么相同之处？列举两种常用的平滑滤波器和锐化滤波器。

3. 试述中值滤波的基本原理。编程实现 $n \times n$ 中值滤波器，实现本章中的快速中值滤波。

4. 边缘检测的理论依据是什么？边缘检测中常用的梯度算子有哪些？各有什么特点？列出每种梯度算子的模板示意图。

5. 常用的 3 种图像分割法各有何特点？

6. 试设计本章的程序，该程序能够找出具有双峰直方图特性图像的最佳分割阈值。

7. 按照基于搜索的轮廓跟踪方法，设计一个二值图像轮廓跟踪程序，进行二值图像的轮廓跟踪。

8. 简述图像小波变换的实现过程，并编写其图像融合算法程序。

9. 应用 Matlab 工具箱演示对比度增强、局部平滑、中值滤波、小波工具、边缘检测、图像二值化、Hough 变换直线提取、灰度阈值分割、四叉树分裂合并法等，并完成这些处理程序的 GUI 集成。

10. 应用 Photoshop 软件对一幅灰度图像进行以下实验：对比度增强，3×3、5×5 局部平滑，中值滤波，梯度锐化，Sobel、Prewitt 和 Laplacian 增强，图像二值化，区域增长。

11. 自行设计一个视觉检测系统，给出系统结构框图、软硬件设计要点。

## 参考文献

1　张宏建.自动检测技术与装置[M].北京：机械工业出版社,2000.
2　张红娜,王祁.图像测量技术及其应用[J].电测与仪表,2003,40(7)：19-36.
3　第三届机器视觉技术及工业应用国际研讨会论文集[J].中国图象图形学学会,北京,2006.
4　宋文绪,杨帆.传感器与检测技术[M].北京：高等教育出版社,2004.
5　贾永红.数字图像处理[M].武汉：武汉大学出版社,2003.
6　章毓晋.图像工程(上册)图像处理和分析[M].北京：清华大学出版社,1999.
7　孙兆林.MATLAB 6.x 图像处理[M].北京：清华大学出版社,2002.
8　倪国强.多波段图像融合算法研究及其新发展(Ⅰ)[J].光电子技术与信息,2001,14(5)：11-17.
9　倪国强.多波段图像融合算法研究及其新发展(Ⅱ)[J].光电子技术与信息,2001,14(6)：1-6.
10　Li H,Manjunath B S,Mitra S K. Multisensor image fusion using the wavelet transform[J]. Graphical Models and Image Processing,1995,57(3)：235-245.
11　周艇,韩九强,王勇.背投电视自动会聚校正系统的设计与实现[J].计算机测量与控制,2004,12(10)：951-953.

# 第6章

**CHAPTER 6**

# 基于无线通信的测控技术

在传统的测控系统中,数据的通信通常是有线的。随着系统的规模逐步增大,功能更加复杂,有线通信存在的问题日益突出。通信线路庞杂给系统的安装和维护带来许多不便,还在很大程度上限制了测控系统的应用范围。随着无线通信技术的成熟,越来越多的测控系统选择了无线通信,不仅解决了有线通信系统线路维护困难等问题,更重要的是拓宽了测控系统的适用范围,使许多工业生产活动更加高效、更加安全。

## 6.1　无线通信技术基本原理

无线通信起步仅比有线通信稍晚一些。紧随莫尔斯(Morse)的电报(1837 年)和贝尔(Bell)的电话(1876 年)之后就是赫兹(Hertz)的第一个无线电实验(1887 年)。马可尼(Marconi)则在 1899 年和 1901 年分别实现了横跨英吉利海峡和大西洋的通信。第二次世界大战大大刺激了移动式和便携式无线系统的发展。1946 年美国电报电话公司(AT&T)引入了真正意义上的移动电话服务系统 IMTS(Improved Mobile Telephone Service)。世界上第一个蜂窝无线服务系统出现于 1979 年。

最基本的无线通信系统由发射器、接收器和作为无线连接的信道组成,如图 6-1 所示。由于无线电不能直接使用如人类语音那样的低频,因此需要在发射器中将传递的低频信息加到高频载波信号上,这个过程叫做调制。使用调制也可以使多个信息信号共用一个无线信道,只要对每个信息信号使用不同的载波频率即可。调制的逆过程叫做解调,它是在接收器中进行的,目的是恢复出原始信息。

图 6-1　通信系统的原理

图 6-1 所示的是单工通信系统,通信只有一个方向,即从发射器到接收器,广播系统即属于此例,只不过它的每个发射器可对应许多个接收器。

大多数系统都是双向通信的。有些双向通信可以双向同时进行,叫做全双工通信。普通的电话即是全双工通信的例子,当两个人通话时,它们可以同时说话和聆听对方说话。图 6-2 所示的是全双工通信系统。这个系统的构成需要两个发射器、两个接收器以及通常情况下的两个信道。

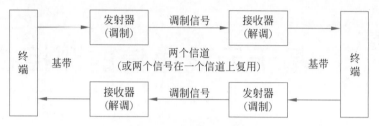

图 6-2　全双工通信系统

有些双向通信不要求在两个方向上同时进行通信,叫做半双工通信。通过民用波段(CB)无线电台进行交谈即是半双工通信的例子,操作员按下按钮开始说话,然后释放按钮开始接听,当通过按钮激活发射器时接收器就无法工作,因此说和听无法同时进行。半双工系统使用同一信道进行双向通信,节省了带宽。它将一些电路部件用在收发器中,既用于接收也用于发射,所以也比较廉价。不过,它牺牲了全双工通信所体现出的一些自然性。图 6-3 所示的就是半双工通信系统。

图 6-3　半双工通信系统

以上给出的全双工和半双工通信系统仅用于两个用户之间的通信。当有多个用户同时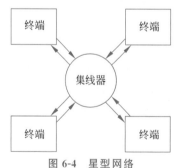使用时,或者当两个用户相距遥远而彼此不能直接通信时,就需要其他形式的网络。网络可以有多种形式,最常用和最基本的无线通信结构是经典的星型网络,如图 6-4 所示。

位于该网络中央的集线器类似于中继器,它由发射器和接收器组成,它们在天线的位置选择上考虑了能够很好地将来自一个移动无线设备的信号中继到另一个移动无线设备。中继器也可以连接到有线电话或数据网。蜂窝电话

图 6-4　星型网络

和个人通信系统(Personal Communication System,PCS)都有精心布置的中继站网络。

## 6.2　模拟信号的调制

无线电通信利用电磁波作为消息的载体,传送如语言、图像、数据等各种信息。为了能够有效地以电磁波形式发送上述消息,调制必不可少。所谓调制,是指对一个适宜在信道传播的射频载波,用所要发送的信号按一定规律去控制载波的某个参数,从而把要发送的信号寄托在所选定的参数上,然后发送已调制载波,达到传送消息的目的。经过调制后,含有消息的已调波具有频率高、相对带宽窄和各路信号不重叠的特点,易于电磁波发射及多路频分

复用,减少噪声和干扰的影响。同时,在接收端易于分离和恢复信号。利用调制可以把信号变换到易于满足现有器件对信号设计要求的频率上,克服了元器件的限制。

已调波具有两个基本特性:一是携带消息,二是适合于信道传输。调制器的模型可以由图 6-5 表示,其中 $m(t)$ 为调制信号或基带信号,$c(t)$ 为载波,$s(t)$ 为已调波信号。

图 6-5  调制器模型

按调制信号 $m(t)$ 的不同调制方式可以分为模拟调制和数字调制。$m(t)$ 为连续变化的模拟量时为模拟调制,$m(t)$ 为离散的数字量时为数字调制。

按载波 $c(t)$ 的不同调制又分为连续载波调制和脉冲载波调制。$c(t)$ 为连续正弦波时为连续载波调制,$c(t)$ 为离散脉冲时为脉冲载波调制。

根据调制信号 $m(t)$ 改变载波 $c(t)$ 参数的不同,调制可以分为

(1) 幅度调制:即 $m(t)$ 改变 $c(t)$ 的振幅参数,如普通调幅 AM、单边带调幅 SSB、脉冲振幅调制 PAM、振幅键控 ASK 等。

(2) 频率调制:即 $m(t)$ 改变 $c(t)$ 的频率参数,如调频 FM、脉冲频率调制 PFM、移频键控 FSK 等。

(3) 相位调制:即 $m(t)$ 改变 $c(t)$ 的相位参数,如调相 PM、脉冲相位调制 PPM、移相键控 PSK 等。

本节讨论模拟信号的幅值调制和频率调制,6.3 节讨论数字信号的调制。

## 6.2.1  幅度调制

幅度调制(Amplitude Modulation)按已调波信号频谱结构的不同,可分为普通调幅 AM、抑制载波的双边带(Double Sideband)调制 DSB 和抑制载波的单边带(Single Sideband)调制 SSB 等。

调制中广泛用到的运算是模拟乘法运算。它可以看作一种频率的搬移,其电路也称为频率变换器或变频器(Frequency Converter,FC)。频率变换有如下关系:

$$s_{FC}(t) = c(t)m(t) \qquad\qquad (6-2-1)$$

式中,$s_{FC}(t)$ 是已变换信号;$c(t)$ 是被调制信号,称为载波或载频;$m(t)$ 是基带信号,称为调制信号。

式(6-2-1)的一般模型如图 6-6 所示,其中载波常用余弦波,其频率 $\omega_c$ 称为载频;$h(t)$ 是带通滤波器,用来匹配已调幅波与传输电路的环境,例如波形的变换或变形、抑制可删除的频谱等。

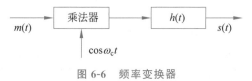

图 6-6  频率变换器

采用余弦波作为载波的变频输出信号为

$$s_{FC}(t) = m(t)\cos\omega_c t$$

经带通滤波器后,最后输出的已调信号可表示为 $m(t)\cos\omega_c t$ 与滤波器冲激响应 $h(t)$ 的卷积:

$$s(t) = h(t) * m(t)\cos\omega_c t \tag{6-2-2}$$

将式(6-2-2)进行傅里叶变换,可得输出信号的 $s(t)$ 的频谱 $S(\omega)$。

利用频率卷积和时域卷积的关系,可得式(6-2-2)中 $s_{FC}(t) = m(t)\cos\omega_c t$ 的频谱为

$$S_{FC}(\omega) = \frac{1}{2\pi}[M(\omega) * C(\omega)] \tag{6-2-3}$$

式中,$M(\omega)$ 是 $m(t)$ 的频谱,$C(\omega)$ 是 $\cos\omega_c t$ 的频谱,而且有

$$C(\omega) = \pi[\delta(\omega + \omega_c) + \delta(\omega - \omega_c)] \tag{6-2-4}$$

将式(6-2-4)代入式(6-2-3),得

$$S_{FC}(\omega) = \frac{1}{2\pi}\{M(\omega) * \pi[\delta(\omega + \omega_c) + \delta(\omega - \omega_c)]\}$$

$$= \frac{1}{2}[M(\omega + \omega_c) + M(\omega - \omega_c)] \tag{6-2-5}$$

信号经过变频后,其频谱搬移到载频的上下两边,称为上下边带。

利用时间卷积定理,便可求得式(6-2-2)中已调信号 $s(t)$ 的频谱为

$$S(\omega) = \frac{1}{2}H(\omega)[M(\omega + \omega_c) + M(\omega - \omega_c)] \tag{6-2-6}$$

由式(6-2-6)可以看出,滤波器的频率特性可以改变已调信号的频谱特性。因此,可以通过设计不同的滤波器来得到不同形式的已调信号,例如双边带调幅信号和单边带信号。

除了乘法器外,还存在其他变频方法。将式(6-2-2)展开可得

$$s(t) = \int_{-\infty}^{\infty} h(\tau)m(t-\tau)\cos\omega_c(t-\tau)d\tau$$

$$= \cos\omega_c t \int_{-\infty}^{\infty} h(\tau)m(t-\tau)\cos\omega_c\tau d\tau + \sin\omega_c t \int_{-\infty}^{\infty} h(\tau)m(t-\tau)\sin\omega_c\tau d\tau$$

$$\tag{6-2-7}$$

式(6-2-7)中的两个积分项可以看作是调制信号 $m(t)$ 分别通过两个滤波器的结果,即

$$h_1(t) = h(t)\cos\omega_c t$$

$$h_2(t) = h(t)\sin\omega_c t$$

于是 $s(t)$ 可以写成

$$s(t) = [m(t) * h_1(t)]\cos\omega_c t + [m(t) * h_2(t)]\sin\omega_c t \tag{6-2-8}$$

式(6-2-8)表示已调信号 $s(t)$ 可以分解为同相(In-phase)调制分量

$$s_I(t) = [m(t) * h_1(t)]\cos\omega_c t$$

与正交(Quadrature)调制分量

$$s_Q(t) = [m(t) * h_2(t)]\sin\omega_c t$$

根据式(6-2-8)可以得到另一种变频方法,其框图如图 6-7 所示。其中调制信号 $m(t)$ 分别通过冲激响应为 $h_1(t)$ 和 $h_2(t)$ 的两个滤波器,然后分别与 $\cos\omega_c t$ 和 $\sin\omega_c t$ 相乘,最后经加法器相加,便可得所要求的已调信号。图 6-7 所示的变频器称为平衡调制器,有专用的集成电路(Application Specific Integrated Circuit,ASIC)。

按照调幅信号处理的不同,调制器可有多种变型。

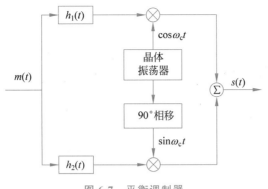

图 6-7 平衡调制器

**1. AM 调幅**

在式(6-2-1)中,令

$$f(t) = A_0 + m(t), c(t) = \cos(\omega_c + \varphi_0), A_0 \neq 0 \tag{6-2-9}$$

此时,调制称为 AM 调幅,其时域表达式为

$$s_{AM}(t) = c(t)f(t) = [A_0 + m(t)]\cos(\omega_c t + \varphi_0) \tag{6-2-10}$$

式中,$A_0$ 是外加的直流分量;$m(t)$ 是调制信号,可以是确知信号,也可以是随机信号;$\omega_c = 2\pi f_c$ 为载波信号的角频率;$\varphi_0$ 为载波信号的起始相位,为简便起见,通常设为 0。AM 调制系统框图如图 6-8 所示。

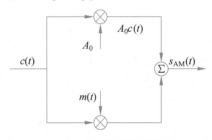

要使输出已调信号的幅度包络线与输入调制信号 $m(t)$ 呈线性对应关系,应满足 $A_0 \geq |m(t)|_{\max}$,否则会出现过调制现象。

图 6-8 AM 调制系统框图

式(6-2-10)的傅里叶变换是

$$S_{AM}(\omega) = \frac{1}{2}[A_0(\delta(\omega - \omega_c)) + A_0(\delta(\omega + \omega_c)) + M(\omega - \omega_c) + M(\omega + \omega_c)] \tag{6-2-11}$$

式中,$\delta(\omega)$ 是单位冲激函数,表示载频;$M(\omega)$ 是调制信号 $m(t)$ 的频谱。所以已调幅波包括载频和两个边带,$|\omega| > \omega_c$ 的频谱部分称为上边带,$|\omega| < \omega_c$ 的部分称为下边带,上下边带以 $\omega_c$ 为镜像对称。$(\omega + \omega_c)$ 项是 $(\omega - \omega_c)$ 项对 $\omega = 0$ 的镜像,在负频域中。AM 信号的波形和频谱如图 6-9 所示。

由式(6-2-10)求得已调幅波的功率为

$$P_{AM} = \frac{1}{2}[A_0^2 + 2A_0(m(t)) + (m^2(t))] \tag{6-2-12}$$

式中,$(m(t))$ 表示取均值。式(6-2-12)表示已调幅波的功率分为只决定于载波而与信息无关的部分和带信息的部分。如果

$$m(t) = A_m \cos\omega_m t$$

则式(6-2-12)变为

$$P_{AM} = \frac{A_0^2}{2}\left[1 + \frac{k^2}{2}\right]$$

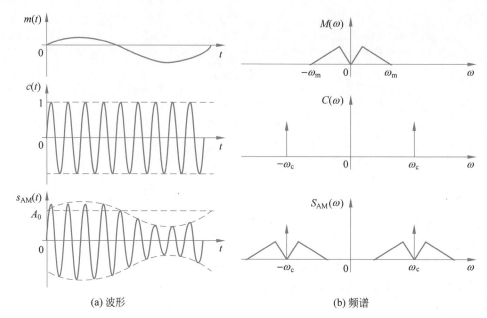

(a) 波形                                         (b) 频谱

图 6-9　AM 信号的波形与频谱

式中，$k = A_m/A_0$ 称为调幅指数。由此可见，已调幅信号含载频功率和边带功率，后者为前者的 $k^2/2$，与调幅指数有关。在 $A_0 \geqslant |m(t)|_{\max}$ 的条件下，边带功率最多仅为载波功率的一半。由于载频不携带信息，而占有相当大的功率，抑制载波，可以降低信道的非线性要求，有很大好处。

**2. 双边带调制**

对于上述标准调幅，由于已调波中含有不携带信息的载波分量，徒然耗费宝贵的功率。为了提高调制效率，抑制标准调幅的载波分量，使发送功率全部是双边带的。这种调制方式称为抑制载波(Suppressed Carrier，SC)双边带调制，简称双边带(Double Sideband，DSB)调制。

用调制信号直接与载波相乘，就可以得到双边带调制信号的时域表达式：

$$s_{\mathrm{DSB}}(t) = m(t)\cos\omega_c t$$

同时由式(6-2-11)得双边带调制信号的频域表达式为

$$S_{\mathrm{DSB}}(\omega) = \frac{[M(\omega + \omega_c) + M(\omega - \omega_c)]}{2} \tag{6-2-13}$$

式(6-2-13)说明，如果输入的基带信号没有直流分量，输出信号就是无载波分量的双边带调制信号，或称为双边带抑制载波(Double Sideband-Suppressed Carrier，DSB-SC)调制信号。双边带调制的波形和频谱如图 6-10 所示，其中在 $-\omega_c$ 左右的边带是 $\omega_c$ 左右的边带的镜像。

双边带调制抑制了载波，提高了调制效率，但已调信号的带宽仍与调幅信号一样，是基带信号带宽的两倍。

**3. 单边带调制**

既然双边带调制信号的上下两个边带包含的信息相同，因而，从信息传输的角度考虑，只需传输其中的一个边带即可。这种只产生一个边带的调制方式称为单边带(Single

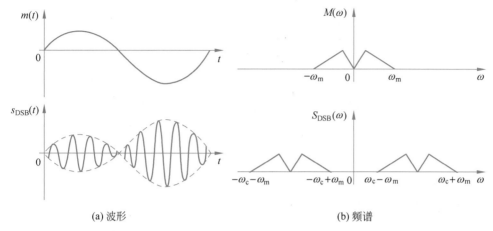

(a) 波形　　　　　　　　　　　　　(b) 频谱

图 6-10　DSB 信号的波形及频谱

Sideband,SSB)调制。SSB 可以在 DSB 基础上利用边带滤波器实现,用低通滤波器(LPF)可取用下边带(SSB-LSB),用高通滤波器(HPF)可取用上边带(SSB-USB)。下面以取下边带为例讨论相移法产生 SSB 的过程。

调制信号 $m(t)$ 的频谱可表示为 $M(\omega)$,它有对 $\omega=0$ 对称的两项。这两项是在调制后造成双边带的原因。理想低通滤波器传递函数为

$$H_{SSB}(\omega)=\begin{cases}1, & |\omega|\leqslant\omega_c \\ 0, & |\omega|>\omega_c\end{cases}$$

下边带信号频谱是该 LPF 传递函数与 DSB 频谱的乘积,即

$$S_{SSB}(\omega)=\frac{1}{2}[M(\omega+\omega_c)+M(\omega-\omega_c)]H_{SSB}(\omega) \tag{6-2-14}$$

为方便起见,均设载波初相位为 0。

对式(6-2-14)进行傅里叶反变换,可得

$$s_{SSB}(t)=[m(t)\cos\omega_c t]*\frac{\omega_c}{\pi}\mathrm{Sa}(\omega_c t)=m(t)\cos\omega_c t*\frac{\sin(\omega_c t)}{\pi t}$$

将上式写成数学卷积表达式,并根据三角函数关系得

$$\begin{aligned}s_{SSB}(t)&=\int_{-\infty}^{\infty}m(\tau)\cos\omega_c\tau\left[\frac{\sin\omega_c(t-\tau)}{\pi(t-\tau)}\right]\mathrm{d}\tau\\ &=\frac{1}{2}\sin\omega_c t\left[\frac{1}{\pi}\int_{-\infty}^{\infty}\frac{m(\tau)}{t-\tau}\mathrm{d}\tau+\frac{1}{\pi}\int_{-\infty}^{\infty}\frac{m(\tau)}{t-\tau}\cos2\omega_c\tau\mathrm{d}\tau\right]-\\ &\quad\frac{1}{2}\cos\omega_c t\left[\frac{1}{\pi}\int_{-\infty}^{\infty}\frac{m(\tau)}{t-\tau}\sin2\omega_c\tau\mathrm{d}\tau\right]\end{aligned} \tag{6-2-15}$$

式中,$\dfrac{1}{\pi}\displaystyle\int_{-\infty}^{\infty}\dfrac{m(\tau)}{t-\tau}\mathrm{d}\tau=m(t)*\dfrac{1}{\pi t}=H[m(t)]=\hat{m}(t)$ 是 $m(t)$ 的希尔伯特变换。同样,有

$$\frac{1}{\pi}\int_{-\infty}^{\infty}\frac{m(\tau)}{t-\tau}\cos2\omega_c\tau\mathrm{d}\tau=[m(t)\cos2\omega_c t]*\frac{1}{\pi t}$$

$$\frac{1}{\pi}\int_{-\infty}^{\infty}\frac{m(\tau)}{t-\tau}\sin2\omega_c\tau\mathrm{d}\tau=[m(t)\sin2\omega_c t]*\frac{1}{\pi t}$$

而且可以证明

$$H[m(t)\cos2\omega_c t]=[m(t)\cos2\omega_c t]*\frac{1}{\pi t}=m(t)\sin2\omega_c t$$

$$H[m(t)\sin2\omega_c t]=[m(t)\sin2\omega_c t]*\frac{1}{\pi t}=-m(t)\cos2\omega_c t$$

将上式代入式(6-2-15),可得

$$s_{SSB}(t)=\frac{1}{2}\hat{m}(t)\sin\omega_c t+\frac{1}{2}m(t)[\sin\omega_c t\sin2\omega_c t+\cos\omega_c t\cos2\omega_c t]$$

$$=\frac{1}{2}m(t)\cos\omega_c t+\frac{1}{2}\hat{m}(t)\sin\omega_c t \tag{6-2-16}$$

同样可求得上边带 SSB 信号的时域表达式为

$$s_{SSB}(t)=\frac{1}{2}m(t)\cos\omega_c t-\frac{1}{2}\hat{m}(t)\sin\omega_c t$$

SSB 可用如图 6-11 所示的平衡调幅器完成,可以看作图 6-7 中 $h_1(t)=1/2$ 和 $h_2(t)=1/(2\pi t)$ 的情况。其中 $H_h(\omega)$ 为希尔伯特滤波器传递函数,合成器"$\Sigma$"采用减法电路还是加法电路决定了产生的信号是上边带还是下边带。

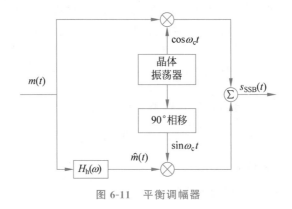

图 6-11　平衡调幅器

## 6.2.2　频率调制

用调制信号 $m(t)$ 去改变载波的频率参数或相位参数,使之随调制信号的变化规律而变化,这一过程称为频率调制 FM(Frequency Modulation)或相位调制 PM(Phase Modulation)。由于频率或相位的变化都可以看成是载波角度的变化,故又把频率调制和相位调制统称为角度调制(Angle Modulation)。

在角度调制中,已调波频谱与基带信号频谱之间不再保持线性对应关系,而是非线性变换关系,所以角度调制又称非线性调制,而振幅调制又称线性调制。非线性调制后信号的带宽一般要比调制信号的带宽大很多,但是它具有较好的抗噪声能力,在不增加信号发射功率的前提下,用增加带宽的方法可以换取通信信号质量的提高,并且 FM 信号带宽越宽,抗噪声性能越好。

角度调制的一般表达式为

$$s(t)=A_0\cos[\omega_c t+\Delta\varphi(t)] \tag{6-2-17}$$

式中,$\omega_c t+\Delta\varphi(t)$——信号的瞬时相位 $\varphi(t)$;$\Delta\varphi(t)$——瞬时相位偏移。

FM 调制时,载波的幅度 $A_0$ 和角频率 $\omega_c$ 保持不变,调制信号 $m(t)$ 改变载波的瞬时角频率,且载波的瞬时角频率偏移与 $m(t)$ 成正比,即

$$\frac{\mathrm{d}\Delta\varphi(t)}{\mathrm{d}t} = K_{FM}m(t)$$

载波瞬时相位为

$$\varphi(t) = \omega_c t + K_{FM}\int m(t)\mathrm{d}t \tag{6-2-18}$$

式(6-2-18)中,$K_{FM}$ 为调频灵敏度,单位为 rad/s/V(弧度/秒/伏)。因此已调频波在不考虑初始相位时的表达式为

$$s_{FM}(t) = A_0\cos\left[\omega_c t + K_{FM}\int m(\tau)\mathrm{d}\tau\right]$$

由 $m(t)$ 引起的 FM 波最大角频率偏移为

$$\Delta\omega_m = K_{FM}\mid m(t)\mid_{max}$$

FM 波的调频指数为

$$M_{FM} = \left| K_{FM}\int m(\tau)\mathrm{d}\tau \right|_{max}$$

$M_{FM}$、$\Delta\omega_m$ 都是表征 FM 波的重要参数。

PM 调制时,同样载波振幅不变,调制信号 $m(t)$ 改变载波的相位,且载波的瞬时相位偏移与 $m(t)$ 成正比,即

$$\Delta\varphi(t) = K_{PM}m(t)$$

式中,$K_{PM}$ 为调相灵敏度,则 PM 调制信号为

$$s_{PM}(t) = A_0\cos[\omega_c t + K_{PM}m(t)] \tag{6-2-19}$$

相位调制很少用于模拟系统,更多地被应用于数字通信系统。

## 6.3　数字信号的调制

数字信号调制与模拟信号调制没有本质的差别,由于数字信号的离散性,除了采用上述的一般调制方法外,还可以采用键控法。键控法具有性能稳定可靠、调整测试方便及体积小等优点。数字调制中最基本的是二进制(Binary)振幅键控 BASK(Amplitude-Shift Keying)、移频键控 BFSK(Frequency-Shift Keying)、移相键控 BPSK(Phase-Shift Keying)及差分移相键控 DPSK(Differential PSK),原理框图和波形如图 6-12 所示。正交调幅(QAM)结合了幅值和相位调制,能够取得比移频键控(FSK)和移相键控(PSK)更高的数据率。

设数字信号的数字序列为 $\{a_n\}$,则数字基带信号 $m(t)$ 可以表示为

$$m(t) = \sum_{n=-\infty}^{\infty} a_n g(t - nT_b)$$

式中,$a_n$ 为随机变量,代表数字信号中 1、0 两种状态;$g(t)$ 为基带信号码元波形,常见的有矩形脉冲、升余弦脉冲、钟形脉冲等;$T_b$ 为二进制编码码元宽度。

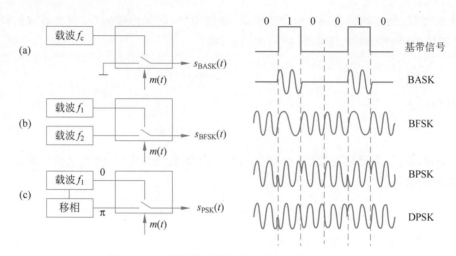

图 6-12　二进制数字调制电路的原理框图及波形

## 6.3.1　二进制数字调制

基于二进制的数字调制方式包括振幅键控、移频键控、移相键控及差分移相键控,下面分别进行简要介绍。

**1. 振幅键控**

二进制振幅键控(BASK)是振幅调制的特殊形式,它通过数字信号 1、0 控制载波传输信息的有无。其时域表达式为

$$s_{\text{BASK}}(t) = \sum_{n=-\infty}^{\infty} a_n g(t - nT_b) A_0 \cos(\omega_c t + \varphi_0) \tag{6-3-1}$$

由上式可知,BASK 调制可由 DSB 调制电路实现,或采用如图 6-12(a)所示的键控方法实现。BASK 信号的带宽与模拟调制信号的带宽一样,都是基带信号的两倍。

**2. 移频键控**

二进制移频键控(BFSK)是采用两个不同的频率来表示数字信号 0、1 码的(二进制 1 通常被称为传号,而 0 通常被称为空号),根据频率变换时相位是否连续,可以分为相位连续 FSK 和相位不连续 FSK,分别记为 CPFSK 和 DPFSK。BFSK 调制可以采用变容二极管直接调频电路实现,通过改变振荡器的振荡频率,输出两个不同的载频,这种方式产生的是 CPFSK。当用图 6-12(b)键控方法实现 BFSK 调制时,一般产生的是 DPFSK,当基带信号码元速率 $R(R = 1/T_b)$ 与两个载频 $f_1$、$f_2$ 成整数倍关系时,可以得到相位连续的 CPFSK。BFSK 信号可以表示为

$$s_{\text{BFSK}}(t) = \sum_{n=-\infty}^{\infty} a_n g(t - nT_b) A_0 \cos(\omega_1 t + \varphi_1) +$$
$$\sum_{n=-\infty}^{\infty} \bar{a}_n g(t - nT_b) A_0 \cos(\omega_2 t + \varphi_2) \tag{6-3-2}$$

式中,$\bar{a}_n$ 为 $a_n$ 的反码。

BFSK 信号的带宽可用下式进行估计:

$$\text{BW}_{\text{BFSK}} = |f_1 - f_2| + 2R = 2\Delta f + 2R = R(M_{\text{FSK}} + 2)$$

式中,$\Delta f = \dfrac{|f_1 - f_2|}{2}$ 为偏频;

$$M_{FSK} = \frac{|f_1 - f_2|}{R} = \frac{2\Delta f}{R} \text{——FSK 调频指数}$$

FSK 调制是一种包络恒定的调制,具有较高的功率发射效率,但是通常占有比线性调制更宽的频带。为了尽可能减少已调波的带宽,需采用包络恒定和相位连续的窄带数字调制技术,其中最具代表性的是最小频移键控 MSK 调制。MSK 可以看作是一种特殊的 FSK,即调制指数为 0.5 的 CPFSK。在 MSK 中,频移 $\Delta f$ 刚好等于码元速率 $R$ 的 1/4,即在一个码元时间内,频率 $f_1$ 和 $f_2$ 的波形刚好相差 1/2 周,所以在任何码元转换时刻上相位总是连续的,相位连续点发生在波形的正负峰值或零点上。

**3. 移相键控**

移相键控(PSK)调制是利用数字基带信号控制载波的相位,使固定振幅的载波相位随数字基带信号的变化而跳变的一种数字调制方式。由于 PSK 信号在抗干扰能力上优于 ASK 和 FSK,并且带宽利用率较高,所以在数字通信中得到了广泛应用。根据载波相位表示数字信号方式的不同,它可以分为绝对移相键控 PSK 和差分移相键控 DPSK,PSK 信号可以表示为

$$s_{PSK}(t) = \sum_{n=-\infty}^{\infty} a_n g(t - nT_b) A_0 \cos(\omega_c t) \tag{6-3-3}$$

式中,$a_n$ 取值为 $\pm 1$。

式(6-3-1)与式(6-3-3)的区别在于 $a_n$ 的取值不同。PSK 信号等价于抑制载波的双边带调幅波形,其原理框图如图 6-12(c)所示。PSK 调制可以由 DSB 调制电路实现,不过在 PSK 调制时数据信号取值为 $+1$、$-1$,这种数据信号被称为双极性非归零信号。PSK 信号的带宽与 ASK 信号带宽相同,是基带信号带宽的两倍。

直接利用载波的相位偏移来表示数字信号的 PSK 称为绝对移相键控,如图 6-12(c)中 BPSK 所示,已调波与载波同相表示数字信号 0,已调波与载波反相表示数字信号 1。BPSK 调制可以直接用双极性数据信号与载波相乘实现,或者采用如图 6-12(c)所示的键控法实现。

DPSK 是利用载波的相对相位偏移来表示数字信号。所谓相对相位是指相邻码元转换前后的相对相位,如图 6-12(c)中 DPSK 所示,相对相位不变代表数字信号 0,相对相位反相代表数字信号 1。进行 DPSK 时,首先要将数据信号由绝对码转换为相对码,相对码又称为差分码。绝对码与相对码的相互转换通过异或门和延迟器组成的电路实现,如图 6-13 所示。

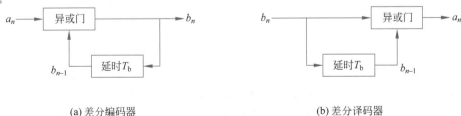

(a) 差分编码器　　　　　　　　　　　(b) 差分译码器

**图 6-13　绝对码与相对码的相互转换**

### 6.3.2 多进制数字调制

信号状态大于 2 的数字信号称为多进制数字信号。采用多进制数字基带信号进行载波调制的过程称为多进制数字调制，又称为 $M$ 进制数字调制。两者信息量的关系为 $M=2^k$，$k=\mathrm{lb}M$，或 $1\mathrm{Bd}=k\,\mathrm{bit}$。其中，Bd 为多元信息单位"波特"(Baud)，同时也作为多元信息传输速率(符号速率)单位，即每秒钟的 Bd 量。如 9.6kbit/s 二元信号，利用 $M=16$ 多元传输，波特率为 2.4kBd。

在信道频带受限的情况下，采用多进制数字调制可以增加信息传输速率。根据载波被调制参数的不同，多进制数字调制有：多进制数字振幅调制 MASK、多进制数字频率调制 MFSK 和多进制数字相位调制 MPSK。

**1. 振幅调制**

MASK 的一般表达式为

$$s_{\mathrm{MASK}}(t)=m(t)\cos(\omega_c t+\varphi_n)=\sum_{n=-\infty}^{\infty}a_n g(t-nT)\cos(\omega_c t+\varphi_n) \qquad (6\text{-}3\text{-}4)$$

式中，$a_n$ 为多电平基带信号的幅度，有 $M$ 种可能取值；$g(t)$ 为基带信号码元波形；$T$ 为多进制编码码元宽度。

MASK 信号是由 $M/2$ 对"正反信号对"构成的，可设 $a_n=\pm A_0,\pm 3A_0,\cdots,\pm(M-1)A_0$，$A_0$ 为最低电平，因此它含有幅移键控和相移键控两个特点。以一个 4ASK 为例，设原码序列 $\{a_n\}=(10\ 11\ 01\ 00\ 01\ 11\ 00\ 11)$，它的对应格雷码以 4 元符号表示为 $\{m_n\}=(3,2,1,0,1,2,0,2)$，设 $A_0=1$，则方波电平有 4 种状态，即 $\pm 1,\pm 3$，如图 6-14 所示。

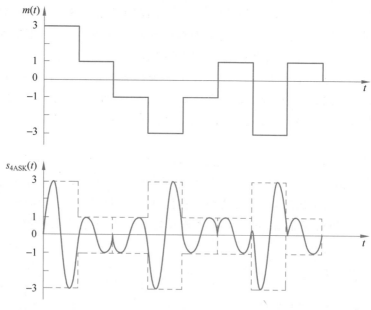

图 6-14 4ASK 信号波形

因此，4ASK 信号波形的包络值有两种：$A_0$ 和 $3A_0$，信号的极性是正负极性各一对。按这种方法设计的信号，可以使相同包络的不同信号间相关系数为 $-1$，相同极性的信号幅度包络则差别较大($2A_0$ 或更大)，这样可以为抗干扰带来优势，且容易生成基带数字波形。

**2. 相位调制**

MPSK 以多进制数字基带信号去控制载波的相位,可以产生 $M$ 个离散相位的已调波,各个已调波相位均相隔 $2\pi/M$,所以可以把 MPSK 信号看作 $M$ 个振幅和频率都相等,但初相不同的 BASK 信号之和。

MPSK 信号一般表示式为

$$s_{\text{MPSK}}(t) = A_0 \cos(\omega_c t + \varphi_i), \quad i = 1, 2, \cdots, M \tag{6-3-5}$$

根据式中 $\varphi_i$ 的设置方式不同,又分为 $\pi/M$ 系统和 $2\pi/M$ 系统。在 $\pi/M$ 系统中,$\varphi_i$ 取值为

$$\varphi_i = (2i - 1)\frac{\pi}{M}, \quad i = 1, 2, \cdots, M$$

在 $2\pi/M$ 系统中,$\varphi_i$ 取值为

$$\varphi_i = (i - 1)\frac{2\pi}{M}, \quad i = 1, 2, \cdots, M$$

下面按 $\pi/M$ 系统形成分析 MPSK 信号表达式。

$$s_{\text{MPSK}}(t) = A_0 \cos\left[\omega_c t + (2i - 1)\frac{\pi}{M}\right], \quad i = 1, 2, \cdots, M \tag{6-3-6}$$

为了分析方便,用信号空间表示法,式(6-3-6)可以等效地写为

$$
\begin{aligned}
s_{\text{MPSK}}(t) &= \sqrt{\frac{2E}{T}} \cos\left[\omega_c + (2i - 1)\frac{\pi}{M}\right] \\
&= \sqrt{E} \cos\left[(2i - 1)\frac{\pi}{M}\right]\varphi_1(t) - \\
&\quad \sqrt{E} \sin\left[(2i - 1)\frac{\pi}{M}\right]\varphi_2(t), \quad 0 \leqslant t \leqslant T
\end{aligned}
\tag{6-3-7}
$$

式(6-3-7)中,$E$ 为已调波信号能量,$E = A_0^2 T/2$;$T$ 为多元基带信号码元间隔。$\varphi_1(t)$ 和 $\varphi_2(t)$ 是两个基函数,作为互为正交的载波,即

$$\varphi_1(t) = \sqrt{T/2} \cos(\omega_c t), \quad 0 \leqslant t \leqslant T$$
$$\varphi_2(t) = \sqrt{T/2} \sin(\omega_c t), \quad 0 \leqslant t \leqslant T \tag{6-3-8}$$

因此,以式(6-3-7)表示的 MPSK 总是由相互正交的两项构成,这种表示方法是信号空间分析方法的基础。MPSK 信号空间消息信号点为

$$
S_i = \begin{bmatrix} S_{i1} : \sqrt{E} \cos\left[(2i - 1)\frac{\pi}{M}\right] \\ S_{i2} : -\sqrt{E} \sin\left[(2i - 1)\frac{\pi}{M}\right] \end{bmatrix}, \quad i = 1, 2, \cdots, M \tag{6-3-9}
$$

由式(6-3-7)可得到 MPSK 的系统框图,如图 6-15 所示。

在图 6-15 中,首先将二元编码序列 $\{a_n\}$ 表示为电平值为 $\pm\sqrt{E}$ 的双极性非归零波形,然后由"电平转换逻辑"计算出同相分量 $S_{i1}$ 与正交分量 $S_{i2}$,然后分别与正交的载波相乘,得到 MPSK 波形。对于 $2\pi/M$ 系统,若 $M=4$,"电平转换逻辑"功能就是简单的串-并转换,读者可以自行推导。由于 4PSK 信号的 4 个状态均互为正交,特称其为正交调相(QPSK),具有广泛的应用。

在理论上 QPSK 信号是恒包络信号,但实际中传送 QPSK 时,由于 4 个不同相位的已调波间的相位在符号交替时的跳变值可能为 0、$\pm\pi/2$ 和 $\pi$,会使 QPSK 信号不再是恒包络

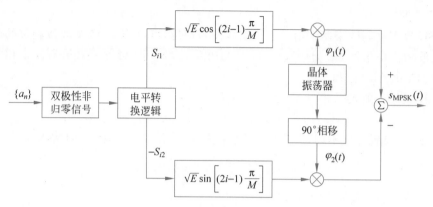

图 6-15  MPSK 系统框图

的,甚至会出现零包络点。所以实际中多采用偏移正交移相键控 OQPSK。OQPSK 的原理是:在 QPSK 调制系统的一个支路中(如正交支路)加入一个延迟单元,使其与另一条支路在时间上错开 $T/2$ 的码元宽度,然后再进行两个正交载波的调制,这样两路已调波就不会同时进行符号交替,合成输出波形中不会出现 π 相值突变。

OQPSK 解决了 QPSK 信号中 180°相位突变,包络起伏得到改善。为了解决由于相位非连续变化而造成的包络起伏问题,还需要采用相位连续变化的调制方式。可以将最小频移键控 MSK 看作具有正弦符号加权的 OQPSK,即 OQPSK 中的矩形脉冲被半个正弦脉冲所代替。半个正弦波的零点刚好与分路后的数据转换时刻相一致,保证了在数据转换时刻相位连续。又由于 OQPSK 中两路信号错开了半个码元,使得两路信号中一路包络的零点与另一路包络的峰值点刚好一致。保证了合成后信号的包络恒定。

如果在 MSK 调制前数字基带信号先通过高斯滤波器形成高斯脉冲,然后再进行 MSK 调制,这种调制方式称为高斯最小频移键控 GMSK。GMSK 除了具有 MSK 的优点外,由于高斯滤波使得信号的带外旁瓣迅速衰减,大大降低了信号的带外辐射,非常适合移动通信使用。目前的 GSM 数字蜂窝移动通信系统采用的就是 GMSK 调制。

**3. 正交调幅**

正交调幅(Quadrature Amplitude Modulation,QAM)以载波的幅度和相位两个参量同时载荷一个比特或一个多进制符号的信息,不仅调制载波相位,同时改变其幅度,因此这种调制方式又称为幅相键控(APK)。它比单一参量受控于数字符号的频带传输方式有更强的抗干扰能力。多进制 QAM 技术 MQAM 的 $M$ 值可以很大,如 1024QAM,这样就大大提高了频带的利用率,节省了无线传输的频带资源。

一般 QAM 指 $M=4$ 的情况,这里以 $M=16$ 为例介绍 MQAM 信号的形成过程。

(1)信号源输出比特流 $\{a_n\}=\{0111\ 1000\ 0001\ 1110\ 0100\}$,利用双极性不归零电路将其转换为 $L=\sqrt{M}$ 个正负对称的 4 元符号序列,有

$$m(t)=(-1,1,3,-3,-3,-1,1,3,-1,-3)$$

(2)进行串-并变换,两个并行支路的 4 元电平序列为

$$m_1(t)=(-1,3,-3,1,-1,),\quad m_Q(t)=(1,-3,-1,3,-3,)$$

(3)两支路分别乘以互为正交的正弦型载波,然后相加,构成 16QAM 信号,如图 6-16 所示。

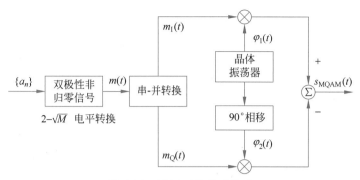

图 6-16　MQAM 信号的构成

MQAM 信号可以表示为

$$s_i(t) = A_0 a_i \cos\omega_c t + A_0 b_i \sin\omega_c t$$
$$= \sqrt{2E_0/T}\, a_i \cos\omega_c t + \sqrt{2E_0/T}\, b_i \sin\omega_c t \qquad (6\text{-}3\text{-}10)$$
$$= \sqrt{E_0}\, a_i \varphi_1(t) + \sqrt{E_0}\, b_i \varphi_2(t), \quad 0 \leqslant t \leqslant T$$

式(6-3-10)中,$a_i$、$b_i$ 分别为同相与正交支路基带电平的权值,即最低电平 $A_0$ 的倍数; $E_0 = A_0^2 T/2$ 为 MQAM 信号中最小幅度的信号能量。

$\varphi_1(t)$ 和 $\varphi_2(t)$ 是两个正交基函数,分别作为同相与正交载波,且二者在间隔 $T$ 内的能量为 1,即

$$\varphi_1(t) = \sqrt{T/2}\cos(\omega_c t), \quad 0 \leqslant t \leqslant T$$
$$\varphi_2(t) = \sqrt{T/2}\sin(\omega_c t), \quad 0 \leqslant t \leqslant T \qquad (6\text{-}3\text{-}11)$$

基带多电平信号点的权值 $a_i$ 与 $b_i$ 在 MQAM 系统中构成的阵列为

$$(\boldsymbol{a}_i, \boldsymbol{b}_i) = \begin{bmatrix} (-L+1, L-1) & (-L+3, L-1) & \cdots & (L-1, L-1) \\ (-L+1, L-3) & (-L+3, L-3) & \cdots & (L-1, L-3) \\ \vdots & \vdots & & \vdots \\ (-L+1, -L+1) & (-L+3, -L+1) & \cdots & (L-1, -L+1) \end{bmatrix}$$
$$(6\text{-}3\text{-}12)$$

如 $M=16, L=4$,则对应的$(a_i, b_i)$共 16 个元素,即

$$(\boldsymbol{a}_i, \boldsymbol{b}_i) = \begin{bmatrix} (-3, +3) & (-1, +3) & (+1, +3) & (+3, +3) \\ (-3, +1) & (-1, +1) & (+1, +1) & (+3, +1) \\ (-3, -1) & (-1, -1) & (+1, -1) & (+3, -1) \\ (-3, -3) & (-1, -3) & (+1, -3) & (+3, -3) \end{bmatrix} \qquad (6\text{-}3\text{-}13)$$

对照式(6-3-10)与式(6-3-6)可以发现,当 $M=4, L=2$ 时,QAM 信号与 QPSK 信号(π/4 系统)的 4 个相位完全对应相同,只在信号幅度上有$\sqrt{2}$系数的差别,因此 QAM 就是 QPSK。

对于给定系统,可允许的幅值和相位组合是有限的。图 6-17(a)是一个星座图,它表示了一个具有 16 个幅值-相位组合的假想系统的所有可能性,每个传输的符号由 4 个比特位表示。图中每一个点都代表一个可能的幅值-相位组合状态。对于无噪信道,组合的个数可以无限制地增加,但是在实际应用中,当相邻两个状态之间的差别与存在的噪声和失真相比小得无法可靠地检测到时,组合的个数就达到了一个极限值。如果将 QAM 信号显示在示波器上,则可以看到噪声的作用使星座中的点变得模糊,如图 6-17(b)所示。

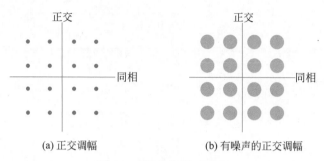

(a) 正交调幅　　　　　　　　(b) 有噪声的正交调幅

图 6-17　正交调幅(QAM)

QAM 因其高效的传输率而备受青睐。国际电信联盟 ITU 为电话频带 MODEM 制定的标准 V. 32 采用的就是 QAM,目前普遍使用的因特网接入电缆 MODEM 也采用 QAM 方式传输数据。其中十六进制和六十四进制的 QAM 最常用。在固定式地面微波系统中使用的 QAM 具有大量的状态,在有些情况下状态数会达到 1024 个。

**4. MQAM 与 MPSK 比较**

从两种调制方式看,二者有以下特点和不同之处。

(1) MPSK 为恒包络信号,因此它的星点分布在一个同心圆上,而 MQAM 则为方形(有其他形式,但不是圆形)。因此,MPSK 为相位调制,而 MQAM 为幅相调制,当 $M>4$ 时,不是等幅包络。

(2) MQAM(当 $M>4$)抗干扰能力优于 MPSK 信号。因为当 $M>4$ 时,MQAM 系统的邻近星点距离比 MQSK 系统大,抗干扰性强。

(3) 当 $M=4$ 时,QAM 等同于 QPSK。

(4) 由于 MPSK 是以 $M$ 来等分 $2\pi$ 作为已调波相位,当 $M$ 较大时,各信号状态间非但不正交,而且相邻信号的相位差也太小,抗干扰能力变得很差。因此它只适合于 $M\leqslant16$ 的应用。相对而言,MQAM 则可以采用较大的 $M$ 值。

## 6.4　信号的解调

解调也叫"检波",是调制的逆过程,其目的是从已调信号中恢复出原始的基带信号。不同的调制方式对应不同的解调方式,对应同一种调制可以有多种解调方式。下面介绍几种具有代表性的解调类型。

### 6.4.1　振幅解调

对于 AM 信号,由于已调信号振幅变化规律与调制信号一致,因此可以采用简单的包络检波器进行解调,如二极管峰值包络检波器。二极管峰值包络检波器的电路原理图和各点波形如图 6-18 所示。在输入信号正半周时,二极管 $V_D$ 导通并对电容 $C_1$ 充电,由于二极管导通时内阻很小,因而充电电流很大,电容上的电压上升很快,并与输入电压幅度接近。在输入负半周,二极管截止,电容 $C_1$ 经电阻 $R_1$ 放电,由于 $R_1$ 阻值很大,放电速度很慢。因此只要合理选择 $R_1C_1$ 参数,$u_{C_1}$ 波形就能反映输入调幅信号的包络。图 6-18 中 $C_2$ 为隔直流电容,$R_2$ 为下一级电路的输入阻抗。

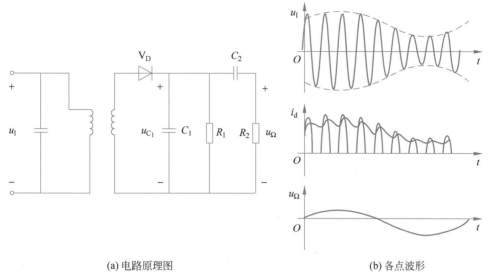

(a) 电路原理图                                (b) 各点波形

图 6-18 二极管峰值包络检波器

在振幅解调中,另一种常用的解调电路是用模拟乘法器和低通滤波器实现的同步解调,也称相干解调。它不仅能解调 AM 信号,也能解调抑制载波的 DSB 信号和 SSB 信号。AM 同步解调电路组成模型如图 6-19 所示,通过限幅放大获得等幅载波 $u_C(t) = U_{Cm}\cos\omega_c t$,$u_{AM}(t) = [U_0 + m(t)]\cos\omega_c t$,则乘法器输出为

$$i(t) = u_{AM}(t) \cdot u_C(t) = [U_0 + m(t)]\cos\omega_c t \cdot U_{Cm}\cos\omega_c t$$

$$= \frac{1}{2}[U_0 + m(t)]U_{Cm} + \frac{1}{2}[U_0 + m(t)]U_{Cm}\cos 2\omega_c t \tag{6-4-1}$$

低通滤波器滤除 $2\omega_c$ 项后,用隔直流电容去掉直流即可得到基带信号 $m(t)$。

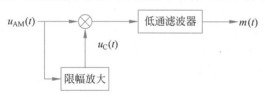

图 6-19 AM 同步解调电路组成模型

对抑制载波的 DSB、SSB 信号,由于其振幅包络不反映调制信号波形,因而不能采用峰值包络检波法进行解调,而只能使用同步解调法,由于 DSB、SSB 信号中不含有载波分量,解调时接收机需要提供信号载频 $\omega_c$,同步解调电路模型如图 6-20 所示。为了保证收、发端频率的一致性,目前无线通信中常采用高稳定度的晶振和频率合成器作为振荡源,并使用节省带宽和功率利用率高的 SSB 方式进行通信。

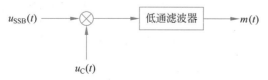

图 6-20 同步解调电路组成模型

### 6.4.2 频率解调

FM信号的信息包含在信号的瞬时频率中,对其的解调要求输出信号与FM信号的瞬时频率呈线性关系。实现FM信号解调功能的电路称为鉴频器。

实现鉴频的电路有许多种,包括微分鉴频器、延迟鉴频器、脉冲计数式鉴频器和锁相环鉴频器等。这里简要介绍一下在通信电路中广泛应用的锁相环鉴频器,其他内容在参考文献[1]中有详细论述。

锁相环鉴频器具有优良的鉴频性能,并且调整简单,价格低廉,其电路结构如图6-21所示。鉴相器进行相位比较,通过压控振荡器VCO的瞬时相位输出跟踪FM信号瞬时相位变化来实现鉴频。

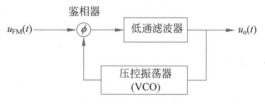

图 6-21 锁相环鉴频器

设输入FM信号为

$$u_{FM}(t) = U_{Cm}\cos\left[\omega_c t + k_f \int_{-\infty}^{t} m(\tau)\mathrm{d}\tau\right] = U_{Cm}\cos\left[\omega_c t + \varphi_{FM}(t)\right] \tag{6-4-2}$$

式(6-4-2)中,$k_f$ 为调频灵敏度,当环路断开时,压控振荡器VCO的固有角频率调到 $\omega_c$;当环路闭合时,VCO的瞬时角频率 $\omega_v(t) = \omega_c + k_v u_o(t)$,$k_v$ 为VCO的灵敏度系数,则VCO的输出为

$$u_v(t) = U_v\cos\left[\omega_c t + k_v \int_{-\infty}^{t} u_o(t)\mathrm{d}\tau\right] = U_v\cos\left[\omega_c t + \varphi_v(t)\right] \tag{6-4-3}$$

经相位比较后,低通滤波器的输出为

$$u_o(t) = K\sin\left[\varphi_{FM}(t) - \varphi_v(t)\right] = K\sin\Delta\varphi \tag{6-4-4}$$

式中,$K$ 为环路增益;$\Delta\varphi = \varphi_{FM}(t) - \varphi_v(t)$ 为相位误差。

当 $\Delta\varphi$ 较小时有

$$u_o(t) \approx K\left[\varphi_{FM}(t) - \varphi_v(t)\right] = K\Delta\varphi$$

对上式微分得

$$\frac{\mathrm{d}(\Delta\varphi)}{\mathrm{d}t} = \frac{\mathrm{d}\varphi_{FM}(t)}{\mathrm{d}t} - \frac{\mathrm{d}\varphi_v(t)}{\mathrm{d}t}$$

由于基带信号 $m(t)$ 与环路的捕捉时间相比是一个变化很缓慢的信号,所以可保证VCO的频率始终能跟踪上输入FM信号的频率。相位误差为一个静态相差,可以认为变化率为零,即 $\mathrm{d}(\Delta\varphi)/\mathrm{d}t \approx 0$,且 $\mathrm{d}\varphi_{FM}(t)/\mathrm{d}t = k_f m(t)$,$\mathrm{d}\varphi_v(t)/\mathrm{d}t = k_v u_o(t)$,所以

$$u_o(t) = \frac{k_f}{k_v}m(t) \tag{6-4-5}$$

这样就能解调出基带信号 $m(t)$。

数字信号解调与模拟信号解调没有本质区别,因此前面所讲的解调器可以分别应用于各自所对应的数字信号的解调。由于离散的数字信号只有有限个状态,与模拟信号相比,数

字信号解调中增加了"抽样判决"。对于数字信号来说,只要在抽样判别处可以正确判别信号的状态,就可以得到与发射端完全一样的信号。

以无线通信中普遍使用的正交调制信号为例,QPSK 的解调可以通过如图 6-22 所示的电路来进行解调。

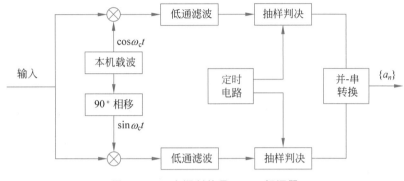

图 6-22　正交调制信号 QPSK 解调器

## 6.5　无线电波的发射与接收

无线通信系统中,发射设备承担着消息的发送任务,具有将消息转变为无线电发射信号并向外辐射的功能。信号经空间无线信道传送到接收端后,由接收设备从混有噪声、干扰的有噪信号中提取出携带消息的有用信号并将其还原为消息。下面简要介绍一下无线电波的发射与接收技术。

### 6.5.1　无线发射技术

发射设备主要包括发送终端、发射机(Transmitter)和发射天线(Antenna)3 部分。发送终端将待发送的消息变换为电信号后,发射机对该信号进行放大、变换,使其功率足够大、频率适合信道传输,即成为射频(Radio Frequency)已调波信号,再由发射天线将射频已调波信号变换为电磁波向外辐射。

发送终端是发射设备的系统输入端,其作用是把消息源的消息转换成原始电信号。这种直接由消息转换成的电信号称为基带信号,频率都比较低,不适宜在无线信道中直接传送。

发射天线作为发射设备的系统输出端,作用是把在发射机中经过调制的射频振荡变换为电磁波,并有效地辐射到空间。为了有效地辐射电磁波,天线的尺寸要与电磁波的波长在同一个数量级上。

发射机是要把发送终端输出的原始电信号变换为适宜发射天线辐射的载有消息的已调高频振荡电信号,并输出给发射天线。发射机的作用一是变换信号的频率,二是放大信号的功率到足够大,使输出信号的频率和功率都适合于无线信道发送。

**1. 发射机的基本工作原理**

无线通信发射机主要由低频电路、振荡源、射频功率放大器及调制器等组成。由终端设备直接输出的原始信号一般电平都比较低,不适合直接去调制,需要经过放大滤波后再输入调制器去调制载波。这部分电路统称为低频电路或基带电路。低频电路的主要特点是具有良好的线性,及在放大信号的同时保证信号的不失真。低频电路输出的调制信号在调制器中对载波进行调制,产生已调波。为了保证已调波载频的稳定度,调制器需要一个高稳定的载波,它由振荡源提供,通常采用石英晶体振荡器作为振荡源。对于波段工作的发射机来说,其载波一般由频率合成器提供。射频功率放大器的作用是放大射频信号到足够大的功率。发射机射频输出功率的大小随用途的不同而不同,可以从几百毫瓦到几千瓦。

按调制器在发射机中所处位置的不同,可以将发射机分为高电平调制和低电平调制两大类。

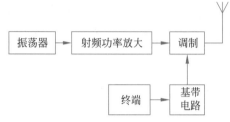

图 6-23 发射机高电平调制方案组成框图

高电平调制是指在发射机中高电平级也就是功放末级进行的调制,其基本组成框图如图 6-23 所示。这种组成结构的特点是:由于调制在功率放大之后进行,因此可以采用高效率的 C 类和 D 类谐振功率放大器,且调制器对振荡源的影响小;但对除 AM 调幅以外的其他调制的实现比较困难。高电平调制方案又称为射频直接调制。

低电平调制是指在发射机中低电平级也就是功率放大之前进行的调制,其基本组成框图如图 6-24(a)所示。这种组成结构的特点是:调制的实现比较方便,可以保证调制的良好线性。为了保证调制的性能,低电平调制可以先在频率相对较低的固定中频(Intermediate Frequency)进行,然后再通过变频器(Mixer Convertor)将已调波的载频搬移到发射频率上,如图 6-24(b)所示。由于调制器工作在中、小信号状态,易于获得良好的线性调制;同时在固定中频上进行滤波和匹配也比较容易实现,更易满足性能指标的要求。但由于调制在功率放大之前进行,因此功率放大器的工作效率较低,且调制器容易对振荡源产生影响。低电平调制方案又称为间接调制。

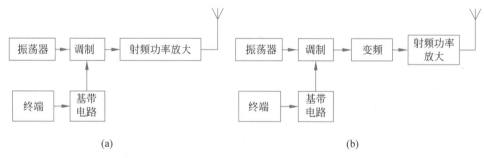

(a)                                    (b)

图 6-24 发射机低电平调制方案组成框图

**2. 发射机的主要性能指标**

1)工作频率或工作频段

工作频率或工作频段指发射机末级输出的射频载波的频率或射频载波的频率范围,它由发射机的用途所决定。如广播发射机都为固定工作频率,而军用发射机多采用波段工作。工作频率范围越宽,通信时选择工作频率的机动性就越大。

2)输出功率

输出功率指发射机输送到天线输入端的功率。无线电通信的有效距离及通信的可靠性与发射机的输出功率有关。一般来说,发射机输出功率越高,通信的有效距离越远,可靠性越高。对于波段工作的发射机来说,要求它在整个波段中的输出功率不低于规定值。

3）效率

发射机的总效率是指发射机输出功率与全机输入总功率之比。提高效率可以减小输入功率,减小电源体积重量。通常发射机的总效率在百分之几到30%之间。

4）频率准确度和频率稳定性

频率准确度指发射机实际工作频率对于所要求的工作频率的准确程度。频率准确度越高,收发之间建立通信越快,因此频率准确度越高越好。

频率稳定性指发射机在工作过程中,在各种因素变化的影响下发射机频率稳定不变的程度。当频率稳定度很高时,已经建立起来的通信就不会因为频率变化而中断。

发射机的频率准确度和频率稳定性取决于振荡源产生的高频振荡波的频率准确度和稳定性。

5）杂散辐射

发射机在工作时,除了在工作频率上输出有用功率外,还常常有一些不需要的功率输出,这称为杂散辐射。杂散辐射主要由工作频率谐波、由于非线性而产生的互调组合频率及寄生振荡等组成。当杂散辐射过大时,将会严重干扰其他通信链路的正常工作,因此需要加以限制。

## 6.5.2 无线接收技术

接收是发射的逆过程。接收设备主要由接收天线、接收机和接收终端3部分组成。接收天线将空间传播的电磁波变换为电信号,接收机对该信号进行滤波、放大、变换,将其还原为与发射端一致的基带信号,由接收终端恢复成消息。

当接收天线处于空间所传电磁波的电磁场有效范围内时,天线上会感应出电流,并在天线的输出端产生感应电势,可通过馈线将感应电势送入接收机。

接收机对接收天线送入的感应电势进行选择、放大和变换,最终把载有消息的已调射频信号变换为适合终端设备的原始电信号,供终端设备恢复消息。

接收终端把基带信号转换为与发送端消息源相同的消息。如通过扬声器将话音电信号转换为声音;通过荧光屏把图像信号转换为图像等。

**1. 接收机的基本工作原理**

接收机的基本功能是选择、放大和变换信号,由预选器、高频放大器、解调器及低频放大器组成,如图6-25所示。预选器用于从天线接收到的众多频率的信号中粗选出有用的信号,初步滤除和抑制从天线进入的各种干扰和噪声。经预选器后输出的有用信号的能量非常微弱,需要通过高频放大器对信号进行放大,并进一步抑制输入噪声及干扰,以满足解调器对输入信号电平幅度的要求。经高频放大器放大后的已调射频信号送入解调器中还原为基带信号,基带信号再经过低频放大器放大,去推动终端设备输出所需的消息。这种接收机称为直检式接收机或高放式接收机,其结构简单,但选择性比较差。

图 6-25 直检式接收机组成框图

由于直检式接收机接收到的已调射频信号载频可变,这给频率选择电路设计和高频放大设计带来许多困难。超外差式接收机利用变频器将已调射频信号的载频变换到一个固定的中频上后,再在这个固定中频上对已调信号进行选频放大,其结构如图 6-26 所示。变频以后的射频信号放大器称为中频放大器。由于中频放大器的工作中心频率不变,所以可以较好地解决直检式接收机存在的问题,使接收机的选择性和放大量大大提高。

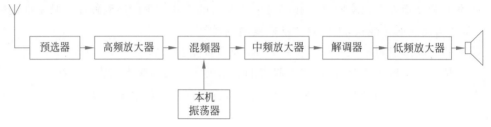

图 6-26 超外差式接收机组成框图

**2. 接收机的主要性能指标**

**1)工作频率范围**

接收机的工作频率范围主要取决于其应用场合,多数接收机都工作在不同的波段上,当工作频率范围较宽时,往往划分为几个波段。

**2)灵敏度**

灵敏度是指接收机接收微弱信号的能力,能接收到的信号越弱,接收机的灵敏度越高。灵敏度定义为当接收机输出端满足一定的信噪比和输出一定的功率时,接收天线上所需的最小感应电动势。接收机在不同工作频率上和接收不同信号时的灵敏度不相同,可以通过提高接收机的总增益和降低机内噪声提高接收机的灵敏度。

**3)选择性**

选择性是指从众多频率的信号中选择有用信号、抑制干扰信号的能力。接收机抑制干扰的能力越强,选择性越好。选择性的表示方法有谐振特性曲线、矩形系数和抗拒比。谐振特性曲线指选择性回路输出电压与频率偏移的关系;矩形系数指选择特性曲线接近矩形的程度;抗拒比指接收机对某一特定干扰频率的抑制能力。

**4)频率准确度与稳定度**

接收机的频率准确度与稳定度要求与发射机相同,要求接收机的频率准确度与稳定性越高越好。

**5)失真度**

失真度指接收机低频放大器输出基带信号与原始点信号相比失真的程度。失真度越小越好,一般接收机输出存在频率失真、非线性失真及相位失真。

另外接收机还有其他一些性能指标参数,如动态范围、互调干扰、自动增益控制范围等。

### 6.5.3 多路复用与多址

多路复用技术允许在一个传输信道或介质上传送多个信号。当有待进行多路复用的信号产生于不同的地点时,则把这样的系统称为多址。这两种技术都用于无线通信中,可以使多个用户共享有线无线频谱资源,提高系统容量。

多路复用技术泛指多路信号的合并与分离技术,多址接入技术用于点对多点的连接,其内涵有：用户是空间动态分布的，建立的信道有很大的差异性和时变性；用户有着广泛的移动性和保密性，使寻呼和识别颇为复杂和困难；多用户使用同一个空间，产生相互干扰，必须设法加以消除。

多址接入技术是利用信号的正交特性，即信号某个参量的正交性，来区分无线电信号的目的地址。信号可以表示为时间、频率、码型和空间的函数。如果以传输信号的载波频率的不同建立多址方式，称为频分多址（Frequency Division Multiple Access，FDMA）；以传输信号的时间不同建立多址方式，称为时分多址（Time Division Multiple Access，TDMA）；以传输信号波形的时域编码建立多址方式时，称为码分多址（Code Division Multiple Access，CDMA）；以传输信号在空间的导向波束建立的多址方式称为空分多址（Space Division Multiple Access，SDMA）。

**1. 频分复用与多址**

频分复用（Frequency Division Multiplexing，FDM）是最早的复用技术之一，其最简单的方案是广播和电视发射台所使用的，每个信号都在全部时间上被分配到频率谱的不同部分。这叫做频分复用（FDM）或频分多址（FDMA），具体叫法取决于实际应用场景。例如，空中广播采用频分复用方案，而在有线电视系统中，所有信号都由端头设备（即数据转发器）在同一个电缆中分配了相应的插槽，因此它是一个频分多址的例子。

频率分割既可用于模拟信号，也可用于数字信号。它是把通信系统的总带宽划分为若干等间隔的频道（或称信道），分配给不同用户使用。用户不能共享同一频段，并且频道不能相互交叠，所以通常需要在频道之间设置保护频带。因为频道和用户是一一对应的，只要知道频道号就可以实现选址通信。

FDMA 的特点有：

（1）FDMA 信道不容易进行自适应调整，即使信道处于空闲状态，也不能被其他用户利用，从而造成资源浪费。

（2）FDMA 工作在连续发送方式，可以用较少的比特开销进行同步和组帧等系统操作。

（3）由于发送机和接收机工作在同一时间，所以 FDMA 移动设备必须使用双工通信方式，从而增加了 FDMA 用户单元和基站的成本。

在高速数据传输中，为了降低数据传输速率，可以将数据流分割成子数据流而后进行平行传输。采用频分复用方法传输子数据流的方式称为多载波（Multi-Carrier，MC）传输。传输速率为 $R$ 的数据流经过串并转换，得到 $M$ 路子数据流，传输速率减为 $R/M$。子数据流通过映射处理后，输出并行的子频谱，处于不同的载波段。最后经合并等处理后，变为 RF 发出。多载波技术又分为多载波调制（Multi-Carrier Modulation，MCM）、离散多音频（Discrete Multi-Tone，DMT）和正交频分复用（Orthogonal Frequency Division Multiplex，OFDM），其中用得较多的是 OFDM。

OFDM 采用快速傅里叶变换将多路信号变换为互相交叠且间隔紧凑的多个子频谱，虽然子频谱有交叠，但它们是正交的，可予以分离。与单载波相比，OFDM 传输机制具有以下主要优点：

（1）OFDM 可以有效地解决多径问题，对一定的延迟扩展，实现难度远低于使用均衡器的单载波系统。

(2) 在相对低时变信道中,根据特定子载波的信噪比来调整每个子载波的数据传输速率,可以有效地增加系统容量。

(3) OFDM 可以很好地抵抗窄带干扰,因为这些干扰只影响到一部分子载波。

OFDM 相对于单载波调制也有一些缺点,主要有:

(1) OFDM 对频率偏移和相位噪声更加敏感。

(2) OFDM 需要相对更高的峰值平均功率比,这会降低 RF 放大器的功效。

**2. 时分复用与多址**

时分复用(TDM)主要用于数字通信中。在 TDM 中,每个信息信号都允许使用全部可用带宽,但是仅限于部分时间段内。持续变化的信号,比如模拟音频等,并不适用于 TDM,因为这种信号在全部时间上都是存在的。而采样音频是适用于 TDM 的,因为可以分别针对每一个信号源顺序传送一个采样或比特,然后再顺序为各个信号源传送第二个采样或比特,如此等等。采样本身并不表示数字传输,实际中采样和数字化通常是在一起进行的。

通过一次为每一个信号轮流发送一个采样,在一段时间内就可以为每一个信号轮流发送固定个数的比特,这样允许多个信号可以在同一个信道上进行传输。时分复用技术要求总比特率要乘以复用信道的个数。这意味着带宽要求也要乘以信号的数目。TDM 在数字电话技术中应用比较广泛。

时分多址(TDMA)类似于时分复用,只是前者的信号产生于不同的点,电话系统使用的是 TDM,这是因为在该系统中所有的信号都在同一点组合起来。TDMA 的一个例子是数字蜂窝无线系统,该系统通过为每个来自不同移动设备的信号分配一个时隙,使这些信号组合到一个信道上。TDMA 系统与 TDM 在原理上非常类似,但是前者在设计上更加复杂。它的一个复杂特征是:来自移动设备的信号发送到基站所需的传播时间随它到基站的距离而变化。

TDMA 具有以下特点:

(1) 用户的数据发送是不连续的突发形式,在不使用时,发射机自动关掉,所以用户的电池消耗较小。但是由于是突发发射,TDMA 系统需要较高的同步和过度保护开销。

(2) 因为 TDMA 使用不同的时隙进行发射和接收,所以不需要双工器。

(3) TDMA 信道通常频带较宽,需要自适应均衡器,以消除字符间的干扰。

(4) TDMA 的一个重要优点是它可以分配一帧中不同数据的时隙给不同的用户。因此可以根据用户的需求,按照优先权自动分配时隙,以提供不同的带宽。

**3. 码分多址(CDMA)**

频分多址是以频道的不同来区分地址,具有独占频带但共享时间资源的特点。时分多址是以时隙的不同来区分地址,独占时隙而共享频率资源。码分多址系统是基于码型分割信道,每个用户分配唯一的一个地址码,共享频率和时间资源。

码分多址是分配不同的标记序列(Signature Sequence)给不同的用户,该标记序列对携带信息的信号进行调制或扩频。在接收端,通过求接收信号与用户标记序列的互相关,来分离出各用户的信号。标记序列也称为地址码或扩频码,一般用伪随机噪声(Pseudo-Random Noise,PN)或正交码构成。伪随机噪声序列有随机码的基本特征,但是确定性的,可以复制。常用的 PN 码有 m 序列或称为最大长度序列、Gold 序列和 Kasami 序列。扩频方法包括直接序列扩频(Direct Sequence Spreading,DS)和跳频(Frequency Hopping,FH)扩频,前者是基于 PSK,后者是基于 FSK。

为了提高信号的抗干扰能力,扩频通信技术将信号扩展到比原来的频谱宽得多的范围内,因此任何干扰信号只能掩盖信号的很小一部分,使用扩频信号接收器可以从信道中将原始信号解调出来。码分多址(CDMA)技术是扩频通信系统使用的一种信号传输方法。它对每一个发射器分配一个不同的伪随机(PN)噪声序列,通过使用单独的 PN 码和扩频调制方案实现多个用户共享一个信道。发射器的 PN 序列只传给与该发射器对应的接收器,而这个接收器只接收正确的传输,其他发射器的 PN 序列将被忽略。

CDMA 具有以下方面的特点:

(1) TDMA 和 FDMA 的复用是预先设定好的,不能随意更改,是一种固定的复用形式。CDMA 是干扰受限的复用,其容量限制是软性的。增加 CDMA 系统中的用户数只会增加干扰背景,不致引起用户无法接入。因此 CDMA 系统的用户数不存在绝对限制,但随着用户数的增加,所有用户的通信质量会逐渐下降,当用户数减少时,通信质量又会提高。

(2) 扩频有频率分集的作用。由于信息数据扩频后,其频谱在一个很大的频带范围内,所以有能力将多径分离,而后加权相加,可以有效地减小多径衰落的影响。

(3) 由于 CDMA 使用同一载波,所以可以使用空间宏分集来进行软切换。软切换是由移动交换中心(Mobile Switching Center,MSC)执行,可以管理和控制其所辖的移动用户,以在任意时刻选择最好的链路,而不用切换频率。

(4) 自干扰是 CDMA 系统的一个主要问题,不同用户的扩频序列不完全正交是产生自干扰的原因。如果其他用户比所需用户具有更高的比特能量,接收机就会出现远近效应。因此需要精确的功率控制。

## 6.6 无线通信系统

在前面介绍了无线通信基本原理的基础上,本节介绍无线通信系统的种类和功能。

无线通信系统的发展大致经过了 3 个阶段。

第一代(1G)无线通信系统是基于模拟通信技术的、面向语音的模拟蜂窝和无绳电话系统,主要包括高级移动电话系统(Advanced Mobile Phone System,AMPS)、北欧移动电话系统(Nordic Mobile Telephone,NMT)和全接入通信系统(Total Access Communications System,TACS)。这些系统均采用模拟频率调制(FM)技术,包括移动终端、基站和移动业务交换中心(Mobile Switching Center,MSC)。由 MSC 负责每个覆盖区的系统管理,它记录每个移动用户的相关信息,并管理他们的越区切换通信。MSC 还完成所有网络管理功能,如呼叫接续和维护、计费以及监控覆盖区内的不合法操作行为。MSC 通过陆地干线和汇接交换机接到公共交换电话网(PSTN)上,同时还通过专用信令通道与其他 MSC 连接,相互交换用户的位置、权限及呼叫信令。

第二代(2G)无线通信系统包括全球移动通信系统 GSM、美国的 TDMA 标准 IS-54 和 CDMA 标准 IS-95 等。2G 无线通信系统采用数字调制技术和更为先进的呼叫处理技术,并引入了基站控制器(Base Station Controller,BSC)。BSC 接在 MSC 和几个基站之间,降低了 MSC 的计算量,使网络中各个组成元素的功能分布更加合理,更加明确。2G 系统采用专用控制信道承载公共信道信令,使通话中的话音信息和控制信息能同时在用户、基站及 MSC 之间进行。在 2G 系统和 PSTN 之间也提供了专用话音线路和信令线路。

2G 系统的主要业务仍然是电路交换型语音业务,同 1G 系统相比,增加了传输寻呼和数据业务的功能,如传真、高速数据接入、短消息等。在 2G 系统发展后期,数据业务变得越来越重要,出现了所谓 2.5G 移动通信系统,如通用分组无线业务(GPRS)。

随着 Internet、电子商务、多媒体通信等技术的飞速发展,用户希望通过移动通信系统得到更多的便利服务,如收发电子邮件、浏览 Web、多媒体服务等,这就是第三代(3G)无线通信系统的发展方向。它将把蜂窝电话和 PCS 语音业务及各种数据业务综合在一个统一的网络中,能够适应各种通信环境,为用户提供多种业务,并具有强大的多用户管理能力、高保密性和稳定的服务质量。目前主流的 3G 标准是 WCDMA(Wideband Code Division Multiple Access,宽带码分多址)、CDMA-2000 和 TD-SCDMA。

各代无线通信系统主要技术平台如表 6-1 所示。

表 6-1　无线通信系统主要技术平台

| 无线通信发展阶段 | 系　　统 | 普通业务 | 注　　释 |
|---|---|---|---|
| 第 1 代(1G) | AMPS、TACS、NMT | 语音 | 传统的模拟蜂窝系统部署方案 |
| 第 2 代(2G) | GSM、TDMA、CDMA | 语音业务和短消息业务 | 实现了数字调制方式 |
| 过渡代(2.5G) | CDMA、GPRS、EDGE | 语音业务和新引入的分组数据业务 | 在现有 2G 运营商的网络中引入分组数据业务 |
| 第 3 代(3G) | CDMA2000/WCDMA TD-SCDMA | 为高速多媒体数据和语音设计的分组数据业务和语音业务 | 由 IMT-2000 定义,在现有 2G/2.5G 网络上采用覆盖方法实现 |

上述系统都工作在需要许可证的频段。与之形成互补的是宽带局域网(WLAN)和移动自组织(Ad Hoc)网络,它们使用免许可证的频段,与 3G 网络共同形成下一代无线网络的核心。

## 6.6.1　GSM 无线通信系统

全球数字移动电话系统(GSM)是欧洲电信标准学会(ETSI)为第二代移动通信制定的可国际漫游的泛欧数字蜂窝系统标准,目的是解决欧洲各国因使用 6 个不同的第一代模拟蜂窝系统而造成的无法漫游的问题。到 2001 年,已经有近 150 个国家的蜂窝移动系统采用了 GSM 标准。

**1. GSM 业务**

GSM 综合了语音业务和数据业务,不仅提供移动电话服务,还提供了一系列其他业务。这些业务大致分为 3 类:用户终端业务(Teleservices)、承载业务(Bearer Services)和补充业务(Supplementary Services),如表 6-2 所示。用户终端业务供两个终端用户之间根据协议标准进行通信。承载业务提供在用户网络接口或应用程序之间传递信息的能力。补充业务是对承载业务和用户终端业务的补充。

表 6-2　GSM 业务

| 业 务 类 别 | 业 务 项 目 | 注　　释 |
|---|---|---|
| 用户终端业务 | 电话<br>紧急呼叫<br>短消息业务<br>可视图文接入<br>智能用户电报、传真等<br>半速语音编码器<br>增强全速率 | 全速率为 13Kbps 语音<br>GSM 的紧急呼叫号为 112<br>点到点和小区广播类型 |
| 承载业务 | 异步数据<br>同步数据<br>同步分组数据 | 300～9600bps<br>2400～9600bps |
| 补充业务 | 呼叫转发<br>呼叫阻塞<br>主叫线路识别<br>被连接线路识别<br>呼叫等待<br>呼叫保持<br>多方通信<br>封闭用户群<br>收费通知<br>运营商决定呼叫阻塞 | 当用户不可达时,转移所有呼叫<br>限定特定的呼叫<br>显示或限制呼叫方的 ID<br>显示或限制被叫方的 ID<br>当前通话过程中引入呼叫<br>保持当前通话而进行另一次通话<br>一次通话中同时进行 5 个呼叫<br><br>在线收费通知<br>运营商限制个人用户的一些功能 |

**2. GSM 参考体系结构**

GSM 无线网络系统分为移动台(MS)、基站子系统(BSS)、网络和交换子系统(NSS),如图 6-27 所示。

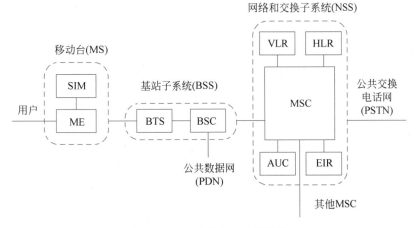

图 6-27　GSM 的参考体系结构

1) 移动台(MS)

移动台与用户通信时,为适应空中接口的传输协议,需改变信号的格式使之与 BSS 通信。语音通信可借助于麦克风和扬声器实现,短消息可通过键盘实现,其他的数据终端通信可以通过有线连接实现。

MS 包括两部分,一部分为移动设备(ME),另一部分为用户识别模块(SIM)。

ME 是硬件设备,用户可以从设备生产厂家或者他们的代理商处买到 ME。硬件部分包括处理人机接口和 BSS 空中接口的部件,包括扬声器、麦克风、键盘和无线调制解调器。

SIM 是一张用户在申请服务时获得的智能卡,它包括用户地址和用户申请的服务类型等。SIM 存储每个用户服务的所有信息,服务提供商根据这些信息提供相应的服务。GSM的呼叫是与 SIM 相关联的,与终端并没有直接的联系,短消息业务也存储在 SIM 卡中。例如,用户访问不同的 GSM 网络覆盖的国家时,如果不想使用本地号码进行呼叫,可以在所访问的国家再购买一张 SIM 卡,以避免支付漫游费。另一方面,不同的用户也可以使用不同的 SIM 卡共享同一个终端。

2) 基站子系统(BSS)

BSS 通过无线空中接口与用户进行通信,借助于有线协议和有线基础结构进行通信。由于无线介质是不可靠的、带宽有限并需支持移动性,因此对无线和有线介质要求不同,在无线介质和有线介质中采用的协议也不同,BSS 可以为这些协议间提供转换。例如,MS 将用户语音信号经过语音编码器转换为 13Kbps 的数字语音信号,在 PSTN 层次结构中采用的是 64Kbps 的 PCM 数字语音信号,由 BSS 负责将 13Kbps 的数字语音信号转换为64Kbps 的数字语音信号。无线空中接口的语音编码、拨号信令、数据传输协议等与有线网采用的方式均有很大区别,这些不同之处的转换都在 BSS 中完成。

BSS 包括基本收发机子系统(BTS)和基站控制器(BSC)两部分。BTS 是系统与 MS 通过空中接口通信的物理部分,包括发送器、接收器和通过空中接口运行的信令设备。一个BSS 中可以有若干个 BTS。BSC 相当于一个小型的交换机,主要功能是管理频率,完成BSS 内的 BTS 间的越区切换。

3) 网络和交换子系统(NSS)

NSS 负责网络的运行,提供与有线和无线网络的通信,支持 MS 的登记和维持与 MS 建立的连接。GSM 中的 NSS 通过 ISDN 协议与 PSTN 相连。

NSS 包括的硬件为移动交换中心(MSC),软件有访问位置寄存器(VLR)、原籍位置寄存器(HLR)、设备标识寄存器(EIR)和鉴权中心(AUC)。

MSC 通过 7 号信令协议(SS-7)与 PSTN 进行通信,同时与服务提供商所覆盖范围内的其他 MSC 进行通信。MSC 给网络提供移动终端状态的特性信息。

HLR 是管理移动用户账户的数据库,它存储的数据有用户地址、服务类型、当前的位置信息、转发地址、鉴权/密钥和计费信息。

与 HLR 相似,VLR 为临时数据库软件,用于识别在 MSC 覆盖区的所有用户。VLR 分配临时移动用户识别码(TMSI)。用户在不同的 MSC 间漫游时,如采用本地和访问位置的数据库,可支持呼叫中路由和拨号。

AUC 包含对用户进行鉴权和信息加密的各种不同的算法。不同类型的 SIM 卡,其鉴权和信息加密的算法也不同,因此 AUC 应包括所有的算法,从而 NSS 可以对不同地理位置的不同终端进行操作。

EIR 为存储移动台设备识别码的数据库,功能是拒绝非法的移动台入网。

3. 支持移动环境的机制

在无线网络的语音应用中,需要采用 4 种机制来支持移动终端与网络建立连接并保持连接,这些机制包括位置登记、呼叫建立、越区切换和安全性。移动用户开机后,就需要进行位置登记;当移动用户主叫或被叫时,需进行呼叫建立过程;当 MS 改变与网络的连接点时发生越区切换;安全性保证用户不被欺骗和信息不被窃听。

**1）位置登记**

每次打开 MS 后,需要通过 BS 与网络重新建立连接。MS 开机后,被动的与最近的 BS 的频率序列、比特序列和帧序列取得同步,从而可与 BS 交换信息。

初始化完成后,MS 可获取系统和蜂窝小区的识别码,从而决定其在网络中的位置。如果当前的位置信息与以前的位置信息不同,MS 发起位置登记过程。在位置登记过程中,网络给 MS 分配初始信令信道,然后 MS 与网络交换各自的识别码,最后网络对 MS 进行鉴权。若 MS 开机后仍位于其以前所在的区域,则这种连接的建立比较简单;若 MS 开机后位于新的 MSC 区,则位置登记过程比较复杂,需要改变 VLR 和 HLR 登记项目信息。

**2）呼叫建立**

在移动环境中,存在两种独立的呼叫建立过程,一种为移动用户到固定用户的呼叫,另一种为固定用户到移动用户的呼叫。移动用户到移动用户的呼叫建立为这两者的综合。这里简单介绍一下移动用户为被叫方的呼叫建立过程:固定用户拨叫后,根据目的端的地址,PSTN 将呼叫转发给对应的 MSC,MSC 从 HLR 中获取路由信息。因为移动用户在不同的 MSC 内漫游,新的 MSC 需要将地址传送给原 MSC,原 MSC 与新 MSC 联系。在目的 MSC 内,在 MSC 控制下根据位置登记的信息,VLR 向所有 BSS 发出寻呼请求。收到从 MS 来的应答后,VLR 发出必要的参数给 MSC,建立到 MS 的连接。

**3）越区切换**

由于蜂窝小区的边缘信号强度较弱,通过越区切换可以将拥塞蜂窝小区的呼叫转移到负荷较轻的蜂窝小区中,减少网络业务的拥塞,平衡通信。越区切换包括两种类型:内部越区切换和外部越区切换。内部越区切换发生在同一 BSS 内的不同 BTS 之间,外部越区切换发生在同一 MSC 的不同 BSS 之间。有时越区切换发生在不同 MSC 的不同 BSS 之间。不允许不同国家的 MSC 之间的漫游。

**4）安全性**

蜂窝系统采用的安全策略包括:

（1）鉴权技术,使用户不会被欺骗。

（2）在空间不直接传输用户的号码。

（3）在有必要时对通信信息进行加密等,并通过一定的加密算法实现这些安全要求。

## 6.6.2 CDMA 无线通信系统

码分多址（Code Division Multiple Access,CDMA）又称为 IS-95,是一种接入方法和空中接口的标准,是基于直接序列扩频（Direct Sequence,DS）的一种宽带扩频技术。它允许多个用户在相同的时间内使用相同的无线电信道或频段,每个用户都用他们独有的码序列,从而与其他用户区别开来。

基于 CDMA 的网络与基于 TDMA 的网络在许多方面都很相似,如无线资源的管理、移动性的管理和安全性等。不同之处在于功率的控制以及在 CDMA 系统中使用了软切换。CDMA 采用性能更好的声码器来提高语音质量,可以抑制多径效应和衰落,使用软切换,功率消耗更小,而且不需要对频率进行分配。简化的 CDMA 系统的体系结构如图 6-28 所示。

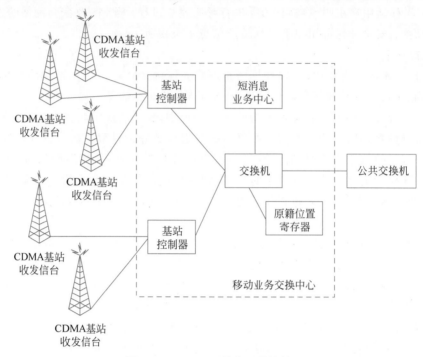

图 6-28　CDMA 系统体系结构简图

### 1. CDMA 的信道

在所有系统中,CDMA 的空中接口是最复杂的,正向信道和反向信道不对称,二者采用的扩频和差错控制编码也不相同。下面对它们作以简要介绍。

#### 1) 正向信道

正向信道是指从基站到移动台。在正向信道中,由单一的发送器发起传输并且所有用户的传输都是同步的,因此可以采用正交扩频编码来减少用户之间的干扰。使用直序扩频技术,基站的每一个 RF 信道可以支持多达 64 个正交的 CDMA 信道:

(1) 1 个导频信道,其中传输用于其他信道的相位参考值。

(2) 1 个同步信道,其中传输精确的定位信息(该信息与 GPS 卫星系统同步),用于移动台对其他信道的解码。

(3) 7 个寻呼信道,作用等同于 TDMA 和 GSM 系统中的控制和寻呼信道。

(4) 55 个业务信道。

当移动台捕获 CDMA 系统并与系统进行同步时,小区基站会向移动台传送导频信道和同步信道,此时移动台处于初始状态。小区基站同时传送了寻呼信道,用户终端将使用寻呼信道监视并接收系统发往移动台的信息。

导频信道提供小区内所有 MS 的参考信号,提供相干解调的相位相关信息。小区基站会连续发射导频信道。为了让导频信道唯一地确认指向某个移动终端的正向信道,每个小区基站都会使用一个时间偏移量,这个时间偏移量有 512 个不同的取值。

同步信道用于获取初始时间的同步,在系统捕获阶段使用。一旦移动台捕获到了 CDMA 系统,通常在下一次开机之前将不再使用该同步信道。同步信道向移动台提供定时信息和系统配置信息,包括寻呼信道上的数据率以及相对于系统时间的基站导引伪随机序列。

呼叫信道用于接续阶段寻呼移动台和在呼叫建立阶段传输控制信息。一旦移动台从同步信道中获得了寻呼信息,移动台就会调制它的定时并开始监视寻呼信道。每个移动台只能监视一个单独的寻呼信道。

业务信道携带用户的实际信息,如数字编码语音或数据,也可以用于传输信令或辅助数据。

2) 反向信道

反向信道是指从移动台到基站。小区基站连续监视反向接入信道,接收用户终端可能发往小区基站的任何消息。反向信道由若干接入信道和反向业务信道组成。

接入信道提供了从移动台到基站的通信,一个接入信道与一个寻呼信道相配对,每个接入信道都有自己的 PN 码,移动台通过接入信道应答小区基站从寻呼信道发送的消息。

反向业务信道除了传输语音数据,还将导频的信号强度和帧差错概率的状态传输给基站,同时还传输一些控制信息,如切换完成消息和参数相应消息等。

**2. 软切换**

软切换是指移动台同时与多个候选基站保持通信,直至移动台决定与其中一个基站通信的过程。当移动台远离基站时,为了补偿多径效应的问题,需要增加传输的功率,但移动台很有可能在不稳定的位置中断连接。同时对临近小区中的其他移动台也会产生很大的干扰。为了解决这些问题,引入了软切换策略。移动台将跟踪所有临近的基站,在有必要时将与多个基站进行短时间通信,直至选择其中一个基站作为接入点。

当移动台探测到一个导频信道,而且该信道的信号强度大于一定阈值时,就会开始切换过程。首先用户终端向小区基站发送一个导引强度测量消息,指令它启动切换过程,然后小区基站向移动台发送一个切换指令消息,指令它完成切换。一旦切换指令消息执行,移动台就会通过新的反向业务信道发送一个切换完成消息给小区基站。

软切换过程需要涉及几个基站。在呼叫的软切换过程中,由一个控制中的主基站协调其他基站的参与或离开。主基站使用切换指示消息(HDM)来表明在软切换过程中是占用还是不占用导频信道。在有些时间下,越区切换完成后,主基站也将改变。移动台在一个新的基站上检测到导频信号时,通知主基站,当与新的基站建立业务信道后,采用帧选择加入消息在两个基站的 BSC/MSC 中选择信号。一段时间后,旧的基站导频信号开始下降,移动台可以通过帧选择离开消息,请求离开。

每个小区的导频信号都需要参与越区切换,因为只有导频信号不受功率控制并可提供对 RSS 的测量。移动台保持其能侦听到的导频信道的名单,并将其分为 4 类:激活组包含移动台连续监视或正在使用的导频信道;候选组包含 RSS 足够大但不在激活组中的导频信道,可以用于相关业务信道的解调;邻居组包含的导频信道属于其他小区,由寻呼信道上的系统参数消息通知给移动台;剩余组包括系统内其他所有的导频。在移动台移动时,如果临界小区的导频强度高于导频探测阈值,激活组将增加这个导频,并且移动台进入软切换区域。

在越区切换过程中,移动台需要将信号强度测量结果报告给网络,所以这种越区切换属于移动台辅助的越区切换,需要动态地调整越区切换的阈值从而提高系统的性能。

**3. 功率控制**

CDMA 系统的干扰主要来自同一时间采用同一频率传输的其他所有用户的信息。为了使 CDMA 系统正常运行,基站从各移动台接收的信号必须具有相等的功率,否则每个较弱的信号都有可能被产生强信号的移动台带来的噪声所淹没。因此,CDMA 需要很好地控制移动台功率。

当初次开机时,在分配业务信道之前,需要采用开环功率控制。移动台根据接收到的基站导频信号的强度来设定其发射功率。如果它没有收到基站的确认信息,就增加发射功率,发送一个更强的接入探测。一旦建立起呼叫,就改为闭环功率控制,移动台则根据基站发出的指令调整发射功率。基站每隔 1.25ms 发送一个功率调整比特,"0"表示移动台要增大发射功率,"1"表示移动台要减小发射功率,功率调整幅度是 1dB。

另外,为减小来自其他小区的干扰和多径效应产生的干扰,在正向信道上,移动台需要周期性地向基站报告帧差错比率(FER),并在一定范围内调整发射功率。

## 6.6.3 GPRS 无线通信系统

GPRS(General Packet Radio Services,通用分组无线业务)是对 GSM 的升级,它使用与 GSM 完全相同的物理无线信道,在 GSM 的物理层和网络实体上定义了新的逻辑 GPRS 无线信道,对独立短分组提供快速接入网络,从而与外部的分组数据网络建立连接。GPRS 不需要对 BTS/BSC 的硬件结构作改变,易于扩展支持语音/数据终端和单数据终端,并具有较高的数据传输速度。

GPRS 的逻辑信道分配很灵活:每个 TDMA 帧中可以分配 1~8 个无线接入时隙,激活的用户可以共享时隙,并且独立分配上行链路和下行链路。从小区可用的公共信道池中分配物理信道。电路交换服务和 GPRS 的动态分配原则是"容量需求"。也就是 GPRS 并不请求分配固定的物理信道,而是根据实际传输分组的需求进行容量分配。GPRS 提供与 Internet 固定的连接,根据连接流量收费。GPRS 终端分为 3 种类型:A 类终端可同时运行 GSM 服务和 GPRS 服务;B 类终端可监视所有的服务,但在同一时间内只能运行 GPRS 服务或另一种服务,如 GSM 服务;C 类终端只能运行 GPRS 服务。

**1. GPRS 的参考体系结构**

GPRS 尽量使用 GSM 的体系结构,只是增加了一些新的网络实体,如 GPRS 支持节点(GSN)。GSN 对移动基站和外部分组网络间的数据分组进行路由和传输,分为服务 GPRS 支持节点(SGSN)和网关(GGSN)两种。GPRS 还包括一个新的数据库——GPRS 寄存器,它与 HLR 在一处,用于存储路由信息并将国际移动用户 ID(IMSI)映射为公共数据网(PDN)地址(如 IP 地址)。GPRS 的参考体系结构如图 6-29 所示。

SGSN 为路由器,相当于移动 IP 中的外地代理。在 SGSN 的业务区域中,它控制 MS 的接入,负责将数据分组传送给 MS,再将数据分组从 MS 传送到 Internet。SGSN 同时还需要管理逻辑链路,对 MS 进行鉴权和计费。GGSN 为 Internet 的逻辑接口,它存储相关 MS 的路由信息,因此可将分组路由到为 MS 服务的 SGSN 中。GGSN 分析 MS 的 PDN 地址,并将 PDN 转换为相应的 IMSI,这相当于移动 IP 中的本地代理(HA)。

**2. GPRS 支持的移动性**

同 GMS 一样,GPRS 中也包括一些支持移动性的机制。

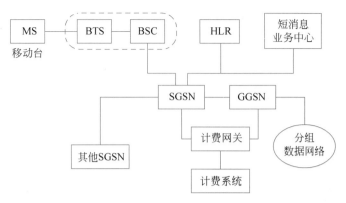

图 6-29 GPRS 的参考体系结构

1）附着过程

在获得 GPRS 服务前，MS 需要在 GPRS 网络中登记，让 PDN“知道”MS。MS 通过 SGSN 完成附着过程。SGSN 给 MS 分配一个临时逻辑链路标识（TLLI），MS 建立一个 PDP 环境（分组数据协议）。PDP 环境存储在 MS、SGSN、GGSN 中，用于对分组进行相应的路由。

2）位置和越区切换管理

GPRS 中的位置和移动管理是基于对 MS 位置的跟踪而实现的，并能对数据分组进行相应的路由。

位置管理是根据 MS 可能的 3 种状态实现的。在空闲状态下，MS 不可达，所有的 PDP 环境都被删除。在备用状态下，SGSN 更新路由区域间的活动，而不更新小区间的活动。在准备状态下，SGSN 记录 MS 所有的活动。

移动性管理发生在越区切换时。MS 侦听广播控制信道（BCCH），确定它所应选择的小区。MS 可以独立选择小区，过程与 GSM 相同。MS 测量当前 BCCH 的 RSS，并与邻接小区的 BCCH 的 RSS 相比较，从而决定与哪个小区相连。

3）功率控制和安全性

GPRS 采用的功率控制和安全机制与 GSM 所采用的很相似，加密算法用于保护 GPRS 用户数据的保密性和完整性，用在点到点移动方发起和移动方终止数据传输，以及点到多点移动方终止数据传输中。

**3. GPRS 的短消息业务**

GSM 的增值业务引入了短消息业务（SMS），SMS 类似于 Internet 中的对等实体间的立即消息业务，用户可以通过 GSM 网络在几秒钟的时间内交换长达 160 个字符的消息。

SMS 运行在所有的 GSM 网络中，并完全采用 GSM 的基础结构，使用相同的网络实体，只增加了一个 SMS 中心——SMSC。SMS 在目标 MS 处于激活状态时，几乎立即传送业务，而在 MS 关机时，则存储并转发业务。SMS 有两种类型，小区广播服务和点到点（PTP）服务。在小区广播服务中，消息传送给小区内所有激活并订阅了该服务的所有 MS。在 PTP 服务中，MS 使用手机数字键盘 PDA，或连接至手机的计算机，或呼叫寻呼中心将短消息发送给其他 MS。

## 6.6.4 其他无线通信系统

除了上面介绍的 3 种比较成熟的无线通信系统之外，还有第 3～6 代移动通信系统和多种多样的短距离无线通信系统,下面分别对其进行简要介绍。

**1. 第 3~6 代无线通信系统**

第 3 代无线通信系统(3G)是一种能够提供多媒体业务,实现全球无缝覆盖的无线通信系统。"2000 国际移动电信标准(IMT-2000)"对 3G 的含义进行了定义和说明,目标是利用一些无线传输技术和固定网络平台为用户提供高质量、多元化的服务。这种平台应支持更高速率的数据,从而支持多媒体的应用。3G 系统除了延续语音业务外,还将包括 Internet 接入的分组业务,高级消息服务如多媒体邮件,实时多媒体应用如电话医疗和远程安全等。3G 系统要有更高的语音质量,在室外步行环境能够实现数据速率达到 384Kbps,室内的数据速率应达到 2Mbps,支持分组交换和电路交换数据业务,能够与现有的 2G 和卫星系统无缝结合,实现全球无缝漫游和支持同时建立几个多媒体连接等。

3G 系统目前最受关注的几个无线传输技术标准是 WCDMA、CDMA2000 和 TD-SCDMA,它们都是被国际电信联盟 ITU 认可的标准。

WCDMA 系统是融合了欧洲和日本的一些前期研究成果形成的,它的技术特点有:

(1) BTS 之间无须同步。

(2) 优化的分组数据方式。

(3) 支持不同载频之间的切换。

(4) 上、下行快速功率控制。

(5) 反相采用导频辅助的相干检测,可提高反向检测增益和功率控制的准确性。

CDMA2000 系统是从 IS-95 系统演化而来的。它为了能够与 IS-95 兼容,沿用了 IS-95 的主要技术,并在此基础上做了一些实质性的改进。它的主要特点有:

(1) 反向信道采用连续导频方式。

(2) 反向信道采用相干接收。

(3) 前向采用发送分集。

(4) 全部速率采用 CRC 方式。

TD-SCDMA 系统是我国信息产业部电信科学研究所提出的。CDMA2000 和 WCDMA 系统都属于传统的频分双工(FDD)方式,而 TD-SCDMA 系统采用的则是时分双工方式(TDD)。与 WCDMA 和 CDMA2000 相比,TD-SCDMA 系统具有以下技术特点:

(1) 使用时分双工方式,不需要成对的频率资源。

(2) 使用同步接收技术,使各移动台信号到达基站时完全同步,使上行链路的码道基本正交,从而降低码道间的干扰。

(3) 采用智能天线,可以降低发射功率,缓和多径传播干扰,形成的空分多址可以增加系统容量。

(4) 使用接力切换技术,不需占用网络资源和下行链路容量。

(5) 在基带数字信号处理上,联合使用了智能天线和联合检测技术,提高了频谱利用率。

作为第四代移动通信系统,4G 技术标志着全球通信网络从主要支持语音和简单数据服务转向全 IP(互联网协议)的数据传输,从而提供了无缝的高速互联网访问、高清视频流服务和高效率的数据传输。4G 的实现极大地增强了移动宽带服务的质量和速度,4G 网络的数据传输速度理论上可达 100Mbps 至 1Gbps,使得用户能够享受到前所未有的下载速度和流畅的在线体验,满足了移动视频、高级游戏、高速文件传输等带宽密集型应用的需求。

技术层面上,4G 主要采用了两种标准:长期演进(Long Term Evolution,LTE)和全球互操作性微波接入(WiMAX)。LTE 因其高速度、低延迟和灵活的带宽配置而成为全球领先的 4G 标准。此技术采用了先进的通信技术如正交频分多址(OFDM)和多输入多输出(MIMO),这些技术共同提高了频谱效率和网络容量,使得 LTE 网络不仅速度快,而且连接稳定,支持更多同时用户。

随着 4G 技术的广泛部署,它不仅改变了个人用户的移动互联网使用习惯,提供了更加丰富和多样的移动服务,同时也推动了企业级应用的发展,例如移动办公、云服务和物联网等,为数字化经济的发展提供了强有力的支撑。总的来说,4G 技术的实现为现代通信技术的演进提供了坚实的基础,为未来通信技术的发展奠定了关键的技术和应用基础。

移动通信已经深刻地改变了人们的生活,但人们对更高性能的移动通信的追求从未停止。为了应对未来爆炸性的移动数据流量增长、海量的设备连接、不断涌现的各类新业务和应用场景,第五代移动通信(5G)系统应运而生。

5G 技术,作为第五代移动通信系统,带来了无线网络性能的革命性提升,包括极高的数据传输速度、显著降低的网络延迟和广泛的设备连接能力。与 4G 相比,5G 网络的最大数据速率理论上可以达到每秒 20Gbps 以上,实际使用中通常可实现 1Gbps,这使得高清视频传输、大规模在线游戏和即时云计算变得轻而易举。同时,5G 网络的延迟可低至 1 毫秒,这对于自动驾驶汽车、远程医疗手术等对实时响应极为敏感的应用至关重要。

在技术实现方面,5G 引入多项关键技术。使用毫米波频段提供了宽广的带宽,尽管传播距离较短,但通过部署密集的小基站网络得到了有效补偿。此外,5G 网络采用了大规模 MIMO 技术和网络切片技术,前者大幅增加了网络容量和效率,后者则允许在同一物理网络中根据不同业务需求提供定制化的网络性能。边缘计算的结合进一步降低了延迟,优化了数据处理速度,使得 5G 网络能够支持包括智能制造、智能城市在内的广泛实时应用场景。

5G 将渗透到未来社会的各个领域,以用户为中心构建全方位的信息生态系统。5G 将使信息突破时空限制,提供极佳的交互体验,为用户带来身临其境的信息盛宴;5G 将拉近万物的距离,通过无缝融合的方式,便捷地实现人与万物的智能互联,5G 将为用户提供超高流量密度、超高连接密度和超高移动性等多场景的一致服务业务及用户感知的智能优化,同时将为网络带来超百倍的能效提升和超百倍的比特成本降低,最终实现"信息随心至,万物触手及"的总体愿景。

6G 预计将在 2030 年初开始部署,有望实现前所未有的通信革命,带来超高速度、极低延迟和海量连接的网络。理论上,6G 的速度可能达到每秒 1Tbps,延迟低至 0.1ms,这将彻底改变增强现实、虚拟现实、超高清视频流和全息通信的体验,使得这些应用更加无缝和沉浸式。6G 还将利用人工智能和机器学习深度集成,使网络能够自我优化和管理,预计将推动自动驾驶、智能城市和物联网的广泛实现,形成一个全新的、高度智能化和全球性的数字生态系统。

## 2. 短距离无线通信系统

一般来说,称几十米或 100m 之内的通信距离为短距离的通信范围,这种短距离的无线通信主要用于家庭、办公室、商场等室内场所,有时也用于室外环境。借助这样的技术,用户可以把移动电话、头戴式耳机、PDA、笔记本电脑、数字摄像机、各种音频和视频播放设备、各种计算机外部设备和各种家用电器设备通过无线的方式自由地连接起来,不仅免去了杂乱无章的电缆线,而且可以实现信息共享。除此之外,用户还可以通过无线接入设备接入传统的有线或无线核心网络中,实现语音、数据和视频等多媒体业务的无线传输。

近年来,由于数据通信需求的推动,加上半导体、计算机等相关电子技术领域的快速发展,短距离无线通信技术也经历了一个快速发展的阶段,无线局域网(WLAN)技术、蓝牙技术、移动自组织(Ad Hoc)网络技术和超宽带(UWB)无线通信技术等取得了令人瞩目的成就。

1) 无线局域网(WLAN)

WLAN 是在有限局域网(LAN)的基础上发展起来的,相对于 LAN,WLAN 具有以下优点:用户可移动;便捷,建网速度快;组网灵活;成本低。到目前为止,WLAN 中比较流行的技术或标准有美国 IEEE 提出的 802.11 标准、欧洲电信标准协会(ETSI)提出的 HiperLAN 标准、家用射频工作组提出的 HomeRF 标准以及红外数据协会提出的 IrDA 标准等。

WLAN 的应用主要有两类,一类是传统有线 LAN 的延伸和扩展,另一类是作为一种新的无线接入手段,共享传统移动通信系统的业务与市场。

2) 蓝牙无线通信

正式的蓝牙无线通信标准颁布于 2001 年,它是一种用于短距离通信的使用非许可证频段的通用无线技术,目的是通过合理的选择链路的传输速度、通信距离和传输功率来实现一种低成本、高功效、使用单芯片的通信收发设备。蓝牙标准定义了蓝牙协议栈的所有层和用户应用规范,制造商可以利用蓝牙协议栈所提供的服务建立各种各样的应用。它定义的用户应用规范包括通用接入、业务传输、无绳电话、串行接口、头戴式耳机、拨号上网、传真、局域网接入、通用对象交换、对象堆、文件传输和同步等,并支持各种应用之间的互操作。

蓝牙技术具有功耗低、体积小、抗干扰能力强等一些特有优势,因此具有广阔的发展前景。蓝牙技术目前的应用主要是替代电缆、无线联网和无线上网等,已经开发出来的产品有蓝牙手机、蓝牙无线打印机、蓝牙笔记本电脑等。蓝牙的创新型应用则更具有想象力和市场前景,如用于集装箱或行李跟踪的蓝牙标签、儿童监护跟踪设备、移动支付(无线电子钱包)、电子病历以及自动抄表系统等。

3) 移动自组织网络

移动自组织网络简称 Ad Hoc 网络或 MANET。Ad Hoc 网络是由一系列无线移动节点动态组成的临时性网络,其节点是任意分布的,网络中除了用户节点外,没有任何其他中继或路由节点。所有节点必须协调一致,除了完成自身的计算和通信外,还要充当传统网络中的路由器、交换机和服务器等。20 世纪 90 年代中期以前,Ad Hoc 网络的研究基本上限于军事和学术领域,近些年开始出现面向商业的解决方案。

无线传感器网络是 Ad Hoc 网络的一个重要应用和研究方向,它是利用廉价的、低功耗的、智能的传感器设备组成一个覆盖范围广、互相之间能够协调一致工作的分布式网络。它目前和潜在的应用包括:军事侦测、交通管制、工业自动化、环境检测、灾害预警及抢险救灾应急通信系统等。

4) 超宽带(UWB)无线通信

UWB 无线通信技术是目前通信领域较先进的技术之一。它是一种用极低的功率(约 20mW)、在极宽的频谱范围内(可高达 7.5GHz)以极高的速度(可高达 500Mbps)传输信息的无线通信技术。UWB 技术通过在时间上顺序发送一系列非常窄、功率非常低的脉冲实现信号传输。使用这样的宽频谱、低功耗、脉冲型的信号意味着比传统窄带技术产生更低的信号干扰,在室内等环境可以提供与有线通信相比拟的通信质量。因此业界普遍认为 UWB 技术是未来短距离无线通信最理想的技术,可以广泛用于家庭、工业、医疗、军事等领域。

## 6.6.5 无线传感器网络

无线传感器网络是当前在国际上备受关注的、涉及多学科高度交叉、知识高度集成的前沿热点研究领域。它综合了传感器技术、嵌入式计算技术、现代网络及无线通信技术、分布式信息处理技术等,能够通过各类集成化的微型传感器协作地实时监测、感知和采集各种环境或监测对象的信息,这些信息通过无线方式被发送,并以自组多跳的网络方式传送到用户终端,从而实现物理世界、计算世界以及人类社会三元世界的连通。传感器网络具有十分广阔的应用前景,在军事国防、工农业、城市管理、生物医疗、环境监测、抢险救灾、危险区域远程控制等许多重要领域都有潜在的实用价值,已经引起了许多国家学术界和工业界的高度重视,被认为是对 21 世纪产生巨大影响的技术之一。

下面简要介绍无线传感器网络的系统结构、基础硬件平台和代表性研究应用项目。

图 6-30 所示为一个典型的传感器网络的系统结构,包括分布式传感器节点(Sensor Node)、接收发送器(Sink)、互联网(Internet)和用户界面(User)等。其中,传感器网络节点的基本组成包括以下 4 个基本单元:传感单元(由传感器和模/数转换功能模块组成)、处理单元(包括 CPU、存储器、嵌入式操作系统等)、通信单元(由无线通信模块组成)以及电源。此外,可以选择的其他功能单元包括定位系统、移动系统以及电源自供电系统等。在传感器网络中,节点可以通过飞机布撒或人工布置等方式,大量部署在被感知对象内部或附近。这些节点通过自组织方式构成无线网络,以协作的方式实时感知、采集和处理网络覆盖区域中的信息,并通过多跳网络将数据经由 Sink 节点链路将整个区域内的信息传送到远程控制管理中心。反之,远程管理中心也可以对网络节点进行实时控制和操纵。

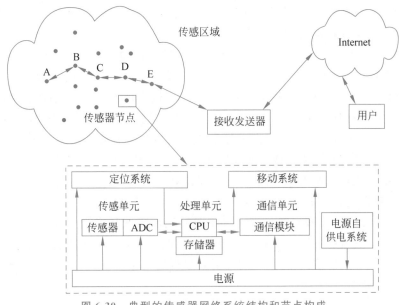

图 6-30 典型的传感器网络系统结构和节点构成

传感器网络节点是一个微型化的嵌入式系统,构成了无线传感器网络的基础层支持平台。目前国内外已经出现了许多种网络节点的设计,它们在实现原理上是相似的,只是分别采用了不同的微处理器或者不同的通信或协议方式,比如采用自定义协议、IEEE 802.15.4 协议、ZigBee协议、蓝牙协议以及 UWB 通信方式等。典型的节点包括 Berkeley Motes、Sensoria WINS、Berkeley Piconotes、MIT $\mu$AMPs、SmartMesh Dust mote、Intel iMote 及 Intel XScale nodes 等。

传感器网络有着巨大的应用前景,建筑在各类传感网络节点平台上的、面向海陆空全方位应用需求的各类研究项目层出不穷,如用于环境监测、气象现象的观测和天气预报、生物群落的微观观测、洪灾的预警、农田管理、智能家居、智能交通、辐射监测以及医疗等。随着研究工作的不断深入和发展,各种传感器网络将最终遍布我们的生活环境,真正实现"无处不在的计算"。

## 6.7 典型应用

随着无线通信技术的成熟,越来越多的测控系统选择了无线方式进行数据通信。下面分别以建筑塔吊防碰撞系统和抽油机节能测控系统为例,介绍一下无线通信技术在测控系统中的具体应用。

### 6.7.1 建筑塔吊防碰撞系统

近年来,随着城市建设的发展和高层建筑物的增加,塔式起重机(以下简称塔吊)的使用数量也不断增多。一方面塔吊交叉作业提高了施工效率,但另一方面也带来了严重的安全隐患。据不完全统计,自 1998 以来,我国在塔吊事故中一次死亡 3 人以上的重大事故就有 25 起。发生这些重大事故的原因复杂,大体说来,一是有章不循,二是起重设备存在严重隐患。因此,有必要设计一个辅助装置检测塔吊工作状态,预防相关事故的发生。在我国目前正在进行的许多大型工程施工场所,如 2008 年奥运会场馆建造、三峡水利工程、核电站及国际机场等,塔吊防碰撞技术都将有广泛的应用。

现代建筑业的施工环境非常复杂,由此导致了处在这种复杂作业环境下的塔吊防碰问题也是复杂多样的。总的来说,塔吊防碰问题有两类:一是塔机互碰类,处在相邻区域的塔吊之间有吊臂、小车和塔身相互碰撞的可能;二是本机防碰类,当塔吊临近施工现场存在的各类限制区和障碍物时,有发生碰撞的可能。例如,道路是一个无高度限制的内部禁行区,塔吊吊臂和小车不能在道路上方运行;楼宇所在区域是个有高度限制的内部禁行区,当小车高度低于楼宇高度时,不能在楼宇所在区域运行。施工现场有时还会规定某个特殊工作区域,要求塔吊只能在区域内部工作。此外,即使处在开阔施工环境,塔吊小车在高速变幅时也有碰撞吊臂顶端和塔吊基座的问题。

作者研制开发的建筑塔吊防碰撞系统主要基于嵌入式技术和无线传感器网络通信技术。在该系统中,安装在各塔吊上的无线传感器和地面控制中心可以根据施工任务的具体要求,自主地建立无线通信网络,灵活的实现塔吊群的协同工作,防止碰撞、超载、进入禁行区等危险事故的发生。

#### 1. 系统功能

该塔吊防碰撞系统基于嵌入式系统技术,嵌有 $\mu$Cos-Ⅱ 操作系统,核心处理器为 32 位的 ARM7 架构芯片,主要实现以下 4 大功能。

1）塔吊防碰预警

当工地范围内同时有多台塔吊交叉作业时，它们之间存在各种复杂的碰撞情况。针对这类碰撞类型，该系统采集塔吊群运动轨迹参数，判断塔吊间的相对位置关系，对碰撞可能性及碰撞因素进行分析，一旦出现碰撞可能，就切断引发碰撞的相应塔吊的回转、变幅，或提升限制器。同时启动声光电报警回路，提示司机进入碰撞区。

2）进入禁行区预警

如工地范围周边有障碍物（如高压线、高楼），应设立塔吊禁行区，即塔臂以及小车不能进入的区域。根据障碍物轮廓和高度，以坐标的形式输入禁行区的位置参数。当塔臂以回转形式、小车变幅或提升靠近禁行区时，切断相应的限制器，启动声光电报警，提示司机临近禁行区。

3）力矩保护

为防止货物重量超出起吊范围，导致塔臂折断或吊钩脱落等事故的发生，必须在起吊前测出货物重量，并与根据吊钩类型（2/4绳）设定起吊的最大重量进行比较。本塔吊防碰撞系统预设了针对特定塔吊的起重力矩表，根据由测重传感器测得的货物重量和货物位置判断所承受的力矩，进行力矩保护。

4）故障自诊断

本塔吊防碰系统能够自动识别系统和塔吊中存在的部分故障，如系统通信中断、异常断电、塔吊齿轮故障或传感器故障等，同时做出故障提醒和预处理。

**2．系统组成**

本塔吊防碰系统主要由以下几部分组成：

（1）数据输入部分。由安装在塔吊齿轮上的传感器采集本塔吊运动参数（提升高度、进出幅度、旋转角度值等）。

（2）数据交换部分。无线信号传输装置（数传电台）将处在同一施工现场的塔吊组成一个通信子网，并通过该网络交换本塔吊和其他塔吊的最新运动参数。

（3）数据处理部分。ARM32位处理器主要运行碰撞算法。它根据两塔吊间的运动参数判断它们的碰撞可能以及所属碰撞类型。当预测到可能碰撞时，通过发出相应的限制器命令，降低塔吊的运行速度或停止塔吊的危险动作倾向。当可能碰撞解除时再恢复塔吊运行。

（4）控制输出。快速执行限制器的各项命令。通过将角度、幅度继电器的触点串入塔吊齿轮控制回路来达到执行保护塔吊的目的。

（5）数据存储部分。保存本塔吊停止工作前最后一次运行参数用以事后分析。

（6）实时显示部分。以图形界面的形式实时显示和本塔吊有碰撞可能的多塔吊的运动状态。

（7）人机交互部分。友好的操作界面，通过键盘输入塔吊工作的初始值（塔身坐标、塔吊标号、齿轮刻度等），同时可在必要时设置校正参数调整塔吊的工作状态。

本塔吊防碰撞系统在每台塔吊上安装一套，处在同一施工现场的不同塔吊通过无线通信装置连接起来。

**3．硬件结构**

塔吊防碰撞系统的硬件组成如图6-31所示。安装在塔吊传动机构上的编码器和接近开关将本机塔吊塔臂回转、小车运动、吊钩提升的绝对位置信息和塔臂回转及小车运动的位置矫正信息，经过输入采集单元的信号调理、数字化和光电隔离，输入终端控制器。无线通信模块接收其他塔吊的实时状态数据，并由RS-232接口输入终端控制器。结合现场施工人员通过终端控制器的键盘设定的模型参数,对本机的 12 种独立运动方式进行通断判定。决策结果通过光电隔离、继电器控制转化为控制动作,对电机回路的断路器进行控制,以完成塔吊群交叉作业的安全防护工作。同时对塔吊群的实时状态信息及终端控制器的执行动作在屏幕上进行图形化显示,对于临界碰撞风险及时进行声光示警。塔吊群的实时状态信息通过无线通信模块传输到地面控制台的计算机中,完成塔吊群运转情况的地面监测。地面调度人员也能通过虚拟仪器界面对塔吊群的模型参数进行设定,以及对塔吊群进行人工调度。

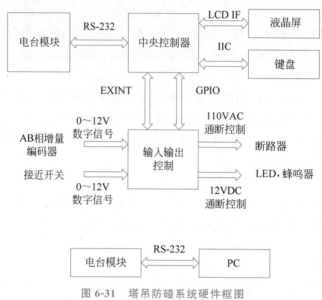

图 6-31　塔吊防碰系统硬件框图

**4. 软件流程**

塔吊防碰撞系统采用实时动态监测和风险预估技术。为了实现这项技术,对防碰系统的功能作了详细的分析,在硬件支持的条件下设计了如图 6-32 所示的应用程序流程图。

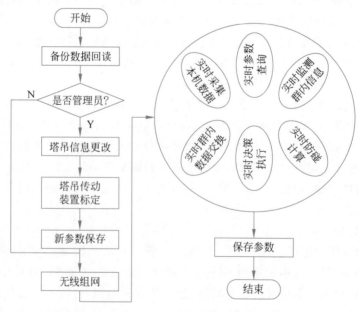

图 6-32　塔吊防碰系统应用程序流程图

由图 6-32 可知该应用程序没有一个确定的顺序执行结构,系统的数据采集、数据交换、防碰计算都是对实时性要求很高的任务,无法规定谁先执行,谁后执行,而且在程序运行过程中需要反复执行这些任务。再者,系统的防碰算法非常复杂,尤其需要同时计算多个塔吊、多种类型的防碰算法时,会占用大量的 CPU 时间,如果采用顺序执行,将严重影响其他任务的实时性。因此,系统必须采用由操作系统自动调度的多任务设计方法。

**5. 无线通信网络**

1) 无线通信组网

系统占用 433 兆的开发工业频段,支持 8 信道的 FSK 传输方式。根据交叉作业塔吊群的分布情况进行无人工干预动态组网,即自行将具备交叉作业区域的塔吊分在一个通信小区内部进行数据传输。每小区占用一个信道,上层协议保证在任何一个瞬间,通信网中只有一个电台处于发送状态,以免相互干扰。

2) 建立高速数据链路

硬件平台支持最高达 115.2Kbps 的传输速率,可以根据塔吊群组的大小,配备合适码率的微功率电台发射模块进行通信。小区内参照 IEEE 802.15.4 的令牌总线协议内容,采用半双工的操作方式,即只有获得令牌的节点才能发送信息,其他节点只能接收信息,或者被动地发送信息,完成塔吊在塔吊群中的注册、注销、参数传输、工作状态传输等工作。在配备 9.6Kbps 的电台的情况下,0.03s 即可完成一次塔吊状态数据的无线传输。

3) 采用合理的纠错机制

电台传输基于 FSK 的调制方式,采用高效前向纠错信道编码技术,提高了数据抗突发干扰和随机干扰的能力,在信道误码率为 $10^{-2}$ 时,可得到实际误码率为 $10^{-5} \sim 10^{-6}$。上层软件具备一定的容错性能,在一定程度上解决了通信的同步、数据错误、数据丢失、令牌丢失、多重令牌等问题的发生,大大提高了无线通信的可靠性。

**6. 系统通信任务**

系统中包含两类通信站点,分别为数个现场测控站点和一个地面监控站点。其通信内容包括 3 类数据:塔吊的静态参数信息(Info),如塔吊坐标、塔臂高度、前桥长度等;现场测控站点实时测量的塔吊工作状态信息(Status),如回转角度、小车位移、吊钩高度等;现场测控站点的工作状态信息(Output),如继电器的开合状态、指示灯的明暗状态等。

1) 现场测控站点间应传输:

(1) 现场存储的本机 Info,以进行塔吊群防碰撞模型设置。

(2) Status,以实现塔吊群防碰撞功能。

2) 地面监控站点应接收由现场测控站点发送的:

(1) Status,以实现塔吊运行情况的监测。

(2) Output,以实现对塔吊防碰撞装置的运行情况监测。

3) 地面监控站点应向现场测控站点发送:

(1) 地面存储的各塔吊 Info,以实现塔吊静态参数的远程设置。

(2) 由地面人员设定的任一塔吊防碰撞装置的 Output,通过远程控制塔吊防碰撞装置,以实现塔吊群工作的人工调度。

各站点的工作时间不受其他站点限制,网络提供站点的动态接入和主动退出功能,以实现广播信道内的塔吊及其防碰装置可以随时加入和退出该改塔吊群防碰撞系统。地面控制站点可选择在需要时,对塔吊群及其防碰撞系统进行远程监控和参数设置。

**7. 防碰撞系统实物图及运行界面**

图 6-33 是本塔吊防碰撞系统实物图和运行界面。随着我国城市化进程的日益加速,安全管理的需求越来越大,建筑施工市场越发庞大,本系统将会有越来越多的应用需求和拓展空间。

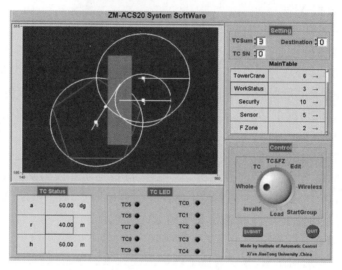

图 6-33  塔吊防碰撞系统实物图和运行界面

## 6.7.2  抽油机节能测控系统

由作者研制开发的抽油机节能测控系统,充分利用无线通信技术,实现了抽油机控制系统的自动化和多口油井的统一化实时监控与管理。本节首先介绍抽油机节能测控系统的结构和监控管理系统的结构,然后分别介绍电台通信模块和 GSM 数据终端模块在系统中的应用。

**1. 研究背景**

游梁式抽油机是应用最为广泛的抽油设备,由于其结构简单、制造容易等优点,在机械采油中占有重要地位。目前游梁式抽油系统仍然存在以下问题:

(1) 系统工作效率低。在我国,抽油机的平均运行效率为 25.96%,国外平均水平为 32%。而电动机装机总容量在 3500MW,年耗电量逾百亿千瓦时,占油田总耗电量的 20%～30%。机械采油系统的能耗已经成为影响采油成本的主要原因之一。

(2) 油井监控管理不便、故障诊断困难。采油现场各种设施的工作状态及采出原油的数据直接关系到油田生产的稳定及原油质量。目前大多由人工每日定时检查设备运行情况并测量、统计采油数据。由于油井数量多,且分布范围由几十至上百平方公里,这种方式必然使工人劳动强度加重,影响设备监控与采油数据的实时性和准确性。这种人工测量活动获取的数据难以快捷地集中管理和保存,导致效率低下,并且不便于为进一步的研究积累原始数据。同时,游梁式抽油设备的大规模普及应用进一步增加了对其进行集中管理的紧迫性。

为了解决游梁式抽油机普遍存在的效率低下、监控管理不便等问题,降低采油成本,提高管理效率,需要对其进行现代化改造。抽油机节能测控系统就是这样一种应用于游梁式抽油机的现代测控装置。它的两大基本功能是:实现抽油机的节能运行;实现抽油机的远程管理。抽油机节能测控系统综合运用电机控制技术、传感器技术、DSP 技术及无线通信技术来解决抽油机的节能和远程管理问题。

**2. 抽油机节能测控系统结构**

抽油机节能测控系统由一个上位机监控管理系统、多个自动切换开关控制器、多个下位机控制器和多个控制对象构成,如图 6-34 所示。

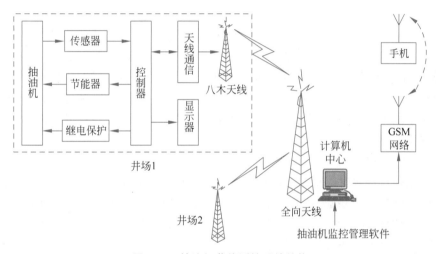

图 6-34 抽油机节能测控系统结构

抽油机监控管理系统安装在控制中心,管理和监控一个井区几十口井,每口井上分别安装控制器用来控制抽油机工作。控制中心需要通过数传电台与所有的井进行通信,所以安装在控制中心的天线应该是全向天线;每个井场只需要与控制中心通信,不需要与其他油井上的天线通信,考虑到成本问题,只需要安装单向天线就可以了。所以整个通信网络是一点对多点的通信网络,该系统采用轮巡的方法对各口井进行状态查询和数据传输。

**3. 监控管理系统结构**

控制中心通过电台定时地向油井现场发送数据请求命令,井场控制器接收到命令后,将当前存储的最新数据发送给控制中心,控制中心由此接收到各个抽油机的数据信息:运行数据和运行状态。数据信息首先存储在 SQL Server 数据库中,另一方面,原始数据经过计算处理后,处理过的数据也存储在 SQL Server 数据库中。控制中心通过分析这些数据,得到采油状态信息,然后将这些信息通过 GSM 短信发送到相关工作人员手机上,从而起到实时监控的作用。

实际应用中,抽油机按固定冲次运行一段时间,并计量产液量,当认为需要调节冲次时,让抽油机从 2 到 9 次依次运行,并记录相应冲次下的产液量,最后比较产液量大小。上位机控制软件选择产液量最大时的冲次作为最终冲次,并发送相应冲次控制信息到油井现场,抽油机就工作在相应的冲次下,监控管理系统框图如图 6-35 所示。

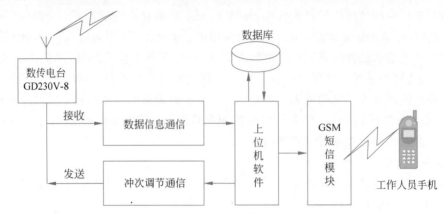

图 6-35 抽油机监控管理系统框图

从上面的系统框图中可以看到整个监控管理系统分为电台无线传输模块、上位机软件模块、数据库模块和 GSM 短信模块 4 个部分。在该系统中采用了 GD230V-8 多功能无线数传电台,它能够提供稳定、可靠、低成本的数据传输及语音通信,具有安装维护方便、绕射能力强、组网结构灵活、大范围覆盖等特点,适合于点多而分散、地理环境复杂的应用场合,可广泛应用于油田、配电网、水文、气象、环保等领域的监控和采集数据的实时传送,满足实时性和准确性的要求。

**4. 上位机自动巡检**

上位机软件自动定时巡检是上位机监控管理系统中非常重要的一个环节,是整个抽油机管理系统正常运行的基础,必须保证巡检的定时和可靠,才能按照预定时间接收到有效数据信号或状态信号,才能通过公式或算法得到平均数据和状态信号,从而及时地进行故障诊断,并发送 GSM 短信通知相关工作人员。

巡检程序每隔 20min 就会自动启动,而且随着管理油井数目的增多巡检时间也会增多。如果把这段程序放在主程序中执行,必然会影响主程序的运行速度,导致在巡检程序运行时其他操作无法进行。为解决这个问题,本文把巡检程序放在单独的线程中执行,这样,不管巡检程序什么时候启动,操作人员都可以自由操作软件而不会出现死锁现象。

上位机监控管理系统自动巡检流程如图 6-36 所示。

**5. 电台通信流程**

图 6-37 给出了上位机监控管理软件中电台通信程序的执行过程,它主要牵涉通信的设置、数据的接收和数据库数据的修改操作。

**6. SMS 应用**

在抽油机监控管理系统中,通过对抽油机的数据进行故障分析诊断,可以知道抽油机的实时工作状态。严重的油井故障能够立刻通知到相关人员,从而可以得到及时修理,避免造成生产损失。本系统采用 GSM 数据终端发送短消息的方法来实现这个功能,所选数据终端为 SIEMENS TC35 Terminal。下面是 SMS 应用流程图,如图 6-38 和图 6-39 所示,其中 PDU 是发送短消息的一种模式。

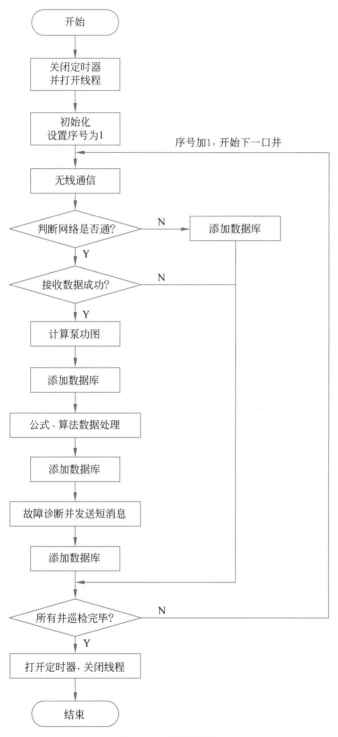

图 6-36 巡检流程图

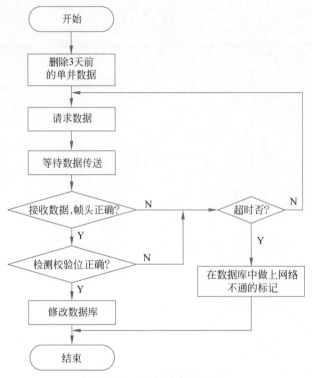

图 6-37　无线通信流程图

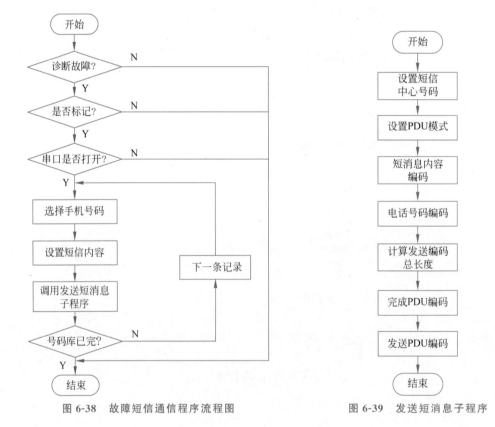

图 6-38　故障短信通信程序流程图　　　图 6-39　发送短消息子程序

通过无线通信技术的应用,该系统实现了抽油机控制系统的自动化,实现了上位机和下位机数据的无线传输,实现了多口油井的统一化实时监控与管理。在上位机中嵌入 GSM SMS 模块,使本系统具有了不同于其他抽油机测控系统的特殊功能。图 6-40 为抽油机和控制器的实物图。

图 6-40　抽油机和控制器连接实物图

## 习题与思考题

1. 已知 $u_1 = 2 + \sin 2\pi ft$,$u_2 = 5\sin 30\pi ft$,试写出两信号相乘后的数学表达式,并画出其波形和频谱图。

2. 已知数字信号为 1101001,并设码元宽度是载波周期的两倍,试画出绝对码、相对码、BPSK 信号、DPSK 信号的波形。

3. 分析 MPSK 与 MQAM 的特点和异同。

4. 低电平调制与高电平调制的区别是什么?各自有什么特点?

5. 简述超外差接收机的工作原理。

6. GSM 系统提供了哪些业务?

7. 3G 系统中被国际电信联盟 ITU 认可的标准有哪些?各自有什么技术特点?

8. 短距离无线通信采取的主要技术有哪些?

9. 请结合本章内容,设计一个采用无线通信技术的测控系统模型。

## 参考文献

1　徐祎,姜晖,崔琛.通信电子技术[M].西安:西安电子科技大学出版社,2003.

2　冯玉珉.通信系统原理[M].北京:清华大学出版社,2003.

3　Roy Blake.无线通信技术[M].周金萍,等译.北京:科学出版社,2004.

4　胡健栋.现代无线通信技术[M].北京:机械工业出版社,2003.

5　Cotter W Sayre.无线通信设备与系统设计大全[M].张之超,黄世亮,吴海云,等译.北京：人民邮电出版社,2004.

6　王金龙,沈良,任国春,等.无线通信系统的 DSP 实现[M].北京：人民邮电出版社,2002.

7　Kaveh Pahlavan,Prashant Krishnamurthy.无线网络通信原理与应用[M].刘剑,安晓波,李春生,等译.北京：清华大学出版社,2002.

8　Harvey Lehpamer.无线网络传输系统设计[M].伍疆,罗常青,晋艳伟,译.北京：电子工业出版社,2003.

9　崔莉,鞠海玲,苗勇,等.无线传感器网络研究进展[J].计算机研究与发展,2005,42(1)：163-174.

# 第7章

**CHAPTER 7**

# 基于雷达的测控技术

雷达是 Rader(Radio Detection and Ranging 的缩写)的音译,原意是无线电探测和测距,即用无线电方法发现目标并测定它们在空间的位置。雷达也称为无线电定位,它的基本任务是探测目标。随着雷达技术的发展,雷达的任务不仅是测量目标的距离、方位和仰角,还包括目标的速度,以及从目标回波中获取更多有关目标的其他信息。

## 7.1 雷达基本概念

雷达是利用目标对电磁波的反射(或称为二次散射)现象来发现目标并测定其位置的。雷达发射机产生的电磁波经天线辐射到大气中后,以光速在大气中传播,位于天线波束内的物体或目标遇到电磁波后会反射一部分电磁波。雷达接收机将天线接收到的微弱回波加以放大,然后将射频信息转换成视频或数字信号,经信号处理和数据处理后,最终显示出所需要的目标信息。根据雷达的用途不同,飞机、导弹、人造卫星、各种舰艇、车辆、兵器、炮弹以及建筑物、山川、云雨等都可能作为雷达的探测目标。雷达的探测原理如图 7-1 所示。

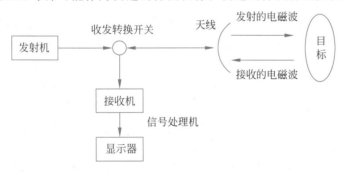

图 7-1 雷达探测原理

雷达最基本的任务是探测目标并测量其坐标。目标在空间的位置可以用多种坐标系表示,最常见的是直角坐标系,空间任一点 $P$ 的位置可以用 $x,y,z$ 三个坐标值来确定。在雷达系统中,测定目标坐标常用极坐标系。如图 7-2 所示,空间任一点 $P$ 的位置可用下列三个坐标表示。

目标的斜距 $R$ 为雷达到目标的直线距离 $OP$;方位角 $\alpha$ 为目标的斜距 $R$ 在水平面上的投影 $OB$ 与某一起始方向(一般是正北方向)的夹角;仰角 $\beta$ 为斜距 $R$ 与它在水平面上的投影 $OB$ 之间的夹角,也称作倾角或高低角。

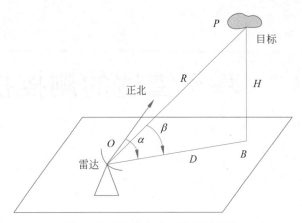

图 7-2 用极坐标表示的目标位置

下面以典型的脉冲雷达为例简要说明一下雷达的工作原理。脉冲雷达采用的发射波通常是高频脉冲串,它是由窄脉冲调制的正弦载波产生的,调制脉冲的形状一般是矩形,也可以采用其他形状。目标与雷达的斜距由电磁波往返于目标与雷达之间的时间来确定;目标的角位置由二次散射波前的方向来确定;当目标与雷达有相对运动时,雷达所接收到的二次散射波的载波频率会发生偏移,测量载频偏移就可以求出目标的相对速度,并且可以从固定目标中区别出运动目标来。

## 7.1.1 基本雷达方程

雷达究竟能在多远距离上发现(检测到)目标,可用雷达方程来估算。雷达方程将雷达的作用距离和雷达发射机、接收机、天线及环境等因素联系起来,集中反映了与雷达探测距离有关的因素以及它们之间的相互关系。研究雷达方程可以深入理解雷达工作时各分机参数对作用距离的影响,对雷达系统设计中正确地选择分机参数也有重要的指导作用。通常噪声是检测并发现目标信号的一个基本限制因素。由于噪声的随机特性,使得作用距离的计算只能是一个统计平均意义上的量。再加上无法精确知道目标特性以及工作时的环境因素,而使作用距离的计算只能是一种估算和预测。然而,对雷达作用距离的研究工作仍是很有价值的,它能表示出当雷达参数或环境特性变化时相对距离变化的规律。

下面根据雷达的基本工作原理推导基本雷达方程,以便确定作用距离和雷达参数及目标特性之间的关系。首先讨论在理想无损耗、自由空间传播时的单基地雷达方程,然后再逐步地讨论各种实际条件的影响。

设雷达发射功率为 $P_t$,雷达天线的增益为 $G_t$,则在自由空间工作时,距离雷达天线为 $R$ 的目标处的功率密度 $S_1$ 为

$$S_1 = \frac{P_t G_t}{4\pi R^2} \tag{7-1-1}$$

目标受到发射电磁波的照射,因其散射特性而将产生散射回波。散射功率的大小和目标所在点的发射功率密度 $S_1$ 以及目标的特性有关。用目标的散射截面积 $\sigma$ 来表征其放射特性,表示目标被雷达"看见"的尺寸。若假定目标可将接收到的功率无损耗地辐射出来,则可得到由目标散射的功率(二次辐射功率)为

$$P_2 = \sigma S_1 = \frac{\sigma P_t G_t}{4\pi R^2} \tag{7-1-2}$$

又假设 $P_2$ 均匀辐射,则在接收天线处收到的回波功率密度为

$$S_2 = \frac{P_2}{4\pi R^2} = \frac{\sigma P_t G_t}{(4\pi R^2)^2} \tag{7-1-3}$$

如果雷达接收天线的有效接收面积为 $A_r$,则在雷达接收处接收回波功率为 $P_r$:

$$P_r = A_r S_2 = \frac{\sigma P_t G_t A_r}{(4\pi R^2)^2} \tag{7-1-4}$$

而天线增益和有效面积之间有以下关系:

$$G_t = \frac{4\pi A_t}{\lambda^2}, \quad G_r = \frac{4\pi A_r}{\lambda^2} \tag{7-1-5}$$

式中 $\lambda$ 为所用波长,则接收回波功率可写成如下形式:

$$P_r = \frac{\sigma P_t G_t G_r \lambda^2}{(4\pi)^3 R^4} = \frac{\sigma P_t A_t A_r}{4\pi \lambda^2 R^4} \tag{7-1-6}$$

单基地脉冲雷达通常共用收发天线,即 $G_t = G_r = G$,$A_t = A_r$。

由上面式子可看出:接收的回波功率 $P_r$ 反比于目标与雷达距离 $R$ 的 4 次方,这是因为一次雷达中,反射功率经过往返双倍的距离路程,能量衰减很大。接收到的功率 $P_r$ 必须超过最小可检测信号功率 $S_{i\min}$,雷达才能可靠地发现目标。当 $P_r$ 正好等于 $S_{i\min}$ 时,就可得到雷达检测该目标的最大作用距离 $R_{\max}$。因为超过这个距离,接收的信号功率 $P_r$ 进一步减小,就不能可靠地检测到该目标。它们的关系式可以表达为

$$P_r = S_{i\min} = \frac{\sigma P_t A_r^2}{4\pi \lambda^2 R_{\max}^4} = \frac{\sigma P_t G^2 \lambda^2}{(4\pi)^3 R_{\max}^4} \tag{7-1-7}$$

或

$$R_{\max} = \left[ \frac{\sigma P_t A_r^2}{4\pi \lambda^2 S_{i\min}} \right]^{1/4} \tag{7-1-8}$$

和

$$R_{\max} = \left[ \frac{\sigma P_t G^2 \lambda^2}{(4\pi)^3 S_{i\min}} \right]^{1/4} \tag{7-1-9}$$

式(7-1-8)、(7-1-9)是雷达距离方程的两种基本形式,它表明了作用距离和雷达参数以及目标特性间的关系。在式(7-1-8)中 $R_{\max}$ 与 $\lambda^{1/2}$ 成反比,而在式(7-1-9)中 $R_{\max}$ 却与 $\lambda^{1/2}$ 成正比。这是由于当天线面积不变、波长 $\lambda$ 增加时天线增益下降,导致作用距离减小;而当天线增益不变,波长增大时要求的天线面积亦相应加大,有效面积增加,其结果是作用距离加大。雷达的工作波长是整机的主要参数,它的选择将影响到诸如发射功率、接收灵敏度、天线尺寸、测量精度等众多因素,因而要全面考虑衡量。

雷达方程虽然给出了作用距离和各参数间的定量关系,但因未考虑设备的实际损耗和环境因素,而且方程中还有两个不可能准确预定的量——目标有效散射面积和最小可检测信号 $S_{i\min}$,因此它常用来作为一个估算的公式,考察雷达各参数对作用距离影响的程度。

雷达总是在噪声和其他干扰背景下检测目标,再加上复杂目标的回波信号本身也是起

伏的,故接收机输出的是随机量。雷达作用距离也不是一个确定值而是统计值,对于某雷达来讲,不能简单地说它的作用距离是多少,通常只在概率意义上讲,当虚警概率和发现概率给定时的作用距离是多大。

实际雷达系统总是有各种损耗的,这些损耗将降低雷达的实际作用距离,因此在雷达方程中应该引入损耗这一修正量。一般用 $L$ 表示损耗加在雷达方程的分母中,$L$ 是大于 1 的值,用正分贝数来表示。

损耗 $L$ 包括许多比较容易确定的值,如波导传输损耗、接收机失配损耗、天线波束形状损耗、由于积累不完善引起的损耗以及目标起伏引起的损耗,还包括一些不易估计的值,例如操纵员损耗、设备工作不完善损耗等,这些因素要根据经验和实验测定来估计。

另外,地面(海面)和传播介质对雷达性能也有重要影响,主要包括 3 个方面:

(1) 电波在大气层传播时的衰减。

(2) 由大气层引起的电波折射。

(3) 由于地面(海面)反射波和直接波的干涉效应,使天线方向图分裂成波瓣状。

在实际的雷达系统中,需要采取一定的措施来减弱或消除这些影响。

## 7.1.2　雷达工作波段

由于雷达的工作方式与测量对象不同,雷达工作波段跨越了 2MHz～300GHz 的宽广范围。随着技术进步和研究的深入,这一范围还在被不断扩大。工作在不同波段的雷达具有不同的特点,除了超视距雷达、激光雷达等特殊雷达之外,绝大部分雷达工作在微波波段,包括分米波雷达、厘米波雷达和毫米波雷达等。

**1. 分米波雷达**

波长在 1m～10cm 范围内,由于其工作频率不是很高,其发射系统多采用特制的超高频大功率电子管或固态功率管,而天线系统则选用高增益的引向天线阵,收发机与天线之间的馈电常采用高频同轴电缆。这种雷达在军事上常用作地面远程、超远程警戒;在气象上常用作测风。

**2. 厘米波雷达**

波长在 10cm～1cm 范围内,厘米波雷达视其不同用途而取不同波长,最常见的是10cm、5cm 和 3cm。随着频率升高,为产生厘米波振荡,发射系统必须采用磁控管或调速管,天线系统则采用波导馈电,发射和接收电磁波信号则采用高增益的抛物面天线。厘米波雷达形式繁多,应用广泛,在军事上常用作制导、目标跟踪;在航行上常用作机载、舰载导航;在气象上则用作测雨。

**3. 毫米波雷达**

波长在 1mm～1cm 之间,由于它频率很高,波长极短,发射和接收系统都需要采用新型的电子器件,如返波管、回旋管、超导隧道结和肖特基管等。毫米波介于微波与光波之间。与厘米波雷达相比,毫米波雷达具有体积小、重量轻、分辨率高、对目标的细微结构敏感性强、多普勒特性好等优点;与远红外和可见光雷达相比,毫米波雷达虽然在分辨率上不如它们,但在通过烟雾、灰尘等方面具有良好的传播特性,因此毫米波雷达兼有微波和光波两方面的优点。毫米波雷达常用于对目标的识别、制导和跟踪。气象上用于研究云和降雨形成、发展的物理过程。

## 7.1.3 雷达应用类型

以下简述雷达发展阶段。

1) 初创阶段(1930s—1940s)

雷达技术的起源可以追溯到 20 世纪 30 年代,当时主要用于军事目的,以检测敌方飞机和舰船。这一时期,英国和美国等国家开发了首批实用的雷达系统。

2) 技术成熟与广泛应用(1950s—1960s)

第二次世界大战后,雷达技术得到了迅速的发展和改进。这个时期的技术进步包括多普勒效应的利用,这使得雷达不仅能够检测目标的存在,还能测量其速度。并且雷达系统开始被广泛应用于民用领域,例如航空交通控制和气象观测。

3) 数字化与集成(1970s—1980s)

雷达技术开始采用数字处理技术,极大地提高了雷达系统的性能、灵活性和可靠性。这一阶段,合成孔径雷达(SAR)和相控阵雷达技术的发展,为雷达技术带来了质的飞跃。

4) 多功能与网络化(1990s—2000s)

这一时期雷达系统开始实现多功能化和网络化。雷达系统能够同时进行多种任务,如监视、跟踪和目标识别,并且能够与其他雷达系统和传感器网络集成,以提供更全面的监测能力。

5) 智能化与小型化(2010s 至今)

当代雷达技术正在向着更智能化和小型化的方向发展。现代雷达系统采用人工智能和机器学习技术,能够自动处理和解释复杂数据,提高决策的速度和准确性。此外,雷达设备的小型化使其应用更为广泛,包括无人机和便携式设备。

总体来说,雷达技术的发展历程是由其在军事需求驱动下的初创,到后来技术成熟并广泛应用于民用领域,再到现代的数字化、网络化和智能化,每个阶段都反映了技术进步和应用领域的扩展。随着雷达工作性能的大幅度提高,雷达已被广泛应用于军事和民用,下面对雷达的应用情况作以简要介绍。

**1. 军用雷达的主要类型**

1) 预警雷达

又称超远程雷达,其主要任务是发现洲际导弹和洲际战略轰炸机等,以便及早发出预警警报。它的特点是作用距离远达数千千米,而测定坐标的精度和分辨率为次要指标。

2) 搜索和警戒雷达

这种雷达的任务是发现飞机,一般作用距离在 $400 \sim 600 \mathrm{km}$,对测定坐标的精确度和分辨率要求不高。保卫重点城市或建筑物的中程警戒雷达要求有方位 $360°$ 的搜索空域。

3) 引导指挥雷达

又称监视雷达,主要用于对歼击机的引导和指挥作战,也包括民用的机场调度雷达。它要求能够对多批次目标进行同时检测,能够测定目标的 3 个坐标,测量的精确度和分辨率也较高。

4) 火控雷达

又称炮瞄雷达,其任务是控制火炮或地空导弹对空中目标进行瞄准攻击。因此要求它能够连续而准确地测定目标的坐标,并迅速将射击数据传递给火炮或地空导弹。这种雷达的作用距离较小,一般只有几十千米,但测量精度要求很高。

5) 制导雷达

这种雷达与炮瞄雷达同属于精密跟踪雷达。制导雷达根据目标运动轨迹控制导弹去攻击目标,要求能同时跟踪多个目标,并对分辨率要求较高。

6) 战场监视雷达

这种雷达用于发现坦克、军用车辆、人和其他在战场上的运动目标,作用距离只有几千米。

7) 机载雷达

机载雷达包括机载截击雷达、机载轰炸瞄准雷达、机载护尾雷达和机载导航雷达等,以帮助战斗机实现空对空搜索和截获目标、空对空制导导弹、空对空精密测距和控制机炮射击、空对地观察地形和引导轰炸、敌我识别和导航信标识别,以及地形跟随和回避等。机载雷达的要求是体积小、重量轻、工作可靠性高。

另外军用雷达还包括无线电测高仪和雷达引信等。机载导航雷达和无线电测高仪也可以用于民用。

**2. 民用雷达的主要类型**

1) 气象雷达

用于探测大气中风、温度、湿度、压力等气象要素;测量降水和云层的位置及移动路线等。

2) 航行管制(空中交通)雷达

在现代航空飞行运输体系中,需要对机场周围及航路上的飞机实施严格的管制。航行管制雷达兼有警戒雷达和引导雷达的作用,也称为机场监视雷达。它和二次雷达协同工作,以确定空中目标的高度、速度和属性,用以识别目标。

3) 宇宙航行雷达

这种雷达用来控制飞船的交会和对接,以及在月球上的着陆。某些地面雷达用来探测和跟踪人造卫星。

4) 遥感设备

这种雷达安装在卫星或飞机上,用作微波遥感设备,主要感受地球物理方面的信息,具有二维高分辨率,可对地形地貌成像。也可遥感大气参数,参与地球资源的勘探,包括对海况、水资源、冰覆盖层、农业、森林、地质结构及环境污染等进行测量和地图描绘。

此外雷达还可以用于飞机导航、航道探测、公路车速测量等方面。

## 7.2  雷达基本组成

以典型的单基地脉冲雷达为例,雷达的基本组成如图 7-3 所示,它主要由天线、发射机、接收机、信号处理机和终端设备等组成。雷达发射机产生辐射所需强度的脉冲功率,其波形是脉冲宽度为 $\tau$ 而周期为 $T_r$ 的高频脉冲串。发射机有两种类型:一种是直接振荡式(如磁控管振荡器),它在脉冲调制器控制下产生的高频脉冲功率被直接馈送到天线;另一种是功率放大式(或称主振放大式),它是由高稳定度的频率源作为频率基准,在低功率电平上形成所需波形的高频脉冲串作为激励信号,然后在发射机中予以放大并驱动末级功放获得大的脉冲功率馈送给天线。功率放大式发射机的优点是频率稳定度高且每次辐射是相参的,这便于对回波信号作相参处理,同时也可以产生各种复杂的脉压波形。

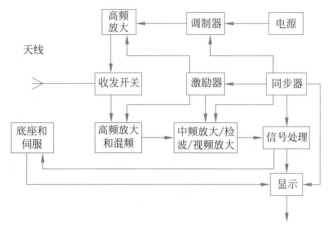

图 7-3  脉冲雷达基本组成框图

发射机发出的功率馈送到天线,而后经天线辐射到空间。

脉冲雷达天线一般具有很强的方向性,以便集中辐射能量获得较大的观测距离。同时,当天线的方向性越强时,天线波瓣宽度越窄,雷达测向的精度和分辨率就越高。常用微波雷达的天线是抛物面反射体,馈源放置在角点上,天线反射体将高频能量聚成窄波束。天线波束在空间的扫描常采用机械转动方式,由天线控制系统来控制天线在空间的扫描,同时将天线的转动数据传送到终端设备以便取得天线指向的角度数据。根据雷达用途不同,波束形状可以是扇形波束或针状波束。天线波束的空间扫描也可以采用电子控制的办法,它比机械扫描速度快,灵活性好,这就是平面相控阵天线和电子扫描的阵列天线。前者在方位和仰角两个角度上均实行电扫描,后者是一维实行电扫描,另一维实行机械扫描。

脉冲雷达的天线是收发共用的,需要高速开关控制。发射信号时,天线与发射机接通,并与接收机断开,以免强大的发射功率进入接收机把接收机高放混频部分烧毁;接收信号时,天线与接收机接通,并与发射机断开,以免微弱的接收功率因发射机旁路而减弱。天线收发开关属于高频馈线中的一部分,通常由高频传输线和放电管组成,或用环行器及隔离器等来实现。

接收机多由高频放大(有些雷达接收机不用高频放大)、混频、中频放大、检波、视频放大等电路组成。接收机的首要任务是把微弱的回波信号放大到足以进行信号处理的电平,同时尽量减小接收机的内部噪声,以保证接收机的高灵敏度,因此接收机的第一级常采用低噪声高频放大器。一般在接收机中也进行一部分信号处理,例如将中频放大器的频率特性设计为与发射信号匹配的滤波器,这样就能在中放输出端获得最大的信噪比。如果需要进行较复杂的信号处理,则可以设置专门的信号处理器。

接收机中的检波器通常是包络检波器,它取出调制包络送到视频放大器,如果要作多普勒处理,则可用相位检波器替代包络检波器。

信号处理的目的是消除不需要的信号(如杂波)及干扰,通过或加强由目标产生的回波信号。信号处理是在做出检测判决之前完成的,它通常包括动目标显示(MTI)和脉冲多普勒雷达中的多普勒滤波器,有时也包括复杂信号的脉冲压缩处理。

许多现代雷达在检测判决之后要进行数据处理,主要的数据处理包括自动跟踪和目标识别等。性能好的雷达在信号处理中已去除了不需要的杂波和干扰,只自动跟踪需处理的检测到的目标回波。输入端如有杂波剩余,可用恒虚警(CFAR)等技术加以补救。

通常情况下,检波器从接收机的输出信号中取出脉冲调制波形,由视频放大器放大后送到终端设备。最简单的终端是显示器,例如在平面位置显示器(PPI)上可根据目标亮弧的位置,测读出目标的距离和方位角2个参数。

显示器除了直接显示由雷达接收机输出的原始视频外,还可以显示经过处理的信息。例如,自动检测和跟踪设备(ADT)可以将收到的原始视频信号(接收机或信号处理机输出)按距离和方位分辨单元分别积累,然后经门限检测取出较强的回波信号,并对门限检测后的每个目标建立航迹跟踪,最后按照需要将经过上述处理的回波信息加到终端显示器中。

同步设备(频率综合器)是雷达机的频率和时间标准。它产生的各种振荡频率之间保持严格的相位关系,从而保证雷达全相参工作;时间标准提供统一的时钟,使雷达各分机保持同步工作。

## 7.2.1　雷达发射机

雷达是利用物体反射电磁波的特性来发现目标并确定目标的距离、方位、高度和速度等参数的。因此,雷达工作时要求发射一种特定的大功率无线电信号。发射机为雷达提供一个载波受到调制的大功率射频信号,经馈线和收发开关由天线辐射出去。雷达发射机有单级振荡式和主振放大式两类。

### 1. 雷达发射机的任务和基本组成

单级振荡式发射机比较简单,如图7-4所示,它所提供的大功率射频信号是直接由一级大功率振荡器产生的,并受脉冲调制器的控制,因此振荡器输出的是受到调制的大功率射频信号。例如一般的常规脉冲雷达要求的是包络为矩形脉冲序列的大功率射频信号,所以控制振荡器工作的脉冲调制器的输出也就是一个矩形的视频脉冲序列。

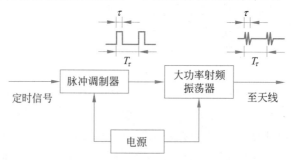

图 7-4　单级振荡式发射机

主振放大式发射机的组成如图7-5所示。它的特点是由多级组成。从各级功能来看,一级是用来产生射频信号,称为主控振荡器;二级是放大射频信号,即提高信号的功率电平,称为射频放大电路。主振放大式的名称就是由此而来。图7-5中用固体微波源代表主控振荡器,因为现代雷达要求射频信号频率非常稳定,用简单的一级振荡器很难完成,所以起到主控振荡器作用的固体微波源往往是一个比较复杂的系统。例如,它先在较低的频率上利用石英晶体振荡器产生频率很稳定的连续振荡波,然后经过若干级倍频器升高到微波波段。如果发射的信号要求某种形式的调制(例如线性调频),那么还可以把它和从波形发生器来的已经调制好的中频信号进行上变频合成。由于振荡器、倍频器及上变频器等都是由固体器件组成的,所以叫固体微波源。射频放大电路一般由2~3级射频功率放大器级联组成,对于脉冲雷达而言,各级功率放大器都要受到各自脉冲调制器的控制,并且还要有定时器协调它们的工作。

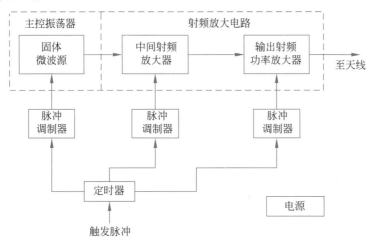

图 7-5  主振放大式发射机

单级振荡式发射机与主振放大式发射机相比最大的优点是简单、经济,也比较轻便。实践表明,同样的功率电平,单级振荡式发射机大约只有主振放大式重量的 1/3。因此,只要有可能,应尽量优先采用单级振荡式方案。但是,当整机对发射机有较高要求时,单级振荡式发射机往往无法满足,必须采用主振放大式发射机。

**2. 雷达发射机的主要性能指标**

根据雷达的用途不同,对发射机提出一些具体的技术要求。下面将发射机的主要质量指标及其与发射机各部分的关系作以简单介绍。

1) 工作频率或波段

雷达的工作频率或波段是按照雷达的用途确定的,为了提高雷达系统的工作性能和抗干扰能力,有时要求它能在几个频率上跳变工作或同时工作。工作频率或波段的不同对发射机的设计影响很大,它涉及发射管种类的选择等,例如目前在 1000MHz 以下主要采用微波三、四极管,在 1000MHz 以上则有多腔磁控管、大功率速调管、行波管以及前向波管等。

2) 输出功率

发射机的输出功率直接影响雷达的威力和抗干扰能力。通常规定发射机送至天线输入端的功率为发射机的输出功率。有时为了测量方便,也可以规定在指定负载上(馈线上一定的电压驻波比)的功率为发射机的输出功率。如果是波段工作的发射机,还应规定在整个波段中输出功率的最低值,或者规定在波段内输出功率的变化不得大于多少分贝。

脉冲雷达发射机的输出功率又可分为峰值功率 $P_t$ 和平均功率 $P_{av}$。$P_t$ 是指脉冲期间射频振荡的平均功率。$P_{av}$ 是指脉冲重复周期内输出功率的平均值。

单级振荡式发射机的输出功率决定于振荡管的功率容量。主振放大式发射机则决定于输出级(末级)发射管的功率容量。

3）总效率

发射机的总效率是指发射机的输出功率与它的输入总功率之比。因为发射机通常在整机中是最耗电和最需要冷却的部分，较高的总效率不仅可以省电，而且对于减轻整机的体积重量也很有意义。对于主振放大式发射机，要提高总效率，特别要注意改善输出级的效率。

4）信号调制形式

根据雷达体制的不同，可能选用各种各样的信号形式和调制类型。例如，简单脉冲信号采用矩形振幅调制，调频连续波采用线性调频、正弦调频等。雷达信号形式的不同对发射机的射频部分和调制器的要求也各不相同。对于常规雷达的简单脉冲波形而言，调制器主要应满足脉冲宽度、脉冲重复频率和脉冲波形（脉冲的上升边、下降边和顶部的不稳定）的要求，一般困难不大。但是对于复杂调制，射频放大器要采用一些特殊的措施才能满足要求。

5）信号的稳定度或频谱纯度

信号的稳定度是指信号的各项参数，例如信号的振幅、频率（或相位）、脉冲宽度及脉冲重复频率等是否随时间作不应有的变化。雷达信号的任何不稳定都会给雷达整机性能带来不利影响。例如对动目标显示雷达，会造成不应有的系统对消剩余，在脉冲压缩系统中会造成目标的距离旁瓣以及在脉冲多普勒系统中会造成假目标等。

信号稳定度在频域中的表示又称为信号的频谱纯度，指雷达信号在应有的信号频谱之外的寄生输出。现代雷达对信号的频谱纯度提出了很高的要求。为了满足信号频谱纯度的要求，发射机需要精心地设计。

除了上述对发射机的主要电性能要求外，还有结构上、使用上及其他方面的要求。在结构方面，应考虑发射机的体积重量、通风散热、防震防潮及调整调谐等问题；在使用方面，应考虑便于控制监视、便于检查维修、保证安全可靠等。由于发射机往往是雷达系统中最昂贵的一个部分，所以还应考虑到它的经济性。

**3. 单级振荡式和主振放大式发射机**

1）单级振荡式发射机

采用单级振荡式发射机的常规脉冲雷达的典型框图如图 7-6 所示。图中的单级振荡式发射机主要由预调器、调制器和振荡器等部分组成。在脉冲雷达中常用的调制器有刚性开关调制器、软性开关调制器和磁开关调制器 3 种。发射机中的振荡器在米波雷达中一般采用超短波三极管作振荡器，在分米波雷达中则采用微波三极管或磁控管，在厘米波雷达中最常用的是多腔磁控管。振荡器产生大功率的高频振荡，它的振荡受调制脉冲控制，因而输出包络为矩形脉冲调制的高频振荡。由于只有一级射频振荡器，所以常称为单级振荡式发射机。

2）主振放大式发射机的特点

主振放大式发射机的基本结构如图 7-5 所示，它采用主控振荡器和多级射频放大链联合的方式工作，具有更稳定的工作性能，能满足脉冲多普勒、脉冲压缩等现代雷达系统的要求，它的主要特点如下。

（1）具有很高的频率稳定度。

在主振放大式发射机中，载频的精度和稳定度在低电平级决定，较易采取各种稳频措施，如恒温、防震、稳压以及采用晶体滤波、锁相稳频等措施，能够得到很高的频率稳定度。在雷达整机要求有很高的频率稳定度的情况下，必须采用主振放大式发射机。

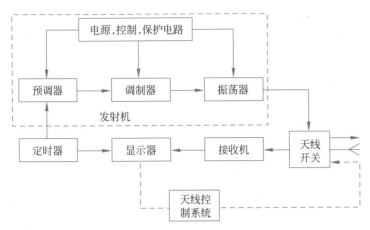

图 7-6　单级振荡式发射机组成框图

（2）发射相位相参信号。

相位相参性是指两个信号的相位之间存在确定的关系。在要求发射相位相参信号的雷达系统（例如脉冲多普勒雷达）中，必须采用主振放大式发射机。对于单级振荡式发射机，由于脉冲调制器直接控制振荡器的工作，每个射频脉冲的起始射频相位是由振荡器的噪声决定的，因而相继脉冲的射频相位是随机的。单级振荡式发射机有时被称为非相参发射机。

在主振放大式发射机中，主控振荡器提供的是连续波信号，射频脉冲的形成是通过脉冲调制器控制射频功率放大器达到的。因此相继射频脉冲之间具有固定的相位关系。只要主控振荡器有良好的频率稳定度，射频放大器有足够的相位稳定度，发射信号就可以具有良好的相位相参性。因此常把主振放大式发射机称为相参发射机。如果雷达系统的发射信号、本振电压、相参振荡电压和定时器的触发脉冲均由同一基准信号提供，那么所有这些信号之间均保持相位相参性，通常把这种系统称为全相参系统。

（3）适用于频率捷变雷达。

采用频率合成技术的主振放大式发射机能适用于频率捷变雷达。频率捷变雷达具有良好的抗干扰能力。这种雷达每个射频脉冲的载频可以在一定的频带内快速跳变。为了保证接收机能正确接收回波信号，要求接收机本振电压的频率能与发射信号的载频同步跳变。

（4）能产生复杂波形。

现代雷达系统为了满足多功能要求（如搜索、跟踪以及自检等）并能适应不同的目标环境，往往一个雷达系统要求采用多种信号形式，并能根据不同情况自动灵活地选择发射波形。主振放大式发射机适用于要求复杂波形的雷达系统。对于主振放大式发射机，各种复杂调制可以在低电平的波形发生器中形成，而后接的大功率放大级只要有足够的增益和带宽即可。

## 7.2.2　雷达接收机

雷达接收机的任务是通过适当的滤波将天线上接收到的微弱高频信号从伴随的噪声和干扰中选择出来，经过放大和检波后，送到显示器、信号处理器或由计算机控制的雷达终端设备。

雷达接收机可以按应用、设计、功能和结构等多种方式来分类。一般将雷达接收机分为超外差式、超再生式、晶体视放式和调谐高频(TRF)式等4种类型。其中超外差式雷达接收机具有灵敏度高、增益高、选择性好和适用性广等优点,在所有的雷达系统中都获得实际应用。

所谓超外差电路(Superheterodyne Circuit)是利用本地产生的振荡波与输入信号混频,将输入信号频率变换为某个预定的频率的电路。超外差原理最早是由 E. H. 阿姆斯特朗于1918 年提出的。这种方法是为了适应远程通信对高频率、弱信号接收的需要,在外差原理的基础上发展而来的。外差方法是将输入信号频率变换为音频,而阿姆斯特朗提出的方法是将输入信号变换为超音频,所以称之为超外差。超外差电路的典型应用是超外差接收机,其优点是容易得到足够大而且比较稳定的放大量,具有较高的选择性和较好的频率特性,容易调整等;缺点是电路比较复杂,同时也存在着一些特殊的干扰,如像频干扰、组合频率干扰和中频干扰等。

**1. 超外差式雷达接收机的组成**

超外差式雷达接收机的简化框图如图 7-7 所示。它的组成主要包括:

(1) 高频部分,又称为接收机"前端",其中包括接收机保护器、低噪声高频放大器、混频器和本机振荡器。

(2) 中频放大器,包括匹配滤波器。

(3) 检波器和视频放大器。

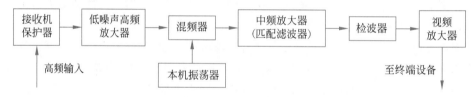

图 7-7 超外差式雷达接收机简化框图

从天线接收的高频回波通过收发开关加至接收机保护器,一般是经过低噪声高频放大器后再送到混频器。在混频器中,高频回波脉冲信号与本机振荡器的等幅高频电压混频,将信号频率降为中频(IF),再由多级中频放大器对中频脉冲信号进行放大和匹配滤波,以获得最大的输出信噪比,最后经过检波器和视频放大后送至终端处理设备。

通用的超外差式雷达接收机的组成方框图如图 7-8 所示。它适用于收、发天线公用的各种脉冲雷达系统。实际的雷达接收机通常只包括图中所示的部分部件。

对于非相参雷达接收机,通常需要采用自动频率微调(AFC)电路,把本机振荡器调谐到比发射频率高或低一个中频的频率。而在相干接收机中,稳定本机振荡器(STALO)的输出是由用来产生发射信号的相干源(频率合成器)提供的。输入的高频信号与稳定本机振荡信号或本机振荡器输出相混频,将信号频率降为中频。经过多级中频放大和匹配滤波后,可以采取几种处理方法。对于非相干检测,通常采用线性放大器和包络检波器来为检测电路和显示设备提供信息。当要求宽的瞬时动态范围时,可以采用对数放大器-检波器,对数放大器能提供大于 80dB 的有效动态范围。

对于相干处理,中频放大和中频滤波后有两种处理方法。第一种方法是经过线性放大器后进行同步检波,同步检波器输出的同相(I)和正交(Q)的基带多普勒信号提供了回波的振幅信息和相位信息。第二种方法是经过硬限幅放大(幅度恒定)后进行相位检波,此时正

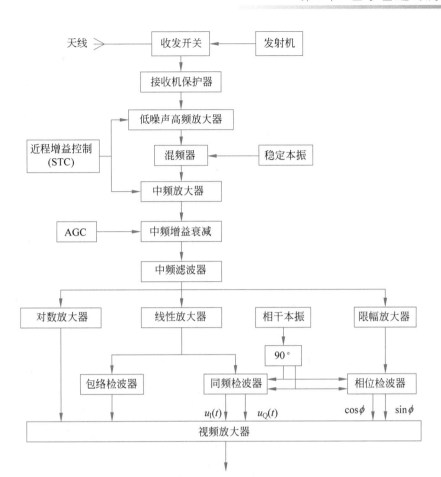

图 7-8 超外差式雷达接收机的组成方框图

交相位检波器只能保留回波信号的相位信息。

灵敏度时间增益控制(STC)使接收机的增益在发射机发射之后按 $R^{-4}$ 规律随时间而增加,以避免近距离的强回波使接收机过载饱和。灵敏度时间控制又称为近程增益控制,可以加到高频放大器和前置中频放大器中。自动增益控制(AGC)是一种反馈技术,用来自动调整接收机的增益,以便在雷达系统跟踪环路中保持适当的增益范围。

**2. 超外差式雷达接收机的主要质量指标**

1) 灵敏度

灵敏度表示接收机接收微弱信号的能力。能接收的信号越微弱,则接收机的灵敏度越高,雷达的作用距离就越远。雷达接收机的灵敏度通常用最小可检测信号功率 $S_{i\min}$ 来表示。当接收机的输入信号功率达到 $S_{i\min}$ 时,接收机就能正常接收并在输出端检测出这一信号。如果信号功率低于此值,信号将被淹没在噪声干扰之中,不能被可靠地检测出来。

2) 工作频带宽度

接收机的工作频带宽度表示接收机的瞬时工作频率范围。在复杂的电子对抗和干扰环境中,要求雷达发射机和接收机具有较宽的工作带宽。接收机的工作频带宽度主要决定于高频部件(馈线系统、高频放大器和本机振荡器)的性能。接收机的工作频带较宽时,必须选择较高的中频,以减少混频器输出的寄生响应对接收机性能的影响。

3）动态范围

动态范围表示接收机能够正常工作所容许的输入信号强度变化的范围。容许的最小输入信号强度通常取为最小可检测信号功率,最大输入信号强度则根据正常工作要求而定。当输入信号太强时,接收机将发生饱和而失去放大作用,这种现象称为过载。使接收机开始出现过载时的输入功率与最小可检测功率之比叫做动态范围。为了保证对强弱信号均能正常接收,要求动态范围大,因此需要采取一定措施,例如采用对数放大器、各种增益控制电路等抗干扰措施。

4）中频的选择和滤波特性

接收机中频的选择和滤波特性是接收机的重要质量指标之一。中频的选择与发射波形的特性、接收机的工作带宽以及所能提供的高频部件和中频部件的性能有关。在现代雷达接收机中,中频的选择在 $30\mathrm{MHz}\sim4\mathrm{GHz}$ 之间。当需要在中频增加某些信号处理部件时,例如脉冲压缩滤波器、对数放大器和限幅器等,从技术实现来说,中频选择在 $30\sim500\mathrm{MHz}$ 更合适。对于宽频带工作的接收机,应选择较高的中频,以便使虚假的寄生响应减至最小。减小接收机噪声的关键参数是中频的滤波特性,如果中频滤波特性的带宽大于回波信号带宽,则过多的噪声进入接收机。反之,如果所选择的带宽比信号带宽窄,信号能量将会损失。这两种情况都会使接收机输出的信噪比减小。在白噪声即接收机热噪声背景下,接收机的频率特性为匹配滤波器时,输出信号噪声比最大。

5）工作稳定性和频率稳定度

一般来说,工作稳定性是指当环境条件(例如温度、湿度、机械振动等)和电源电压发生变化时,接收机的性能参数(振幅特性、频率特性和相位特性等)受到影响的程度。大多数现代雷达系统需要对一串回波进行相参处理,对本机振荡器的短期频率稳定度有极高的要求,因此必须采用频率稳定度和相位稳定度极高的本机振荡器,简称为"稳定本振"。

6）抗干扰能力

在现代电子战和复杂的电磁干扰环境中,抗有源干扰和无源干扰是雷达系统的重要任务之一。有源干扰为敌方施放的各种杂波干扰和邻近雷达的异步脉冲干扰,无源干扰主要是从海浪、雨雪、地物等反射的杂波干扰和敌机施放的箔片干扰。这些干扰严重影响对目标的正确检测,甚至使整个雷达系统无法工作。现代雷达接收机必须具有各种抗干扰电路。当雷达系统用频率捷变方法抗干扰时,接收机的本振应与发射机频率同步跳变。同时接收机应有足够大的动态范围,以保证后面的信号处理器有较高的处理精度。

## 7.2.3 目标显示与数据记录

雷达终端显示器用来显示雷达所获得的目标信息和情报,显示的内容包括目标的位置及其运动情况、目标的各种特征参数等。

雷达系统从接收机的输出中检测目标回波,判定目标的存在,然后需要测量并录取目标的坐标,同时录取目标的其他参数,如机型、架数、国籍、发现时间等,并对目标进行编批。

下面分别对雷达终端显示器和雷达数据的录取方法加以简要介绍。

1. 雷达终端显示器

对于常规的警戒雷达和引导雷达的终端显示器,基本任务是发现目标和测定目标的坐标,有时还需要根据回波特点及其变化规律来判别目标的性质(如机型、架数等),供指挥员全面掌握空情。在现代预警雷达和精密跟踪雷达中，通常采用数字式自动录取设备，雷达终端显示器的主要任务是在搜索状态截获目标，在跟踪状态监视目标运动规律和雷达系统的工作状态。

在指挥控制系统中，雷达终端显示器除了显示情报之外，还有综合显示和指挥控制显示。综合显示是把多部雷达站网的情报综合在一起，经过坐标系的变换和归一、目标数据的融合等加工过程，在指挥员面前形成一幅敌我情况动态形势图像和数据。指挥控制显示还需要在综合显示的基础上加上我方的指挥命令显示。

早期的雷达终端显示器主要采用模拟技术来显示雷达原始图像。随着数字技术的飞速发展以及雷达系统功能不断提高，现代雷达的终端显示器除了显示雷达的原始图像之外，还要显示经过计算机处理的雷达数据，例如目标的高度、航向、速度、轨迹、架数、机型、批号、敌我属性等，以及显示人工对雷达进行操作和控制的标志或数据，进行人机对话。

雷达终端显示器根据完成的任务可分为距离显示器、平面显示器、高度显示器、光栅扫描显示器、计算机终端显示器等。

1）距离显示器

常用的距离显示器有 A 型显示器和 A/R 型显示器，如图 7-9 所示。距离显示器显示目标的斜距坐标，它是一维空间显示器，用光点在荧光屏上偏转的振幅来表示目标回波的大小，所以又称为偏转调制显示器。

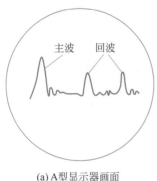 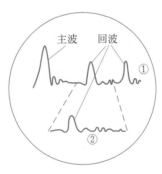

(a) A型显示器画面　　　　　(b) A/R型显示器画面

图 7-9　距离显示器显示示意图

A 型显示器为直线扫描，扫描线起点与发射脉冲同步，扫描线长度与雷达距离量程相对应，主波与回波之间的扫描线长代表目标的斜距。

A/R 型显示器有两条扫描线。扫描线①和 A 型显示器相同，扫描线②是扫描线①中一小段的扩展，扩展其中有回波的一小段可以提高测距精度，它是从 A 型显示器演变而来的。

2）平面显示器

平面显示器显示雷达目标的斜距和方位两个坐标，是二维显示器。它是用平面上的亮点位置来表示目标的坐标，属亮度调制显示器。

平面显示器是使用最广泛的雷达显示器。因为它能够提供平面范围的目标分布情况，这种分布情况与通用的平面地图是一致的。方位角以正北为基准（0°方位角），顺时针方向计量；距离则沿半径计量，圆心是雷达站（零距离）。圆的中心部分大片目标是近区的杂波所形成的，较远的小亮弧则是动目标，大的是固定目标，如图 7-10 所示。

平面显示器提供了 360°范围内全部平面信息，所以也叫全景显示器或环视显示器，简称

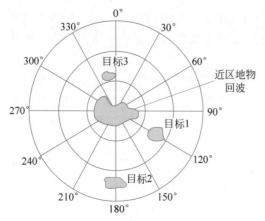

图 7-10  平面位置显示器示意图

PPI 显示器(Plan Position Indicator)或 P 显。

平面显示器既可以用极坐标显示距离和方位,也可以用直角坐标显示距离和方位,后者称为 B 式显示器。它以横坐标表示方位,纵坐标表示距离。通常方位角不是取整个 360°,而是取其中的某一段,即雷达所监视的一个较小的范围。如果距离也不取全程,而是取某一段,这时的 B 式就叫做微 B 显示器。在观察某一波段范围以内的情况时可以用微 B 显示器。

3) 高度显示器

这种显示器用在测高雷达和地形跟随雷达系统中,统称为 E 式显示器,如图 7-11 所示,横坐标表示距离,纵坐标表示仰角或高度,表示高度者又称为 RHI(Range Height Indicator)显示器。在测高雷达中主要用 RHI 显示器。但在精密跟踪雷达中常采用 E 式,并配合 B 式显示器使用。

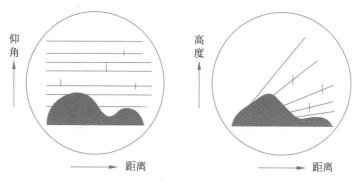

图 7-11  高度显示器示意图

4) 光栅扫描显示器

近年来随着电视扫描技术和数字技术的发展,出现了多功能的光栅扫描雷达显示器。数字式的光栅扫描雷达显示器与雷达中心计算机和显示处理专用计算机构成一体,具有高亮度、高分辨率、多功能、多显示格式和实时显示等突出优点,能显示目标回波的二次信息及背景地图,采用数字式扫描变换技术,通过对图像存储器的控制,实现多种显示格式画面,如 PPI 型、B 型和 RHI 型等。

5) 计算机终端显示器

在现代雷达系统中,微处理器技术的出现使计算机图形显示得到普遍应用。很多现代雷达系统使用微处理器或微计算机作信号处理器和图形显示。实际上现代雷达系统的图形显示已和计算机融为一体,计算机收集的信息经过处理可以用显示、绘图、打印等方法输出。

图 7-12 是一个计算机图形显示系统的组成框图。它除了完成雷达系统的许多计算处理外,对显示系统来说主要是将各输入数据加工整理成显示档案并送往信号控制、处理、存储电路进行图形显示。在各种显示数据中,同时也包括操作员通过计算机通信装置送来的信号。信号控制、处理、存储电路将计算机送来的显示档案加工处理成能驱动显示装置的电

信号,以便显示出图形和文字。当操作员需要对所显示的内容进行干预时,可以通过计算机输入设备向计算机发出指令。

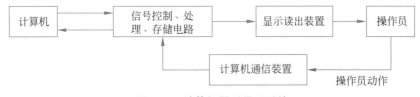

图 7-12 计算机图形显示系统

**2. 雷达数据的录取**

早期的雷达终端设备以 P 型显示器为主,全部录取工作由人工完成。操纵员通过观察显示器的画面来发现目标,并利用显示器上的距离和方位刻度,测读目标的坐标,估算目标的速度和航向,熟练的操纵员还可以从画面上判别出目标的类型和数目。

在现代战争中,雷达的目标经常是多方向、多批次和高速度的,指挥机关希望对所有目标坐标实现实时录取,并要求录取的数据数字化,以适用于数据处理系统。因此,在人工录取的基础上,录取方法不断改进,目前主要分为两类,即半自动录取和全自动录取。

1)半自动录取

在半自动录取系统中,仍然由人工通过显示器来发现目标,然后由人工操纵录取设备,利用编码器把目标的坐标记录下来。半自动录取系统框图如图 7-13 所示,图中的录取显示器是经过适当改造的 P 型显示器,它可以显示某种录取标志,例如一个光点。操纵员通过外部录取设备来控制这个光点,使它对准待录取的目标。通过录取标志从显示器上录取下来的坐标是对应于目标位置的扫掠电压,需要通过编码器将该电压变换成二进制数码。在编码器中还可以加上一些其他特征数据,这就完成了录取任务。半自动录取设备目前使用较多,它的录取精度在方位上可达 1°,在距离上可达 1km 左右。在天线环扫一周的时间(例如 6～10s)内,可录取 5～6 批目标。录取设备的延迟时间约为 3～5s。

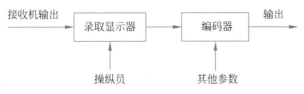

图 7-13 半自动录取系统框图

2)全自动录取

与半自动录取不同,在整个全自动的录取过程中,从发现目标到各个坐标读出,完全由录取设备自动完成,只是某些辅助参数需要进行人工录取。全自动录取设备的组成如图 7-14 所示,图中信号检测设备能实现全程信号积累,根据检测准则,从积累的数据中判断是否有目标存在。当判断有目标存在时,检测器自动送出发现目标的信号,利用这一信号,计数编码部件就可以开始录取目标的坐标数据。由于录取设备是在多目标的条件下工作的,所以距离和方位编码设备能够提供雷达整个工作范围内的距离和方位数据,而由检测器来控制不同目标的坐标录取时刻。图中的排队控制部件是为了使录取的坐标能够有次序地送往计算机的缓冲存储器中去,并在这里可以加入一些其他的数据。

自动录取设备的优点是录取的容量大,速度快,精度也比较高,因此适合于自动化防空

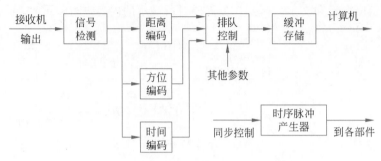

图 7-14　全自动录取设备的组成框图

系统和航空管制系统的要求。在一般的两坐标雷达上,配上自动录取设备,可以在天线扫描一周时间内录取 30 批左右的目标,录取的精度和分辨率能做到不低于雷达本身的技术指标,例如距离精度可达到 100m 左右,方位精度可达到 0.1°或更高。对于现代化的航空管制雷达中的自动录取设备,天线环扫一周内可录取高达 400 批目标的坐标数据。

## 7.3　雷达测量原理

雷达的基本任务是探测目标,除了测量目标的距离、方位和仰角,还包括目标的速度,以及从目标回波中获取更多有关目标的其他信息。下面分别介绍雷达测距、测角和测速的基本原理和实现方法。

### 7.3.1　目标距离测量

测量目标的距离是雷达的基本任务之一,无线电波在均匀介质中以固定的速度直线传播(在自由空间传播速度约等于光速)。在图 7-15 中,雷达位于 $A$ 点,而在 $B$ 点有一目标,则目标至雷达站的距离(即斜距)可以通过测量电波往返一次所需的时间得到,即

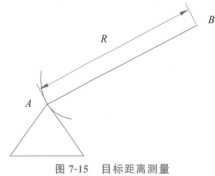

图 7-15　目标距离测量

$$R = \frac{1}{2}ct_r \qquad (7\text{-}3\text{-}1)$$

因此,目标距离测量就是要精确测定延迟时间。根据雷达发射信号的不同,测定延迟时间通常可以采用脉冲法、频率法和相位法,其中脉冲法最常用。

**1. 脉冲法测距**

1)基本原理

在常用的脉冲雷达中,回波信号是滞后于发射脉冲的回波脉冲。由收发开关泄漏过来的发射能量会通过接收机,并在显示器荧光屏上显示出来(称为主波)。绝大部分发射能量经过天线辐射到空间。辐射的电磁波遇到目标后将产生反射。由目标反射回来的能量被天线接收后送到接收机,最后在显示器上显示出来。在荧光屏上目标回波出现的时刻滞后于主波,滞后的时间就是 $t_r$。测量距离就是要测出时间 $t_r$。回波信号的延迟时间通常是很短促的。将光速 $c = 3 \times 10^5 \text{km/s}$ 代入式(7-3-1),可得

$$R = 0.15t_r$$

式中 $t_r$ 的单位为 μs，$R$ 的单位为 km。测量微秒级的时间需要采用快速计时的方法。

早期雷达均用显示器作为终端，在显示器画面上根据扫掠量程和回波位置直接测读延迟时间。现代雷达采用电子设备自动测读回波到达的迟延时间。

2）影响测距精度的因素

雷达在测量目标距离时，不可避免地会产生误差，它从数量上说明了测距精度，是雷达站的主要参数之一。

由测距公式可以看出影响测量精度的因素。对式(7-3-1)求全微分，得到

$$dR = \frac{\partial R}{\partial c}dc + \frac{\partial R}{\partial t_r}dt_r = \frac{R}{c}dc + \frac{c}{2}dt_r$$

用增量代替微分，可得到测距误差为

$$\Delta R = \frac{R}{c}\Delta c + \frac{c}{2}\Delta t_r \tag{7-3-2}$$

式中 $\Delta c$ 为电波传播速度平均值的误差，$\Delta t_r$ 为测量目标回波延迟时间的误差。由式(7-3-2)可以看出测距误差由电波传播速度的变化以及测时误差两部分组成。

误差按其性质可分为系统误差和随机误差两类，系统误差是指在测距时，系统各部分对信号的固定延时所造成的误差。系统误差以多次测量的平均值与被测距离真实值之差来表示。从理论上讲，系统误差在雷达校准时可以进行补偿，但实际工作中很难完善地补偿，因此在雷达的技术参数中常给出允许的系统误差范围。

随机误差是指因某种偶然因素引起的测距误差，所以又称偶然误差。凡是属于设备本身工作不稳定性造成的随机误差称为设备误差，如接收时间滞后的不稳定性、各部分回路参数偶然变化、晶体振荡器频率不稳定以及读数误差等。凡属系统以外的各种偶然因素引起的误差称为外界误差，如电波传播速度的偶然变化、电波在大气中传播时产生折射以及目标反射中心的随机变化等。随机误差是测距误差的主要来源。

**2. 调频法测距**

调频法测距可以用于连续波雷达，也可用于脉冲雷达。连续发射的信号具有频率调制的标志后就可以测定目标的距离。在高重复频率的脉冲雷达中，发射脉冲频率有规律的调制提供了解距离模糊的可能性。下面分别讨论连续波和脉冲波调频测距的原理。

1）调频连续波测距

调频连续波雷达的组成如图 7-16 所示。发射机产生连续高频等幅波，其频率在时间上按三角形规律或正弦规律变化，目标回波和发射机直接耦合过来的信号加到接收机混频器内。在无线电波传播到目标并返回至天线的这段时间内，发射机频率与回波频率相比已发生变化，因此在混频器输出端便出现差频电压。差频电压经放大、限幅后加到频率计上。由于差频电压的频率与目标距离有关，所以频率计的刻度可以直接采用距离长度作为单位。

连续工作时，不能像脉冲工作那样采用时间分割的办法共用天线，但可用混合接头、环行器等办法使发射机和接收机隔离。为了得到发射机和接收机之间的高隔离度，通常采用分开的发射天线和接收天线。

当调频连续波雷达工作于多目标情况下，接收机输入端有多个目标的回波信号，要区分这些信号并分别决定这些目标的距离是比较复杂的。因此，目前调频连续波雷达多用于测

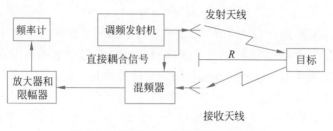

图 7-16　调制连续波雷达的组成框图

定只有单一目标的情况,例如飞机的高度表中,大地就是单一的目标。

下面以三角形波调制为例,具体介绍一下调频连续波测距原理及调频连续波雷达的特点。

用三角形波对连续载频进行调频时,发射频率按周期性三角形波的规律变化,如图 7-17 所示。设 $f_t$ 为发射机的高频发射频率,它的平均频率是 $f_0$,$f_t$ 的变化周期为 $T_m$。$f_r$ 为从目标反射回来的回波频率,它和发射频率的变化规律相同,但在时间上滞后 $t_r$,$t_r = 2R/c$。发射调制频率的最大频偏为 $\pm\Delta f$,$f_b$ 为发射和接收信号间的差拍频率,差频的平均值用 $f_{bav}$ 表示。

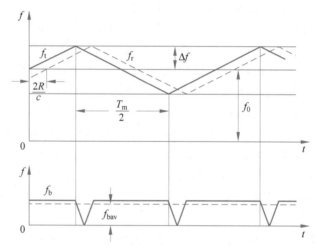

图 7-17　三角形波调制的调频雷达工作原理

发射频率 $f_t$ 和回波频率 $f_r$ 可以分别写为

$$f_t = f_0 + \frac{df}{dt}t = f_0 \pm \frac{\Delta f}{T_m/4}t$$

$$f_r = f_0 + \frac{df}{dt}\left(t - \frac{2R}{c}\right) = f_0 \pm \frac{4\Delta f}{T_m}\left(t - \frac{2R}{c}\right)$$

式中,正负号分别对应调制前后半周正负斜率的情况。在前半周,差频 $f_b$ 为

$$f_b = f_t - f_r = \frac{8\Delta f R}{T_m c} \quad \text{（前半周正向调频范围）} \tag{7-3-3}$$

在调频的下降段,$df/dt$ 为负值,$f_r$ 高于 $f_t$,二者的差频仍然表示为式(7-3-3),即

$$f_b = f_r - f_t = \frac{8\Delta f R}{T_m c} \quad \text{（后半周负向调频范围）}$$

对于一定距离 $R$ 的目标回波,除去在 $t$ 轴上很小一部分 $4R/c$ 以外(这里差拍频率急剧

下降至零），其他时间差频是不变的。若用一个频率计测量一个周期内的平均差频值 $f_{\text{bav}}$，可得到

$$f_{\text{bav}} = \frac{8\Delta f R}{T_{\text{m}} c}\left(\frac{T_{\text{m}} - \frac{4R}{c}}{T_{\text{m}}}\right) \tag{7-3-4}$$

实际工作中，应保证单值测距且满足 $T_{\text{m}} \gg 4R/c$，因此，

$$f_{\text{bav}} \approx \frac{8\Delta f}{T_{\text{m}} c}R = f_{\text{b}} \tag{7-3-5}$$

由此可得出目标距离 $R$ 为

$$R = \frac{c}{8\Delta f} \cdot \frac{f_{\text{bav}}}{f_{\text{m}}} \tag{7-3-6}$$

式中，$f_{\text{m}} = 1/T_{\text{m}}$。

调频连续波雷达的特点是：

（1）能测量很近的距离，一般可测到数米，而且有较高的测量精度。

（2）雷达线路简单，可做到体积小、重量轻，普遍用于飞机高度表及微波引信等场合。

（3）难以同时测量多个目标。如果测量多个目标时，必须采用大量滤波器和频率计数器等，使装置复杂，从而限制其应用范围。

（4）难以实现收发之间的完善隔离。发射机泄漏功率将阻塞接收机，因而限制了发射功率的大小。发射机噪声的泄漏会直接影响接收机灵敏度。

2）脉冲调频测距

脉冲法测距时由于重复频率高会产生测距模糊，为了判别模糊，必须对周期发射的脉冲信号加上某些可识别的"标志"。脉冲调频测距的原理如图 7-18 所示。

脉冲调频时的发射信号频率共分为 $A$、$B$、$C$ 三段，分别采用正斜率调频、负斜率调频和发射恒定频率。由于调频周期远大于雷达脉冲重复周期，故在每一个调频段均包含多个脉冲。当回波信号没有多普勒频移时，它相对于发射信号有一个固定的时间延迟 $t_{\text{d}}$，即将发射信号的调频曲线向右平移 $t_{\text{d}}$ 即可。当回波信号中含有多普勒频移 $f_{\text{d}}$ 时，则将时延后的回波信号调频曲线再加上一个多普勒频移量 $f_{\text{d}}$。

接收机混频器中加上连续振荡的发射信号和回波脉冲串，故在混频器输出端可得到收发信号的差频信号。设发射信号的调频斜率为 $\mu$，则 $A$、$B$、$C$ 各段收发信号间的差频分别为

$$F_A = f_{\text{d}} - \mu t_{\text{d}} = \frac{2v_{\text{r}}}{\lambda} - \mu\frac{2R}{c}$$

$$F_B = f_{\text{d}} + \mu t_{\text{d}} = \frac{2v_{\text{r}}}{\lambda} + \mu\frac{2R}{c}$$

$$F_C = f_{\text{d}} = \frac{2v_{\text{r}}}{\lambda}$$

式中 $v_{\text{r}}$ 为目标相对于雷达的径向速度。由上面三式可得

$$F_B - F_A = 4\mu\frac{R}{c}$$

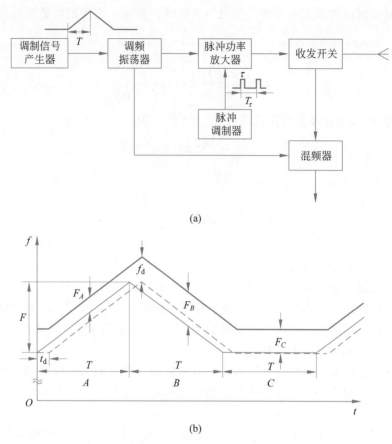

图 7-18 脉冲调频测距原理

即

$$R = \frac{F_B - F_A}{4\mu}c \tag{7-3-7}$$

$$v_r = \frac{\lambda F_C}{2} \tag{7-3-8}$$

当发射信号的频率变化了 $A$、$B$、$C$ 三段的全过程后,每一个目标的回波亦将是三串不同中心频率的脉冲。经过接收机混频后可分别得到差频 $F_A$、$F_B$ 和 $F_C$,然后按式(7-3-7)和式(7-3-8)即可求得目标的距离和径向速度。

在用脉冲调频法时,宜选取较大的调频周期,以保证测距的单值性。由于发射信号的调频线性不易做好,频率测量的精度也不高,脉冲调频法测距的精度较差。

**3. 距离跟踪原理**

测距时需要对目标距离作连续的测量,称为距离跟踪。实现距离跟踪的方法可以是人工的、半自动或自动的。无论哪种方法都必须产生一个时间位置可调的时标(称为移动刻度或波门),调整移动时标的位置使之在时间上与回波信号重合,然后精确地读出时标的时间位置作为目标的距离数据送出。下面针对脉冲法测距分别介绍人工距离跟踪和自动距离跟踪。

**1) 人工距离跟踪**

早期雷达多数只有人工距离跟踪。为了减小测量误差,采用移动的电刻度作为时间基准。操纵员按照显示器上的画面,将电刻度对准目标回波。从控制器度盘或计数器上读出移动电刻度的准确时延,就可以代表目标的距离。因此关键是要产生移动的电刻度(电指标),且其延迟时间可准确读出。常用的产生电移动刻度的方法有锯齿电压波法和相位法。

2) 自动距离跟踪

自动距离跟踪系统应保证电移动指标自动地跟踪目标回波并连续地给出目标距离数据。整个自动测距系统应包括对目标的搜索、捕获和自动跟踪 3 个互相联系的部分。下面先讨论跟踪的实现方法,然后讨论搜索和捕获的过程。

图 7-19 是距离自动跟踪的简化方框图。完成对目标距离跟踪,主要包括时间鉴别器、控制器和跟踪脉冲产生器 3 部分。显示器在自动测距系统中起监视目标作用。画面上套住回波的二缺口表示电移动指标,又称电瞄标志。假设空间一目标已被雷达捕获,目标回波经接收机处理后成为具有一定幅度的视频脉冲加到时间鉴别器上,同时加到时间鉴别器上的还有来自跟踪脉冲产生器的跟踪脉冲。自动距离跟踪时所用的跟踪脉冲和人工测距时的电移动指标本质一样,都是要求它们的延迟时间在测距范围内均匀可变,且其延迟时间能精确地读出。在自动距离跟踪时,跟踪脉冲的另一路和回波脉冲一起加到显示器上,以便观测监视。时间鉴别器的作用是将跟踪脉冲与回波脉冲在时间上进行比较,鉴别出它们之间的时间差 $\Delta t$。

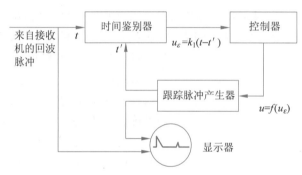

图 7-19 距离自动跟踪的简化方框图

设回波脉冲相对于基准发射脉冲的延迟时间为 $t$,跟踪脉冲的延迟时间为 $t'$,则时间鉴别器输出误差电压 $u_\varepsilon$ 为

$$u_\varepsilon = K_1(t - t') = K_1 \Delta t \tag{7-3-9}$$

当跟踪脉冲与回波脉冲在时间上重合时,即 $t = t'$ 时,输出误差电压为零。两者不重合时输出误差电压不为零,其大小正比于时间的差值,其正负由跟踪脉冲是超前还是滞后于回波脉冲而定。控制器的作用是将误差电压进行适当的变换,将其输出作为控制跟踪脉冲产生器工作的信号,其结果是使跟踪脉冲的延迟时间向 $\Delta t$ 减小的方向变化,直到 $\Delta t = 0$ 或其他稳定的工作状态。该自动跟踪系统是一个闭环随动系统,输入量是回波信号的延迟时间 $t$,输出量是跟踪脉冲的延迟时间为 $t'$,$t'$ 随着 $t$ 的改变而自动变化。

**4. 数字式自动测距器**

随着高速度、高机动性能目标的出现,以及航天技术的需求,要求雷达跟踪目标的作用距离大、跟踪精度高、反应速度快,因此要进一步改善自动测距器的性能。由于近年来数字器件及技术有了飞跃的发展,有条件采用数字式距离跟踪系统来达到上述要求。与模拟式自动测距器相比,数字式自动测距器(或自动距离跟踪系统)具有以下优点:跟踪精度高,且精度与跟踪距离无关;响应速度快,适合于跟踪快速目标;工作可靠性高,系统便于集成化;输出数据为二进制码,可以方便地和数据处理系统接口。因此数字式自动测距器被广泛用于现代跟踪雷达中。

数字式和模拟式自动测距器(距离跟踪系统)的基本工作原理是相同的,都是由时间鉴别器、控制器(常称距离产生器)和跟踪脉冲产生器3部分组成。但在这两种系统中完成各种功能的技术手段是不同的。在数字式自动测距器中采用稳定的计数脉冲振荡器(时钟)驱动高速计数器来代替模拟的锯齿电压波,用数字寄存器(距离寄存器)的数码来等效代表距离的模拟比较电压。因此,读出跟踪状态下距离寄存器数码所代表的延迟时间 $t$,即可产生相应的跟踪波门并得到目标的距离数据。

## 7.3.2 目标角度测量

为了确定目标的空间位置,雷达不仅要测定目标的距离,还要测定目标的方向,即测定目标的角坐标,其中包括目标的方位角和高低角(仰角)。雷达测角的物理基础是电波在均匀介质中传播的直线性和雷达天线的方向性。由于电波沿直线传播,目标散射或反射电波前到达的方向,即为目标所在方向。但在实际情况下,电波并不是在理想均匀的介质中传播,如大气密度、湿度随高度的不均匀性造成传播介质的不均匀、复杂的地形地物的影响等,使电波传播路径发生偏折,从而造成测角误差。通常在近距测角时,由于误差不大,仍可近似认为电波是直线传播的。在远程测角时,应根据传播介质的情况,对测量数据(主要是仰角测量)作出必要的修正。

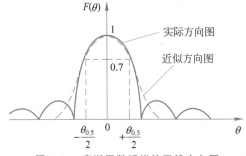

图 7-20 高斯函数近似的天线方向图

天线的方向性可用它的方向性函数或根据方向性函数画出的方向图表示。但方向性函数的准确表达式往往很复杂,为便于工程计算,常用一些简单函数来近似,如余弦函数、高斯函数和辛克函数($\sin x/x$)。用高斯函数表示的天线方向图近似图形如图 7-20 所示,单向工作方向图表达式为

$$F(\theta) \approx \mathrm{e}^{-\frac{\theta^2}{a^2}} \approx \mathrm{e}^{-1.4\frac{\theta^2}{\theta_{0.5}^2}} \tag{7-3-10}$$

双向工作方向图表达式为

$$F(\theta) \approx \mathrm{e}^{-\frac{2\theta^2}{a^2}} \approx \mathrm{e}^{-2.8\frac{\theta^2}{\theta_{0.5}^2}} \tag{7-3-11}$$

上两式中 $\theta$ 是指目标所在方向,$a^2 \approx \dfrac{\theta_{0.5}^2}{1.4}$。

方向图的主要技术指标是半功率波束宽度 $\theta_{0.5}$ 以及副瓣电平。在角度测量时 $\theta_{0.5}$ 值表征了角度分辨能力并直接影响测角精度。副瓣电平则主要影响雷达的抗干扰性能。

雷达测角的性能可用测角范围、测角速度、测角准确度或精度、角分辨率来衡量。准确度用测角误差的大小来表示,它包括雷达系统本身调整不当引起的系统误差和由噪声及各种起伏因素引起的随机误差。而测量精度由随机误差决定。角分辨率指存在多目标的情况下,雷达能在角度上把它们分辨开的能力,通常用雷达在可分辨条件下,同距离的两目标间

的最小角坐标之差表示。

测角的方法可分为相位法和振幅法两大类。

**1. 相位法测角**

1) 基本原理

相位法测角利用多个天线所接收回波信号之间的相位差进行测角,如图 7-21 所示。

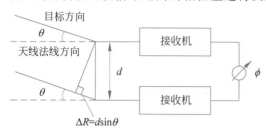

图 7-21 相位法测角示意图

设在 $\theta$ 方向有一远区目标,则到达接收点的目标所反射的电波近似为平面波。由于两天线间距为 $d$,故它们所收到的信号由于波程差而存在一相位差,由图 7-21 可知:

$$\varphi = \frac{2\pi}{\lambda}\Delta R = \frac{2\pi}{\lambda}d\sin\theta \qquad (7\text{-}3\text{-}12)$$

其中 $\Delta R$ 为波程差,$\lambda$ 为雷达波长。用相位计测出相位差 $\varphi$ 后,就可以确定目标方向 $\theta$。

由于在较低频率上容易实现比相,故通常将两天线收到的高频信号经过与同一本振信号差频后,在中频进行比相。

设两高频信号为

$$u_1 = U_1\cos(\omega t - \varphi)$$
$$u_2 = U_2\cos(\omega t)$$

本振信号为

$$u_\mathrm{L} = U_\mathrm{L}\cos(\omega_\mathrm{L} t + \varphi_\mathrm{L})$$

其中 $\varphi$ 为两信号的相位差,$\varphi_\mathrm{L}$ 为本振信号初相。$u_1$ 和 $u_\mathrm{L}$ 差频得

$$u_\mathrm{I1} = U_\mathrm{I1}\cos[(\omega - \omega_\mathrm{L})t - \varphi - \varphi_\mathrm{L}]$$

$u_2$ 和 $u_L$ 差频得

$$u_\mathrm{I2} = U_\mathrm{I2}\cos[(\omega - \omega_\mathrm{L})t - \varphi_\mathrm{L}]$$

可见两中频信号 $u_\mathrm{I1}$ 与 $u_\mathrm{I2}$ 间的相位差仍为 $\varphi$。

相位法测角电路组成如图 7-22 所示,接收信号经过混频、放大后再加到相位比较器中进行比相。其中自动增益控制电路用来保证中频信号幅度稳定,以免幅度变化引起测角误差。图中的相位比较器可以采用相位检波器。

2) 测角误差与多值性问题

通过测量相位差 $\varphi$ 求解角 $\theta$ 会产生测角误差,它们之间的关系如下:

$$\mathrm{d}\varphi = \frac{2\pi}{\lambda}d\cos\theta\,\mathrm{d}\theta$$

或

$$\mathrm{d}\theta = \frac{\lambda}{2\pi d\cos\theta}\mathrm{d}\varphi \qquad (7\text{-}3\text{-}13)$$

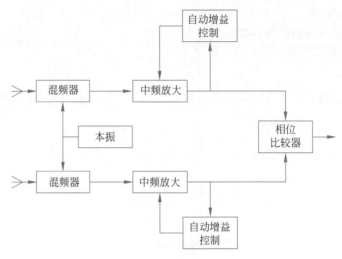

图 7-22　相位法测角的方框图

由上式看出,采用读数精度高($\mathrm{d}\varphi$ 小)的相位计,或减小 $\lambda/d$ 值(增大 $d/\lambda$ 值),均可提高测角精度。当 $\theta=0$ 时,即目标处在天线法线方向时,测角误差 $\mathrm{d}\theta$ 最小。当 $\theta$ 增大时,$\mathrm{d}\theta$ 也增大。为保证一定的测角精度,$\theta$ 的范围有一定的限制。

增大 $d/\lambda$ 虽然可提高测角精度,但由式(7-3-12)可知,在感兴趣的 $\theta$ 范围(测角范围)内,当 $d/\lambda$ 加大到一定程度时 $\varphi$ 值可能超过 $2\pi$,此时 $\varphi=2\pi N+\psi$,其中 $N$ 为整数,而 $\psi<2\pi$,相位计实际读数为 $\psi$ 值。由于 $N$ 未知,所以不能确定真实的 $\varphi$ 值,出现多值性(模糊)问题。只有解决多值性问题,即判定 $N$ 值后才能确定目标方向 $\theta$。比较有效的办法是利用三天线测角设备,间距大的 1、3 天线用来得到高精度测量,而间距小的 1、2 天线用来解决多值性。设目标在 $\theta$ 方向。天线 1、2 之间的距离为 $d_{12}$,天线 1、3 之间的距离为 $d_{13}$,适当选择 $d_{12}$,使天线 1、2 收到的信号之间的相位差在测角范围内均满足

$$\varphi_{12}=\frac{2\pi}{\lambda}d_{12}\sin\theta<2\pi$$

$\varphi_{12}$ 由相位计 1 读出。根据要求,选择较大的 $d_{13}$,则天线 1、3 收到的信号的相位差为

$$\varphi_{13}=\frac{2\pi}{\lambda}d_{13}\sin\theta=2\pi N+\psi \tag{7-3-14}$$

由相位计 2 读出,但实际读数是小于 $2\pi$ 的 $\psi$。为了确定 $N$ 值,可利用如下关系:

$$\frac{\varphi_{13}}{\varphi_{12}}=\frac{d_{13}}{d_{12}} \tag{7-3-15}$$

根据相位计 1 的读数 $\varphi_{12}$ 可以算出 $\varphi_{13}$,但 $\varphi_{12}$ 包含有相位计的读数误差,由式(7-3-15)标出的 $\varphi_{13}$ 具有的误差为相位计误差的 $\dfrac{d_{13}}{d_{12}}$ 倍,只要 $\varphi_{12}$ 的读数误差值不大,就可用它确定 $N$,即令 $\dfrac{d_{13}}{d_{12}}\varphi_{12}$ 除以 $2\pi$,所得商的整数部分就是 $N$ 值。然后由式(7-3-14)算出 $\varphi_{13}$,并确定 $\theta$。由于 $\dfrac{d_{13}}{\lambda}$ 值较大,保证了所要求的测角精度。

**2. 振幅法测角**

振幅法测角是用天线收到的回波信号幅度值来做角度测量的,该幅度值的变化规律取

决于天线方向图以及天线扫描方式。振幅法测角可分为最大信号法和等信号法两大类,下面依次讨论这两种方法。

1) 最大信号法

最大信号法测角采用的是单个波束,其方向图如图 7-23(a)所示。其中,$\theta_t$ 为目标方向,$\omega_a$ 为天线转动角速度,$\theta_A$ 为天线转过的角度。当天线波束作圆周扫描或在一定扇形范围内作匀角速扫描时,对共用收发天线的单基地脉冲雷达而言,接收机输出的脉冲串幅度值被天线双程方向图函数所调制。找出脉冲串的最大值(中心值),确定该时刻波束轴线指向即为目标所在方向。如图 7-23(b)的①所示。

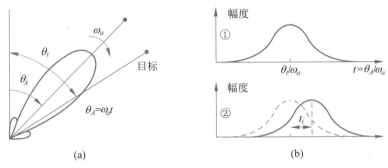

图 7-23 最大信号法测角

在人工录取的雷达里,操纵员在显示器画面上看到回波最大值的同时,读出目标的角度数据。采用二维平面位置显示器(PPI)时,扫描线与波束同步转动,根据回波标志中心(相当于最大值)相应的扫描线位置,借助显示器上的机械角刻度或电子角刻度读出目标的角坐标。

在自动录取的雷达中,可以采用以下办法读出回波信号最大值的方向:一般情况下,天线方向图是对称的,因此回波脉冲串的中心位置就是其最大值的方向。测读时可先将回波脉冲串进行二进制量化,其振幅超过门限时取 1,否则取 0。如果测量时没有噪声和其他干扰,就可根据出现 1 和消失 1 的时刻,方便且精确地找出回波脉冲串"开始"和"结束"时的角度,两者的中间值就是目标的方向。

通常回波信号中总是混杂着噪声和干扰,为减弱噪声的影响,脉冲串在二进制量化前先进行积累,如图 7-23(b)的②所示,积累后的输出将产生一个固定迟延 $t_i$(可用补偿解决),但可以提高测角精度。

设天线转动角速度为 $\omega_a$r/min,脉冲雷达重复频率为 $f_r$,则两脉冲间的天线转角为

$$\Delta\theta_s = \frac{360°\omega_a}{60}\frac{1}{f_r} \tag{7-3-16}$$

这样天线轴线(最大值)扫过目标方向 $\theta_t$ 时,不一定有回波脉冲,就是说 $\Delta\theta_s$ 将产生相应的"量化"量角误差。

最大信号法测角的优点一是简单,二是用天线方向图的最大值方向测角,此时回波最强,信噪比最大,对检测发现目标有利。缺点是直接测量时测量精度不很高,约为波束半功率宽度($\theta_{0.5}$)的 20% 左右。

2) 等信号法

等信号法测角采用两个相同且彼此部分重叠的波束,其方向图如图 7-24 所示。如果目

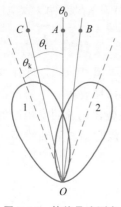

图 7-24　等信号法测角

标处在两波束的交叠轴 $OA$ 方向,则两波束收到的信号强度相等,否则一个波束收到的信号强度高于另一个,故常称 $OA$ 为等信号轴。当两个波束收到的回波信号相等时,等信号轴所指方向即为目标方向。如果目标处在 $OB$ 方向,波束 2 的回波比波束 1 的强;处在 $OC$ 方向时,波束 2 的回波比波束 1 的弱。因此,比较两个波束回波的强弱就可以判断目标偏离等信号轴的方向,并可用查表的办法估计出偏离等信号轴的大小。

设天线电压方向性函数为 $F(\theta)$,等信号轴 $OA$ 与水平方向夹角为 $\theta_0$,目标所在方向与水平方向夹角为 $\theta$,则波束 1、2 的方向性函数可分别写成

$$F_1(\theta) = F(\theta_1) = F(\theta - \theta_0 + \theta_k)$$
$$F_2(\theta) = F(\theta_2) = F(\theta - \theta_0 - \theta_k)$$

$\theta_k$ 为波束最大值方向与 $\theta_0$ 的偏角。

用等信号法测量时,波束 1 接收到的回波信号 $u_1 = KF_1(\theta) = KF(\theta_k - \theta_t)$,波束 2 收到的回波电压值 $u_2 = KF_2(\theta) = KF(\theta_k + \theta_t)$,式中 $\theta_t$ 为目标方向偏离等信号轴的角度。对 $u_1$ 和 $u_2$ 信号进行处理,就可以获得目标方向信息。

等信号法中,两个波束可以同时存在,若用两套相同的接收系统同时工作,称为同时波瓣法。两波束也可以交替出现,或只要其中一个波束,使它绕 $OA$ 轴旋转,波束便按时间顺序在 1、2 位置交替出现,只用一套接收系统工作,称为顺序波瓣法。

等信号法的主要优点是:

(1) 测角精度比最大信号法高。

(2) 根据两个波束收到信号的强弱可判别目标距离等信号轴的方向,便于自动测角。

等信号法的主要缺点一是测角系统较复杂,二是等信号轴方向不是方向图的最大值方向,在发射功率相同的条件下,作用距离比最大信号法小些。

### 7.3.3　运动目标检测与测速

雷达要探测的目标,通常是运动着的物体,例如空中的飞机、导弹,海上的舰艇,地面的车辆等。但在目标的周围经常存在各种背景,例如各种地物、云图、海浪及敌人施放的金属丝干扰等。这些背景可能是完全不动的,如山和建筑物,也可以是缓慢运动的,如有风时的海浪和金属丝干扰。这些背景所产生的回波称为杂波或无源干扰。

当杂波和运动目标回波在雷达显示器上同时显示时,会使目标的观察变得很困难。如果目标处在杂波背景内,弱的目标淹没在强杂波中,特别是当强杂波使接收系统产生过载时,很难发现目标。目标不在杂波背景内时,要在成片杂波中迅速分辨出运动目标回波也不容易。如果雷达终端采用自动检测的数据处理系统,由于大量杂波的存在,将引起终端过载或者不必要地增大系统的容量和复杂性。因此,无论从抗干扰还是改善雷达工作质量来看,选择运动目标回波而抑制固定杂波背景都是一个很重要的问题。

区分运动目标和固定杂波的基础是它们在速度上的差别。由于运动速度不同,引起回波信号频率产生的多普勒频移不相等,因此可以从频率上区分不同速度目标的回波。动目标显示(MTI)和动目标检测(MTD)雷达中使用了各种滤波器,滤去固定杂波而取出运动目

标的回波,从而大大改善了在杂波背景下检测运动目标的能力,并且提高了雷达的抗干扰能力。

在某些实际运用中,还需要准确地知道目标的运动速度。利用多普勒效应所产生的频率偏移,可以同时实现准确测速。

**1. 多普勒效应**

多普勒效应是指当发射源和接收者之间有相对径向运动时,接收到的信号频率将发生变化。1842 年物理学家顿·多普勒首先在声学上发现了这一物理现象。1930 年左右这一规律开始被运用到电磁波范围。雷达应用日益广泛及对其性能要求不断提高,推动了利用多普勒效应改善雷达工作质量的进程。

下面研究当雷达与目标有相对运动时,雷达站接收信号的特征。假设目标为理想的"点"目标,即目标尺寸远小于雷达分辨单元。

1) 连续波信号的多普勒效应

设雷达发射信号为

$$s(t) = A\cos(\omega_0 t + \varphi) \tag{7-3-17}$$

式中 $\omega_0$ 为发射角频率,$\varphi$ 为初相,$A$ 为振幅。

雷达发射站接收到的由目标反射的回波信号为

$$s_r(t) = ks(t - t_r) = kA\cos[\omega_0(t - t_r) + \varphi] \tag{7-3-18}$$

式中 $t_r = 2R/c$,是回波滞后于发射信号的时间,$R$ 为目标和雷达站间的距离,$c$ 为电磁波传播速度,在自由空间传播时等于光速,$k$ 为回波的衰减系数。

如果目标固定不动,则距离 $R$ 为常数。回波与发射信号之间有固定相位差,即

$$\omega_0 t_r = 2\pi f_0 \cdot 2R/c = (2\pi/\lambda)2R$$

它是电磁波往返于雷达与目标之间所产生的相位滞后。

当目标与雷达站之间有相对运动时,则距离随时间变化。设目标相对雷达站做匀速运动,则在 $t$ 时刻目标与雷达站间的距离为

$$R(t) = R_0 - v_r t$$

式中 $R_0$ 为 $t=0$ 时的距离,$v_r$ 为目标相对雷达站的径向运动速度。式(7-3-18)说明,在 $t$ 时刻接收到的波形 $s_r(t)$ 上的某点,是在 $t - t_r$ 时刻发射的。通常雷达和目标间的相对运动速度远小于电磁波速度 $c$,故时延可以近似为

$$t_r = \frac{2R(t)}{c} = \frac{2}{c}(R_0 - v_r t) \tag{7-3-19}$$

回波信号与发射信号的高频相位差为

$$\varphi = -\omega_0 t_r = -\omega_0 \frac{2}{c}(R_0 - v_r t) = -2\pi \frac{2}{\lambda}(R_0 - v_r t) \tag{7-3-20}$$

它是时间 $t$ 的函数。在径向速度 $v_r$ 为常数时,产生的频率差为

$$f_d = \frac{1}{2\pi} \frac{d\varphi}{dt} = \frac{2}{\lambda} v_r \tag{7-3-21}$$

这就是多普勒频率,它正比于相对运动的速度而反比于工作波长。当目标飞向雷达站时,多普勒频率为正值,接收信号频率高于发射信号频率;当目标背离雷达站飞行时,多普勒频率为负值,接收信号频率低于发射信号频率。

多普勒频率可以直观地解释为：振荡源发射的电磁波以恒速 $c$ 传播，如果接收者相对于振荡源是不动的，则它在单位时间内收到的振荡数目与振荡源发出的振荡数目相同，即二者频率相等；如果振荡源与接收者之间有相对接近的运动，则接收者在单位时间内收到的振荡数目比它不动时多一些，也就是接收频率增高；当二者作背向运动时，接收频率降低。

2）窄带信号的多普勒效应

常用雷达信号为窄带信导（带宽远小于中心频率），其发射信号可以表示为

$$s(t) = \mathrm{Re}[u(t)\exp(j\omega_0 t)] \tag{7-3-22}$$

式中 Re 表示取实部，$u(t)$ 为调制信号的复数包络，$\omega_0$ 为发射角频率。

同连续波发射时的情况相似，由目标反射的回波信号可以写成

$$s_r(t) = ks(t - t_r) = \mathrm{Re}\{ku(t - t_r)\exp[j\omega_0(t - t_r)]\} \tag{7-3-23}$$

当目标固定不动时，回波信号的复包络有一固定迟延，而高频则有一个固定相位差。当目标相对雷达站匀速运动时，按式(7-3-19)近似地认为其延迟时间为

$$t_r = \frac{2R(t)}{c} = \frac{2}{c}(R_0 - v_r t) \tag{7-3-24}$$

由式(7-3-23)可知，回波信号与发射信号相比，复包络滞后 $t_r$，而高频相位差为

$$\varphi = -\omega_0 t_r = -2\pi\frac{2}{\lambda}(R_0 - v_r t)$$

它是时间的函数。当速度 $v_r$ 为常数时，$\varphi(t)$ 引起的频差 $f_d$，即回波信号频率与发射频率相比产生的多普勒频移为

$$f_d = \frac{1}{2\pi}\frac{\mathrm{d}\varphi}{\mathrm{d}t} = \frac{2}{\lambda}v_r \tag{7-3-25}$$

**2. 多普勒信息的提取**

从上述分析可知，回波信号的多普勒频移正比于径向速度而反比于雷达工作波长，其正负取决于目标运动的方向。在多数情况下，多普勒频率处于音频范围。例如当 $\lambda = 10\mathrm{cm}$，$v_r = 300\mathrm{m/s}$ 时，求得 $f_d = 6\mathrm{kHz}$。此时雷达工作频率为 3000MHz，目标回波信号频率为 3000MHz±6kHz，两者相差的百分比是很小的。因此要从接收信号中提取多普勒频率，需要采用差拍的方法，即设法取出 $f_0$ 和 $f_r$ 的差值 $f_d$。

1）连续波多普勒雷达

为取出收发信号频率的差频，可以在接收机检波器输入端引入发射信号作为基准电压，在检波器输出端即可得到收发频率的差额电压，即多普勒频率电压。这时的基准电压通常称为相参(干)电压，而完成差额比较的检波器称为相干滤波器。相干检波器是一种相位检波器，在其输入端除了加基准电压外，还有需要鉴别频率差或相对相位的信号电压。

图 7-25 给出了连续波多普勒雷达的原理组成方框图。

发射机产生频率为 $f_0$ 的等幅连续波高频振荡，其中绝大部分能量从发射天线辐射到空间，少部分能量耦合到接收机输入端作为基准电压。混合的发射信号和接收信号经过放大后，在相位检波器输出端输出其差拍电压，隔除直流分量后，将得到的多普勒频率信号送到终端指示器。

2）脉冲多普勒雷达

脉冲雷达是最常用的雷达工作方式。当雷达发射脉冲信号时，和连续发射时一样，运动

目标回波信号中产生一个附加的多普勒频率分量。所不同的是目标回波仅在脉冲宽度时间内按重复周期出现。

图 7-26 画出了利用多普勒效应的脉冲雷达方框图。

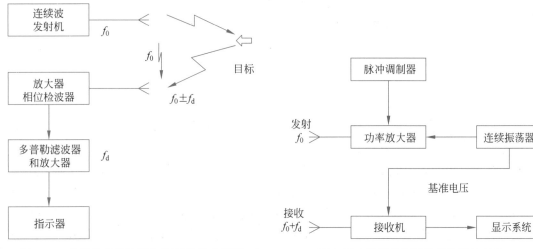

图 7-25  连续波多普勒雷达的原理组成框图    图 7-26  利用多普勒效应的脉冲雷达

和连续波雷达的工作情况相类比:发射信号按一定的脉冲宽度 $\tau$ 和重复周期 $T_r$ 工作。由连续振荡器取出的电压作为接收机相位检波器的基准电压。基准电压在每一重复周期均和发射信号有相同的起始相位,因而是相参的。

相位检波器输入端所加电压有两个:连续的基准电压 $u_k$ 和回波信号 $u_r$,且
$$u_k = U_k \sin(\omega_0 t + \varphi')$$
其频率和起始相位均与发射信号相同;
$$u_r = U_r \sin[\omega_0(t - t_r) + \varphi']$$
当雷达为脉冲工作时,回波信号是脉冲电压,只有在 $t_r < t < t_r + \tau$ 期间信号才存在,其他时间只有基准电压 $u_k$ 加在相位检波器上。经过检波器的输出信号为
$$u = U_0(1 + m\cos\varphi) \tag{7-3-26}$$

式中 $U_0$ 为直流分量,为连续振荡的基准电压经检波后的输出,而 $U_0 m \cos\varphi$ 则代表检波后的信号分量。在脉冲雷达中,由于回波信号为按一定重复周期出现的脉冲,因此 $U_0 m \cos\varphi$ 表示相位检波器输出回波信号的包络。对于固定目标来讲,相位差 $\varphi$ 是常数,即
$$\varphi = \omega_0 t_r = \omega_0 \frac{2R_0}{c} \tag{7-3-27}$$

合成矢量的幅度不变化,检波后隔去直流分量可得到一串等幅脉冲输出。对运动目标回波而言,相位差随时间 $t$ 改变,其变化情况由目标径向运动速度及雷达工作波长决定,即
$$\varphi = \omega_0 t_r = \omega_0 \frac{2R(t)}{c} = \frac{2\pi}{\lambda} 2(R_0 - v_r t)$$

合成矢量为基准电压 $u_k$ 以及回波信号相加。当速度 $v_r$ 为常数时,经检波及隔去直流分量后得到脉冲信号的包络为
$$U_0 m \cos\varphi = U_0 m \cos\left[2\pi \frac{2}{\lambda}(R_0 - v_r t)\right]$$

$$=U_0 m \cos\left(\frac{2\omega_0}{c}R_0 - \omega_d t\right)$$

$$=U_0 m \cos(\omega_d t - \varphi_0) \tag{7-3-28}$$

即回波脉冲的包络调制频率为多普勒频率。这相当于连续波工作时的取样状态,在脉冲工作状态时,回波信号按脉冲重复周期依次出现,信号出现时对多普勒频率取样输出。

脉冲工作时,相邻重复周期运动目标回波与基准电压之间的相位差是变化的,其变化量为

$$\Delta\varphi = \omega_d T_\tau = \omega_0 \frac{2v_r}{c}T_\tau = \omega_0 \Delta t_r$$

上式中 $\Delta t_r$ 为相邻重复周期由于雷达和目标间距离的改变而引起两次信号迟延时间的差别。距离的变化是由雷达和目标之间相对运动而产生的。

相邻重复周期延迟时间的变化量是很小的数量,但当它反映到高频相位上时,$\Delta\varphi = \omega_0 \Delta t_r$ 就会产生很灵敏的反应。相参脉冲雷达利用了相邻重复周期回波信号与基准信号之间相位差的变化来检测运动目标回波,相位检波器将高频的相位差转化为输出信号的幅度变化。脉冲雷达工作时,单个回波脉冲的中心频率亦有相应的多普勒频移,但在 $f_d \ll 1/\tau$ 的条件下(这是通常遇到的情况),这个多普勒频移只使相位检波器输出脉冲的顶部产生畸变。这就表明要检测出多普勒频率需要多个脉冲信号。只有当 $f_d > 1/\tau$ 时,才有可能利用单个脉冲测出其多普勒频率。对运动目标回波,其重复周期的微小变化 $\Delta T_r$ 通常均可忽略。

脉冲工作状态时,将发生区别于连续工作状态的特殊问题,即盲速和频闪效应。所谓盲速,就是目标虽然有一定的径向速度 $v_r$,但若其回波信号经过相位检波器后,输出为一串等幅脉冲,与固定目标的回波相同。这时的目标运动速度称为盲速。

频闪效应则是当脉冲工作状态时,相位检波器输出端回波脉冲串的包络调制频率 $f_d$ 和目标运动的径向速度不再保持正比关系。此时如用包络调制频率测速时将产生测速模糊。产生盲速和频闪效应的基本原因在于脉冲工作状态是对连续发射的取样,取样后的波形和频谱均将发生变化。

目前解决测速模糊的方法有两种:一种是硬件,即在雷达系统中增加双脉冲重复频率功能(DPRF);另一种是软件,即在雷达数据处理系统中设置判别及退速度模糊的程序。

**3. 动目标显示(MTI)与动目标检测(MTD)**

从上面分析可看出,当脉冲雷达利用多普勒效应来鉴别运动目标回波和固定目标回波时,与普通脉冲雷达的差别是必须在相位检波器的输入端加上基准电压(或称相参电压),该电压应和发射信号频率相同并保持发射信号的初相,在整个接收信号期间连续存在。这个基准电压是相位检波器的相位基准,各种回波信号均和基准电压比较相位。从相位检波器输出的视频脉冲,有固定目标的等幅脉冲串和运动目标的调幅脉冲串。通常在送到终端(显示器或数据处理系统)之前要将固定杂波消去,故要采用相消设备或杂波滤波器,滤去杂波干扰而保存运动目标信息。

早期的动目标显示(MTI)雷达性能不高,这是由多方面因素造成的,如锁相相参系统的高频稳定性不够,采用模拟迟延线时通常只能做一次相消且其性能不稳定,这时 MTI 滤波器的抑制凹口宽度不能和杂波谱宽度相"匹配",致使滤波器输出杂波剩余功率较大等。

近年来,动目标显示系统的性能迅速提高,一方面是由于低空突防或机载下视的需要,

迫切希望雷达能提高从强杂波背景下检测运动目标的能力,亦即提高系统的改善因子,另一方面是由于科学技术的飞跃发展,在客观上提供了这种可能性。

当雷达采用全相参的功率放大式发射机代替锁相相参的单级振荡器,或用信号处理的方法来改善锁相相参系统的高频稳定性后,雷达系统的高频稳定性有了明显的提高。在信号处理方面,在采用数字式迟延线代替模拟迟延线的数字动目标显示(DMTI)系统中,工作稳定可靠。再加上数字信号容易实现长时间的存储与迟延,因而能够采用高阶滤波器得到更合适的滤波特性。

依靠信号处理的潜在能力,再加上合理的系统配合,动目标显示(MTI)的性能还将进一步改善和提高:

(1) 增大信号处理的线性动态范围。

(2) 增加一组多普勒滤波器,使之更接近于最佳滤波。

(3) 能抑制地杂波(其平均多普勒频移通常为零),且能同时抑制运动杂波(如气象、鸟群等)。

(4) 增加一个或多个杂波图,有帮助检测切向飞行大目标等作用。

作了上述改进的系统称为动目标检测(MTD)系统,以区别于只有对消器的动目标显示(MTI)系统。

**4. 速度测量**

通过测量确定时间间隔的距离变化量可以测定目标运动的速度。但用这种办法测速需要较长的时间,且不能测定瞬时速度,测量的准确度较低,其数据只能作为粗测用。目标回波的多普勒频移是和其径向速度成正比的,因此只要准确地测出多普勒频移的数值和正负,就可以确定目标运动的径向速度和方向。下面分别讨论在连续波和脉冲雷达中测量多普勒频率(亦即测速)的方法。

**1) 连续波雷达测速**

由式(7-3-21)可知,当测出目标回波信号的多普勒频移后,即可换算出目标的径向速度。连续波雷达测速的原理框图如图 7-25 所示。连续波雷达测量多普勒频率的原理已讨论过。图 7-25 中相位检波器输出经低通滤波器,取出多普勒频率信号,送到终端测量和指示。低通滤波器的通频带应定义为:低频截止端用来消除固定目标回波,同时能通过最低多普勒频率的信号;滤波器的高频端则应保证能够通过目标运动时的最高多普勒频率。连续波测量时,可以得到单值无模糊的多普勒频率值。

但在实际使用时,这样宽的滤波器通频带是不合适的,因为每一个运动目标回波只有一根谱线,其谱线宽度由信号有效长度(或信号观测时间)决定。滤波器的带宽应和谱线宽相匹配,带宽过宽只能增加噪声而降低测量精度。如果采用和谱线宽度相匹配的窄带滤波器,由于事先并不知道目标多普勒频率的位置,因而需要较大量的窄带滤波器,依次排列,并覆盖目标可能出现的多普勒范围。根据目标回波出现的滤波器序号,即可判定其多普勒频率。如果目标回波出现在两个滤波器内,则可采用内插法求其多普勒频率。采用多个窄带滤波器测速时,设备复杂,但有可能观测多个目标回波。

图 7-25 所示为简单连续波雷达的组成框图。接收机工作时的参考电压为发射机泄漏电压,不需要本地振荡器和中频放大器,因此结构简单。但这种简单连续波雷达的灵敏度低,为改善雷达的工作效能,一般均采用改进后的超外差型连续波多普勒雷达,其组成框图

如图 7-27 所示。

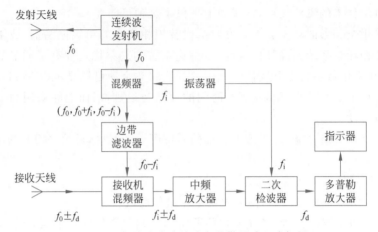

图 7-27　超外差式连续波多普勒雷达组成框图

　　限制简单连续波雷达灵敏度的主要因素是半导体的闪烁效应噪声,这种噪声的功率近似和频率成反比,因而在低频端即大多数多普勒频率所占据的音频段和视频段,其噪声功率较大。当雷达采用零中频混频时,相位检波器(半导体二极管混频器)将引入明显的闪烁噪声因而降低了接收机灵敏度。

　　克服闪烁噪声的办法是采用超外差式接收机,将中频 $f_i$ 的值选得足够高,使 $f_i$ 的闪烁噪声降低到普通接收机噪声功率的数量级以下。

　　连续波雷达在实用上最严重的问题是收发之间的直接耦合。这种耦合除了可能造成接收机过载或烧毁外,还会增大接收机噪声而降低其灵敏度。发射机由于颤噪效应、杂散噪声及不稳定等因素会产生发射机噪声,由于收发耦合,发射机的噪声将进入接收机而增大其噪声。因此要设法增大连续波雷达收发之间的隔离度。当收发要共用天线时,可采用混合接头、环流器等实现收发之间的隔离。

　　连续波多普勒雷达可用来发现运动目标并能单值地测定其径向速度。利用天线系统的方向性可以确定目标的角坐标,但简单的连续波雷达不能测出目标的距离。这种系统的优点是：发射系统简单,接收信号频谱集中,因而滤波装置简单,从干扰背景中选择动目标性能好,可发现任一距离上的运动目标,适用于强杂波背景条件(例如在灌木丛中运动的人或车辆)。由于最小探测距离不受限制,故可用来测量飞机、炮弹等运动体的速度。

　　2) 脉冲雷达测速

　　脉冲雷达是最常用的雷达体制。相参脉冲雷达可取出目标的速度信息,这时相当于连续波雷达的重复频率取样工作,它的原理已在前面讨论过。在 MTI 和 MTD 雷达中,主要是利用运动目标回波的多普勒频移来分辨运动目标和杂波,也可以利用回波的多普勒信息来测定目标的速度。

　　脉冲雷达测速和连续波雷达测速相似。为了能同时测量多个目标的速度并提高其测速精度,一般在相位检波器后(或在杂波抑制滤波器后)应串接并联的多个窄带滤波器,滤波器的带宽应和回波信号谱线宽度相匹配,滤波器组相互交叠排列并覆盖全部多普勒频率测量范围。用横向滤波或对输入回波串作离散傅里叶变换,可以实现在相参脉冲雷达中产生窄带滤波器组(离散傅里叶变换可用快速傅里叶变换来完成)。有了多个相互交叠的窄带滤波器,就可以根据目标回波出现的滤波器序号位置,直接或用内插法决定多普勒频移和相应的目标径向速度。

和连续波雷达测速不同的是,在取样工作后,信号频谱和对应窄带滤波器的频响均按雷达重复频率 $f_\tau$,周期也重复出现,因而将引起测速模糊。为保证测速不模糊,应满足

$$f_{\mathrm{dmax}} \leqslant \frac{1}{2} f_\tau$$

式中 $f_{\mathrm{dmax}}$ 为目标回波的最大多普勒频移。选择重复频率足够大,才能保证不模糊测速。因此在测速时,窄带滤波器的数目通常比动目标检测时所需滤波器数目多。

有时雷达重复频率的选择不能满足不模糊测速的要求,由窄带滤波器输出的数据是模糊速度值。要得到真实的速度值,应在数据处理机中采取相应的解速度模糊措施。

## 7.4 典型雷达系统

现代雷达体制种类繁多,分类的方式也比较复杂,按雷达信号形式分类有脉冲雷达、连续波雷达、脉冲压缩雷达、噪声雷达和频率捷变雷达等。按雷达采用的技术和信号处理的方式分为各种分集制雷达(例如频率分集、极化分集等)、相参积累和非相参积累雷达、动目标显示雷达、动目标检测雷达、脉冲多普勒雷达、合成孔径雷达、边扫描边跟踪雷达等。本节就以脉冲多普勒雷达和合成孔径雷达为例,介绍一下具体雷达系统的工作原理和应用。

### 7.4.1 脉冲多普勒雷达

脉冲多普勒雷达(Pulsed Doppler Radar,PD)是在动目标显示雷达基础上发展起来的一种新型雷达体制。这种雷达具有脉冲雷达的距离分辨率和连续波雷达的速度分辨率,有更强的抑制杂波的能力,因而能在较强的杂波背景中分辨出动目标回波。脉冲多普勒雷达是应用多普勒效应并以频谱分离技术抑制各类背景杂波的脉冲雷达。下面以机载 PD 雷达为例,介绍一下 PD 雷达的工作原理。

**1. 机载 PD 雷达原理**

机载脉冲多普勒雷达具有下视的功能,并能提高预警、空中格斗、对付低空突防目标和攻击地面目标的能力。脉冲多普勒雷达是截击机火力控制系统的重要组成部分。这种雷达除用于空中导航、机载火力控制、空中预警与指挥系统之外,还可用于导弹的主动式导引头和用于登月飞船中的着陆设备。

PD 雷达可以把位于特定距离上、具有特定多普勒频移的目标回波检测出来,而把其他的杂波和干扰滤除。PD 雷达的主要滤波方法是采用邻接的窄带滤波器组或窄带跟踪滤波器,把所关心的运动目标过滤出来。并且窄带滤波器的频率响应应当设计为尽量与目标回波谱相匹配,以使接收机工作在最佳状态。因此,PD 雷达信号处理部分比常规脉冲雷达和动目标显示雷达的信号处理要复杂得多。图 7-28 为典型机载 PD 雷达的原理框图。

当机载雷达发射机以一特定频率发射高频能量脉冲时,在同一距离门内接收的不同径向速度的目标回波有不同的多普勒频移。发射的脉冲信号频谱由载频和边频上的若干条离散谱线组成,是发射脉冲重复频率。频谱的包络由发射脉冲形状决定,通常采用矩形脉冲。接收站要从主波束杂波、垂线杂波和旁瓣杂波的杂波谱背景中分离出有用目标的谱线。接

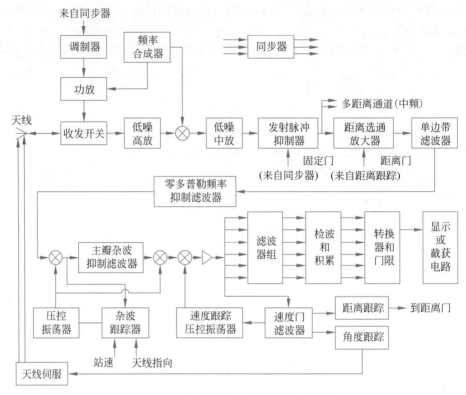

图 7-28　典型机载 PD 雷达的原理框图

收机中设有多个并联的距离门,每一距离门对应一个距离单元和一条相应的距离通道。每一距离通道中有一个单边带滤波器,通过滤波器后的频谱再经过窄带滤波器组取出所需运动目标回波的一根谱线。这样脉冲多普勒雷达不仅有测量和分辨距离的能力,而且还具有测量和分辨速度的能力。

　　单边带滤波器是一个带宽近似等于脉冲重复频率 $f_r$ 的带通滤波器,其主要作用是从回波频谱中只滤出单根谱线,从而使得后面的各种滤波处理在单根谱线上进行。这比在整个频谱范围上进行信号与杂波的分离要容易实现。

　　多普勒滤波器组是覆盖预期的目标多普勒频移范围的一组邻接的窄带滤波器。当目标相对于雷达的径向速度不同,即多普勒频移不同时,它将落入不同的窄带滤波器。因此,窄带多普勒滤波器组起到了实现速度分辨和精确测量的作用。

　　实现多普勒滤波器组可采用模拟和数字滤波技术,两种方法各有优缺点。采用模拟滤波器,由于体积、重量、精度及插入损耗等因素的限制,很难满足 PD 雷达高性能的技术要求。目前,由于数字技术的发展,多普勒滤波器组基本上都是采用数字滤波方法来实现。随着数字器件工作速度的不断提高,集成规模不断扩大,数字处理所具有的体积小、重量轻以及高精度、高可靠性、低功耗、适应性强等优点越来越突出。特别是近年来可编程的数字信号处理机的出现,使得一部数字信号处理机可以完成包括多普勒滤波在内的多种任务,并能满足 PD 雷达采用多种脉冲重复频率以及实现多种功能的要求。

　　**2. 机载 PD 雷达特点**

　　机载脉冲多普勒雷达主要由天线、发射机、接收机、伺服系统、数字信号处理机、雷达数据处理机和数据总线等组成。机载脉冲多普勒雷达通常采用相干体制,为了提高雷达在杂波谱中检测有用信号的能力,需要有极高的载频稳定度和频谱纯度,还要有极低的天线旁瓣和先进的数字信号处理技术。为了减少旁瓣杂波电平和主杂波在频域所占据的相对范围,脉冲多普勒雷达通常采用较高的重复频率。为了在全方位下视和上视方面都有较好的性能,雷达采用多种重复频率和多种发射信号形式。为了消除由于采用较高重复频率带来的测速、测距中的模糊问题(即多值性问题),还能发射多个不同重复频率的信号,在数据处理机中利用代数方法消除模糊。此外还可以应用滤波理论在数据处理机中对目标坐标数据作进一步滤波或预测。

现代机载脉冲多普勒雷达具有下列特点:

(1)采用可编程信号处理机,以增大雷达信号的处理容量、速度和灵活性,提高设备的复用性,从而使雷达在跟踪的同时能够进行搜索并改变或增加雷达的工作状态,使雷达具有对付各种干扰的能力和超视距识别目标的能力。

(2)采用可编程栅控行波管,使雷达能够工作在不同脉冲重复频率,具有自适应波形的能力,能根据不同的战术状态选用低、中或高三种脉冲重复频率的波形,获得各种工作状态的最佳性能。

(3)采用多普勒波束锐化技术获得高分辨率,在空对地应用中可提供高分辨率的地图测绘和高分辨率的局部放大测绘,在空对空敌情判断中可分辨出密集编队的群目标。

## 7.4.2 合成孔径雷达

雷达发展初期及现用的常规雷达,由于其分辨率较低,常将观测目标作为"点"目标处理。雷达的功能是对目标监测和跟踪。而现代雷达除了检测和测量目标坐标以完成对目标的监测和跟踪外,还要求能对目标进行分类和识别。以合成孔径雷达为代表的高分辨率雷达的出现实现了目标成像,使对目标的分类和识别成为可能。另外,用机载和空载雷达进行合成孔径测绘,能够获得观测对象的清晰图像,并提供关于地球资源的丰富信息,从而为地质、农业、气象和海洋学等领域服务。

雷达技术中角分辨率(在两坐标雷达中为方位分辨率或横向距离分辨率)经典概念的数学表达式为

$$\delta_r = \frac{\lambda}{D} R$$

式中 $\lambda$ 为波长,$D$ 为天线孔径,$R$ 为斜距。

提高方位分辨率的常规方法只有两条技术途径:一是采用更短的波长,二是研制尺寸更大的天线。但是这两个技术途径都是有限度的,对某些应用场合是不可取的。20 世纪50 年代,人们提出采用天线合成的方法来实现合成大孔径,即让雷达沿直线移动(此时目标不动),并在不同移动位置发射信号,然后对各处回波信号进行综合处理来达到方位分辨,这就是所谓 SAR 成像。采用这种合成孔径雷达技术的机载(空载)雷达称为合成孔径雷达(SAR)。

合成孔径雷达的概念是采用相干雷达系统和单个移动的天线模拟真实线性天线阵中所有天线的功能。单个的天线依次占据合成阵列空间的位置,如图 7-29 所示。在合成阵列里,在每个天线位置上所接收的信号,其幅度和相位都被存储起来。这些被存储的数据经过处理,再成像为被雷达所照射区域的图像。

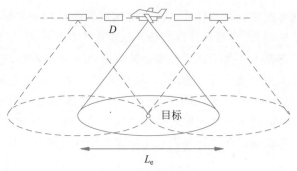

图 7-29　合成阵列结构示意图

SAR 的特征是在雷达移动而被测物(如地面)固定时能获得被测物的清晰图像。20 世纪 60 年代开始,人们根据 SAR 的理论和实践,发展了在一定条件下雷达固定而目标物体运动时获得目标清晰图像的理论和方法,这种工作方式常称为逆合成孔径雷达(ISAR),它对目标识别等方面具有重要意义。20 世纪 70 年代,通过理论上的进一步发展以及大规模集成电路和大容量高速电子计算机的问世,使微波成像雷达得以实现。SAR 和 ISAR 均属成像雷达范畴,它们的基本原理是一致的,但具体的工作方式、影响性能的各种因素及信息处理和获得图像的方法则有所不同。

SAR 的工作方式有正侧视、斜侧视、多普勒波束锐化和聚束定点照射等多种,但它们的基本原理是相同的。下面的论述以最常用的正侧视工作方式为例。正侧视时,天线波束指向垂直于平台运动方向。

### 1. 方位分辨率

任何遥感器要想获得地面图像,必须具备一定的空间分辨率。对 SAR 而言,空间分辨率包括距离分辨率和方位(角度)分辨率,一般情况下,这两种分辨率是不相同的。下面简要介绍一下方位(角度)分辨率的定义。

通常有两种方式定义分辨率,一种是以天线方向性函数 $F(\theta)$ 的半功率宽度来定义,另一种是以 $F(\theta)$ 的 $2/\pi$ 强度处的宽度来定义的,并称之为瑞利分辨率。

### 1) 真实孔径雷达

雷达采用实际孔径天线时,设阵天线长度为 $L$,均匀加权;在远场条件下,发射和接收均认为是平面波。若工作波长为 $\lambda$,来自偏离视轴(垂直于阵面)方向的信号在天线端口处的相位是位置的函数,如果设目标方向偏离视轴 $\theta$ 角,则回波信号的单程相位差 $\varphi(x)$ 为

$$\varphi(x) = \frac{2\pi}{\lambda} x \sin\theta \tag{7-4-1}$$

式中 $x$ 为接收点偏离相位基准点的位置。用 sin 函数表示的天线方向图函数 $F(\theta)$ 为

$$F(\theta) = \frac{1}{L} \int_{-L/2}^{+L/2} \exp[j\varphi(x)] \mathrm{d}x = \frac{\sin\left(\frac{\pi}{\lambda} L \sin\theta\right)}{\frac{\pi}{\lambda} L \sin\theta} \tag{7-4-2}$$

其功率方向图为

$$F^2(\theta) = \left[ \frac{\sin\left(\frac{\pi}{\lambda} L \sin\theta\right)}{\frac{\pi}{\lambda} L \sin\theta} \right]^2 \tag{7-4-3}$$

半功率点处(用归一化方向函数)为

$$\left[\frac{F(\theta)}{F(0)}\right]^2 = \left[\frac{\sin\left(\frac{\pi}{\lambda}L\sin\theta\right)}{\frac{\pi}{\lambda}L\sin\theta}\right]^2 = \frac{1}{2}$$

这是超越函数,其图解为

$$\frac{\pi}{\lambda}L\sin\theta = \pm 1.39\text{rad}$$

即

$$\sin\theta\Big|_{3\text{dB}} = \pm 0.44\frac{\lambda}{L}$$

对于小的波束宽度,即 $\frac{\lambda}{L}\ll 1$,可认为 $\sin\theta\approx\theta$,则得实际常用公式:

$$\theta\Big|_{3\text{dB}} = \pm 0.44\frac{\lambda}{L} \tag{7-4-4}$$

或单程半功率波束宽度为

$$\theta\Big|_{3\text{dB}} = 0.88\frac{\lambda}{L} \tag{7-4-5}$$

定义在 $2/\pi$ 处的瑞利分辨率为

$$\theta\Big|_{4\text{dB}} = \frac{\lambda}{L} \tag{7-4-6}$$

距离 $R$ 处角度分辨率用半功率点处波束宽度表示为

$$\delta r_\text{c}\Big|_{3\text{dB}} = R\theta\Big|_{3\text{dB}} = 0.88R\frac{\lambda}{L} \tag{7-4-7}$$

式中 $R$ 为目标距离。收发双程时,其半功率点分辨率可证明为

$$\delta r_\text{c}\Big|_{3\text{dB}}(\text{双程}) \approx 0.64R\frac{\lambda}{L} \tag{7-4-8}$$

2) 合成孔径雷达

SAR 有两种工作方式,一种是对回波信号作聚焦处理,另一种是非聚焦处理。对于合成阵而言,当目标处于无穷远处,其回波可视为平面波,而实际目标的距离往往不满足平面波照射的条件。对应于不同距离,目标回波的波前是半径不同的球面波。如果在接收机信号处理时,对不同距离的球面波前分别予以相位补偿,则对应于这样的处理称为聚焦处理。如果将合成阵各点上所接收的信号进行相参积累,在积累前不改变各点接收信号间的相位关系,即不加任何相位补偿,则这种情况称为非聚焦处理。

对于非聚焦处理,由于不对各种不同位置来的回波信号进行相位调整,则相应的合成孔径长度一定受到限制。设 $L_\text{e}$ 为非聚焦合成孔径长度,超过这个长度范围的回波信号由于其相对相位差太大,如果让它与 $L_\text{e}$ 范围内的回波信号相加,其结果反而会使能量减弱而不是加强,这是很容易用两个矢量相加的概念来理解的。如果两个矢量的相位差超过 $\pi/2$,则它们的和矢量可能小于原来矢量的幅度。

可以证明,非聚焦处理时 SAR 的方位分辨率为

$$\delta r_\alpha = \frac{\sqrt{R_0 \lambda}}{2} \tag{7-4-9}$$

式中 $R_0$ 为合成阵中心到目标的距离,$\lambda$ 为工作波长。

在聚焦处理中,给阵列中每个位置来的信号都加上适当的相移,并使同一目标的信号都位于同一距离门之内。

合成孔径长度由天线波束宽度所覆盖的长度 $L_e$ 所决定:

$$L_e = R\frac{\lambda}{D}$$

式中 $D$ 为实际天线孔径,$\lambda/D$ 为天线的瑞利方向图宽度。

合成阵列的有效半功率点波瓣宽度近似于相同长度的实际阵列的一半,则定义在 $2/\pi$ 处的瑞利分辨率为

$$\theta = \frac{\lambda}{2L_e}$$

合成孔径雷达的方位分辨率为

$$\delta r_\alpha = \theta \cdot R = \frac{1}{2}\frac{R\lambda}{R\lambda/D} = \frac{D}{2} \tag{7-4-10}$$

此时的方位分辨率与目标距离 $R$ 无关,而与实际天线尺寸 $D$ 成正比,这是完全不同于实际孔径天线的。

以 ERS SAR 为例,其分辨率可以达到 $6\,\mathrm{m}$,与真实孔径雷达相比方位分辨率提高了大约 $500$ 倍。

**2. SAR 的距离方程**

合成孔径雷达测绘工作时具有两个特点:回波是由地(海)面产生的面目标回波;聚焦处理时由一串相参脉冲积累后得到。下面具体讨论。

一般雷达方程的单个脉冲回波时的信噪比为

$$\frac{S}{N}\bigg|_d = \frac{P_t G^2 \lambda^2 \sigma}{(4\pi)^3 R^4 kT\Delta f L_d F_s} \tag{7-4-11}$$

式中 $P_t$ 为发射机辐射脉冲功率,$G$ 为天线增益,$\lambda$ 为工作波长,$L_d$ 为各种损失,$k$ 为波耳兹曼常数,$\sigma$ 为目标的有效截面积,$F_s$ 为系统噪声系数。

对面反射目标的有效截面积,在分辨单元内为

$$\sigma = \left(\frac{D}{2}\frac{ct_p}{2}\sec\beta\right)\sigma_0$$

式中 $D/2$ 为方位直线分辨率,$D$ 为实际天线孔径,$t_p$ 为脉冲宽度,$\beta$ 为侧视雷达波束俯角,$\sigma_0$ 为地面单位面积的散射系数。

飞机飞过时对目标的照射时间为 $\theta_{0.5}R/v$;$\theta_{0.5}$ 为单个天线半功率点波束宽度。在这个时间内,积累的脉冲数为

$$N_B = \frac{\theta_{0.5}R}{v}f_r = \frac{R}{v}f_r\frac{\lambda}{D}$$

式中 $f_r$ 为重复频率。

如果设这个分辨单元的反射回波保持相参,则 $N_B$ 个脉冲积累后,信噪比提高 $N_B$ 倍。

积累后的信噪比为

$$\frac{S}{N} = \frac{P_t G^2 \lambda^2}{(4\pi)^3 R^4 kT\Delta f L_d F_s}\left(\frac{D}{2} \cdot \frac{ct_p}{2}\sec\beta\right)\frac{R\lambda f_r}{vD} \cdot \sigma_0 \tag{7-4-12}$$

或

$$P_t = \frac{R^3 kT\Delta f L_d F_s 4^4 \pi^3}{ct_p\sec\beta G^2\lambda^3} \cdot \frac{S}{N} \cdot \frac{v}{f_r} \cdot \frac{1}{\sigma_0} \tag{7-4-13}$$

可见,合成孔径雷达的辐射功率与距离 $R$ 的立方成正比,与飞行速度成正比,与方位分辨率 $D/2$ 无关,而与距离分辨率成反比。

**3. SAR 的信号处理**

利用光学技术的 SAR 信号处理开始于 20 世纪 50 年代中期。在地面的光学工作台上,通过使用特殊的透镜和相干光源,可以将记录在 SAR 飞机胶卷上的雷达数据处理成为地图。这种类型的光学处理是常规的 SAR 成像方法。而目前 SAR 成像的趋势是向数字处理的方向发展。数字处理虽然十分复杂,但它的优点是精确性和灵活性。数字处理设备可装在载机(或其他运动平台)上,只要数字部件的运算速度足够快,则可在载机上作实时处理,而不像光学处理那样需等载机着陆后在地面室内进行。

作 SAR 数字信号处理时还需预先做运动补偿,以便去除运动平台非恒速、非直线运动以及由于气流影响产生的高低波动和左右摇摆等各种不规则分量,使输至大容量存储器中待处理的数据具有载机是等速、等高直线飞行的性质。

正侧视 SAR 常采用线性调频信号(LFM)来获得距离上的高分辨率。信号处理可用两种方式。一种是在距离向用模拟处理,例如用表面、声波器件作脉冲压缩,在方位向(横向)用数字处理;另一种是距离和方位均采用数字处理。运动补偿和聚焦等均可在数字处理中进行。横向处理时,聚焦相位校正应针对不同的距离作不同的校正,近距离目标回波线性调频斜率大,即二次方相位变化快;远距离目标回波线性调频斜率小,二次方相位变化慢。

SAR 图像的产生是二维处理的结果。数字化的 SAR 处理器常采用一系列的两个一维处理来实现,二维的相关(或匹配滤波)实现了斜距上的脉冲压缩和横向距离上的方位压缩。

**4. 具有代表性的合成孔径雷达**

1) 聚束模式 SAR

聚束模式 SAR,通过调整天线波束的指向,使波束始终"聚焦"照射在同一目标区域。由于实行了"聚焦"手段,增加了在方位向的合成孔径时间,由此可以得到较高的方位分辨率。显然,聚束结果使成像区域减少。然而,它获得超高方位分辨率,这在许多应用场合是非常有价值的。美国密执安环境研究所(ERIM)与空军共同开发聚束 SAR 数据采集系统,可以在几百米到几千米的区域范围内,获得距离和方位分辨率均达到 1m 的高分辨率图像。ERIM 与海军联合开发的 P-3ASAR 系统,方位分辨率达到 0.66m。美国 APG-76 雷达也有聚束 SAR 模式操作,方位分辨率为 1m。

2) 干涉式合成孔径雷达

最近 10 多年来,干涉式合成孔径雷达(IFSAR)技术已经成了一个新的研究热点,代表了 SAR 的又一发展方向。采用 IFSAR 技术实现了对目标的三维测量。获得干涉式 SAR 数据的方式有两种,一种是在一架飞机上使用两副天线,另一种是用一副天线进行重复轨迹飞行,这样就可以使用 SAR 相位测量来推断同一平面的两个或更多 SAR 图像间的距离差和距离变化,从而产生非常精确的地形表面剖面图。

### 5. 合成孔径雷达的应用

合成孔径雷达利用电子扫描的方式来代替机械式的天线单元辐射,让小天线也能够起到大天线的作用。SAR 是主动传感器,不依赖于太阳光及其光照条件,能够全天候工作。SAR 能有效地穿透某些掩盖物和伪装,具有防区外探测能力。SAR 的分辨率与距离无关,它不会随着距离的增加而降低。SAR 能够以很高的分辨率提供详细的地面测绘资料和图像,这种能力对于现代侦察任务至关重要。使用 SAR 可以完成自动目标识别,通过自动数据处理对目标进行识别、分类并按照其重要程度进行分级。

SAR 数据包含了地学工作者感兴趣的丰富信息,如地表粗糙度、地形特征、土壤湿度、植被类型等,因此在各类遥感地学分析研究中得到极为广泛的应用。例如在海洋学及海洋观测领域,SAR 可以全天时、全天候地对海面和极地海冰进行成像观测并取得连续的数据,这对于海洋运输、全球气候变化非常有益。SAR 图像对海面结构非常灵敏,可据此对风场、海浪和海流及其相互作用的行为、机制和结果进行定性定量分析。用多时相 SAR 图像对比不同时期的海岸带后向散射特性,进行海岸带调查,监测海岸的变迁。SAR 还可以用于船舶监测、海面溢油污染监测、海洋油气勘探普查以及监督管理水产养殖场的密度与规模等。

## 习题与思考题

1. 在测控系统中,雷达可以完成哪些测控任务?
2. 以脉冲雷达为例,简述雷达系统的基本组成。
3. 雷达终端显示器有哪些?
4. 简述脉冲法测距的基本原理。
5. 测角的方法可分为振幅法和相位法两大类,分别简述其原理。
6. 什么是多普勒效应?
7. 为什么合成孔径雷达的方位分辨率比常规雷达高?
8. 举例说明合成孔径雷达有哪些应用。

## 参考文献

1  丁鹭飞,耿富录.雷达原理[M].3 版.西安:西安电子科技大学出版社,2002.
2  焦中生,沈超玲,张云.气象雷达原理[M].北京:气象出版社,2005.
3  向敬成,张明友.雷达系统[M].北京:电子工业出版社,2001.
4  董庆,郭华东.合成孔径雷达海洋遥感[M].北京:科学出版社,2005.
5  George W,Stimson.机载雷达导论[M].吴汉平,等译.北京:电子工业出版社,2005.
6  Merrill I Skolnik.雷达手册[M].王军,译.北京:电子工业出版社,2003.
7  弋稳.雷达接收机技术[M].北京:电子工业出版社,2005.
8  中航雷达与电子设备研究院.雷达系统[M].北京:国防工业出版社,2005.
9  保铮,邢孟道,王彤.雷达成像技术[M].北京:电子工业出版社,2005.
10  王小谟,张光义.雷达与探测:现代战争的火眼金睛[M].北京:国防工业出版社,2000.

# 第 8 章

# 基于北斗卫星导航系统的测控技术

## 8.1 北斗卫星导航系统基本概念

1994年,我国启动了北斗卫星导航系统的研发工作,确定了系统的总体规划和技术路线。北斗卫星导航系统总投资规模庞大,根据公开资料显示,我国投入了数百亿人民币用于北斗系统的研发、建设和维护工作。2000年4月,北斗一号的两颗卫星发射成功,标志着北斗系统进入了实际建设阶段,同时标志着中国成为继美国GPS、俄罗斯格洛纳斯(GLONASS)之后世界上第三个拥有自主卫星导航系统的国家;2003年,北斗卫星导航系统开始向中国国内用户提供初步的导航定位服务;2011年起,首批组网卫星陆续发射,加速了北斗系统的全球部署进程;2018年12月发射的北斗三号卫星,进一步完善了北斗系统的全球覆盖能力和导航定位精度。下面对这一庞大系统的组成、特点和功能等分别作以简要介绍。

### 8.1.1 北斗系统的组成

北斗卫星导航系统(Beidou Navigation Satellite System,BDS)由空间段、地面段和用户段三个部分组成。空间段主要包括北斗卫星导航系统的工作卫星和备用卫星,运控段是地面控制系统,由一系列控制中心、测量站和时钟站组成,负责卫星的轨道控制、时间同步、信号传输等任务,用户段主要涵盖用户设备,包括各种接收机和终端设备,通过接收北斗卫星发出的信号,实现定位导航、时间同步等功能。

**1. 空间段部分**

2009年,北斗三号工程立项。与其他卫星导航系统不同,北斗三号系统采用混合星座模式,由24颗MEO卫星(地球中圆轨道卫星)、3颗IGSO卫星(倾斜地球同步轨道卫星)以及3颗GEO卫星(地球静止轨道卫星)三种不同轨道的30颗卫星组成,其星座分布如图8-1所示。其中,MEO构型设计为Walker星座,参数为24/3/1,轨道高度21 528km,轨道倾角55°;GEO卫星轨道高度35 786km,3颗卫星分别定点在东经80°、110.5°和140°;IGSO卫星轨道高度35 786km,轨道倾角55°,星下点轨迹与赤道交点地理经度为东经118°,3颗卫星相位差120°。卫星均采用长征系列运载火箭发射。

在BDS系统中,空间段的主要作用包括:

(1)向广大用户连续发送定位信息。

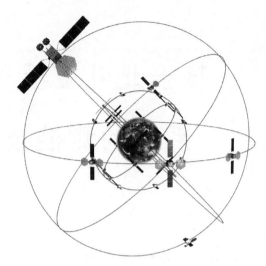

图 8-1　北斗三号星座示意图

（2）接收和存储由地面监控站发来的卫星导航电文等信息，并适时地发送给广大用户。

（3）接收并执行由地面监控站发来的控制指令，适时地改正运行偏差或启用备用卫星等。

（4）提供精密的时间标准。

（5）适时调整卫星的轨道、姿态状态，保证卫星平稳运行，同时确保卫星的天线指向地面用户，最大限度地接收地面信号。

**2. 地面段部分**

为了确保 BDS 系统的良好运行，地面段部分发挥了极其重要的作用。其主要任务是：监视卫星的运行；确定时间系统；跟踪并预报卫星星历和卫星钟状态；向每颗卫星的数据存储器注入卫星导航数据。

地面段由主控站、监测站和注入站组成。

1）主控站

主控站除负责管理和协调整个地面监控系统的工作外，其主要任务是根据本站和其他监测站的所有跟踪观测数据，计算各卫星的轨道参数、钟差参数以及大气层的修正参数，编制成导航电文并传送至各注入站；主控站还负责调整偏离轨道的卫星，使之沿预定轨道运行。必要时启用备用卫星以代替失效的工作卫星。

2）监测站

监测站是在主控站控制下的数据自动采集中心。其主要任务是为主控站提供卫星的观测数据。每个监测站对可见卫星进行连续观测，以采集数据和监测卫星的工作状况，所有观测数据连同气象数据传送到主控站，用以确定卫星的轨道参数。

3）注入站

注入站主要任务是在主控站的统一调度下，完成卫星导航电文、差分完好性信息注入和有效载荷的控制管理。

**3. 用户段部分**

北斗卫星导航系统的用户段是系统的重要组成部分，它负责接收来自卫星的导航信号，并为各类用户提供导航、定位、时间同步等服务。用户段主要包括接收机、用户终端设备、天线、用户应用软件等部分。

（1）接收机。接收机是用户端的核心设备，用于接收来自北斗卫星的导航信号。根据应用需求和环境不同，接收机可以分为车载接收机、船载接收机、航空接收机等多种类型。

（2）用户终端设备。用户终端设备是用户与北斗系统进行交互的终端设备，通常包括显示屏、操作界面、计算机处理单元等组件，用于实现导航、定位、信息传输等功能。

（3）天线。天线用于接收北斗卫星发射的导航信号，并将信号传输给接收机进行处理。天线的性能对接收信号的质量和定位精度具有重要影响。

（4）用户应用软件。用户应用软件是安装在用户终端设备上的应用程序，通过处理接收到的导航信号，实现各种导航、定位、路径规划等功能。

用户段主要的功能有：

（1）定位导航。用户段能够利用接收到的北斗卫星导航信号，实现精准的定位和导航功能。用户可以通过接收机和终端设备获取自身的位置信息，并根据导航指引进行导航。

（2）时间同步。用户段可以通过接收北斗卫星发射的时间信号，实现高精度的时间同步。这对于需要精确时间信息的应用，如通信、金融交易等领域尤为重要。

（3）服务应用。用户段可以通过接收北斗卫星导航信号，实现各种服务应用，如车辆监控、船舶追踪、航空导航、紧急救援等。用户可以根据自身需求，利用导航系统提供的服务进行相关应用。

（4）信息传输。用户段可以通过北斗系统提供的数据链路，进行信息传输和通信。用户可以利用导航系统建立的通信链路，进行数据传输、通信交互等操作。

（5）精准农业。用户段可以应用北斗导航系统进行精准农业，实现对农田、林地等农业资源的管理、监测和作业指导，提高农业生产效率和质量。

作为北斗卫星导航系统的重要组成部分，用户段的发展趋势主要包括以下几方面。

（1）多样化的终端设备。随着科技的发展和用户需求的不断变化，用户终端设备将越来越多样化。未来的用户终端设备可能会包括智能手机、车载终端、手持式导航仪、船载终端、航空导航设备等，以满足不同领域和行业的需求。

（2）高精度定位技术。随着卫星导航技术的不断进步和卫星系统的完善，未来的用户段将能够实现厘米级甚至毫米级的高精度定位，为精准农业、智能交通、航空航海等领域提供更精准的导航服务。

（3）智能化的用户应用软件。未来的用户应用软件将越来越智能化和个性化。基于人工智能、大数据等技术的应用软件将能够根据用户的行为习惯、偏好和需求，提供个性化的导航、路径规划、交通信息、场景推荐等服务，为用户提供更智能、更便捷的导航体验。

（4）融合多种导航技术。未来的用户段可能会融合多种导航技术，包括北斗系统、GPS、GLONASS等，以提高定位精度和可靠性。通过多导航系统的融合使用，用户段将能够在不同环境和条件下实现更稳定、更可靠的定位导航功能。

（5）更强的通信能力。除了定位导航功能外，未来的用户段将能够实现高速数据传输、实时通信、多媒体信息交互等功能，为用户提供更丰富的应用体验和服务。

## 8.1.2 北斗卫星导航系统的特点和用途

**1. 北斗卫星导航系统的特点**

1）高精度

根据全球连续监测评估系统的测算结果,北斗系统的全球实测定位精度均值为 2.34 米。通过差分定位技术的辅助,可以实现厘米级甚至毫米级的定位精度。测速精度上,相关资料显示,北斗三号基本系统全球跟踪站测速精度均值水平方向优于 0.07m/s,高程方向优于 0.10m/s。这种高精度的定位能力使得北斗系统在精密农业、地质勘探、精密测绘等领域有着广泛的应用。

2）多功能

北斗系统不仅具备定位导航功能,还可以提供时间同步、通信、数据传输等多种功能。用户可以通过北斗系统实现位置定位、时间同步、数据传输等多种应用,满足各种不同领域的需求。

3）操作方便简单

随着接收机的不断改进,北斗卫星导航系统测量的自动化程度越来越高,它的使用将更加方便。在观测中测量员的主要任务只是安置仪器、连接电缆线、量取天线高和气象数据、监视仪器的工作状态等,而其他工作如卫星的捕获、跟踪观测和记录等均由仪器自动完成。结束测量时,仅需关闭电源、收好接收机,便可完成野外数据采集任务。

如果在一个测站上需作较长时间的连续观测,有的接收机还可以实行无人值守的数据采集,通过数据通信方式,将所采集的数据传送到数据处理中心,实现全自动化的数据采集与处理。另外,现在的接收机体积也越来越小,相应的重量也越来越轻,使得携带和搬运都非常方便,极大地减轻了测量工作者的劳动强度。

4）服务领域广

北斗系统具有广泛的应用领域,涵盖了交通运输、农业、渔业、航空航海、紧急救援等多个领域。无论是城市出行、农田作业、船舶航行,还是紧急救援,北斗系统都能提供定位导航服务,为各种应用场景提供支持。

5）全天候定位

由于北斗卫星导航系统有 30 颗卫星,且分布合理,轨道高达 21 528km,保证了全球被连续覆盖,可以随时进行全球、全天候连续导航定位。

**2. 北斗卫星导航系统的用途**

北斗卫星导航系统投入使用,结束了长期单一依赖国外系统的历史,确立了中国在卫星导航领域的国际地位。通过多年的开拓实践,北斗导航已经在国防和经济社会建设中发挥显著效益,扭转了卫星导航受制于人的被动局面。2007 年,全球卫星系统国际委员会正式确认北斗为全球卫星导航四大核心系统之一,"中国北斗"成为一块让世界关注、让中国骄傲的民族品牌。

1）国防应用

北斗卫星导航技术服务部队,保障了国家安全和国防建设急需,提升了人民解放军完成多样化军事任务的能力。系统开通运行以来,分批成系统配发部队,在部队军事训练、抢险救灾、边防执勤、反恐维稳等方面得到广泛应用,成效显著。目前,解放军部队将北斗导航装备引入训练领域,为部队开展信息化训练提供了新手段,为创新战法训法提供了新模式。运用于抢险救灾、应急救援、反恐维稳行动,部队在复杂环境下执行非战争行动有了新保障。边防部队不断拓展北斗导航系统功能,实现了边防执勤动态管理和应急处突实时监控,开创了边防执勤的新局面。北斗卫星导航的独特优势和巨大潜能,对推动解放军信息化建设,完成多样化军事任务,增强军事能力提供了重要保障。

2) 中国时间保障电力畅通

电网是一个巨大的系统工程,要确保电厂、变电站的设备运转同步进行,必须首先要确保设备内部时钟的一致性。为了统一内部时钟,此前中国电力系统不得不把 GPS 作为主要的授时手段,通过 GPS 的民用频道向电力系统的电力自动化设备、微机监控系统、安全自动保护设备、故障及事件记录等智能设备提供授时信号,以实现电力系统的"同步"运行。

北斗卫星导航系统的系统时间称北斗时(BDT)。北斗时属原子时,起算历元时间是2006 年 1 月 1 日 0 时 0 分 0 秒(UTC,协调世界时)。BDT 溯源到中国协调世界时 UTC(即国家授时中心),与 UTC 的时差控制准确度小于 100ns。

基于中国北斗导航系统研制成功并投入使用的"北斗电力全网时间同步管理系统",结束了中国电力运行时间完全依赖 CPS 的历史,解决了电力系统时间同步应用中的三个难题:可靠的时钟源,全网时间同步管理,远程集中实时监测维护,有效保障了中国电力安全和国家安全。其管理系统如图 8-2 所示。

图 8-2 北斗电力全网时间同步管理系统

3) 灾害救援

北斗卫星导航定位系统近年来多次成功运用于灾害监测与救援行动。如在 2008 年的汶川地震救灾中发挥了突出作用。汶川大地震发生后,国家有关部门迅速将北斗一号终端机配备给一线救援部队。该终端不但可接收北斗卫星的导航信号,还可以用短报文的形式与指挥中心取得联系。指挥人员在监控中心可随时通过监控屏幕关注每个救援小组的位置信息,必要时也可以以短报文形式发出监控指令。

此外,通过对大量相关地物的定位普查并进行统计分析,也可以为开展救灾与灾后重建的指挥、调度、管理、统筹和各项决策提供依据,有利于将灾情信息 快速上报和共享。在灾后重建的交通、农业、卫生、房屋重建、灾害预防等各方面的野外工作中,利用北斗、GPS 的定位功能进行数据采集、计算(如长度、面积计算)和统计,可应用于整体或局部区域的决策、施工、综合治理。

4）农田监测

中国多数地区，尤其是西北地区普遍存在干旱缺水、耕作技术落后的现象。农业是新疆生产建设兵团的主要产业，水资源尤为宝贵。实施精准灌溉、精准施肥等精准农业技术，对数据采集和卫星定位技术有迫切的需求。土壤墒情是分析判断旱情最直接的指标，因此，土壤墒情信息采集系统成为旱情信息采集系统的关键组成部分。墒情信息采集点和旱情信息站作为旱情信息采集的基本单位，是信息采集系统的基础。2004 年，北斗系统被用于新疆生产建设兵团农田墒情数据采集。综合利用远程数据采集技术、北斗定位通信技术、地理信息技术和卫星遥感技术，实现了土壤含水量、温湿度和地理位置的实时监测、旱情综合分析、土地面积和距离丈量，为土壤墒情及地理位置等多维动态信息的实时采集及综合应用提供了全面和先进的解决方案。并且与滴灌系统相结合，用于对农田进行节水灌溉指导。其应用实例如图 8-3 所示。

图 8-3　北斗系统用于农田墒情数据采集

5）气象监测

为解决高寒地区和无人区的气象数据观测和传输问题，有关部门经过多年气象数字报文传输的应用实验，研制了一系列气象测报型北斗终端设备(见图 8-4)，并设计出实用可行的系统应用解决方案，解决了国家气象局和各地市气象中心的气象站数字报文自动传输汇集、气象站地图分布可视化显示功能。同时北斗设备也被逐步用于中国人工影响天气飞机作业领域，取得了明显的效果。

图 8-4　基于北斗的高寒地区气象监测站

## 8.1.3 其他卫星导航定位系统

除了北斗卫星导航定位系统以外,目前国际上还存在以下几种卫星导航定位系统。

**1. 全球导航定位系统 GLONASS**

该系统是苏联研制建成的,1982 年 10 月开始发射导航卫星,于 1996 年初建成。该系统与 GPS 极为类似,它由 24 颗卫星组成卫星星座(21 颗工作卫星和 3 颗在轨备用卫星),均匀分布在 3 个轨道平面内。卫星高度为 19 100km,轨道倾角为 64.8°,卫星的运行周期为 11h15min;卫星导航信号的载波频率为 $1.6 \times 10^3$ MHz 和 $1.2 \times 10^3$ MHz。其地面监控系统由主控站、监控站和注入站组成。其导航体制的特点是:

(1) 信号区分方式。GLONASS 采用频分制(FDMA),每颗卫星都发射同样的 PRN 码对,采用不同的频率发射。

(2) C/A 码。GLONASS C/A 码是最大长度码序列,其序列长度为 511 个基码,码速率为每秒 0.511 兆基码。

(3) 坐标系。GLONASS 采用的坐标系为 1990 年地球参数系统 PZ-90。

(4) 星历参数。GLONASS 的星历数据是直接采用直角坐标位置和速度分量表示。

(5) 时间系统。GLONASS 采用的时间系统为莫斯科 UTC(SU)。

**2. 全球定位系统(Global Position System,GPS)**

自 1974 年以来,GPS 系统的建立经历了方案论证、系统研制和生产试验等 3 个阶段,总投资超过 200 亿美元,这是继阿波罗计划、航天飞机计划之后的又一庞大的空间计划。1978 年 2 月 22 日,第一颗 GPS 试验卫星发射成功;1989 年 2 月 14 日,第一颗 GPS 工作卫星发射成功,宣告 GPS 系统进入了生产作业阶段;1994 年全部完成 24 颗工作卫星(含 3 颗备用卫星)的发射工作。其导航机制的特点是:

(1) 信号区分方式。GPS 采用码分制(CDMA),各卫星发射的载波频率相同,而用不同的伪随机噪声(PRN)码对。

(2) C/A 码。GPS 比 GLONASS 的 C/A 码长一半,而码速率又比 GLONASS 的 C/A 码高一半。

(3) 坐标系。GPS 采用的大地坐标系为 WGS-84。

(4) 星历参数。GPS 的星历数据是用轨道的开普勒根数给出,根据星历计算卫星在 WGS-84 坐标系中的直角坐标位置和速度分量。

(5) 时间系统。GPS 采用的时间系统为连续的时间系统 GPST。

**3. Galileo 卫星导航定位系统**

为打破美国全球定位系统独霸天下的局面,开创欧盟空间大地测量和航天事业的新阶段,2002 年 3 月欧盟 15 个成员国决定开始启动伽利略卫星导航定位系统计划。Galileo 系统由 30 颗(27 颗工作卫星+3 颗在轨备用卫星)Galileo 卫星组成,均匀分布在 3 个轨道上。

Galileo 系统的主要特点是多载频、多服务、多用户。它由民间组织控制,保证了服务的连续性和完好性。系统除了全球导航定位功能以外,还具有全球搜救功能,并提供系统完备性参数和系统错误警告等信息。Galileo 系统和 GPS、GLONASS 系统兼容,可以为用户提供多样的服务。

## 8.2　BDS时空参考系

时间系统和坐标系统是北斗卫星导航系统中不可或缺的两个要素,它们构成了系统的核心基础。时间系统提供了精确的全球时间标准,是导航信号传输和接收的基础。通过卫星间的时间同步和地面控制中心的时钟管理,北斗系统能够确保全球用户获取的时间信息具有统一的精度和一致性。与此同时,坐标系统则为用户提供了准确的位置信息,是导航定位的基础。通过地面控制中心和卫星间的精密计算和协同,北斗系统能够为用户提供高精度的三维定位服务,实现了在全球范围内的精准导航和定位。这两个系统的协同作用,确保了北斗卫星导航系统能够提供稳定、精准的导航服务,为各行各业的用户提供了重要的支持和帮助。

### 8.2.1　坐标系统

北斗系统采用北斗坐标系(BDCS)。BDCS的定义符合国际地球自转参考系服务(IERS)规范,采用2000中国大地坐标系(CGCS2000)的参考椭球参数,对准于最新的国际地球参考框架(ITRF),每年更新一次。下面介绍WGS-84大地坐标系和实际测量中经常使用的国家大地坐标系以及地方独立坐标系。

**1. WGS-84大地坐标系**

北斗星基增强系统(BDSBAS)采用的坐标基准为WGS-84(World Geodetic System)大地坐标系。它是一个地固坐标系,原点位于地球质心,Z轴平行于BIH1984.0时元(国际时间局于1984年定义的地球参考系)定义的协议地球极(CTP)方向,X轴指向BIH1984.0时元定义的零子午面和协议地球赤道的交点,Y轴与Z轴、X轴构成右手坐标系。WGS-84大地坐标系定义了地球形状的椭球模型。在这个模型中地球平行于赤道平面的横截面为圆,垂直于赤道平面的横截面为椭圆。

WGS-84椭球有关常数采用国际大地测量学和地球物理学联合会(IUGG)第17届大会对大地测量常数的推荐值,4个基本常数为:

(1) 长半轴 $\alpha = 6\,378\,137 \pm 2$(m);

(2) 地心引力常数(含大气层)$GM = (3\,986\,005 \pm 0.6) \times 10^8$ $(m^3 \cdot s^{-2})$;

(3) 正常化二阶带谐系数 $\bar{C}_{2.0} = -484.166\,85 \times 10^{-6} \pm 1.30 \times 10^{-9}$;

(4) 地球自转角速度 $\omega = 7\,292\,115 \times 10^{-11} \pm 0.1500 \times 10^{-11}$(rad/s)。

利用以上4个基本常数,可以计算出其他椭球常数,如第一偏心率 $e$、第二偏心率 $e'$ 和扁率 $\alpha$ 分别为

$$e^2 = 0.006\,694\,379\,990\,13$$
$$e'^2 = 0.006\,739\,496\,742\,27$$
$$\alpha = 1/298.257\,223\,563$$

**2. 国家大地坐标系**

国家大地坐标系是一种局部的参考坐标系。我国目前常用的两个国家大地坐标系是1954年北京坐标系和1980年国家大地坐标系。1954年的北京坐标系是20世纪50年代,我国在天文大地网建立初期采用克拉索夫斯基椭球元素,并与苏联1942年普尔科沃坐标系

进行联测,通过计算建立的大地坐标系。1980 年国家大地坐标系是我国为了进行全国天文大地网整体平差所采用的新椭圆元素,它的大地原点设在我国中部——陕西省泾阳县永乐镇。该坐标系是参心坐标系,椭球短轴 Z 轴平行于由地球地心指向 1968.0 地极原点的方向;大地起始子午面平行于格林尼治平均天文子午面,X 轴在大地起始子午面内与 Z 轴垂直指向经度零方向;Y 轴与 ZOX 面垂直并构成右手坐标系。椭球参数采用 1975 年国际大地测量与地球物理联合会第十六届大会的推荐值,4 个基本常数是:

(1) 长半轴 $a = 6\ 378\ 140 \pm 5 (\text{m})$;

(2) 地心引力常数(含大气层)$GM = (3\ 986\ 005 \pm 3) \times 10^8 (\text{m}^3 \cdot \text{s}^{-2})$;

(3) 正常化二阶带谐系数 $J_2 = (108\ 263 \pm 1) \times 10^{-8} (J_2 = -\bar{C}_{2.0} \times \sqrt{5})$;

(4) 地球自转角速度 $\omega = 7\ 292\ 115 \times 10^{-11} (\text{rad/s})$。

**3. 地方独立坐标系**

在我国许多城市和工程测量中,若直接采用国家坐标系,可能会因为远离中央子午线或测区平均高程较大,而导致长度投影变形较大,难以满足工程上或实用上的精度要求。对于一些特殊的测量,如大桥施工测量、水利水坝测量、滑坡变形监测等,采用国家坐标系在实用中很不方便。因此,基于限制形变、方便、实用、科学的目的,在城市和工程测量中,常常建立适合本地区的地方独立坐标系。

建立地方独立坐标系,关键是确定地方参考椭球与投影面。

地方独立坐标系隐含着一个与当地平均海拔高程面对应的参考椭球。该椭球的中心、轴向和扁率与国家参考椭球相同,其长半轴则有一改正量,其长半轴为

$$\begin{cases} a_1 = a + \Delta a_1 \\ \Delta a_1 = H_m + \xi_0 \end{cases}$$

式中,$H_m$ 为当地平均海拔高程,$\xi_0$ 为该地区的平均高程异常。

在地方投影面的确定过程中,应当选取过测区中心的经线或某个起算点的经线作为独立中央子午线;以某个特定使用的点和方位为独立坐标系的起算原点和方位,并选取当地平均高程面 $H_m$ 为投影面。

## 8.2.2　时间系统

在 BDS 测量中,时间系统是最重要、最基本的物理量,没有高精度的时间基准,就没有 BDS 定位。因此,了解有关时间系统的知识,对 BDS 应用来说是十分必要的。

时间系统包含有"时刻"和"时间间隔"两个概念。时刻是发生某一事件的瞬间,在天文学和卫星测量中,与所获数据对应的时刻称为历元。时间间隔是指发生某一现象所经历的过程,是这一过程始末的时间差,所以时间间隔测量也称为相对测量。

时间系统有其尺度(时间的单位)和原点(起始历元),只有把尺度和原点结合起来,才能给出统一的时间系统和准确的时间概念。

一般来说,任何一个周期运动,只要具备下列条件,都可作为确定时间的基准:

(1) 运动是连续的、周期的。

(2) 运动的周期具有充分的稳定性。

(3) 运动的周期具有复现性,即要求在任何地方和时间,都可以通过观测和实验复现这

种周期运动。

在实践中,由于所选用的周期运动不同,而产生了不同的时间系统。下面简要介绍 BDS 测量中涉及的几种主要的时间系统。

**1. 恒星时 ST(Sidereal Time)**

恒星时以春分点为参考点,由春分点的周日视运动所定义的时间系统为恒星时系统。其时间尺度为:春分点连续两次经过本地子午圈的时间间隔为一恒星日,一恒星日分为 24 个恒星时。恒星时以春分点通过本地子午圈时刻为起算原点,所以,恒星时在数值上等于春分点相对于本地子午圈的时角。

恒星时是以地球自转为基础的。由于地球自转轴在空间的指向是变化的,春分点在天球上的位置并不固定。对于同一历元所相应的真天极和平天极,有真春分点和平春分点之分。因此,相应的恒星时也有真恒星时和平恒星时之分。

**2. 平太阳时 MT(Mean Solar Time)**

由于地球围绕太阳的公转轨道为一椭圆,太阳的视运动速度是不均匀的,不宜作为建立时间系统的参考点,所以建立平太阳。该平太阳的运动速度等于真太阳周年运动的平均速度,且在天球赤道上作周年视运动。平太阳时的时间尺度为:平太阳连续两次经过本地子午圈的时间间隔为一平太日,一平太日分为 24 平太时。

**3. 世界时 UT(Universal Time)**

由于平太阳时的地方性,地球上不同经度圈上的平太阳时各不相同。地球上零经度子午圈(格林尼治子午圈)所对应的平太阳时且以平子夜为零时起算的时间系统,定义为世界时 UT。世界时与平太阳时的尺度相同,但起算点不同。1956 年以前,秒被定义为一个平太阳日的 1/86400。这是以地球自转这一周期运动作为基础的时间尺度。由于地球自转的不稳定性,在 UT 中加入极移改正即得到 UT1。由于高精度石英钟的普遍采用以及观测精度的提高,人们发现地球自转周期存在着季节变化、长期变化及其他不规律变化。UT1 加上地球自转速度季节性变化后得到 UT2。

**4. 原子时 ATI(International Atomic Time)**

随着对时间准确度和稳定度的要求不断提高,以地球自转为基础的世界时系统难以满足要求。20 世纪 50 年代,便开始建立以物质内部原子运动的特征为基础的原子时系统。原子时的秒长被定义为绝原子 C33 基态的两个超精细能级间跃迁辐射振荡 9192631170 周所持续的时间。原子时的起点,按国际协定取为 1958 年 1 月 1 日 0 时 0 秒(UT2)。就目前的观测水平而言,这一时间尺度是均匀的,它被广泛地应用于动力学作为时间单位,其中包括卫星动力学。

**5. 协调世界时 UTC(Coordinated Universal Time)**

原子钟发布的原子时,尺度更加均匀稳定,但它并不能完全取代世界时,因为在各种地球科学研究中,都涉及地球的瞬时位置,而世界时就是以地球自转为基础的。为得到与地球自转相一致的尺度均匀的时间系统,1972 年起建立了协调世界时(UTC)。UTC 采用原子时秒长,并使用闰秒的方法使其与世界时的时刻相接近,当 UTC 与世界时的时刻差接近 1 秒时,便在 UTC 中引入 1 闰秒(或正或负)。这样既保证了时间尺度的均匀性,又能近似地反映地球自转的变化。

## 6. GPS 时间系统

为了满足精密导航和定位的需要,GPS 建立了专用的时间系统,简称为 GPST。GPST 属于原子时系统,其秒长与原子时秒长相同,但原点不同。GPST 的原点于 1980 年 1 月 6 日 UTC 0 时。GPST 不跳秒,保持时间的连续。GPST 与原子时在任一瞬间均有 19 秒的偏差。

### 7. BDS 时间系统

北斗系统的时间基准为北斗时(BDT)。BDT 采用国际单位制(SI)秒为基本单位连续累计,不闰秒,起始历元为 2006 年 1 月 1 日协调世界时(UTC)00 时 00 分 00 秒。BDT 通过 UTC(NTSC)与国际 UTC 建立联系,BDT 与国际 UTC 的偏差保持在 50 纳秒以内。BDT 与 UTC 之间的闰秒信息在导航电文中播报。

## 8.3 BDS 定位原理

测量学中有测距交汇确定点位的方法,与其相似,无线电导航定位系统、卫星激光测距定位系统也是利用测距交汇的原理确定点位。就无线电导航定位来说,设在地面上有 3 个无线电信号发射台,其坐标为已知,用户接收机在某一时刻采用无线电测距的方法分别测得了接收机至 3 个发射台的距离 $d_1$、$d_2$ 和 $d_3$。只需以 3 个发射台为球心,分别以 $d_1$、$d_2$ 和 $d_3$ 为半径作 3 个定位球面,即可交汇出用户接收机的空间位置。如果只有 2 个无线电发射台,则可根据用户接收机的概略位置交汇出接收机的平面位置。

利用无线电测距交汇确定点位的方法,可以根据 3 个以上地面已知点(控制站)交汇出卫星的位置,反之也可以利用 3 颗以上卫星的已知空间位置交汇出地面位置点(用户接收机)的位置,这就是 BDS 定位的基本原理。

BDS 卫星发射测距信号和导航电文,导航电文中含有卫星的位置信息。用户用 BDS 接收机在某一时刻同时接收 3 颗以上 BDS 卫星信号,测量出测站点(接收机天线中心)P 至每颗卫星的距离并解算出该时刻 BDS 卫星的空间坐标,然后根据距离交会法解算出测站 P 的位置。依据测距的原理,BDS 定位方法分为伪距法定位、载波相位测量定位以及差分 BDS 定位等。对于待定点来说,根据其运动状态可以将 BDS 定位分为静态定位和动态定位。静态定位指的是对于固定不动的待定点,通过数分钟或更长时间的观测以确定该点三维坐标,又叫绝对定位。动态定位是指至少有一个待定点处于运动状态,测定的是各观测时刻(观测历元)运动中的待定点的绝对点位或相对点位。

### 8.3.1 BDS 卫星的广播信号

服务于用户位置确定的卫星无线电业务有两种。一种是卫星无线电导航业务(Navigation Satellite System,RNSS)由用户接收卫星无线电导航信号,自主完成至少到 4 颗卫星的距离测量,进行用户位置、速度及航行参数计算。另一种是卫星无线电测定业务(Radio Determination Satellite Service,RDSS)。用户至卫星的距离测量和位置计算无法由用户自身独立完成,必须由外部系统通过用户的应答来完成。其特点是通过用户应答,在完成定位的同时,完成了向外部系统的用户位置报告,还可实现定位与通信的集成,实现在同一系统中的 NAVCOMM 集成。

GPS 和 BDS 等系统是典型的 RNSS 系统,北斗系统通过北斗二号和北斗三号星座联合提供 RNSS 服务,其服务范围是全球范围地球表面及其向空中扩展 1000 千米高度的近地区域。

BDS 卫星播发的用于提供 RNSS 服务的空间信号有 5 个,分别为:

(1) B1C 信号。中心频率为 1575.42MHz,带宽为 32.736MHz,包含数据分量 B1C_data 和导频分量 B1C_pilot。数据分量采用二进制偏移载波(BOC(1,1))调制;导频分量采用正交复用二进制偏移载波(QMBOC(6,1,4/33))调制,极化方式为右旋圆极化(RHCP),其导航电文采用 B-CNAV1 电文格式。

(2) B2a 信号。中心频率为 1176.45MHz,带宽为 20.46MHz,包含数据分量 B2a_data 和导频分量 B2a_pilot,数据分量和导频分量均采用二进制相移键控(BPSK(10))调制,极化方式为 RHCP,其导航电文采用 B-CNAV2 电文格式。

(3) B2b 信号。该信号利用 I 支路提供 RNSS 服务,中心频率为 1207.14MHz,带宽为 20.46MHz,采用 BPSK(10)调制,极化方式为 RHCP,其导航电文采用 B-CNAV3 电文格式。

(4) B1I 信号。中心频率为 1561.098MHz,带宽为 4.092MHz,采用 BPSK 调制,极化方式为 RHCP,其导航电文采用 D1、D2 电文格式(由 MEO/IGSO 卫星发出的 B1I 信号采用 D1 电文格式,由 GEO 卫星发出的 B1I 信号采用 D2 格式)。

(5) B3I 信号。中心频率为 1268.52MHz;带宽为 20.46MHz,采用 BPSK 调制,极化方式为 RHCP,其导航电文采用 D1、D2 电文格式(由 MEO/IGSO 卫星发出的 B3I 信号采用 D1 电文格式,由 GEO 卫星发出的 B3I 信号采用 D2 格式)。

不同类型的卫星播发信号及导航电文类型的对应关系如表 8-1 所示。

表 8-1　信号类型、导航电文类型及卫星类型的对应关系表

| 信 号 类 型 | 导航电文类型 | 卫 星 类 型 |
|---|---|---|
| B1C | B-CNAV1 | BDS-3I<br>BDS-3M |
| B2a | B-CNAV2 | |
| B2b | B-CNAV3 | |
| B1I、B3I | D1 | BDS-2I、BDS-2M<br>BDS-3I、BDS-3M |
| | D2 | BDS2G、BDS-3G |

导航的电文信息主要包含的信息如下:

(1) 卫星星历参数,更新周期 1 小时;

(2) 卫星钟差参数,更新周期 1 小时;

(3) 群延迟时间改正(TGD),更新周期 2 小时;

(4) 电离层延迟改正参数,更新周期 2 小时;

(5) 卫星健康状态,根据卫星及空间信号当前状态实时更新;

(6) 完好性参数,根据卫星及空间信号当前状态实时更新;

(7) BDT-UTC 时间同步参数,更新周期小于 24 小时;

(8) 星座状况(历书信息),更新周期小于 7 天。

## 8.3.2　伪距测量原理

伪距测量是通过测量信号从卫星到接收设备的传播时间来确定距离的。信号从卫星发

射出后,经过大气层的传播,到达接收设备。接收设备测量信号的到达时间,并通过乘以光速来计算信号传播的距离。由于接收设备的时钟通常无法与卫星的时钟完全同步,因此这种距离的测量实际上是一个相对值,称为伪距。这种测量方法是卫星导航系统中常采用的定位原理,所测伪距还可以作为载波相位测量中解决模糊度的辅助资料。

BDS 卫星依据自己的时钟发出某一结构的测距码,该测距码经过 $\tau$ 时间的传播后到达接收机。接收机在自己的时钟控制下产生一组结构相同的测距码——复制码,并通过时延器使其延迟时间 $\tau'$,将这两组测距码进行相关处理,并调整延迟时间 $\tau'$,使相关函数 $R(\tau')$ 取得最大值。相关函数取最大值时对应的延迟时间 $\tau'$ 即为 BDS 卫星信号从卫星传播到接收机所用的时间 $\tau$。BDS 卫星信号是一种无线电信号,其传播速度等于光速 $c$,卫星至接收机的距离即为 $\tau'$ 与 $c$ 的乘积。

测定相关函数 $R(\tau')$ 的工作由接收机锁相环路中的相关器和积分器来完成,如图 8-5 所示。由卫星钟控制的测距码 $a(t)$ 在 BDS 时间 $t$ 时刻自卫星天线发出,经传播延迟 $\tau$ 到达 BDS 接收机,接收机接收到的信号为 $a(t-\tau)$。由接收机钟控制的本地码发生器产生一个与卫星发播信号相同的本地码 $a(t+\Delta t)$,$\Delta t$ 为接收机钟相对于卫星钟的钟差。经过码移位电路将本地码延迟 $\tau'$,送入相关器与所接收到的卫星广播信号进行相关运算,然后由积分器输出相关函数值。

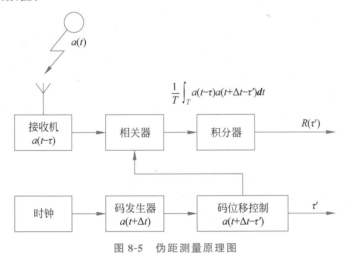

图 8-5 伪距测量原理图

当 $R(\tau')$ 取得最大值时,根据测距码自相关的特性可得

$$\tau' = \tau + \Delta t + nT$$
$$\rho = R + c\Delta t + n\lambda \tag{8-3-1}$$

式中,$\rho$ 为伪距测量值,$R$ 为卫星到接收机的几何距离,$T$ 为测距码的周期,$\lambda = cT$ 为相应测距码的波长,$n = 0, 1, 2, \cdots$ 是正整数,$c$ 是信号传播速度。

式(8-3-1)即为伪距测量的基本方程。式中 $n\lambda$ 称为测距模糊度。当测距码的波长小于测定的距离时,存在测距模糊度的问题。我们考虑波长远大于待测距离的情况,此时 $n=0$,在这种情况下,伪距为

$$\rho = R + c\Delta t \tag{8-3-2}$$

如果用 $T^j$ 表示卫星 $j$ 发射信号的 BDS 标准时,$t^j$ 表示卫星 $j$ 发射信号的钟面时间,

$T_k$ 表示接收机 $k$ 接收到该信号的 BDS 标准时，$t_k$ 表示接收机 $k$ 接收到该信号的钟面时间，$\delta t^j$、$\delta t_k$ 分别表示卫星钟与接收机钟相对于 BDS 标准时的偏差，则有

$$T^j = t^j - \delta t^j$$

$$T_k = t_k - \delta t_k$$

$$\tau' = t_k - t^j = (T_k - T^j) + (\delta t_k - \delta t^j) = \tau + \delta t_k - \delta t^j$$

由式(8-3-2)可知，伪距测量值 $\rho$ 是待测距离 $R$ 与钟差 $\Delta t$ 等效距离之和。钟差 $\Delta t$ 包含接收机钟差 $\delta t_k$ 与卫星钟差 $\delta t^j$，即 $\Delta t = \delta t_k - \delta t^j$，若再考虑到信号传播经电离层的延迟和大气对流层的延迟，则式(8-3-2)可改写为

$$\rho = R + c\delta t_k - c\delta t^j + \delta_{\rho I} + \delta_{\rho T} \tag{8-3-3}$$

式(8-3-3)即为所测伪距与真正几何距离之间的关系。式中，$\delta_{\rho I}$、$\delta_{\rho T}$ 分别为电离层和对流层的改正项。$\delta t_k$ 的下标 $k$ 表示接收机号，$\delta t^j$ 的上标 $j$ 表示卫星号。从式(8-3-3)可以看出，电离层和对流层改正可以按照一定的模型进行计算，卫星钟差 $\delta t^j$ 可以从导航电文中获取，而几何距离 $R$ 与卫星坐标 $(X^j, Y^j, Z^j)$ 和接收机坐标 $(X_k, Y_k, Z_k)$ 之间有如下关系：

$$R^2 = (X^j - X_k)^2 + (Y^j - Y_k)^2 + (Z^j - Z^k)^2 \tag{8-3-4}$$

式(8-3-4)中，卫星坐标可根据卫星导航电文求得，将式(8-3-4)代入式(8-3-3)，则有

$$\rho = \sqrt{(X^j - X_k)^2 + (Y^j - Y_k)^2 + (Z^j - Z^k)^2} + c\delta t_k - c\delta t^j + \delta_{\rho I} + \delta_{\rho T} \tag{8-3-5}$$

式(8-3-5)中包含接收机坐标 $(X_k, Y_k, Z_k)$ 三个未知数。如果将接收机钟差 $\delta t_k$ 也作为未知数，则共有 4 个未知数，这意味着接收机必须同时测定到 4 颗卫星的距离才能算出接收机的三维坐标值。式(8-3-5)可改写成

$$\sqrt{(X^j - X_k)^2 + (Y^j - Y_k)^2 + (Z^j - Z^k)^2} + c\delta t_k = \rho_k^j + c\delta t^j - \delta_{\rho I}^j - \delta_{\rho T}^j \tag{8-3-6}$$

式(8-3-6)即为伪距定位的观测方程组。

由于卫星 $j$ 与观测站 $k$ 之间的距离是随时间不断变化的，因此伪距测量值及各种误差项都是关于时间的函数，由式(8-3-5)可以得到测码伪距观测方程的常用形式为

$$\rho_k^j(t) = R_k^j(t) + c\delta t_k(t) - c\delta t^j(t) + \delta_{\rho k, I}^j(t) + \delta_{\rho k, T}^j(t) \tag{8-3-7}$$

其中

$$R_k^j(t) = \sqrt{[X^j(t) - X_k(t)]^2 + [Y^j(t) - Y_k(t)]^2 + [Z^j(t) - Z^k(t)]^2}$$

### 8.3.3 载波相位测量原理

北斗卫星导航系统中的载波相位测距是一种精密的测距方法，用于确定接收设备与卫星之间的距离。相比于伪距测量，载波相位测距具有更高的精度和更强的抗干扰能力。

**1. 基本原理**

载波相位测量的观测量是 BDS 接收机所接收的卫星载波信号与接收机本振参考信号的相位差。以 $\varphi^j(t^j)$ 表示卫星 $j$ 在钟面时刻 $t^j$ 发射的载波信号的相位值，以 $\varphi_k(t_k)$ 表示 $k$ 接收机在钟面时刻 $t_k$ 时所产生的本地参考信号的相位值，则 $k$ 接收机在接收钟面时刻 $t_k$ 时观测 $j$ 卫星所取得的相位观测量可写为

$$\Phi_k^j(t_k) = \varphi_k(t_k) - \varphi^j(t^j) \tag{8-3-8}$$

　　通常的相位或相位差测量只是测出一周以内的相位值,实际测量中,如果对整周进行计数,则自某一初始取样时刻 $t_0$ 以后就可以取得连续的相位测量值。

　　如图 8-6 所示,在初始 $t_0$ 时刻,测得小于一周的相位差为 $\Delta\varphi_k^j(t_0)$,其整周数为 $N_k^j(t_0)$,此时包含整周数的相位观测值应为

$$\varphi_k^j(t_0) = \Delta\varphi_k^j(t_0) + N_k^j(t_0) \tag{8-3-9}$$

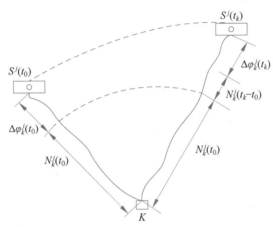

图 8-6　载波相位测量原理

　　接收机继续跟踪卫星信号,不断测定小于一周的相位差 $\Delta\varphi_k^j(t_k)$,并利用整波计数器记录从 $t_0$ 到 $t_k$ 时间内的整周数变化量 $N_k^j(t_k - t_0)$,只要卫星 $S^j$ 从 $t_0$ 到 $t_k$ 时间内的卫星信号没有中断,则初始时刻整周模糊度 $N_k^j(t_0)$ 就为一个常数,这样,任一时刻 $t_k$ 卫星 $S^j$ 到 $k$ 接收机的相位差为

$$\varphi_k^j(t_k) = \Delta\varphi_k^j(t_k) + N_k^j(t_0) + N_k^j(t_k - t_0) \tag{8-3-10}$$

上式说明,从第一次开始,在以后的观测中,其观测量包括了相位差的小数部分和累计的整周数。

**2. 载波信号的传播时间**

　　载波相位观测量是接收机(天线)和卫星位置的函数,只有得到了它们之间的函数关系,才能从观测量中求解出接收机(或卫星)的位置。由于卫星和用户接收机的空间距离在不断变化,传播时间也是变化的,因此首先需要讨论一下载波信号的传播时间实际观测值。

　　假设载波相位观测量是在理想的 BDS 下给出的,卫星 $j$ 与接收机 $k$ 的几何距离为 $R_k^j(T_k, T^j)$,$T^j$ 为卫星 $j$ 发射信号的 BDS 标准时,$T_k$ 为接收机 $k$ 接收到该信号的 BDS 标准时。将几何距离除以光速 $c$,在忽略大气折射影响的情况下,可以得到传播时间为

$$\Delta\tau_k^j = R_k^j(T_k, T^j)/c \tag{8-3-11}$$

星站间的几何距离 $R_k^j(T_k, T^j)$ 是关于 $T_k$ 和 $T^j$ 的函数,且

$$T^j = T_k - \Delta\tau_k^j \tag{8-3-12}$$

将式(8-3-12)代入式(8-3-11),可以发现,$\Delta\tau_k^j$ 本质上可以写成关于 $T_k$ 的单值函数。

　　将式(8-3-11)在 $T_k$ 处按泰勒级数展开,可得

$$\Delta\tau_k^j = \frac{1}{c}R_k^j(T_k) - \frac{1}{c}\dot{R}_k^j(T_k)\Delta\tau_k^j + \frac{1}{2c}\ddot{R}_k^j(T_k) \cdot (\Delta\tau_k^j)^2 - \cdots \tag{8-3-13}$$

对于 BDS 卫星来说,式(8-3-13)中 $\dot{R}_k^j$ 是指 BDS 卫星的径向加速度,$\frac{1}{2c}\ddot{R}_k^j$ 的数值非常小,因此可以将二次项及其以后的高次项略去不计。

实际上,由于接收机钟的钟面时刻 $t_k$ 相对于理想的 BDS 时 $T_k$ 存在钟差 $\delta t_k$,即

$$T_k = t_k - \delta t_k \tag{8-3-14}$$

将式(8-3-14)代入式(8-3-13)右端的前两项中,并再次在 $t_k$ 处展开成泰勒级数,略去其中影响微弱的高次项,整理后可得

$$\Delta \tau_k^j = \frac{1}{c} R_k^j(t_k) - \frac{1}{c}\dot{R}_k^j(t_k)\delta t_k - \frac{1}{c}\dot{R}_k^j(t_k)\Delta \tau_k^j \tag{8-3-15}$$

式(8-3-15)中 $\dot{R}_k^j(t_k)$ 是星站距离变化率。可以采用迭代法确定信号传播时间 $\Delta \tau_k^j$,若取一次迭代并略去 $\frac{1}{c}\dot{R}_k^j(t_k)$ 的平方项,可得

$$\Delta \tau_k^j = \frac{1}{c} R_k^j(t_k)\left[1 - \frac{1}{c}\dot{R}_k^j(t_k)\right] - \frac{1}{c}\dot{R}_k^j(t_k)\delta t_k(t_k) \tag{8-3-16}$$

考虑到卫星发射的载波信号受到大气电离层和对流层的折射影响,导致时间的延迟,卫星传播的实际时间为

$$\Delta \tau_k^j = \frac{1}{c} R_k^j(t_k)\left[1 - \frac{1}{c}\dot{R}_k^j(t_k)\right] - \frac{1}{c}\dot{R}_k^j(t_k)\delta t_k(t_k) + \frac{1}{c}\left[\delta_{\rho_{k,I}^j}(t_k) + \delta_{\rho_{k,T}^j}(t_k)\right] \tag{8-3-17}$$

式(8-3-17)中,$\delta_{\rho_{k,I}^j}(t_k)$ 和 $\delta_{\rho_{k,T}^j}(t_k)$ 分别为电离层和对流层在观测历元 $t_k$ 对卫星载波信号传播路程的影响。

**3. 载波相位测量的观测方程**

设在 BDS 标准时刻 $T^j$(卫星钟面时刻 $t^j$)卫星 $S^j$ 播发的载波相位为 $\varphi^j(t^j)$,接收机 $k$ 在钟面时刻 $t^k$ 时接收到它,此时接收机的参考信号相位为 $\varphi_k(t_k)$,则相位差为

$$\phi_k^j(t_k) = \varphi_k(t_k) - \varphi^j(t^j) \tag{8-3-18}$$

由于卫星钟与接收机钟相对于 BDS 标准时存在钟差,因此有

$$t^j = T^j + \delta t^j$$

$$t_k = T_k + \delta t_k \tag{8-3-19}$$

若卫星钟与接收机钟振荡器角频率均为 $f$,则相位与频率之间有如下关系:

$$\varphi(t + \Delta t) = \varphi(t) + f\Delta t \tag{8-3-20}$$

根据式(8-3-19)和式(8-3-20),式(8-3-18)可以改写为

$$\phi_k^j(t_k) = f(t_k - t^j) = f(T_k - T^j) + f(\delta t_k - \delta t^j) = f\Delta \tau_k^j + f(\delta t_k - \delta t^j) \tag{8-3-21}$$

在式(8-3-17)中,$\Delta \tau_k^j$ 综合考虑了接收机钟差和大气折射的影响,将式(8-3-17)代入式(8-3-21)中,并略去观测历元的下标 $k$,得到载波相位差的表达式为

$$\phi_k^j(t) = \frac{f}{c} R_k^j(t)\left[1 - \frac{1}{c}\dot{R}_k^j(t)\right] + f\left[1 - \frac{1}{c}\dot{R}_k^j(t)\right]\delta t_k(t)$$

$$- f\delta t^j(t) + \frac{f}{c}\left[\delta_{\rho_{k,I}^j}(t) + \delta_{\rho_{k,T}^j}(t)\right] \tag{8-3-22}$$

根据本节之前的分析,载波相位 $\phi_k^j(t)$ 可以表示为初始整周模糊度 $N_k^j(t_0)$ 与可观测量 $\varphi_k^j(t)$ 之和,即

$$\phi_k^j(t) = N_k^j(t_0) + \varphi_k^j(t) \tag{8-3-23}$$

则式(8-3-22)可以改写为

$$\varphi_k^j(t) = \frac{f}{c}R_k^j(t)\left[1 - \frac{1}{c}\dot{R}_k^j(t)\right] + f\left[1 - \frac{1}{c}\dot{R}_k^j(t)\right]\delta t_k(t) -$$

$$f\delta t^j(t) - N_k^j(t_0) + \frac{f}{c}\left[\delta_{\rho_{k,I}^j}(t) + \delta_{\rho_{k,T}^j}(t)\right] \tag{8-3-24}$$

式(8-3-24)即为载波相位测量的观测方程。

在相对定位中,如果基线较短(两测站的基线距离小于 20km),则式(8-3-24)中有关几何距离变化率 $\dot{R}_k^j(t)$ 的项可以忽略,式(8-3-24)简化为

$$\varphi_k^j(t) = \frac{f}{c}R_k^j(t) + f\left[\delta t_k(t) - \delta t^j(t)\right] - N_k^j(t_0) + \frac{f}{c}\left[\delta_{\rho_{k,I}^j}(t) + \delta_{\rho_{k,T}^j}(t)\right]$$

$$\tag{8-3-25}$$

根据关系式 $\lambda = c/f$,可以由式(8-3-25)得到测相伪距观测方程:

$$\lambda\varphi_k^j(t) = R_k^j(t) + c\left[\delta t_k(t) - \delta t^j(t)\right] - \lambda N_k^j(t_0) + \delta_{\rho_{k,I}^j}(t) + \delta_{\rho_{k,T}^j}(t) \tag{8-3-26}$$

应该指出的是,式(8-3-25)所示的瞬时载波相位观测量不仅包括了卫星钟差、接收机钟差及大气折射误差,同时还受到观测量误差的影响,这些误差模型的建立均非常复杂,难以十分完善。实践证明,在平差处理中引入过多的待求参数将降低解的精度,因此,只有在 BDS 卫星精密定轨跟踪网和大型精密定位网的条件下,才采用以瞬时相位差作为基本观测量的绝对定位方法。在实际中更多采用的是上述观测量的各种线性组合(即差分),因此它是载波相位测量的理论基础。

**4. 整周未知数 $N_k^j(t_0)$ 的确定**

确定初始整周未知数 $N_k^j(t_0)$ 是载波相位测量的一项重要工作。当初始整周未知数确定后,同步观测 3~4 颗卫星就可以进行定位测量。常用的确定初始整周未知数的方法有:伪距法、将整周未知数当作平差待定参数求解法(包括整数解和实数解)、多普勒法(三差法)以及快速整周未知数确定法等。下面对伪距法作以简要介绍。

伪距法是在进行载波相位测量的同时又进行了伪距测量,将伪距观测值减去载波相位测量的实际观测值(以长度为度量)后即可得到 $\lambda \cdot N_k^j(t_0)$。但由于伪距测量的精度较低,所以要有较多的 $\lambda \cdot N_k^j(t_0)$ 取平均值后才能获得正确的整波段数。

**5. 整周跳变**

由载波相位测量原理可知,任意时刻 $t_k$ 的载波相位测量的实际量值包含两部分:一部分是不足一整周的相位差 $\Delta\varphi_k^j(t_k)$,另一部分是整周计数部分 $N_k^j(t_k - t_0)$,它是从初始时刻 $t_0$ 至 $t_k$ 时刻为止用计数器逐个累计的整周数。加上初始时刻 $t_0$ 的整周数 $N_k^j(t_0)$,则 $t_k$ 时刻的整周数 $N_k^j(t_k) = N_k^j(t_k - t_0) + N_k^j(t_0)$。接收机在跟踪卫星过程中,整周计数部分应当是连续的。在整个观测时段,接收机对某个 BDS 卫星的载波相位测量的整周数只有初始时刻 $t_0$ 时的整周数 $N_k^j(t_0)$ 为未知数。如果在跟踪卫星过程中,由于某种原因,如卫星信号被障碍物挡住而暂时中断,或受无线电信号的干扰造成失锁,计数器就无法连续计数。

在这些情况下,当信号重新被跟踪后,整周计数就不正确。这种现象称为整周跳变。探测与修复整周跳变常用的方法有:高次差或多项式拟合法,在卫星间求差法,双频观测修正法以及根据数据处理后的残差探测和修复周跳等。

## 8.4 BDS 测量的误差分析

BDS 测量是通过地面接收设备接收卫星传送的信息来确定地面点的三维坐标。测量结果的误差主要来源于 BDS 卫星、卫星信号的传播过程和地面接收设备。表 8-2 给出了 BDS 测量的误差来源分类。

表 8-2　BDS 测量的误差来源分类

| 误 差 来 源 | |
| --- | --- |
| 卫星部分 | 星历误差;钟误差;相对论效应 |
| 信号传播 | 电离层;对流层;多路径效应 |
| 信号接收 | 钟误差;位置误差;天线相位中心变化 |
| 其他影响 | 地球潮汐;负荷潮 |

上述误差,按误差性质可分为系统误差与偶然误差两类。偶然误差主要包括信号的多路径效应,系统误差主要包括卫星的星历误差、卫星钟误差接收机钟误差以及大气折射的误差等。系统误差是 BDS 测量的主要误差源。

### 8.4.1 BDS 卫星误差

与卫星有关的误差包括卫星星历误差、卫星钟误差和相对论效应的影响等。

#### 1. 卫星星历误差

由星历所给出的卫星在空间的位置与实际位置之差称为卫星星历误差。

卫星星历的数据来源有广播星历和实测星历两类。广播星历是卫星电文中所携带的主要信息。它是根据地面控制中心跟踪站的观测数据进行外推,通过 BDS 卫星发播的一种预报星历。实测星历是根据实测资料进行拟合处理而直接得出的星历。它需要在一些已知精确位置的点上跟踪卫星来计算观测瞬间的卫星真实位置,从而动态获得准确可靠的精密星历。

卫星星历可以计算卫星误差,根据具体位置和速度等计算多个要素之间存在的实际偏差,通过卫星星历计算出结果也被称为卫星星历误差。进行星历误差计算的时候卫星位置存在的误差矢量反射到用户端,通过表现在测距域表现出来,而产生的误差能够对导航的精度造成一定影响。

减小星历误差的方法有:

(1)建立区域性卫星跟踪网。建立区域性 BDS 卫星跟踪网可以实现对 BDS 卫星的独立定轨。建立多个 BDS 跟踪站,可以根据计算出的精密星历进行高精度相对定位。

(2)轨道松弛法。在平差模型中,把卫星星历提供的卫星轨道作为初始值,视其改正数为未知数,通过平差同时求得测站位置及卫星轨道的改正数,这种方法就称为轨道松弛法。轨道松弛法具有一定的局限性,不宜作为 BDS 定位的基本方法,只能作为无法获得精密星历情况下采取的补救措施或在特殊情况下采取的措施。

（3）同步观测值法。将两个或多个测站上对同一颗卫星的同步观测值求差，以减弱卫星星历误差的影响。由于同一卫星的位置误差对不同测站同步观测量的影响具有系统性，所以通过求差可以把测站的共同误差消除。

**2. 卫星钟误差**

除了存在卫星相关误差之外，还有卫星钟差。卫星钟差种类比较多，如钟差、钟速、钟漂产生的误差和随机误差。北斗系统内部存在高精度的原子钟，在正常工作状态下能够保证北斗导航的精度的，正常处于稳定状态。星钟校正参数和地面基站符合之后注入卫星；但是卫星钟面时间、导航系统标准始终彼此之间差距比较大，因此需要根据相关的步骤来计算卫星钟差，从而更好评价卫星，保证精度的完整性。计算流程是提取出钟差参数之后，按照计算卫星相关误差的算法计算广播卫星的一次差均值钟差，之后计算广播卫星钟差、提取出钟差值，使用采样间隔插值。提取精密卫星钟差，两者做差得到一次差，减去广播钟差，得到卫星钟差值，用 T 表示。

**3. 相对论效应**

相对论效应是由于卫星钟和接收机钟所处的运动状态（运动速度和重力位）不同而引起卫星钟和接收机钟之间产生相对钟误差的现象。

由狭义相对论效应和广义相对论效应可得出这样的结论：卫星钟的频率比在地面上的同类钟的频率增加为 $4.449 \times 10^{-10}$ 倍。所以为了消除相对论效应的影响，在制造卫星钟时应预先把频率降为 $1/(4.449 \times 10^{-10})$。卫星钟的标准频率为 10.23MHz，生产卫星钟时，频率应为 $10.23\text{MHz} \times (1 - 4.449 \times 10^{-10}) = 10.22\,999\,999\,545\text{MHz}$。这样，当卫星钟进入轨道受到相对论效应的影响时，其频率正好为标准频率 10.23MHz。

## 8.4.2 信号传播误差

与信号传播有关的误差有电离层折射误差，对流层折射误差及多路径效应误差。

**1. 电离层折射误差**

所谓电离层，指地球上空距地面高度在 $50 \sim 1000\text{km}$ 的大气层。电离层中的气体分子由于受到太阳等天体各种射线辐射，产生强烈的电离，形成大量的自由电子和正离子。当 BDS 信号通过电离层时，如同其他电磁波一样，信号的路径会发生弯曲，传播速度也会发生变化。所以用信号的传播时间乘上真空中光速而得到的距离就不等于卫星至接收机间的几何距离，这种偏差叫电离层折射误差。

减弱电离层影响可以采取以下措施。

1）利用双频观测

电磁波通过电离层所产生的折射改正项 $d_{ion}$ 与电磁波频率 $f$ 的平方成反比，即电离层的改正项 $d_{ion}$ 为

$$d_{ion} = \frac{A}{f^2} \qquad (8\text{-}4\text{-}1)$$

$A$ 是一个与信号传播路径有关的常数，$f$ 为信号的频率（Hz）。如果用两个不同的频率发射卫星信号，它们将沿同一路径到达接收机，它们所对应的电离层改正项中的 $A$ 相同，而且除了电离层折射的影响不同外，其余误差影响都相同。

2) 利用电离层改正模型加以改正

对于单频接收机, 为了减弱电离层的影响, 一般采用导航电文提供的电离层改正模型加以改正。该模型把白天的电离层延迟看成是余弦波中的部分, 而把晚上的电离层延迟看成是一个常数。这种模型基本上是一种经验公式。

3) 利用同步观测值求差

利用两台 BDS 接收机在基线两端进行同步观测, 并将观测值求差, 则可以消除电离层延迟的影响, 其原因是卫星至两测站电磁波传播路径上的大气状况非常相近, 通过对同步观测量的求差可减弱大气状况的系统影响。

**2. 对流层折射误差**

对流层与地面接触并从地面得到辐射热能, 其温度随高度的上升而降低, BDS 信号通过对流层时, 也使传播的路径发生弯曲, 从而使测量距离产生偏差, 这种现象叫作对流层折射误差。

减弱对流层折射、改正残差影响的主要措施有：

(1) 直接在测站测定气象参数, 并用对流层模型加以改正。采用对流层折射改正模型可以减少 92%～95% 的对流层折射影响。

(2) 引入描述对流层影响的附加待估参数, 在数据处理中一并求得。

(3) 利用同步观测量求差。当两测站相距不太远时(<20km), 由于信号通过对流层的路径相似, 所以对同一卫星的同步观测值进求差, 可以明显地减弱对流层折射的影响。但是, 当两测站的距离增大时, 其有效性也随之降低。当距离大于 100km 时, 对流层折射的影响是限制 BDS 定位精度提高的重要因素。

**3. 多路径效应误差**

在 BDS 测量中, 如果测站周围的反射物所反射的卫星信号(反射波)进入接收机天线, 它将和直接来自卫星的信号(直接波)产生干涉, 从而使观测值偏离真值, 产生所谓的"多路径效应"。

多路径效应的影响是 BDS 测量的重要误差源。下面分析产生多路径效应的原因以及应当采取的措施。

1) 发射波

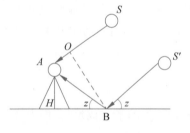

图 8-7 地面反射波

如图 8-7 所示, BDS 天线接收到的信号来自卫星的直接信号 $S$ 和经地面发射后的反射信号 $S'$ 产生干涉后的组合信号。这两种信号所经过的路径长度不同, 用 $\Delta$ 表示二者的程差, 则有

$$\Delta = BA - OA = BA(1 - \cos 2z)$$
$$= \frac{H}{\sin z}(1 - \cos 2z) = 2H \sin z \tag{8-4-2}$$

式中, $H$ 为天线距地面的高度。

反射波和直接波间的相位延迟为

$$\vartheta = \Delta \cdot \frac{2\pi}{\lambda} = \frac{4\pi H \sin z}{\lambda} \tag{8-4-3}$$

式中, $\lambda$ 为载波波长。

2）多路径效应对载波相位测量的影响

直接波信号可用式（8-4-4）表示：

$$S_d = U\cos\tilde{\omega}t \tag{8-4-4}$$

反射波信号的表达式为

$$S_r = \alpha U\cos(\tilde{\omega}t + \vartheta) \tag{8-4-5}$$

式中，$\alpha$ 为反射物面的反射系数。

天线实际接收的信号为直接波信号与反射波信号相叠加的信号，其表达式为

$$S = \beta U\cos(\tilde{\omega}t + \vartheta) \tag{8-4-6}$$

式（8-4-6）中，$\beta = (1 + 2\alpha\cos\vartheta + \alpha^2)^{1/2}$，$\varphi = \arctan\left(\dfrac{\alpha\sin\vartheta}{1+\alpha\cos\vartheta}\right)$，$\varphi$ 即为载波相位测量中的多路径效应误差。

削弱多路径误差的方法有：

（1）选择合适的站址。由于多路径效应与卫星信号的方向和反射物的反射系数有关，选择站址应遵循以下原则：

① 测站应远离大面积平静的水面；

② 测站不宜选择在山坡、山谷和盆地中；

③ 测站应离开高层建筑物。

（2）对接收机天线的要求：在天线中设置抑径板，通过调整抑径板的半径和高度，可以限制到达接收天线的反射信号，减弱多路径效应的影响；接收机天线对于极化特性不同的反射信号应该有较强的抑制作用。

## 8.4.3 接收机误差

与接收机有关的误差包括信号分辨误差、天线安置误差、接收机钟误差、天线相位中心位置偏差及载波相位观测的整周未知数。

**1. 信号分辨误差**

一般认为观测的分辨误差约为信号波长的1%，观测误差属于偶然误差，适当增加观测时间，可以明显减弱其影响。

**2. 天线安置误差**

接收机天线相位中心相对于测站标志中心位置的偏差称为天线安置误差，包括天线的置平和对中误差、天线高度量取误差。当天线高度为 1.6m，置平误差为 1.6°时，可能会产生 3mm 的对中误差。因此，在精密定位中，必须认真操作，尽量减少这种误差的影响。

**3. 接收机钟误差**

该误差是指接收机钟与卫星钟之间的误差。若接收机钟与卫星钟间的同步差为 $1\mu s$，则由此引起的等效距离误差约为 300m。

减弱接收机钟差的方法有以下几种。

（1）把每个观测时刻的接收机钟差当作一个独立的未知数，在数据处理中与观测站的位置参数一并求解。

（2）认为各观测时刻的接收机钟差是时间相关的，像卫星钟那样，将接收机钟误差表示为时间多项式，并在观测量的平差计算中求解多项式的系数。这种方法可以大大减少未知

数个数,该方法成功与否的关键在于钟误差模型的有效程度。

(3)通过在卫星间求一次差来消除接收机的钟差。

(4)在高精度的 BDS 定位中,可采用高精度的外接原子钟,以提高接收机时间标准的精度。

#### 4. 天线相位中心位置偏差

在 GPS 测量中,观测值都是以接收机天线的相位中心位置为准的,而天线的相位中心与其几何中心在理论上应保持一致。实际上天线的相位中心随着信号输入的强度和方向不同而有所变化,即观测时相位中心的瞬时位置(一般称为相位中心)与理论上的相位中心将有所不同,这种差别叫天线相位中心的位置偏移。这种偏差的影响,可达数毫米至数厘米。而如何减少相位中心的偏移是天线设计中的一个重要问题。

在实际工作中,如果使用同一类型的天线,在相距不远的两个或多个观测站上同步观测一组卫星,可以通过观测值的求差来削弱相位中心偏移的影响。这时,各观测站的天线应按天线附有的方位标进行定向,使之根据罗盘指向磁北极。

#### 5. 载波相位观测的整周未知数

在载波相位观测法中,由于接收机只能测定载波相位非整周的小数部分以及从某一起始历元至观测历元间载波相位变化的整周数,因而在测相伪距观测中存在着整周未知数的影响。另外在接收机对卫星信号进行跟踪的过程中,当卫星信号被阻挡或受到干扰时,接收机的跟踪可能中断(失锁)。当卫星信号被重新锁定后,载波相位的整周数不再是连续的,即发生整周跳变。整周未知数和整周跳变在精密定位中是非常重要的问题,需要进行特殊的处理。

## 8.5　典型应用

北斗卫星导航系统作为中国自主研发的全球卫星导航系统,不仅具备了定位、导航和时间服务的基本功能,还在多个领域展现出了广泛而深远的应用价值。在现代化社会中,北斗系统的应用已经渗透到了各个行业和领域,为人们的生产生活带来了诸多便利和改变。从智能交通、精准农业到航空航海、紧急救援,北斗系统正在以其精准、可靠的导航服务,助力着我国经济社会的发展和进步。下面以电力应急抢修指挥系统和全球救援系统为例,介绍BDS 技术的具体应用。

### 8.5.1　电力应急抢修指挥系统

电力设备在运行时,一旦出现紧急故障就会造成巨大经济损失,因此电力应急抢修指挥技术一直是工作人员的研究重点。随着科技水平的不断提升,人们对电力应急抢修指挥技术也提出了更高的要求,不仅要求指挥具备实时性,还要求其具备良好的故障定位能力,而满足这些要求的关键在于对电力应急抢修指挥技术做出优化和改进。北斗卫星导航系统的出现,为优化电力应急抢修指挥技术提供了技术支撑,基于此研发的电路应急抢修指挥系统,在提高了电力故障定位效果的同时,一定程度上降低了电力应急故障抢修时间与失负荷量。

电力应急抢修指挥系统采用北斗卫星通信导航平台作为硬件系统核心。当电力设备的运行发生紧急故障时,北斗卫星通信导航平台可以及时地判断故障类型和位置,然后规划前往故障点的最佳路径,同时安排不同的抢修方案。北斗卫星通信导航平台主要由监测模块、故障提取与转发模块、路径规划模块、调度中心模块构成,整体架构如图 8-8 所示。

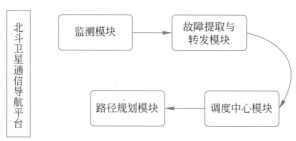

图 8-8　北斗卫星通信导航平台整体架构

1) 监测模块

监测模块由数据采集单元、监控单元、传输单元与北斗用户机构成,主要负责电力设备运行信息的双向报文通信。数据采集单元利用其中的行波传感器采集电力设备运行信号;监控单元负责判断信号的运行状态,运行异常的信号即为故障信号;传输单元则将故障位置、故障发生时间、故障频率以电子格式传输给故障提取与转发模块;北斗用户机主要负责信号的精准授时。其模块构成示意如图 8-9 所示。

图 8-9　监测模块构成示意图

2) 故障提取与转发模块

电力故障一般采用人工处理流程,这种传统的模式会造成故障检测的疏漏与延误,因此结合故障信号信息,北斗卫星通信导航平台通过故障提取与转发模块实时提取故障信号特征,解决电力设备重大故障、紧急故障、安全隐患的分工与协作处理问题。转发模块将提取的故障特征在第一时间内通知给路径规划模块,目的是缩短应急抢修时间。在这一模块中,北斗卫星系统使用了多种技术确保信息传输的准确性和可靠性:

(1) 信号接收与解调技术。接收设备通过接收北斗卫星发射的导航信号,然后进行解调和解码,以获取导航数据和授时信息。在这一过程中,采用了一系列的接收技术,包括射频前端设计、信号处理算法、解码器设计等。

(2) 数据压缩和加密技术。为了提高数据传输的效率和安全性,北斗系统采用了数据压缩和加密技术。数据压缩技术可以将数据进行压缩,减少传输数据量,提高传输效率;而数据加密技术可以对传输的数据进行加密,防止数据被非法获取和篡改,保障数据的安全性和完整性。

(3) 数据传输协议。北斗系统采用一定的数据传输协议来规范数据的交换和传输过程。常见的数据传输协议包括 NMEA-0183、RTCM、UBX 等。这些协议规定了数据的格式、结构和传输规则,确保数据的完整性和正确性。

3）路径规划模块

作为北斗卫星通信导航平台中的核心模块,路径规划模块是以故障点与线路之间的最短距离为目标的拓扑运算。在电力应急抢修指挥过程中,大多数情况下抢修车辆无法直接到达故障点,为了减短车辆的无效行驶线路,路径规划模块以实际测量的最佳点为基准构建数据库,并将该点作为最佳路径的目标点,从而事先规划应急抢修路径,提高抢修效率。这个模块涉及北斗卫星与地面控制中心的通信问题。

北斗短报文是北斗卫星导航系统的特色功能,区别于世界上的其他导航定位系统。北斗短报文可以在仅发布 40 个字信息的情况下,既能够定位,又能显示发布者的位置。北斗的双向通信功能双向通信就是指用户与用户、用户与中心控制系统间可实现双向简短数字报文通信,GPS 是只有单向的,这是 BDS 的优势。另外,在海洋、沙漠和野外这些没有通信和网络的地方,安装了北斗系统终端的用户,可以定位自己的位置,并能够向外界发布文字信息。短报文通信过程为:

（1）短报文发送方首先将包含接收方 ID 号和通信内容的通信申请信号加密后通过卫星转发入站;

（2）地面中心站接收到通信申请信号后,经脱密和再加密后加入持续广播的出站广播电文中,经卫星广播给用户;

（3）接收方用户机接收出站信号,解调解密出站电文,完成一次通信。与定位功能相似,短报文通信的传输时延约 0.5s,通信的最高频度也是 1s 1 次。

4）调度中心模块

调度中心模块利用北斗卫星通信导航平台完善的处理功能,从数据库中提取相关的故障信息、路径信息,然后通过对信息的排序、处理、分析来执行相应的应急抢修判决。其体系如图 8-10 所示。

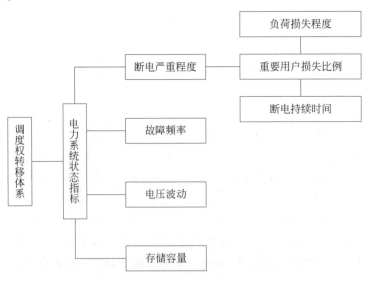

图 8-10　调度权转移体系

调度中心模块作为应急抢修指挥中心,通过将电力系统信息状态作为关键指标构建事件评价体系,采用信息熵算法与决策树识别调度状态,以安排相应的应急抢修决策。

## 8.5.2 北斗国际搜救应用

1) 场景描述

随着交通工具的日益发展,人们活动的范围逐渐增加,活动频率也随之增加,在航空、探险、海上航行的过程中,偶尔有丧失方向、遇险被困的情况发生。为了保护人类生命安全、减少财产损失、促进国际合作、维护人道主义精神,国际搜索和救援系统(COSPAS-SARSAT)于 1979 年由美国、苏联、法国和加拿大四国联合建立,并制定了相应的标准。目前主要为全球范围内各种船只、飞机以及个人提供有效的搜索与救援 SAR(Search And Rescue)服务。目前,该系统有超过 35 个成员国,1994 年中国也成为该组织的一员。国际搜索和救援卫星系统在全世界已经拯救了上万人的性命。该场景示意如图 8-11 所示。

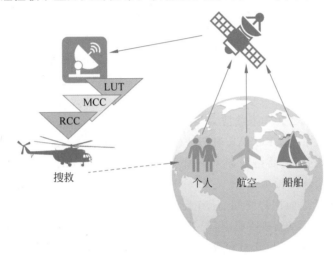

图 8-11 国际搜救示意图

MCC(Mission Control Center):任务控制中心,是负责指挥、协调和监督搜救行动的中心。MCC 通常由国家或地区的搜救组织设立,负责接收和处理来自信标或搜救呼叫的信息,并组织搜救力量进行实际的搜救行动。

LUT(Local User Terminal):地面用户终端,是指搜救区域内的接收设备,负责接收并解码来自信标或搜救呼叫的信息,并将这些信息传输至 MCC。LUT 通常由搜救组织或相关机构在搜救区域内设置,用于实时监测搜救信号和协助搜救行动。

RCC(Rescue Coordination Center):搜救协调中心,类似于 MCC,是负责协调和指挥搜救行动的机构。RCC 通常由海岸警卫队、航空局或相关的搜救组织设立,负责特定地区的搜救行动,协调搜救力量、资源和信息,以最大限度地提高搜救效率和成功率。

这些机构共同构成了国际搜救系统的重要组成部分,通过协同合作和信息共享,为搜救行动提供了组织和指挥的支持,保障了搜救行动的顺利进行和成功完成。

在国际搜救情景中,全球卫星搜索系统是重要的一环,该系统是全球范围的公益性卫星遇险报警系统,旨在提供准确、及时和可靠的遇险报警和定位服务,帮助搜救机构获取遇险信息,提高遇险船只、航空器和人员的搜救成功率。

国际搜救系统主要包括空间搜救载荷,地面的本地用户终端、任务控制中心和搜救协调中心,以及各类用户。其中,搜救载荷主要转发用户遇险信号,地面本地用户终端主要接收用户遇险信号进行位置确定,任务控制中心主要对用户的遇险信息进行分发,搜救协调中心主要开展救援实施。

在国际搜救中,多一种可靠的选择方案,遇险者就多一分脱险的希望。在 BDS 系统成熟后,按照国际海事组织及国际搜索和救援卫星系统标准,采用和 COSPAS-SARSAT 系统一样的中轨卫星——中圆地球轨道(MEO)卫星,共计 6 颗 MEO 卫星组成全球终归搜救系统,服务全球用户,从而极大提升搜救效率和能力。

2)北斗 SAR 实现机制

整个 SAR 功能的实现主要通过以下三部分完成:北斗 MEO 卫星、地面段和信标机。

① 北斗 MEO 卫星。卫星内安装有 406MHz 接收机、处理器和 1544.5MHz 下行链路发射机。卫星将接收到的地面通过 UMF 发射的 406MHz 报警信号的报文进行解调,完成多普勒频移的测量,将各种数据信息进行变换后,通过 1544.5MHz 发射机发回地面。

采用 MEO 而不采用 LEO、IGSO 和 GEO 卫星的原因是:LEO 卫星搜救使用类似于子午仪卫星定位系统方法的多普勒 s 曲线拐点来计算遇险信标的位置,GEO 搜救主要通过星座组网时差定位算法来进行定位,这两者的定位精度都不如 MEO 高。为了进一步提高精度,GPS、GALILEO 和 GLONASS 三大卫星导航系统达成协议建设中轨道全球卫星搜索与救援系统——MEOSAR,共同搭载搜索与救援载荷,并且在 2015 年左右完成部署,替代之前的低轨道卫星搜救系统 LEOSAR 和静止轨道卫星搜救系统 GEOSAR。

IGSO 和 GEO 卫星主要是服务于中国及周边区域的,而 MEO 卫星是服务于全球的,更有利于北斗加入全球搜救工作。

② 地面段:包括地面用户终端、任务控制中心、搜寻和营救协调中心等三部分。地面用户终端由天线、跟踪系统、接收机、信号处理器、显示器和计算机组成。从卫星上收到的有关信息和报文,通过通信接口送往任务控制中心,再转给搜寻和营救协调中心,以便组织营救。

③ 信标机:发出报警信号,可人工启动或者紧急情况自启动。当飞机遇难时,装在飞机上的信标机受碰撞会自启动发出报警信号。船舶上的信标机主要装在船舶驾驶台甲板上,一旦船舶遇难下沉到一定深度时,水压开关自动打开,信标机浮出水面,自动发出报警信号和遇难船舶呼号、识别码、遇险性质,甚至还有经纬度等报文信息,其技术标准要符合国际海事组织和 CCIR 有关规定。在探险、登山遇险或进入沙漠和森林迷路时,可通过个人携带信标机请求救助。所有信标机都配备足够电池,可供 48 小时发射报警信号。

3)北斗中轨搜救流程

险用户通过遇险信标发出 406MHz 的遇险信号,携带用户标识等遇险信息,通过卫星上的 SAR 载荷转发后,由分布在世界各地的本地搜救终端站进行多普勒测量定位,计算遇险目标的位置,并将这些信息发送给本地的搜救任务控制中心。本地的搜救任务控制中心将这些信息发送给本地的救援中心以及遇险信标所在国的搜救任务控制中心。通常由本地救援中心牵头协调救援实施。新一代信标标准也支持遇险信标利用 GNSS 确定自身的位置,该位置信息属于遇险信息的一部分。

4)北斗特色反向链路服务方案

此外,北斗 SAR 机制不仅具备提供符合全球卫星搜救系统要求的卫星搜救服务能力,还具备北斗特色反向链路服务能力。

① 反向链路的必要性。由于 SAR 载荷仅能提供前向链路告警服务,存在较多的虚假告警信息。由于不能提供确认信息,使得搜救的效率低下。利用 MEO 导航卫星的提供反向链路服务,可为遇险用户提供遇险信息的确认消息,可提升搜救效率、增加遇险用户的心理安慰,提升搜救成功率。目前国际搜救卫星组织已将反向链路作为一项先进功能,是国际搜救的热点方向。

② 北斗反向链路特色。目前除北斗系统具备反向链路服务外,国际上仅 GALILEO 和 GLONASS 系统支持该服务。北斗三号反向链路的特色主要体现在两方面:一是北斗三号利用国内的地面站及星间链路就可支持反向链路信息全球传输,不需要像 GALILEO 系统一样在全球范围建设数量众多的地面站来实现;二是采用支持确认等多种消息类型的 B2b (MEO/IGSO)导航信号播发反向链路信息,可与 GALILEO 和 GLONASS 系统的反向链路服务进行互操作。

③ 北斗反向链路流程。遇险用户通过遇险信标发射具备北斗反向链路请求的报警信号。本地搜救任务中心收到这些信息后,由其中的反向链路处理系统处理后,生成反向链路信息,并经北斗任务控制中心上注后,通过 B2b 导航信号将反向链路信息发送给遇险者。本地搜救任务中心也可接收救援中心发来的有关救援相关的信息。该流程如图 8-12 所示。

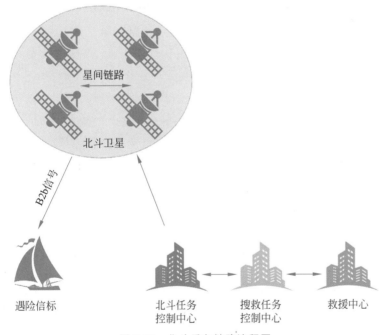

图 8-12　北斗反向链路流程图

## 习题与思考题

1. 简述 BDS 定位系统的构成,并说明各部分的作用。

2. BDS 卫星播发的用于提供 RNSS 服务的空间信号有哪几种? 它们分别符合什么电文格式要求?

3. 请描述除 BDS 以外广泛使用的其他导航定位系统,并简要形容其特点。

4. 简述伪距测量原理和载波相位测量原理。

5. 如何消除电离层误差、对流层误差对 BDS 测量定位所带来的影响？

6. 与接收机相关的误差包括哪几种？怎样削弱其影响？

7. 我国的 BDS 应用主要用于哪几个领域？结合本章内容谈谈 BDS 在测控领域的应用系统设计。

## 参考文献

1　高正浩,李航峰,何沛林,等.基于北斗卫星通信导航的电力应急抢修指挥系统设计[J].现代电子技术,2024,47(04):53-58.

2　赵留峰.北斗卫星导航定位系统在大地测量工程中的应用[J].科技创新与应用,2023,13(35):189-192.

3　GB/T 39473-2020,北斗卫星导航系统公开服务性能规范[S].

4　陈恺.北斗卫星导航系统误差分析与评估[J].时代汽车,2020,(19):18-19.

5　郭树人,蔡洪亮,孟轶男,等.北斗三号导航定位技术体制与服务性能[J].测绘学报,2019,48(07):810-821.

6　徐菁."北斗"卫星导航系统空间信号接口控制文件解读[J].国际太空,2013,(04):26-32.

7　杨元喜.北斗卫星导航系统的进展、贡献与挑战[J].测绘学报,2010,39(01):1-6.

# 第 9 章

# 基于微机电系统的测控技术

微机电系统(Micro Electro Mechanical Systems,MEMS)是一种将微型机械结构、微型传感器、微型执行器和微型电子电路集成在一起的系统。它通常由微机械制造技术、半导体加工技术和微电子技术等多种技术组合而成。微机电系统具有微型化、集成化、多功能化、低功耗和高性能的特点,具有广泛的应用前景和发展潜力,典型的微机电器件如图9-1所示。

MEMS生物传感器

MEMS陀螺仪

MEMS麦克风

MEMS加速度传感器

MEMS压力传感器

MEMS开关

图 9-1　各种 MEMS 器件

## 9.1　微机电系统概述

基于微机电系统的测控技术是一种利用微型机电传感器和执行器,结合微型电子电路、数字信号处理等技术,实现对物理量、环境参数进行监测、测量和控制的技术。这种系统具有体积小、重量轻、功耗低、成本低、响应速度快等优点,在工业、医疗、环境监测、航空航天等领域有着广泛的应用。

### 9.1.1　微机电系统基本概念

微机电系统的实质是将微型机械结构、微型传感器、微型执行器和微型电子电路集成在一起,形成一个具有集成化、互联性、功能多样性、低功耗高性能的微型系统。微机电系统的"微"具体体现在以下几方面。

微型尺寸:微机电系统中的各个组件通常具有微小的尺寸,尺寸范围在微米到毫米级别。例如,微型传感器、微型执行器和微型机械结构都可以在微米级别上进行设计和制造。

微型结构:微机电系统中的机械结构和器件通常具有微小的结构尺寸和微型化的特点。这些结构可以通过微纳加工技术制造,如悬臂梁、微型振膜、微型马达等。

微型制造工艺:微机电系统的制造依赖于微纳加工技术,这是一种可以在微米或纳米尺度上制造微型结构和器件的工艺。这些工艺包括光刻、薄膜沉积、腐蚀、离子注入等技术,可以实现对微型组件的精确加工和制造。

微型特性:微机电系统中的组件具有微型特性,如微小的惯性、微小的质量、微小的运动范围等。这些特性使得微机电系统具有快速响应、高灵敏度、低功耗等优点。

微型电子集成:微机电系统通常集成了微型电子电路,用于对传感器信号进行放大、滤波、数字化等处理,以及设计控制算法和系统,实现对测量参数的实时监测、分析和控制。

综上所述,微机电系统的微体现在其微型尺寸、微型结构、微型制造工艺、微型特性和微型电子集成等多个方面,这些特点使得微机电系统在各个领域都有着广泛的应用前景和发展潜力。

## 9.1.2 微机电系统的构成

微机电系统是一种集成了微型机械结构、微型传感器、微型执行器、微型电子电路、微纳加工技术的系统。微机电系统有以下几部分构成。

(1)微型机械结构。微机械结构是微机电系统的核心部件之一,它们通常由微米级别的材料制成,具有微小的尺寸和高度的集成度。这些结构可以是微型悬臂梁、微型振膜、微型马达、微型阀门等,用于执行各种机械运动和操作。例如,在微型振膜中,当施加电场或压电效应时,振膜会产生弯曲或振动,从而实现声音或振动的产生和传输。

(2)微型传感器。微型传感器是微机电系统的重要组成部分,用于检测和测量各种物理量、化学量或生物量。常见的微型传感器包括压力传感器、加速度传感器、温度传感器、湿度传感器、光学传感器等。这些传感器通常具有微小的尺寸、高灵敏度、快速响应和低功耗等特点。例如,压力传感器可以利用压电效应或电阻效应来测量介质的压力,并将压力转换为电信号输出。

(3)微型执行器。微型执行器用于控制微小物体的移动、位置调节、振动控制等功能。常见的微型执行器包括微型电机、微型阀门、微型喷嘴、微型反射镜等。这些执行器通常通过微小的电信号来控制,可以实现对微小尺度物体的精确控制和调节。例如,微型电机可以通过施加电场或磁场来实现转动,从而驱动微型机械结构的运动。

(4)微型电子电路。微型电子电路用于对传感器信号进行放大、滤波、数字化等处理,以及设计控制算法和系统,实现对测量参数的实时监测、分析和控制。这些电子电路通常集成在微机电系统中,与传感器和执行器相互配合,共同实现系统的功能。例如,集成在微机电系统芯片中的电子电路可以实现对传感器信号的放大和数字化处理,从而实现对物理量的精确测量和控制。

(5)微纳加工技术。微纳加工技术是制造微机电系统的关键技术之一,它是一种可以在微米或纳米尺度上制造微型结构和器件的技术。这些工艺包括光刻、薄膜沉积、腐蚀、离子注入等,可以实现对微型组件的精确加工和制造。例如,通过光刻技术可以在硅片上制造微型结构,通过薄膜沉积技术可以制备传感器和电子器件的薄膜,通过腐蚀技术可以实现微型结构的精确加工和雕刻。

综上所述,微机电系统的构成包括微型机械结构、微型传感器、微型执行器、微型电子电路和微纳加工技术等多个方面,这些组件相互配合,共同实现对物理量和环境参数的检测、测量和控制。微机电系统具有微小尺寸、高性能、低功耗、多功能等特点,在各个领域都有着广泛的应用前景和发展潜力。

## 9.2 典型微机电系统

典型的微机电系统包括各种传感器、执行器和系统,它们在不同的应用领域中发挥着重要的作用。典型的微机电系统包括微型加速度传感器、微型压力传感器、微型电机、微型惯性导航系统等。

### 9.2.1 微型加速度传感器

微型加速度传感器是一种用于测量物体加速度的传感器,广泛应用于汽车安全系统、智能手机、运动追踪器等设备中。这些传感器利用微机械结构和微电子电路实现对加速度的测量和转换。微型加速度传感器具有微小尺寸、高灵敏度、快速响应和低功耗等特点,适用于对物体运动状态进行监测和控制。

典型的微机电加速度传感器通常基于微型悬臂梁的设计。其结构包括微型质量块、悬臂梁和传感电极等部分。当受到外部加速度作用时,微型质量块会产生惯性力,导致悬臂梁发生微小的弯曲变形。这种变形会导致悬臂梁与传感电极之间的距离发生微小的变化,由于变形的存在将会有应力的产生,通过后续的处理电路,可将应力转换为电流(或电压)输出,只要计算出产生的电流(或电压)和所施加的加速度之间的关系,就可以将加速度转换为电信号输出。加速度传感器一般由敏感元件、交换元件、测量电路三部分组成,如图 9-2 表示,根据传感器敏感元件和转换元件的不同,加速度传感器可以分为电容式、压阻式、隧道式和热对流式等类型。

图 9-2 加速度传感器组成部件

**1. 电容式加速度传感器**

电容检测式微机械加速度传感器的基本工作原理可以描述如下:电容检测式微机械加速度传感器的敏感质量块和衬底之间分别固定了两组电极,这两组电极会形成一个平行板电容器。外界加速度产生惯性力作用于敏感质量块上,产生加速度,当加速度施加到微机械加速度传感器时,加速度传感器内部的质量块与加速度传感器会产生一个相对位移。此位移会引起待测电容两极板的正对面积或间距发生变化,从而导致电容值发生变化,通过检测电容变化量就可以检测出加速度。电容式传感器结构原理图如图 9-3 所示。

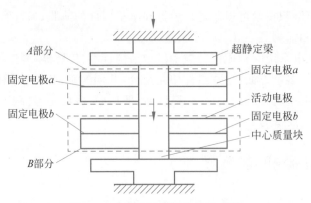

图 9-3 电容式传感器结构原理图

电容检测式微机械加速度传感器的优点是重复性好、灵敏度高、线性度高。缺点是用于检测的接口电路相对复杂。MEMS 梳齿电容式加速度传感器内部结构简图如图 9-4 所示。

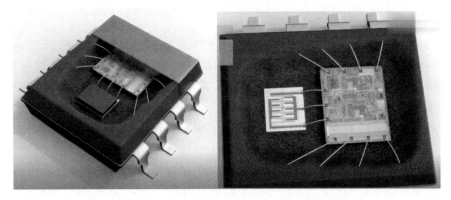

图 9-4　MEMS 梳齿电容式加速度传感器内部结构简图

**2. 压电检测式微机械加速度传感器**

压电检测式微机械加速度传感器是利用压电效应形成的,敏感质量块与压电晶体相连,并通过弹性结构与壳体相连。当加速度施加到微机械加速度传感器的敏感质量块上时,质量块会对压电晶体施加一个压力。外部加速度作用引起的惯性力通过敏感质量块间接传递到压电晶体,由于压电效应,在压电晶体上会产生一定量的与加速度成正比的电荷,通过检测该电荷量就可以得到输入到加速度传感器的加速度值。压电式传感器的原理如图 9-5 所示。

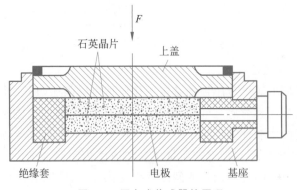

图 9-5　压电式传感器的原理

压电检测式微机械加速度传感器的优点是动态范围高、带宽宽、尺寸小、无须外部供电。它的缺点是无稳态响应和高输出阻抗、只能检测动态信号、输出阻抗高,对检测电路有较高要求。

**3. 压阻检测式微机械加速度传感器**

压阻检测式微机械加速度传感器是最早研制的微机械加速度传感器,它利用了半导体的压阻效应。压阻效应是指当半导体受到应力作用时,由于载流子迁移率的变化,使电阻率发生变化的现象。压阻检测式微机械加速度传感器一般做成悬臂梁形式,在悬臂梁末端有一质量块,可以将悬臂梁当作半导体电阻器,当悬臂梁在外界加速用下发生弯曲,质量块在外界加速度作用下就会产生位移。此时,由于悬臂梁的弯曲而引入的应力,会使悬臂梁上面的电阻器阻值发生变化。通过测量该电阻值的变化就可以得到敏感质量块所受的加速度。悬臂梁压阻式微传感器如图 9-6 所示。

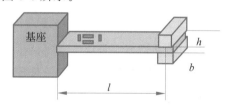

图 9-6　典型的压阻式微传感器——悬臂梁压阻式微传感器

压阻检测式微机械加速度传感器的优点是结构简单、芯片的制作比较容易、并且接口电路容易实现。它的缺点是温度系数比较大,和其他几类加速度传感器相比,灵敏度较低。

**4. 隧道式加速度传感器**

隧道式加速度传感器的基本原理是利用隧道效应:如果在距离非常接近的针尖与电极之间加上偏置电压,电子就会穿过两个电极之间的势垒,流向另一电极,形成隧道电流。如果将针尖做在悬臂梁支撑的质量块上,电极做在衬底上,外部加速度引起质量块与壳体之间的相对位移就会使针尖与电极隧道间距发生变化,隧道电流也随之发生改变。通过测量隧道电流的大小就可以得到外部作用在加速度传感器上的加速度值。

由于隧道与隧道间距之间是指数关系,隧道式加速度传感器可以在很小的尺寸下,实现高灵敏高分辨率。但是隧道间距必须非常小才能产生隧道电流,因此对工艺要求非常高。

除了上述几种检测方式的加速度传感器之外,还有光学式、热传导式、谐振式加速度传感器等。

## 9.2.2　微型压力传感器

微型压力传感器是一种用于测量气体或液体的压力的传感器,常用于汽车发动机控制、医疗监护、工业流体控制等领域。微型压力传感器利用微机械结构和微电子电路实现对压力的测量和转换,通过测量传感器内部的应变、电容或电阻等效应来实现对压力的测量。微型压力传感器具有高灵敏度、快速响应、低功耗和较小的体积等特点,适用于对气体或液体压力进行精确测量和监测。

MEMS 压力传感器根据不同的应用需求、不同的品类设计,有多种分类方式。行业内主流的分类方式有按照工作原理划分、按器件结构划分、按封装方式划分等。MEMS 压力传感器分类如图 9-7 所示。

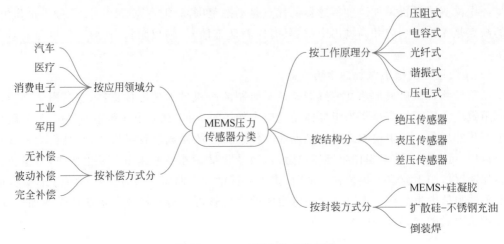

图 9-7　MEMS 压力传感器分类

　　典型的微机电压力传感器结构包括微型质量块、压电材料、薄膜或膜片等部分。当受到外部压力作用时,微型质量块会产生微小的位移,导致压电材料产生电荷变化。这些电荷变化可以通过测量电路检测到,从而实现对压力的测量和转换。不同种类的压力传感器的工作原理和特点如表 9-1 所示。

表 9-1　不同种类的压力传感器的工作原理和特点

| 种类 | 工 作 原 理 | 特　　点 |
|---|---|---|
| 压阻式 | 利用半导体材料(如单晶硅)的压敏电阻效应引起压敏电阻阻值变化,电桥失衡。基于电桥失衡量与被测电压的比例实现压力测量 | 灵敏度高,响应速度快;在宽范围的温度和压力下保持稳定性;适用于大量生产,具有较好的经济性。可能需要频繁地校准以抵消温度漂移;在高冲击和振动环境中可能不够稳定 |
| 电容式 | 由两个平行的导电板(电极)组成,压力变化引起电容量变化。基于电容量变化与被测压力的关系实现压力测量 | 优异的精度和稳定性,低漂移特性;不易受温度和环境变化的影响,适用于长期监测;结构复杂,成本相对较高。在存在大量粉尘或液体的环境中性能可能下降;需要保持导电板之间的绝缘,以避免性能退化 |
| 光纤式 | 光纤的一端是半反射镜,另一端是可移动的薄膜反射膜。当外部压力作用于薄膜时,光纤端面和可移动反射膜间的距离发生变化,从而改变两个反射面之间的光程差,引起干涉图案的变化。通过分析这些变化实现压力测量 | 免疫电磁干扰,适用于恶劣环境;高精度,高灵敏度;小型化,易于远程监测。光学元件和接口比较昂贵,增加了系统成本;光学系统复杂,需要精密的光学校准;光纤和感应膜的连接要求高 |
| 谐振式 | 利用谐振元件自然振动频率随外部压力变化而变化的特性。压力变化引起谐振频率变化。基于谐振频率变化量与被测压力的关系实现压力测量 | 精度极高,稳定性好;抗电磁干扰能力强;适用于宽压力范围。设计和制造难度较高;对温度和振动敏感;成本较高,维护要求严格 |
| 压电式 | 基于压电效应,即某些材料(如铝氮、氧化锌)在受到机械压力时会产生电荷,引起电荷变化。基于电荷变化与被测压力的线性关系实现压力测量 | 动态响应范围广,适用于瞬态压力监测;材料选择多样,如 AlN、PZT、ZnO;结构简单,易于集成。响应非线性,难以用于精确测量;长期稳定性和耐久性问题;需要复杂的电荷放大和处理电路 |

## 9.2.3 微型电机

微型电机是一种用于控制微小物体运动的执行器,常见于摄像头自动对焦、镜头稳定器、微型风扇等设备中。微型电机利用微机械结构和微电子电路实现对电能的转换和机械运动的控制。常见的微型电机包括直流电机、步进电机、振动电机等,通过电磁场或压电效应来实现转动或振动。微型电机具有微小尺寸、高效能、低功耗等特点,适用于对微小物体的位置调节、振动控制等应用场景。

微型电机通常采用了电动机的基本结构,包括转子、定子和电磁线圈等组件。其中,转子是连接到电动机轴上的旋转部件,定子是固定在电机外部的不动部件,电磁线圈则包裹在定子或转子上。微型电机的工作原理通常是利用电流通过电磁线圈产生的磁场与磁性材料之间的相互作用来实现转子的旋转运动。当给定子中的一个电磁线圈通电时,该线圈会产生一个磁场。转子上的磁极会被吸引到这个磁场,使得转子旋转一个固定的角度。当定子中的电磁线圈电流改变方向时,转子也会随之改变方向。通过逐步改变电磁场的方向和大小,就可以实现精确的转动控制。微型步进电机的步进角度与电磁线圈的数量和磁极的数量有关,通常步进角度为 1.8 度或 0.9 度,也有其他的步进角度可供选择。步进电机的转速与电压和电流大小有关,转速通常较低,适用于一些需要精确控制转角和转速的场合,如数码打印机、数控机床、医疗设备等。

## 9.2.4 微型惯性导航系统

微型惯性导航系统是一种集成了加速度计和陀螺仪的导航系统,常用于航空航天、自动驾驶汽车、无人机等领域。微型惯性导航系统利用微型传感器和微电子电路实现对物体的加速度和旋转率的测量和转换,进而计算出物体的位置、速度和方向。这些系统具有快速响应、高精度、低功耗等特点,适用于对复杂环境下的位置导航和姿态控制。

微型惯性导航系统通常由微型加速度计和微型陀螺仪两部分组成。微型加速度计用于测量物体的加速度,而微型陀螺仪用于测量物体的角速度(即旋转率)。这些传感器通过微电子电路与控制算法结合,实现对物体位置、速度和方向的测量和计算。

微型惯性测量单元的基本工作原理与常用的惯性导航器件相同,都是以牛顿力学定律为基础,通过测量载体运动的加速度、角加速度,经积分运算得载体的速度和位置信息。微型惯性测量单元的原理如图 9-8 所示,由 6 个微传感器组成,包括 3 个单自由度微陀螺传感器和 3 个微加速度传感器。这 6 个传感器安装在立方体的 3 个正交平面上,敏感轴相互垂直,构成测量体的三维坐标系。

微型加速度计采用微机械结构和电容式或压阻式传感原理,测量物体在各个方向上的加速度。当物体发生加速度变化时,微型加速度计会感知到这种变化,并将加速度转换为电信号输出。这些信号经过放大、滤波和数字化处理后,传输到控制系统中进行计算。微型陀螺仪采用微型机械结构和光学或电容式传感原理,测量物体的角速度。当物体发生旋转运动时,微型陀螺仪会感知到这种运动,并将角速度转换为电信号输出。这些信号经过放大、滤波和数字化处理后,传输到控制系统中进行计算。控制系统使用导航算法对加速度和角速度数据进行处理,计算出物体的位置、速度和方向。导航算法通常包括卡尔曼滤波、组合导航、惯性导航等方法,能够实现对复杂运动和环境的高精度定位和导航。

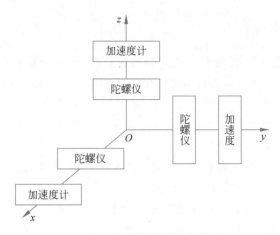

图 9-8　微型惯性测量单元

## 9.3　基于 Tanner Pro 的微机电系统的设计

为了帮助设计人员实现高效、高质量的集成电路设计,满足不同项目和需求的设计要求,提高设计的成功率和竞争力,需要使用专业的集成电路设计软件。下面就介绍一款经典的适合初学者的软件——Tanner Pro。

### 9.3.1　Tanner Pro 简介

Tanner Pro 是一套集成电路设计软件,它最大的特点是可以用于任何个人计算机,不仅具有强大的集成电路设计、模拟验证、版图编辑和自动布局布线等功能,而且图形处理速度快、编辑功能强、通俗易学、使用方便,适用于任何个人进行集成电路设计或其他微细图形加工的版图设计工作。

**1. Tanner pro 的设计工具及基本流程**

Tanner pro 的整个设计工具大体上可以归纳为两大部分:以 S-Edit 为核心的集成电路设计、模拟、验证模块和以 L-Edit 为核心的集成电路版图编辑与自动布图布线模块。

前者包括电路图编辑器 S-Edit、电路模拟器 T-Spice 和高级模型软件、波形编辑器 W-Edit、Net Tran 网表转换器、门电路模拟器 Gate Sim,以及工艺映射库、符合库 Schem Lib、Spice 元件库等软件包,构成一个完整的集成电路设计、模拟、验证体系,每一个模块互相关联又相互独立,其中 S-Edit 可以把设计的电路图转换为 SPICE、VHDL、EDIF 和 TPR 等网表文件输出,提供模拟或自动布图布线。

后者则是包括集成电路版图编辑器 L-Edit 和用于开发用的编辑界面 UPI、标准版图单元库以及自动布图布线 SPR、器件剖面观察器 Cross Section Viewer、版图的 SPICE 网表和版图参数提取器 Extract(LPE)等等。网表比较器 LVS 则用于把由 L-Edit 生成的版图反向提取的 SPC 网表和由 S-Edit 设计的逻辑电路图输出的 SPC 网表进行比较,实现版图检查、对照分析。L-Edit 除了拥有自己的中间图形数据格式(TDB 格式)外,还提供了两种最常用的集成电路版图数据传的格式(CIF 格式和 GDSII 格式)的输入、输出功能,可以非常方便地在不同的集成电路设计软件之间交换图形数据文件或把图形数据文件传递给光掩膜制造系统。

具体包括 S-Edit、T-Spice、W-Edit、L-Edit 与 LVS,各模块的主要功能如表 9-2 所示。

表 9-2    Tanner Pro 中各模块的主要功能

| 模　　块 | 功　　能 |
|---|---|
| S-Edit | 编辑电路图的电路图编辑器 |
| T-Spice | 对电路进行分析和模拟的电路图模拟器 |
| W-Edit | 显示 T-Spice 模拟结果的波形编辑器 |
| L-Edit | 用于编辑布局图、自动配置与绕线、设计规则检查、截面观察、电路转化的版图编辑器 |
| LVS | 电路图与布局图结果对比的网表比较器 |

使用 Tanner Pro 进行一个完整的集成电路设计,流程大致如下：首先将要设计电路先以 S-Edit 编辑出电路图,再将该电路图输出成 SPICE 文件,如果模拟结果有错误,再回 S-Edit 检查电路图,如果 T-Spice 模拟结果无误,则以 L-Edit 进行布局图设计。用 L-Edit 进行布局图设计后要以 DRC 功能做设计规则检查,若违反设计规则,再将布局图进行修改直到设计规则检查无误为止。将验证过的布局图转换为 SPICE 文件,再利用 T-Spice 模拟,若有错误,再回到 L-Edit 修改布局图。最后利用 LVS 将电路图输出的 SPICE 文件与布局图转换的 SPICE 的文件进行对比,若对比结果不相等,则回去修正 L-Edit 或者 S-Edit 的图。直到验证无误后,将 L-Edit 设计好的布局图输出成 GDSII 文件类型,再交由工厂去制作半导体过程中需要的光掩膜。使用 Tanner Pro 完整的集成电路设计流程如图 9-9 所示。

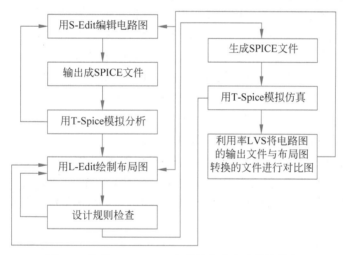

图 9-9    使用 Tanner Pro 完整的集成电路设计流程

**2. Tanner 集成电路设计工具简介**

1) S-Edit 电路图编辑器

S-Edit 电路图编辑器用来绘制电路图。Tanner EDA 格式的电路图是有等级结构的电路图。这种电路图是由模块组成。电路图模块的视图有两个模式：电路图模式和符号图模式。电路图模式由一个或多个页面组成,每个页面都是模块的电路图,由元件、连接,以及端口组成。电路图中的元件是其他模块的例化体。例化体指在某个模块(例化模块)中对其他模块(被例化的模块)的引用。最低等级的模块叫原始体。原始体的电路图页可以是空白的；在符号图模式中,模块被看成一个元件,有模块的外形和端口(管脚),同时还可以有模块的各种属性。顶级模块的符号图可以是空白的。电路图中的端口用来连接模块外的信号。电路图模式页面中的端口要与符号图中的相对应和匹配。高等级的电路图模块由较低等级模块的例化体组成。因为电路图的等级构造表示方法,以及表示电路图页面的内部数据范围,S-Edit 可以编制的电路图的复杂程度是没有限制的,只取决于计算机的容量。

2) T-Spice 电路模拟器

T-Spice 电路模拟器(简称 T-Spice)是 Tanner 公司提供的专门用来模拟电路的程序,可以对规模很大的复杂的模拟电路和模拟/数字混合电路进行精确的模拟。T-Spice 电路模拟器可以用来模拟 S-Edit 电路图编辑器输出的 T-Spice 网表。T-Spice 网表是用与H-Spice 兼容的 T-Spice 语言写成的。T-Spice 输入用 T-Spice 电路描述语言写成的输入文件后,便可以启动对输入文件的模拟。模拟中出现模拟窗口,显示模拟进程。模拟的结果用Tanner 专用的数据输出格式输出到后缀为 .out 的文本文件中。在 T-Spice 的文本文件窗口中可以创建,打开和编辑各种文本文件,还可以在打开的文件中插入各种 T-Spice 命令。利用 T-Spice 命令插入模板,可以在输入的 SPICE 文件中正确和方便地插入各种 T-Spice 命令,给用户带来极大的方便。

3) W-Edit 波形观察器

电路模拟产生的复杂数据的图形化对于电路的测试、理解,以及改进是十分关键的。W-Edit 波形观察器(简称 W-Edit)是一种易于使用,功能强大,反应快速的波形观察器。W-Edit 波形观察器与 T-Spice 电路模拟器紧密地集成在一起,用来观察 T-Spice 电路模拟器输出的模拟文件表示的波形。W-Edit 可以直接用 T-Spice 电路模拟器产生的数据绘图,无须对 T-Spice 电路模拟器的输出文本文做任何修改。输入到 W-Edit 的数字数据可以是文本文件或二进制文件。如在 S-Edit 中设置了波形探测,W-Edit 还可以观察在 S-Edit 中进行波形探测时产生的波形。由于能够把 W-Edit 波形观察器链接到正在运行的 T-Spice 模拟上,可以实现在模拟程序运行时结果的更新,用 T-Spice 电路模拟器在进行模拟时产生的数据动态地产生图表。W-Edit 波形观察器把包括图表、曲线、坐标轴,以及环境等内容的设置信息保存在后缀为 WDB 的 W-Edit 数据库文件中。

Tanner 公司的 S-Edit 电路图编辑器,T-Spice 电路模拟器,以及 W-Edit 波形观察器虽然没有集成在同一个窗口,但还是相互关联的:在 S-Edit 窗口可以打开 T-Spice 窗口和W-Edit 窗口,在 T-Spice 窗口可以打开 W-Edit 窗口。这在很大程度上方便了这些工具的使用。

4) L-Edit 版图编辑器

L-Edit 版图编辑器(下面称 L-Edit)是一种全功能、高性能、会话式的集成电路版图设计工具,能方便和快速地产生版图,支持完全等级结构设计,在我国已有很高的知名度。L-Edit 用内部单位存储版图数据。存储 X 和 Y 坐标的内部数据寄存器为 30 位。L-Edit 用文件(File),单元(Cell),例化体(Instance),以及原始体(Primitive)描述版图设计。一个文件由一个或多个单元组成,可以在 L-Edit 中同时打开多个文件。在典型情况下,同一文件中的单元可以在等级结构上相互关联;文件是相互独立的,例如不同的库文件。单元可以包含任意数目的原始体,例化体,或两者的组合。L-Edit 对于图层数、单元数、以及等级的级别数都无限制。图层是用于与制造过程的掩模相联系的,不同的图层可以方便地用不同的颜色和图案来表示。

**5) LVS 电路-版图比较器**

LVS(版图—电路图比较器)是一种网表比较工具,主要用来检查版图的正确性。广义上讲,LVS 可以比较两个 SPICE 网表,判别它们是否描述同一个电路。通常,一张 SPICE 网表是用 L-Edit 的 Extract(版图提取器)从版图提取中产生的,另一张网表是用 S-Edit 的网表输出功能从同一设计的电路图产生。如果 S-Edit 中的电路图已通过验证,利用 LVS,后一张网表可以作为判别前一张网表正确性的标准,实现线路图与版图的比较用 S-Edit 电路图编辑器设计的电路可以用模拟电路图输出的网表的方法来验证电路图的正确形,所以用设计正确的电路图的网表与从版图提取的网表比较,就可以判断版图设计的正确性。当两个网表不一致时,LVS 还能帮助确认和改正版图中错误。这是 LVS 的最大用处。同时,用这种方法还可以判别两个线路图或两个版图是否实现同一个电路。

## 9.3.2 S-Edit 使用步骤

S-Edit 的用户界面由标题栏、菜单栏、工作区、状态栏,以及工具栏组成,如图 9-10 所示。

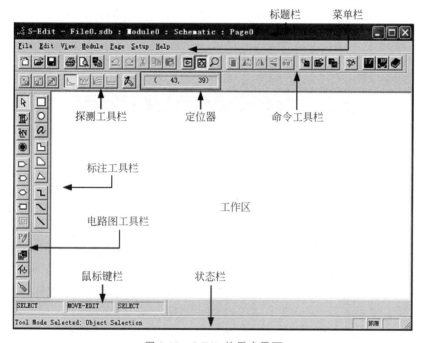

图 9-10 S-Edit 的用户界面

标题栏:在符号图模式下,标题栏显示当前文件和模块名称,以及信息"Symbol"(符号图);在电路图模式下,标题栏显示当前文件、模块、页的名称,以及"Schematic"(电路图)。

工具栏:可以用 View→Toolbar 命令显示或隐藏各个工具栏。对话框有 6 个复选框,每个复选框代表一个工具栏,即 Command Toolbar(命令工具栏),Schematic Toolbar(电路图工具栏),Annotation Toolbar(注释工具栏),Mouse Button Toolbar(鼠标键工具栏),Location Toolbar(定位工具栏),以及 Probing Toolbar(探测工具栏)。Toolbar(工具栏)对话框如图 9-11 所示。

图 9-11 Toolbar(工具栏)对话框

鼠标工具栏的左边、中间、右边的框分别说明鼠标的左、中和右键的功能。

状态栏：状态栏有以下功能：当鼠标指针放在某工具栏的某个工具上时，显示该工具的说明；当单个对象被选中时，显示被选对象的类型；当多个对象被选中时，显示被选对象的类型和数量；当鼠标指针放在菜单条上某菜单项命令时，显示该命令的说明；当探测设计时，显示波形探测运行的状态。

布图区：用作电路设计的区域称为布图区，布图区的当前可见部分称为工作区，在工作区中可以创建、观看、编辑对象。S-Edit 坐标系统实基于内部单位的。内部单位是一个抽象的单位，不代表任何物理尺寸。S-Edit 用定位单位来表示栅格和鼠标指针位置。用 Setup→Grid 命令来定义定位单位、可视栅格和鼠标跳跃格点与内部单位的关系。可以用 View→Grid 命令来显示或隐藏可视格点。坐标原点(0,0)用十字叉丝表示，用 View→Origin 命令来显示或隐藏原点。

下面通过介绍如何使用 S-Edit 编辑简单逻辑电路——反相器来讲解在设计过程中需要添加组件库以及引用相关模块的操作。

（1）准备工作：新建文件 Ex2，设置合适的环境，并添加组件库，S-Edit 本身附有 4 个组件库，均在 ..\Tanner\S-Edit\library 目录下(..为安装目录)，分别为 scmos. sdb，spice. sdb，pages. sdb，element. sdb；在 Module 菜单下拉列表中选择 Symbol Browser 命令，单击 Add Library 按钮，即可完成库的添加，如图 9-12 所示。

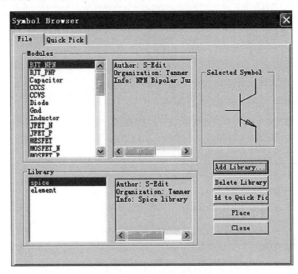

图 9-12　添加组件库

（2）引用模块：考虑到反相器会用到 NMOS，PMOS，Vdd，Gnd 这 4 个模块，所以直接从 spice 库中直接选择 MOSFET_N(对应 NMOS)，MOSFET_P(对应 PMOS)，Gnd，Vdd 也类似。

（3）编辑反相器：按照图 9-13 将各个器件连接好，输入输出端口均从 Schematic Tools 中选择。需要注意的是，在两对象相连接处，各节点上小圆圈消失即代表连接成功。

（4）建立反相器符号：前面所设计的均为电路设计模式，即 Schematic Mode；下面将要建立反相器的电路符号，以便于其被引用，首先将视图切换至符号模式，再利用 Annotation tools 画出如图 9-14 的符号，完成符号模式的设计。

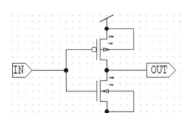

图 9-13 反相器电路图

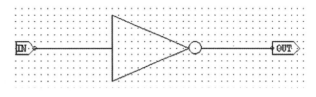

图 9-14 反相器符号

（5）更改模块名称：选择 Module 菜单下的 Rename 命令，重命名模块为 inv。

（6）设置输出：为了检验所画电路正确性，需要将电路图输出成 SPICE 格式，利用 T-Spice 进行分析。即利用 File 菜单下的 Export 选项。

### 9.3.3 T-Spice 使用步骤

以反相器为例利用 T-Spice 对其进行瞬时分析，让读者理解和掌握 T-Spice 的基本功能。

（1）准备工作：新建文件 Ex3.sdb，设置合适的环境。

（2）建立反相器的电路图：可以选择重新建立或者直接将上节所绘的反相器模块 copy 过来。方法如下：在 S-Edit 中同时打开 Ex2.sdb 和 Ex3.sdb，在 Ex3.sdb 的环境中选择 Module 菜单下的 copy 命令，在 Files 菜单中选择 Ex2.sdb，然后在 Select Module To Copy 列表框中选择 inv，单击 OK 按钮即可。注：虽然复制的是 inv 模块，但 inv 中所用到的 Vdd，MOSFET_N 等模块也将被复制过来，并且复制完成后需要重新打开 inv 模块。

（3）添加电源等测试模块：为了测试所画电路的正确性，需要在 inv 模块的基础上加入测试模块，本例中选择 Spice 库中的直流电压源 Source_v_dc 作为电路的工作电压源，另选取 Spice 库中的 Source_v_pulse 作为反相器输入信号，连接完成后整个电路图如 9-15 所示。

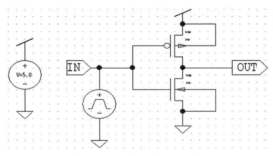

图 9-15 反相器瞬时分析电路

（4）更改模块名称并输出文件：为便于确认，更改模块的名称为 inv_tran，输出成 SPICE 文件 inv_tran.sp，并用 T-Spice 打开。要将设计好的 S-Edit 电路图转换为 SPICE 格式有两种方法：①单击 S-Edit 右上方的 ▩，则系统自动将现有文件输出成 SPICE 格式，并直接用 T-Spice 打开；②选择 File 菜单下 Export 命令输出文件，然后再用 T-Spice 打开即可，T-Spice 程序对应于相关文件夹下的 wintsp32.exe 文件。输出成 Spice 文件如图 9-16 所示。

图 9-16　输出成 Spice 文件

（5）加载包含文件：由于不同的流程有不同特性，在模拟前，必须要引入 CMOS 组件的模型文件，此文件内含有电容电阻系数等数据，以供 T-Spice 模拟之用。本范例是引用 1.25μm 的 CMOS 流程组件模型文件"m12_125.md"。方法为：选择 Edit 菜单下的 Insert Command 命令，打开 T-Spice Command Tool 对话框，在左边的列表框中选择 Files 菜单下的 Include file 项，所需文件存在于..\Tanner\TSpice70\models\m12_123.md，完成后显示如图 9-17 所示。

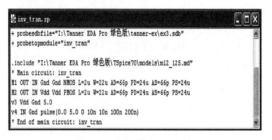

图 9-17　加载包含文件

（6）分析设定：选择 Edit 菜单下 Insert Command 命令，打开 T-Spice Command Tool 对话框，在左边的列表框中选择 Analysis 选项，再选取瞬时分析选项 Transient，将模拟时间间隔设定为 1ns，总模拟时间设定为 400ns，如图 9-18 所示。

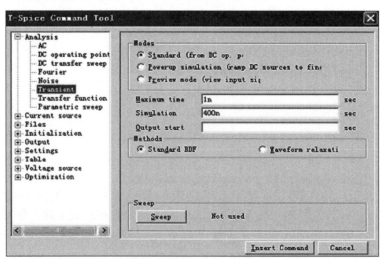

图 9-18　瞬时分析设定

（7）输出设定：同上，在 T-Spice Command Tool 左列表框中选择 Transient results，添加要分析的电压 V(in) 和 V(out)，选择 insert command 即可，如图 9-19 所示。

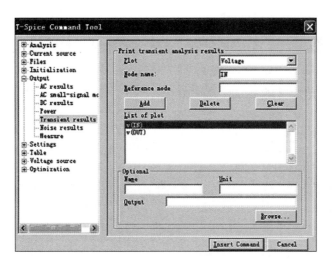

图 9-19 输出设定

（8）进行模拟：选择 simulation 菜单下的 Start Simulation 命令，则打开 Run Simulation 对话框，单击 Start Simulation 按钮，则会出现模拟结果的报告"Simulation Status"，并自动打开 W-Editor 窗口来观看模拟波形图，如图 9-20 所示。

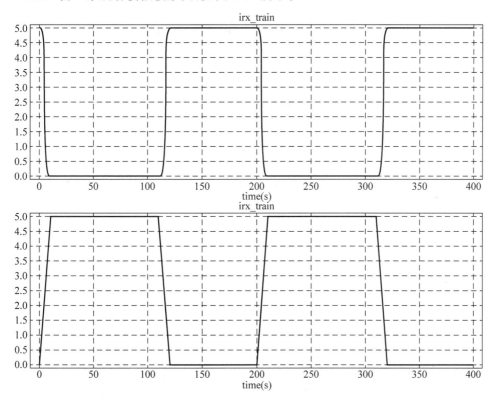

图 9-20 仿真波形结果

（9）分析结果：由波形图可以判断出反相器模拟结果是否正确。此外，可以利用 measure 命令计算出信号的延迟或上升与下降时间。以分析本节中输出电压下降时间为例，下降时间为从最大稳定电压的 90% 降到最大稳定电压的 10%，故可在 T-Spice Command

Tool 对话框中 OUTPUT 选项里进行相关设置,如图 9-21 所示。

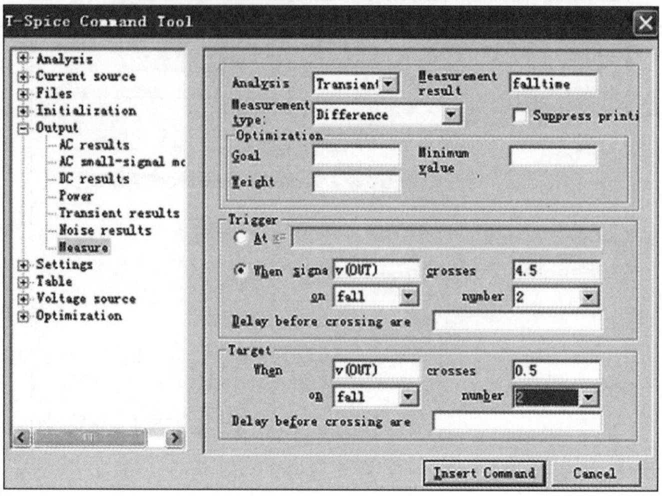

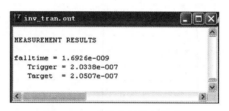

图 9-21　利用 measure 命令进行时间分析

（10）观看结果：在 T-Spice 里打开模拟结果 inv_tran. out 报告文件观看所测定的下降时间,如图 9-22 所示。

图 9-22　时间分析结果报告

## 9.3.4　L-Edit 使用步骤

通过介绍使用 L-Edit 画 PMOS 版图的详细步骤,使读者熟悉和掌握 L-Edit 的基本功能。

（1）准备工作：打开 L-Edit,建立新文件 Ex5. sdb,并在 Replace Setup 中选择 Tanner\LEdit90\Samples\SPR\example\lights. tdb 文件,即将 lights. tdb 文件中的设定选择性应用在即将编辑的文件,包括格点设定和图层设定等。

（2）设定环境：即确认或设定坐标与实际长度的关系。方法在上节中已经阐述。设定结果：一个 Lambda 为 1000 个 Internal Unit,也设定 1 个 Lambda 等于 1 个 Micron；在 Grid 选项卡中,设定一个显示的格点等于 1 个坐标单位,且当格点距离小于 8 像素(Pixels)时不显示。

（3）选取图层：软件界面左边有一个 Layers 面板,下拉列表可选取要绘制的图层,本例绘制 PMOS 需要用到的图层有：N Well 图层,Active 图层,N Select 图层,P Select 图层,Poly 图层,Metal1 图层,Metal2 图层,Active Contact 图层,Via 图层。

（4）绘制 N Well 图层：L-Edit 编辑环境预设在 P 型基板上,所以不需要定义出 P 型基板范围,应该首先在 P 基板上做出 N Well 区,即需要设定光罩以限定 N Well 的区域。注：绘制 N Well 版图必须了解是使用哪种流程的设计规则,本例使用的是 MOSIS/ORBIT2.0U

设计规则,查看 N Well 绘制所需遵守的规则可选择 Tools 下拉菜单的 DRC 命令,在设计规则设定(Setup Design Rules)框中,下拉 Rules list 列表,看到 1.1Well Minimum Width 选项,可知 N Well 最小宽度有 10 个 Lambda 的要求,如图 9-23 所示。

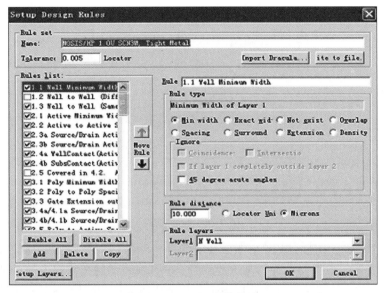

图 9-23 N Well 设计规则

选取 Layers 面板下拉列表中的 N Well 选项,再从 Drawing 工具栏中选择□工具,在 Cell0 编辑窗口画出占据横向 24 格纵向 15 格的方形 N Well,如图 9-24 所示。

（5）绘制 Active 图层:Active 图层在流程上的意义是定义 PMOS 或 NMOS 的范围,Active 以外的地方是厚氧化层区(或称为场氧化层),故需要设计光罩以限定 Active 的区域。同样通过查看 DRC 可知,在 MOSIS/ORBIT2.0U 的设计规则

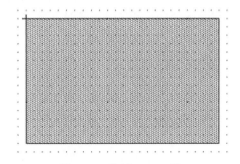

图 9-24 绘制 N Well 区

下,Active 的最小宽度有 3 个 Lambda 的要求。选取 Layers 面板中的 Active 选项,画出占据横向 14 格纵向 5 格的方形 Active 于 N Well 图层中,如图 9-25 所示。

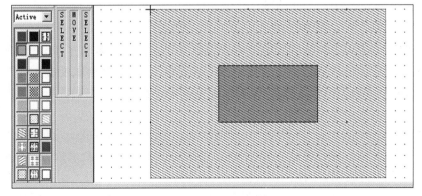

图 9-25 Active 绘制结果

（6）截面观察：利用截面观察功能观察主动区绘制后的截面图。选择 Tools 菜单下的 Cross-Section 命令，打开 Generate Cross-Section 对话框，单击其中的 Browser 按钮，再选择 …\LEdit90\Samples\SPR\example\lights. xst 文件，再单击 pick 按钮在编辑画面选择要观察的位置，单击 OK 按钮，结果如图 9-26。

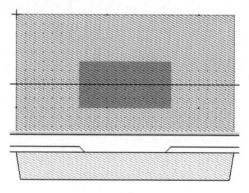

图 9-26　截面观察

（7）绘制 P Select 图层：Active 图层必须要与 P Select 图层或 N Select 图层重叠，不能单独存在，在 PMOS 中需要布置的是 P 型杂质。P Select 图层在流程上的意义是定义要布置 P 型杂质的范围，故需要设计光罩以限定 P 型杂质的区域，并且 P Select 区域需要完全包括整个 Active 图层，否则设计规则检查会出错。选择 Layers 面板中的 P Select 选项，在图中绘出横向 18 格纵向 9 格的方形，结果如图 9-27 所示。

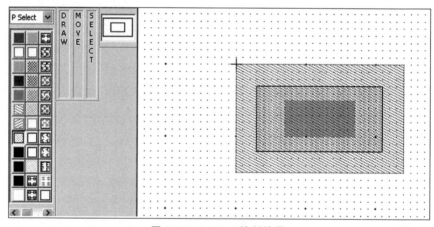

图 9-27　P Select 绘制结果

（8）绘制 Poly 图层：Poly 图层在流程上的意义是定义成长多晶硅（Poly Silicon），需要设计光罩以限定多晶硅区域。通过查看设计规则可知，Poly 的最小宽度有 2 个 Lambda 的要求，选择 Layers 面板下拉列表的 Poly 选项，绘制横向 2 格纵向 9 格的方形。结果如图 9-28 所示。

（9）绘制 Active Contact 图层：PMOS 的源极区与汲极区各要接上电极，才能在其上加入偏压。各组件之间的信号传递，也需要靠金属线连接，最底层的金属线是以 Metal1 图层表示。在金属层制作之前，组件会被沉积上一层绝缘层（氧化层），为了让金属能接触至扩散区（源极与汲极），必须在此绝缘层上蚀刻出一个接触孔，此接触孔是为了能使金属层能与扩

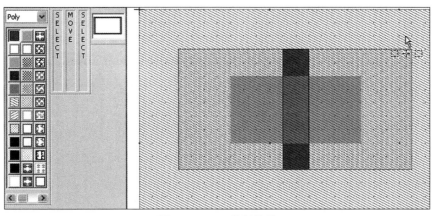

图 9-28　Poly 绘制结果

散区接触，Metal1 与扩散区之间的接触孔以 Active Contact 图层表示。根据设计规则，Active Contact 图层宽度限定为 2 个 Lambda，在 Active 图层中画出结果如图 9-29 所示。

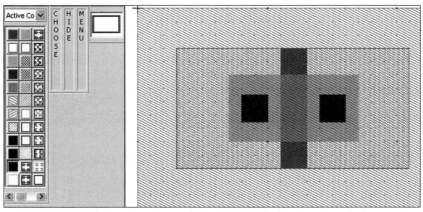

图 9-29　Active Contact 绘制结果

（10）绘制 Metal1 图层：NMOS 的源极与汲极都要接上电路，才能在其上加入偏压，各组件之间的信号传递也需要靠金属线连接，在最低层的金属线以 Metal1 图层表示。通过查看设计规则，Metal1 有宽度限定，最小为 3 个 Lambda。在 Active Contact 周围画出横纵向均为 4 格的方形。结果如图 9-30 所示。

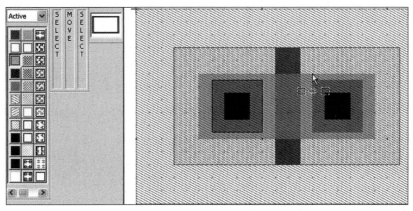

图 9-30　绘制 Metal1 图层的结果

（11）设计规则检查：选择 Tools 菜单下的 DRC 命令，进行设计规则检查，结果如图 9-31 所示。

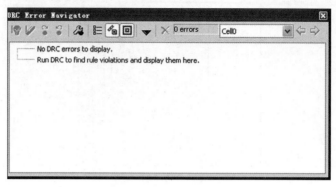

图 9-31　设计规则检查结果

（12）重新命名并保存模块：选择 Cell 菜单下的 Rename 命令，将所绘模块命名为 PMOS，并将文件保存。

## 9.4　典型应用

微机电系统作为一种重要的传感器技术，已经在汽车行业、智能手机、运动健康、工业自动化、医疗健康等方面得到了广泛的应用。下面介绍微机电系统在智能手机的地震预警中的应用以及微机电系统在医疗健康中的应用。

### 9.4.1　微机电系统在智能手机的地震预警中的应用

传统地震预警方法通过在地震频发区域部署高密度地震监测台网，进而构建区域地震预警系统。但此方法所需投资较高，同时还需要政府和不同行业间的密切合作，使得大部分位于地震频发区域的国家和地区无力支撑地震预警系统的建设与运维。随着微机电系统技术的发展以及智能手机的普及，地震预警技术出现了新的研究方向，利用智能手机开展地震预警具有巨大的发展潜力，不再局限于传统的构建方式，可以通过手机端 App 和服务器端的联合来实现。在利用手机端构建地震预警系统主要有两种模式：一种是既作为振动传感器，又作为信息发布终端；另一种是仅作为信息发布终端。

利用手机端进行地震预警的益处主要体现在以下 4 个方面：①充分利用手机的普及性，使得未部署地震预警系统区域的人们也能及时收到预警信息并采取相应措施；②有效降低部署地震预警系统成本；③有助于盲区范围的缩小；④手机端地震预警 App 便于更新和维护，且部分手机兼容第三方开源，更便于用户定制，这也是利用手机进行地震预警成为科研人员关注重点的主要原因。

手机端地震预警的首要步骤是利用内置于手机内的各种传感器进行数据采集。对于传统地震预警系统，数据采集依赖于部署的各个地震监测站点，要求其拥有高灵敏度以及较大的动态范围，从而排除了人为因素的影响，获得高分辨率的数据信号。对手机端地震预警 App 来说，数据采集就是以一定的采样率采集手机内嵌加速度传感器三方向数据，可分为全时段采集和间隙式采集两种模式。全时段采集是指 App 会在一天 24h 内一直处于数据采集状态,因此需要较高的权限,同时也会耗费更多的电量;而间隙式采集则是按照 App 设定的条件进行采集,比如 Earthquake Network App 是在手机处于充电状态且屏幕关闭状态时(即未使用状态)才会利用内部加速度计进行数据采集,从而将其变成实时地震探测器。

随着微机电系统技术的发展,传感器性能得到了极大提升,且种类变得更加丰富,成本也更加低廉。有研究结果表明,和传统地震预警方式所用的专业加速度计相比,由于自噪声的存在,微机电系统加速度计不适合微小震动的监测,但在较强地面震动监测中能达到与传统加速度计一样的效果。一些研究表明,如果输入信号足够大,则典型的微机电系统加速度计已显示出能提供可靠的加速度记录。目前,市面上已经有多种利用微机电系统加速度计来测量地震的产品,一类产品是利用微机电系统传感器来构建地震预警网络,比如使用安装在志愿者家中的低成本 USB 微机电系统固定加速度计来记录地面震动信号的地震网络 Quake-Catcher Network,利用 P 波进行现地地震预警的基于微机电系统加速度计的 Palert 和 GL-P2B 等,另一类产品是利用内置在手机内部的微机电系统加速度计来采集数据进而进行地震预警的手机 App,如 MyShake 等。

不同手机搭载的微机电系统芯片不同,其功能也有所不同,有的作为加速度计,有的作为距离传感器等。表 9-3 为目前市面上几款不同手机内的部分微机电系统芯片信息列表。

表 9-3　市面上几款不同手机内的部分微机电系统芯片信息

| 手机型号 | 厂　　商 | MEMS 芯片类型 |
| --- | --- | --- |
| iPhone8 | ALPS | HSCDTD007 |
| | AMS | TM2586 |
| | Bosch | BMP280 |
| 一加 5 | AKM | AK09911 |
| | Bosch | BMI160 |
| 华为荣耀 9 | AKM | AK09911 |
| | STMicroelectronics | LSM6DS3 |
| 锤子坚果 Pro | Sensortek | STK3x1x |
| | MEMSIC | MMC3630KJ |
| 小米 5X | LiteOn | LTR579 |
| | AKM | AK09918 |
| Redmi K20 | AKM | AK09918 |
| | InvenSense | ICM42607 |
| 魅族 16Xs | Voltafield | AF6133 |
| | Sensortek | STK3327 |
| iPhone 13 Pro | Bosch Sensortek | |
| OPPO K7x | STMicroelectronics | |
| OPPO A55 | Sensortek | |
| 华为荣耀 30S | STMicroelectronics | |
| | AKM | |
| | LiteOn | |
| Samsung Galaxy Note 20 | STMicroelectronics | STMicroelectronics |

微机电系统传感器将监测到的地震波数据转换为数字信号,并通过手机系统进行采集和处理。这些数据包括加速度的大小、方向、变化速度等信息。手机端地震预警系统内置了

地震预警算法,基于微机电系统传感器监测到的地震波数据,系统可以实时分析地震的特征参数,如震级、震源距离等,并与事先建立的地震预警模型进行比对。如果监测到的地震波数据符合预警条件,手机系统会立即发出地震预警信号,通常以声音、震动或者弹窗等形式提醒用户地震的到来。

手机地震预警与传统地震预警系统的不同之处主要在于前者通过手机内置微机电系统加速度计来采集数据,扮演着传统地震台站的角色。直接利用手机开展地震预警,可充分发挥手机内嵌微机电系统加速度计在自然布局上的优势,极大地丰富观测点的数量,使地震预警更全面、更广泛。

## 9.4.2  微机电系统在医疗健康中的应用

微型压力传感器在医学领域的应用最早可追溯到测量马类的颈动脉血压。随着微纳加工技术的进步,研究人员成功制备了高长厚比的薄膜以提高传感器的灵敏度和线性度。这一加工技术的不断改进,也导致了各种小型压力传感器的涌现,特别是在医疗领域的应用。

**1. 微机电系统压力传感器在医疗诊断中的应用**

微机电系统压力传感器在医疗诊断中扮演了关键角色。它可以实时监测生理参数,帮助医生做出准确的诊断并制定个性化的治疗方案,从而提高了患者的医疗护理质量。这些传感器通常小巧精密,适用于各种医疗设备和场景。心音是心脏收缩和舒张时因瓣膜关闭和血流冲击引起振动而发出的声音,通过进行心音听诊,可根据声音变化辅助分析心脏状态,一种微机电系统压电传感器心音监测设备可以准确解析心脏 S1 和 S2 的声音。眼科领域面临的挑战之一是高眼部压力与多种眼部疾病的关联。青光眼是一种严重的眼疾,可导致视觉损失和失明,而早期诊断和治疗通常需要准确测量眼内压(也称为眼压),然而眼压测量的挑战在于眼球的结构和敏感性。与血管不同,眼睛的组织是脆弱而前向弯曲的,这限制了用于测量眼压的传感器的尺寸和设计。一种可以方便实现且准确测量眼压的小型介入式光学压力传感器如图 9-32 所示,传感器由柔性 Si3N4 膜、纳米点阵列、薄膜载体和底部硅镜组成。当眼压升高或降低时,膜向内或向外发生偏转,产生一个新的共振光谱信号,通过商用微型光谱仪进行信号分析,得到底部硅镜反射过来的眼内压下的共振光谱特征。

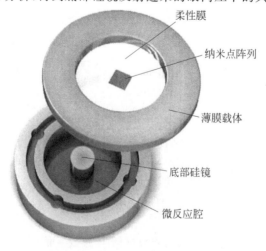

柔性膜

纳米点阵列

薄膜载体

底部硅镜

微反应腔

图 9-32  小型介入式光学压力传感器

**2. 微机电系统压力传感器在临床治疗中的应用**

在临床治疗方面,微机电系统压力传感器可以用于控制药物的释放,从而实现精确的药物治疗。例如,它可以用于胰岛素泵,通过精确控制胰岛素的释放帮助糖尿病患者更好地控制血糖水平。此外,微机电系统压力传感器还可以用于化疗,通过精确控制药物的释放,可以减少化疗药物对患者身体的副作用。

绝对压阻式微机电系统压力传感器可以在冠状动脉介入治疗中发挥关键作用。医生可以将传感器导入冠状动脉中,以测量血流压力和动脉狭窄的程度。根据传感器提供的数据,医生可以精确判断是否需要进行球囊扩张术(冠状动脉成形术)或支架植入来治疗冠状动脉狭窄。图9-33是一种用于治疗冠状动脉狭窄的绝对压阻式压力传感器的侧面结构示意图,它采用阳极键合制作了一种小尺寸绝对压阻式压力传感器,总结构包括引线、带压阻的传感表面和与器件连接的顶部玻璃。

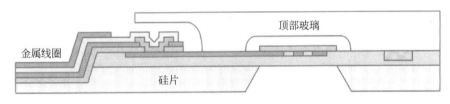

图 9-33　绝对压阻式压力传感器的侧面结构示意图

**3. 微机电系统压力传感器在健康监测中的应用**

在医疗监测方面,微机电系统传感器可以用于实时监测患者的健康状况,从而实现早期预警和及时干预。例如,一种微机电系统压电传感器可以置于口罩中,通过对呼吸频率的监测实现对运动量的评估和肺部健康状况异常的早期预警。此外,微机电系统传感器可以用于睡眠监测设备,通过监测患者的呼吸和心率及时发现睡眠障碍的症状。近年来,微机电系统压阻式压力传感器在心血管介入治疗领域备受瞩目,其精确的血压监测功能在医学诊断中具有重要作用。血压监测系统可以检测到最微小的脉搏以进行健康分析,并且可以收集患者的精确数据,形成个人健康数据库。通过将微型压力传感器嵌入到直径为 $300\sim$ $500\mu m$ 的医疗导管中,并通过导管的金属导头引导,将传感器引入心血管疾病病变部位以进行原位压力测量。如图9-34所示,这种可介入的压力传感器能够实时监测病情,有效防止病情恶化。与传统的穿刺治疗方法相比,这些微型设备能够减轻患者的不适感。

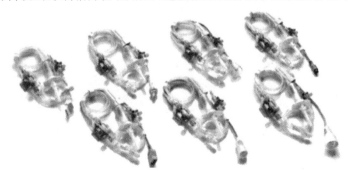

图 9-34　携带压力传感器的医疗导管

## 习题与思考题

1. 什么是微机电系统？说明其在现代技术中的重要性和应用领域。
2. 简述微型加速度传感器的原理。
3. Tanner Pro 的主要功能和特点有哪些？
4. 使用 L-Edit 建立 NMOS 组件。

**提示**：流程同 PMOS，建立出 Active 图层，N Select 图层，Poly 图层，Active Contact 图层，与 Metal1 图层，其中 Active 宽 14 格，高 5 格；Poly 宽为 2 格，高为 9 格；N Select 宽为 18 格，高为 9 格；Active Contact 高宽均为 2 格；Metal1 高宽均为 4 格。

## 参考文献

1  刘冬. MEMS 电容式加速度传感器检测电路研究[D]. 陕西：西安电子科技大学，2010.
2  陈美蓉，彭朝勇. 手机端地震预警研究进展与展望[J]. 中国地震，2023，39(1)：198-212.
3  祁佳佳，揣荣岩. 微机电系统传感器在医疗领域的研究[J]. 传感器世界，2023，29(12)：1-5.